图书在版编目（CIP）数据

市政工程投资估算指标．第3册．给水工程．HGZ 47－103－2007／建设部标准定额研究所主编．—北京：中国计划出版社，2007.11（2016.1重印）

ISBN 978-7-80242-020-5

Ⅰ．市… Ⅱ．建… Ⅲ．①市政工程－工程造价－估算－中国②给水工程：市政工程－工程造价－估算－中国
Ⅳ．TU723.3 TU991.05

中国版本图书馆CIP数据核字（2007）第148771号

市政工程投资估算指标

第三册 给水工程

HGZ 47－103－2007

建设部标准定额研究所 主编

中国计划出版社出版
网址：www.jhpress.com
地址：北京市西城区木樨地北里甲11号国宏大厦C座3层
邮政编码：100038 电话：（010）63906433（发行部）
新华书店北京发行所发行
三河富华印刷包装有限公司印刷

880mm×1230mm 1/16 23.25印张 662千字
2007年11月第1版 2016年1月第3次印刷
印数7001—8000册

ISBN 978-7-80242-020-5
定价：70.00元

中华人民共和国建设部

市政工程投资估算指标

第三册　给 水 工 程

HGZ 47-103-2007

中 国 计 划 出 版 社

北　　　京

主编部门：中华人民共和国建设部

批准部门：中华人民共和国建设部

执行日期：2007 年 12 月 1 日

建 设 部
关于印发《市政工程投资估算指标》的通知

建标［2007］163号

为合理确定和控制市政工程投资，满足市政建设项目编制项目建议书和可行性研究报告投资估算的需要，我部制定了《市政工程投资估算指标》(《第一册　道路工程》、《第三册　给水工程》、《第七册　燃气工程》、《第八册　集中供热热力网工程》)，编号分别为HGZ 47-101-2007、HGZ 47-103-2007、HGZ 47-107-2007、HGZ 47-108-2007，现印发给你们。自2007年12月1日起施行。我部1996年发布的《全国市政工程投资估算指标》同时废止。

《市政工程投资估算指标》由建设部标准定额研究所组织中国计划出版社出版发行。

请你们认真贯彻执行，并将工作中的问题和建议反馈建设部标准定额司。

中华人民共和国建设部

二〇〇七年六月二十六日

前　　言

根据建设部“关于印发《二○○三年工程项目建设标准、投资估算指标、建设项目评价方法与参数编制项目计划》的通知要求”，我部制定了《市政工程投资估算指标》(以下简称《指标》)，本《指标》包括《第一册　道路工程》、《第二册　桥梁工程》、《第三册　给水工程》、《第四册　排水工程》、《第五册　防洪堤防工程》、《第六册　隧道工程》、《第七册　燃气工程》、《第八册　集中供热热力网工程》、《第九册　路灯工程》、《第十册　垃圾处理工程》、《第十一册　地铁工程》。2007 年 6 月 26 日我部首先批准了其中四册(第一册、第三册、第七册、第八册)。《指标》的制定发布将对合理确定和控制市政工程投资，满足市政建设项目编制项目建议书和可行性研究报告投资估算的需要起到积极的作用。

本《指标》由建设部标准定额研究所负责管理和解释，请各单位在执行过程中，注意积累资料，认真总结经验，将有关意见及时反馈标准定额研究所。

本《指标》的主编单位、参编单位：

主编单位：建设部标准定额研究所

参编单位：北京市建设工程造价管理处

北京城建设计研究总院有限责任公司

天津市建设工程定额管理研究站

天津市市政工程经济技术定额研究站

上海市建设工程标准定额管理总站

上海市市政工程定额管理站

上海市政工程设计研究总院

上海市隧道工程轨道交通设计研究院

重庆市建设工程造价管理总站

河北省工程建设造价管理总站

辽宁省建设工程造价管理总站

安徽省建设工程造价管理总站

总 说 明

为了合理确定和控制市政工程投资，满足建设项目编制项目建议书和投资估算的需要，提高建设工程投资效果，制定《市政工程投资估算指标》（以下简称本指标）。

一、本指标依据建设部“关于印发《二〇〇三年工程项目建设标准、投资估算指标、建设项目评价方法与参数编制项目计划》的通知”下达的编制计划，以现行全国市政工程设计标准、质量验收规范和建设部、财政部“关于印发《建筑安装工程费用项目组成》的通知”（建标〔2003〕206 号）、《建设项目总投资及其他费用项目组成规定》（送审稿），以及预算定额、工期定额为依据，在《全国市政工程投资估算指标》（1996 年）的基础上，结合近年有代表性的已竣工典型工程项目的相关资料进行编制。

二、本指标适用于新建、改建、扩建的市政工程项目。

三、本指标是建设项目建议书、可行性研究报告阶段编制投资估算的依据；是多方案比选、优化设计、合理确定投资的基础；是开展项目评价、控制初步设计概算、推行限额设计的参考。

四、本指标共十一册。包括《第一册　道路工程》、《第二册　桥梁工程》、《第三册　给水工程》、《第四册　排水工程》、《第五册　防洪堤防工程》、《第六册　隧道工程》、《第七册　燃气工程》、《第八册　集中供热热力网工程》、《第九册　路灯工程》、《第十册　垃圾处理工程》、《第十一册　地铁工程》。

五、本指标分综合指标和分项指标。综合指标包括建筑安装工程费、设备购置费、工程建设其他费用、基本预备费；分项指标包括建筑安装工程费、设备购置费。

（一）建筑安装工程费由直接费和综合费用组成。直接费由人工费、材料费、机械费组成。将《建筑安装工程费用项目组成》中的措施费（环境保护、文明施工、安全施工、临时设施、夜间施工的内容）按比例（见费率取定表）分别摊入人工费、材料费和机械费。二次搬运、大型机械设备进出场及安装拆除、混凝土和钢筋混凝土模板及支架、脚手架编入直接工程费。综合费用由间接费、利润和税金组成。

（二）设备购置费依据设计文件规定，其价格由设备原价+设备运杂费组成，设备运杂费指除设备原价之外的设备采购、运输、包装及仓库保管等方面支出费用的总和。

（三）工程建设其他费用包括：建设管理费、可行性研究费、研究试验费、勘察设计费、环境影响评价费、场地准备及临时设施费、工程保险费、联合试运转费、生产准备及开办费。按国家现行有关统一规定程序计算。

（四）预备费包括基本预备费和价差预备费。基本预备费系指在投资估算阶段不可预见的工程费用。

六、本指标的编制期价格、费率取定：

（一）价格取定。人工工资综合单价按北京地区 2004 年 31.03 元/工日；材料价格、机械台班单价按北京地区 2004 年价格。

（二）费率取定。

1. 将措施费分别摊入人工费、材料费和机械费。措施费费率见下表。

项目	道路	桥梁	给水	排水	防洪堤防	隧道		燃气	热力	路灯
						岩石	软土			
费率（%）	4.10	4.40	6.00	6.00	4.00	5.08	5.08	6.00	4.00	4.00

计费基数：人工费+材料费+机械费。

分摊比例：其中人工费 8% ，材料费 87%，机械费 5%，分别按比例计算。

2. 综合费用费率见下表。

项目	道路	桥梁	给水	排水	防洪堤防	隧道		燃气	热力	路灯
						岩石	软土			
费率（%）	22.78	22.90	21.30	21.30	21.00	27.68	27.68	21.30	21.30	21.00

计费基数：估算指标直接费。

3. 工程建设其他费用费率。工程建设其他费用费率按 10%～15%确定。具体数值由各册根据专业以及国家规定的收费标准测算确定，并在册说明中说明。

计费基数：建筑安装工程费+设备购置费。

4. 基本预备费费率按 8%确定。

计费基数：建筑安装工程费+设备购置费+工程建设其他费用。

5.《第十册　垃圾处理工程》、《第十一册　地铁工程》的费率见分册说明。

七、本指标计算程序见下表。

综合指标计算程序

序号	项　目	取费基数及计算式
	指标基价	一+二+三+四
一	建筑安装工程费	4+5
1	人工费小计	—
2	材料费小计	—
3	机械费小计	—
4	直接费小计	1+2+3
5	综合费用	4×综合费用费率
二	设备购置费	原价+设备运杂费
三	工程建设其他费用	（一+二）×工程建设其他费用费率
四	基本预备费	（一+二+三）×8%

分项指标计算程序

序号	项　目	取费基数及计算式
	指标基价	一+二
一	建筑安装工程费	（四）+（五）
1	人工费	—
2	措施费分摊	（1+3+5）×措施费费率×8%
（一）	人工费小计	1+2
3	材料费	—
4	措施费分摊	（1+3+5）×措施费费率×87%
（二）	材料费小计	3+4
5	机械费	—
6	措施费分摊	（1+3+5）×措施费费率×5%
（三）	机械费小计	5+6
（四）	直接费小计	（一）+（二）+（三）
（五）	综合费用	（四）×综合费用费率
二	设备购置费	原价+设备运杂费

八、本指标的使用。本指标中的人工、材料、机械费的消耗量原则上不作调整。使用本指标时可按指标消耗量及工程所在地当时当地市场价格并按照规定的计算程序和方法调整指标，费率可参照指标确定，也可按各级建设行政主管部门发布的费率调整。

具体调整办法如下：

（一）建筑安装工程费的调整。

1. 人工费：以指标人工工日数乘以当时当地造价管理部门发布的人工单价确定。

2. 材料费：以指标主要材料消耗量乘以当时当地造价管理部门发布的相应材料价格确定。

$$\text{其他材料费}=\text{指标其他材料费}\times\frac{\text{调整后的主要材料费}}{\text{指标（材料费小计}-\text{其他材料费}-\text{材料费中措施费分摊）}}$$

3. 机械费：列出主要机械台班消耗量的调整方式：以指标主要机械台班消耗量乘以当时当地造价管理部门发布的相应机械台班价格确定。

$$\text{其他机械费}=\text{指标其他机械费}\times\frac{\text{调整后的主要机械费}}{\text{指标（机械费小计}-\text{其他机械费}-\text{机械费中措施费分摊）}}$$

未列出主要机械台班消耗量的调整方式：

$$\text{机械费}=\text{指标机械费}\times\frac{\text{调整后的（人工费}+\text{材料费）}}{\text{指标（人工费}+\text{材料费）}}$$

4. 直接费：调整后的直接费为调整后的人工费、材料费、机械费之和。

5. 综合费用：综合费用的调整应按当时当地不同工程类别的综合费率计算。计算公式如下：

综合费用=调整后的直接费×当时当地的综合费率

6. 建筑安装工程费：

建筑安装工程费=调整后的（直接费+综合费用）

（二）设备购置费的调整。指标中列有设备购置费的，按主要设备清单，采用当时当地的设备价格或上涨幅度进行调整。

（三）工程建设其他费用的调整。工程建设其他费用的调整，按国家规定的不同工程类别的工程建设其他费用费率计算。计算公式如下：

工程建设其他费用=调整后的（建筑安装工程费+设备购置费）
× 国家规定的工程建设其他费用费率

（四）基本预备费的调整。

基本预备费=调整后的（建筑安装工程费+设备购置费+工程建设其他费用）
×基本预备费费率

（五）指标基价的调整。

指标基价=调整后的（建筑安装工程费+设备购置费+工程建设其他费用
+基本预备费）

九、建设项目投资估算编制。编制建设项目投资估算，应按上述办法调整。指标中未列费用可根据有关规定调整。

十、本指标中指标编号为“×Z-×××”或“×F-×××”，除注明用英文字母表示外，均用阿拉伯数字表示。

其中：“-”线前部分×表示分册，Z表示综合指标，F表示分项指标；

“-”线后部分×××表示划分序号，同一部分顺序编号。

十一、本指标中注明“××以内”或“××以下”者，均包括××本身；而注明“××以外”或“××以上”者，均不包括××本身。

册　说　明

一、《市政工程投资估算指标》第三册“给水工程”（以下简称本册指标），是根据国家现行市政给水工程设计规范、施工验收规范，以及现行有关国家产品标准、质量评定标准、安全操作规程，并参考相关行业、地方标准以及有代表性的典型工程设计、施工和其他资料，结合全国主要城市和部分地区近年来市政给水工程有代表性的典型施工图和施工组织方案等有关工程技术文件，经分析测算后进行编制的。

二、本册指标适用于城镇地面、地下水取水工程和输水、配水管网工程、给水厂站及构筑物工程。

三、本册指标输水管网是指源水取水构筑物至净水厂、净水厂至城市配水管网的市政管道工程；配水管网是指至净水厂或输、配水管网分界点至用户的市政管道工程；给水厂站构筑物是指取水泵房、净水厂构筑物、二级泵房等构筑物工程。

四、本册指标主要编制依据有：

1. 《室外给水设计规范》（GB 50013—2006）；

2. 国家建筑标准设计图集 S5（一）《室外给排水管道工程及附属设施》；

3. 建设部、财政部（建标[2003]206 号）文件“关于印发《建筑安装工程费用项目组成》的通知”；

4. 《建设项目总投资及其他费用项目组成规定》送审稿；

5. 《全国市政工程投资估算指标》（1996 年）；

6. 《建设工程工程量清单计价规范》（GB 50500—2003）；

7. 《全国统一市政工程预算定额》（1999 年）；

8. 《全国统一安装工程预算定额》（2000 年）；

9. 各省、市具有代表性的给水工程管道、构筑物、附属建筑等典型工程项目及相关技术资料；

10. 各省、市相关行业概预算定额、综合基价、投资估算指标及技术经济指标，人工、材料、机械、设备价格标准。

五、本册指标包括三个部分：

（一）综合指标：是以给水工程输、配水管网及取水工程、给水厂站、构筑物工程项目为依据分别按日输水量（$m^3/d\cdot km$）、最高日供水量（m^3/d）及最高日处理水量（m^3/d）划分，反映单位产量工程投资估算价格指标。包括给水管道输水、配水工程综合投资指标及给水厂站取水、净水工程综合投资指标。

（二）分项指标：是以给水工程输、配水管网及取水工程、给水厂站、构筑物主要结构为依据，分别按各类管道铺设、取水构筑物、一级泵房、净水厂构筑物、二级泵房等结构分类，反映单位工程（管道：100m；构筑物：座）建筑安装工程投资估算价格指标。

（三）附录：内容包括主要材料、机械台班、设备单价取定表和编制给水工程投资估算应用实例。

六、相关说明：

1. 本册指标“给水管道埋设深度”是指管顶至地面深度，即：

管道埋设深度=管沟深度−基础垫层厚度−管外直径

管沟深度=基础垫层厚度+管外直径+管顶至地面深度

2. 本册指标仅限于常规工程项目，工程地质条件按三类土、无地下水情况测算编制，不包括地下水、地面水的降水、排水及施工围堰费用。

3. 本册指标未考虑穿越铁路、公路等重要设施条件下的施工，也未考虑管线与构筑物施工中的地上、地下障碍物拆迁、加固、恢复费用。

4. 本册指标中“工程建设其他费用”按12%计算，其计费基数：建筑安装工程费+设备购置费。“工程建设其他费用”内容包括：建设管理费、可行性研究费、勘察设计费、环境影响评价费、场地准备费、工程保险费、联合试运转费、生产准备及开办费。

目　　录

1　给水管道综合指标

说　明

一、本章管道工程综合指标分输水管道工程和配水管道工程。综合指标按设计最高日供水量划分为：1 万 m^3/d 以下、5 万 m^3/d 以下、10 万 m^3/d 以下、10 ~ 20 万 m^3/d、20 万 m^3/d 以上五类。

二、本章指标管道挖土是按干土考虑的，如遇湿土时，指标基价中人工费、机械费乘以 1.2 系数。

三、本章综合指标中已包括管道(钢管)内、外防腐的费用。管道(钢管)内防腐按环氧树脂机械喷涂两底、两面工艺取定；管道(钢管)外防腐按环氧煤沥青机械喷涂一底、一布、三面工艺取定。指标应用时，可依据实际采用的管道内、外防腐工艺参照本章管道防腐分项指标相关子目进行调整。

四、本章综合指标中已按相应比例综合确定了输水管道、配水管道的管件含量取定值。

五、计算规则：本章综合指标以设计最高日供水量（$m^3/d \cdot km$）乘以管道设计长度为单位计算。计算管道设计长度时，不扣除管件和阀门长度。

1.1 输水管道工程

工程内容：挖土、运土、回填，管道、阀门、管件安装，防腐、试压、消毒冲洗。

单位：100m³/d·km

指标编号				3Z-001		3Z-002	
项目			单位	输水管道工程			
				1万 m³/d 以下	占指标基价（%）	5万 m³/d 以下	占指标基价（%）
指标基价			元	11686	100.00	6074	100.00
一、建筑安装工程费			元	9661	82.67	5022	82.67
二、设备购置费			元	—	—	—	—
三、工程建设其他费用			元	1159	9.92	603	9.92
四、基本预备费			元	866	7.41	450	7.41
建筑安装工程费							
直接费	人工费	人工	工日	30	—	12	—
		措施费分摊	元	38	—	20	—
		人工费小计	元	976	8.35	393	6.47
	材料费	钢板卷管	m	6.92	—	1.73	—
		预应力混凝土管	m	6.83	—	1.72	—
		其他材料费	元	2782	—	1464	—
		措施费分摊	元	416	—	216	—
		材料费小计	元	6102	52.21	3351	55.16
	机械费	卷板机 20×2500	台班	0.0253	—	0.0080	—
		反铲挖掘机 1m³	台班	0.1892	—	0.0700	—
		电动夯实机 20～62N·m	台班	6.0382	—	2.1738	—
		汽车式起重机 5t	台班	0.1413	—	0.0387	—
		电动双梁起重机 5t	台班	0.0546	—	0.0159	—
		自卸汽车 15t	台班	0.1808	—	0.1177	—
		其他机械费	元	397	—	182	—
		措施费分摊	元	23	—	12	—
		机械费小计	元	887	7.59	396	6.52
	直接费小计		元	7965	68.15	4140	68.15
综合费用			元	1696	14.52	882	14.52
合计			元	9661	—	5022	—

工程内容：挖土、运土、回填，管道、阀门、管件安装，防腐、试压、消毒冲洗。

单位：$100m^3/d \cdot km$

指标编号				3Z-003		3Z-004	
项目			单位	输水管道工程			
				10 万 m^3/d 以下	占指标基价（%）	10~20 万 m^3/d	占指标基价（%）
指标基价			元	4092	100.00	3222	100.00
一、建筑安装工程费			元	3383	82.67	2664	82.67
二、设备购置费			元	—	—	—	—
三、工程建设其他费用			元	406	9.92	320	9.92
四、基本预备费			元	303	7.41	239	7.41
建筑安装工程费							
直接费	人工费	人工	工日	7	—	5	—
		措施费分摊	元	13	—	11	—
		人工费小计	元	227	5.56	167	5.19
	材料费	钢板卷管	m	0.77	—	0.44	—
		预应力混凝土管	m	0.77	—	0.43	—
		其他材料费	元	874	—	662	—
		措施费分摊	元	146	—	115	—
		材料费小计	元	2310	56.44	1815	56.33
	机械费	卷板机 20×2500	台班	0.0036	—	0.0017	—
		反铲挖掘机 $1m^3$	台班	0.0410	—	0.0383	—
		电动夯实机 20~62N·m	台班	1.2161	—	0.8492	—
		汽车式起重机 5t	台班	0.0017	—	0.0010	—
		电动双梁起重机 5t	台班	0.0060	—	0.0023	—
		自卸汽车 15t	台班	0.0905	—	0.0824	—
		其他机械费	元	120	—	100	—
		措施费分摊	元	8	—	7	—
		机械费小计	元	252	6.15	214	6.63
	直接费小计		元	2789	68.15	2196	68.15
综合费用			元	594	14.52	468	14.52
合计			元	3383	—	2664	—

工程内容：挖土、运土、回填，管道、阀门、管件安装，防腐、试压、消毒冲洗。

单位：100m³/d·km

<table>
<tr><td colspan="3">指 标 编 号</td><td colspan="3">3Z-005</td></tr>
<tr><td colspan="3" rowspan="2">项　　目</td><td rowspan="2">单位</td><td colspan="2">输水管道工程</td></tr>
<tr><td>20 万 m³/d 以上</td><td>占指标基价（%）</td></tr>
<tr><td colspan="3">指 标 基 价</td><td>元</td><td>2884</td><td>100.00</td></tr>
<tr><td colspan="3">一、建筑安装工程费</td><td>元</td><td>2384</td><td>82.67</td></tr>
<tr><td colspan="3">二、设备购置费</td><td>元</td><td>—</td><td>—</td></tr>
<tr><td colspan="3">三、工程建设其他费用</td><td>元</td><td>286</td><td>9.92</td></tr>
<tr><td colspan="3">四、基本预备费</td><td>元</td><td>214</td><td>7.41</td></tr>
<tr><td colspan="6">建筑安装工程费</td></tr>
<tr><td rowspan="19">直接费</td><td rowspan="3">人工费</td><td>人工</td><td>工日</td><td>4</td><td>—</td></tr>
<tr><td>措施费分摊</td><td>元</td><td>9</td><td>—</td></tr>
<tr><td>人工费小计</td><td>元</td><td>124</td><td>4.29</td></tr>
<tr><td rowspan="5">材料费</td><td>钢板卷管</td><td>m</td><td>0.25</td><td>—</td></tr>
<tr><td>预应力混凝土管</td><td>m</td><td>0.25</td><td>—</td></tr>
<tr><td>其他材料费</td><td>元</td><td>522</td><td>—</td></tr>
<tr><td>措施费分摊</td><td>元</td><td>103</td><td>—</td></tr>
<tr><td>材料费小计</td><td>元</td><td>1669</td><td>57.87</td></tr>
<tr><td rowspan="9">机械费</td><td>卷板机 20×2500</td><td>台班</td><td>0.0006</td><td>—</td></tr>
<tr><td>反铲挖掘机 1m³</td><td>台班</td><td>0.0261</td><td>—</td></tr>
<tr><td>电动夯实机 20～62N·m</td><td>台班</td><td>0.75</td><td>—</td></tr>
<tr><td>汽车式起重机 5t</td><td>台班</td><td>0.0005</td><td>—</td></tr>
<tr><td>电动双梁起重机 5t</td><td>台班</td><td>0.0006</td><td>—</td></tr>
<tr><td>自卸汽车 15t</td><td>台班</td><td>0.0451</td><td>—</td></tr>
<tr><td>其他机械费</td><td>元</td><td>99</td><td>—</td></tr>
<tr><td>措施费分摊</td><td>元</td><td>6</td><td>—</td></tr>
<tr><td>机械费小计</td><td>元</td><td>173</td><td>6.00</td></tr>
<tr><td colspan="2">直接费小计</td><td>元</td><td>1966</td><td>68.15</td></tr>
<tr><td colspan="3">综合费用</td><td>元</td><td>419</td><td>14.52</td></tr>
<tr><td colspan="3">合　　计</td><td>元</td><td>2384</td><td>—</td></tr>
</table>

1.2 配水管道工程

工程内容：挖土、运土、回填，管道、阀门、管件安装，防腐、试压、消毒冲洗。

单位：$100m^3/d\cdot km$

指标编号				3Z-006		3Z-007	
项目			单位	配水管道工程			
				1 万 m^3/d 以下	占指标基价（%）	5 万 m^3/d 以下	占指标基价（%）
指标基价			元	12629	100.00	6453	100.00
一、建筑安装工程费			元	10440	82.67	5334	82.67
二、设备购置费			元	—	—	—	—
三、工程建设其他费用			元	1253	9.92	640	9.92
四、基本预备费			元	935	7.41	478	7.41
建筑安装工程费							
直接费	人工费	人工	工日	26	—	9	—
		措施费分摊	元	41	—	21	—
		人工费小计	元	855	6.77	302	4.67
	材料费	钢板卷管	m	1.39	—	0.36	—
		预应力混凝土管	m	1.37	—	0.30	—
		球墨铸铁管	m	10.93	—	2.74	—
		其他材料费	元	2642	—	1340	—
		措施费分摊	元	449	—	230	—
		材料费小计	元	7161	56.70	3853	59.71
	机械费	卷板机 20×2500	台班	0.0051	—	0.0016	—
		反铲挖掘机 $1m^3$	台班	0.0408	—	0.0157	—
		电动夯实机 20～62N·m	台班	1.3131	—	0.4934	—
		汽车式起重机 5t	台班	0.0283	—	0.0077	—
		电动双梁起重机 5t	台班	0.0109	—	0.0032	—
		自卸汽车 15t	台班	0.0505	—	0.0316	—
		其他机械费	元	456	—	182	—
		措施费分摊	元	26	—	13	—
		机械费小计	元	591	4.68	244	3.77
	直接费小计		元	8607	68.15	4398	68.15
综合费用			元	1833	14.52	937	14.52
合计			元	10440	—	5334	—

工程内容：挖土、运土、回填，管道、阀门、管件安装，防腐、试压、消毒冲洗。

单位：$100m^3/d \cdot km$

指 标 编 号				3Z-008		3Z-009	
项 目			单位	配水管道工程			
				10 万 m^3/d 以下	占指标基价（%）	10~20 万 m^3/d	占指标基价（%）
指 标 基 价			元	4702	100.00	4009	100.00
一、建筑安装工程费			元	3887	82.67	3314	82.67
二、设备购置费			元	—	—	—	—
三、工程建设其他费用			元	466	9.92	398	9.92
四、基本预备费			元	348	7.41	297	7.41
建筑安装工程费							
直接费	人工费	人工	工日	5	—	4	—
		措施费分摊	元	15	—	13	—
		人工费小计	元	169	3.60	124	3.09
	材料费	钢板卷管	m	0.16	—	0.09	—
		预应力混凝土管	m	0.16	—	0.09	—
		球墨铸铁管	m	1.22	—	0.69	—
		其他材料费	元	832	—	663	—
		措施费分摊	元	167	—	143	—
		材料费小计	元	2880	61.26	2480	61.87
	机械费	卷板机 20×2500	台班	0.0007	—	0.0003	—
		反铲挖掘机 $1m^3$	台班	0.0093	—	0.0075	—
		电动夯实机 20～62N·m	台班	0.2800	—	0.1974	—
		汽车式起重机 5t	台班	0.0003	—	0.0002	—
		电动双梁起重机 5t	台班	0.0012	—	0.0005	—
		自卸汽车 15t	台班	0.0237	—	0.0213	—
		其他机械费	元	115	—	95	—
		措施费分摊	元	10	—	8	—
		机械费小计	元	155	3.30	128	3.20
	直接费小计		元	3205	68.15	2732	68.15
综合费用			元	683	14.52	582	14.52
合 计			元	3887	—	3314	—

工程内容：挖土、运土、回填，管道、阀门、管件安装，防腐、试压、消毒冲洗。

单位：100m³/d·km

指标编号				3Z-010	
项目			单位	配水管道工程	
				20万m³/d以上	占指标基价（%）
指标基价			元	3063	100.00
一、建筑安装工程费			元	2532	82.67
二、设备购置费			元	—	—
三、工程建设其他费用			元	304	9.92
四、基本预备费			元	227	7.41
建筑安装工程费					
直接费	人工费	人工	工日	3	—
		措施费分摊	元	8	—
		人工费小计	元	91	2.98
	材料费	钢板卷管	m	0.06	—
		预应力混凝土管	m	0.06	—
		球墨铸铁管	m	0.39	—
		其他材料费	元	493	—
		措施费分摊	元	109	—
		材料费小计	元	1886	61.58
	机械费	卷板机 20×2500	台班	0.0001	—
		反铲挖掘机 1m³	台班	0.0055	—
		电动夯实机 20~62N·m	台班	0.0142	—
		汽车式起重机 5t	台班	0.0001	—
		电动双梁起重机 5t	台班	0.0001	—
		自卸汽车 15t	台班	0.0165	—
		其他机械费	元	88	—
		措施费分摊	元	6	—
		机械费小计	元	110	3.60
	直接费小计		元	2087	68.15
综合费用			元	445	14.52
合计			元	2532	—

2　给水管道分项指标

说　　明

一、本章分项指标包括开槽（放坡、支撑）埋管工程、顶管工程、桥管工程、倒虹管工程及管道防腐工程。

二、给水管道分项指标测算条件说明：

1. 本章指标管道开槽埋设分别按开槽支撑埋设与开槽放坡埋设两种施工方式列项；管道埋设深度（管顶至地面深度）分别按 1.5m 及 2.0m 埋深考虑；工程地质条件按三类土无地下水情况取定，施工余土外运按 10km 综合取定。

2. 本章指标管道挖土是按干土考虑的，如遇湿土时，指标基价中人工费、机械费乘以 1.2 系数。

3. 本章指标测算中管道挖土：管底设计标高以上 20cm 范围是按人工挖土考虑，其余部分管道挖土按机械施工计算；管道回填土：管顶以下范围回填级配砂砾石，其余部分回填土方。

4. 本章指标已综合考虑输水、配水管道中的管件含量取定。

5. 本章指标桥管是按钢筋混凝土桥墩支座结构形式测算的。

6. 本章指标管道内、外防腐按现行通用工艺做法单独列项，实际使用中可依据所采用的防腐工艺套用相应子目或据实调整相关费用。

三、给水管道工程基础数据设置取定表［参照 1996 年《全国市政工程投资估算指标》（给水分册）含量并依据选取典型工程实测调整］：

1. 每 100m 管道阀门数量见下表。

口　径（mm）	ϕ100 以内	ϕ300 以内	ϕ500 以内	ϕ800 以内	ϕ1200 以内	ϕ1600 以内	ϕ1600 以上
阀门数量(个)	0.50	0.45	0.40	0.38	0.21	0.13	0.10

2. 每 100m 管道排气阀、泄水管、消火栓数量见下表。

项　　目	口　　径	数　　量（个）
排气阀	ϕ1400 以内	0.10
泄水阀	0	0.05
消火栓	ϕ400 以内	0.83

3. 每 100m 球墨铸铁管管道接头零件数量见下表。

管径（mm）	ϕ150 以内	ϕ200 以内	ϕ300 以内	ϕ500 以内	ϕ800 以内	ϕ1200 以内	ϕ1600 以内	ϕ1600 以上
零件数量（个）	11.0	8.0	6.0	3.0	2.0	1.5	0.9	0.6

4. 每 100m 预应力钢筋混凝土管管道零件数量见下表。

管径（mm）	300 以内	500 以内	800 以内	1000 以内	1200 以内	1600 以内	1800 以内
零件数量(个)	6.15	3.60	2.86	2.17	1.82	1.76	1.20

四、计算规则：

1. 管道安装工程量按设计管道中心线长度计算，不扣除管件和阀门长度。

2. 桥管工程分为安装与土建两部分，分别以“座”为单位计算。

3. 倒虹管按河宽跨度以“处”为单位计算。

4. 管道防腐工程分为管道内防腐、外防腐，分别按内、外展开面以“m^2”为单位计算。

2.1 管道开槽支撑埋设

2.1.1 承插球墨铸铁管（开槽支撑）

工程内容：挖土、运土、回填，管道、阀门、管件安装，试压、消毒冲洗。

单位：100m

指标编号				3F-001		3F-002	
项目			单位	埋深 1.5m			
				*DN*100	占指标基价（%）	*DN*150	占指标基价（%）
指标基价			元	33691	100.00	37299	100.00
一、建筑安装工程费			元	33691	100.00	37299	100.00
二、设备购置费			元	—	—	—	—
建筑安装工程费							
直接费	人工费	人工	工日	133	—	139	—
		措施费分摊	元	127	—	148	—
		人工费小计	元	4254	12.63	4461	11.96
	材料费	球墨铸铁管	m	100.00	—	100.00	—
		钢配件	t	0.32	—	0.37	—
		法兰阀门	个	0.50	—	0.45	—
		平焊法兰	片	1.08	—	0.97	—
		钢板	kg	0.88	—	2.66	—
		钢挡土板	t	0.30	—	0.30	—
		板方材	m^3	0.19	—	0.19	—
		砂砾	m^3	14.52	—	22.53	—
		橡胶圈	个	43.05	—	43.05	—
		扒钉	kg	29.61	—	29.61	—
		钢套管	kg	50.59	—	50.59	—
		商品混凝土 C15	m^3	0.16	—	0.17	—
		商品混凝土 C20	m^3	0.26	—	0.26	—
		商品混凝土 C25	m^3	1.10	—	1.18	—
		消火栓	个	0.83	—	0.83	—
		排气阀	个	0.11	—	0.11	—
		泄水管	个	0.05	—	0.05	—
		井盖	套	1.44	—	1.38	—
		其他材料费	元	2234	—	2702	—
		措施费分摊	元	1450	—	1605	—
		材料费小计	元	21834	64.81	24448	65.55
	机械费	自卸汽车 15t	台班	0.44	—	0.56	—
		反铲挖掘机 $1m^3$	台班	0.37	—	0.40	—
		电动夯实机 20～62N·m	台班	12.55	—	13.65	—
		载重汽车 6t	台班	1.13	—	1.13	—
		其他机械费	元	436	—	450	—
		措施费分摊	元	83	—	92	—
		机械费小计	元	1687	5.01	1840	4.93
	直接费小计		元	27775	82.44	30749	82.44
综合费用			元	5916	17.56	6550	17.56
合　计			元	33691	—	37299	—

工程内容：挖土、运土、回填，管道、阀门、管件安装，试压、消毒冲洗。

单位：100m

指标编号				3F-003		3F-004	
项目			单位	埋深1.5m			
				*DN*200	占指标基价（%）	*DN*300	占指标基价（%）
指标基价			元	45510	100.00	74255	100.00
一、建筑安装工程费			元	45510	100.00	74255	100.00
二、设备购置费			元	—	—	—	—
建筑安装工程费							
直接费	人工费	人工	工日	147	—	154	—
		措施费分摊	元	180	—	294	—
		人工费小计	元	4741	10.42	5073	6.83
	材料费	球墨铸铁管	m	100.00	—	100.00	—
		钢配件	t	0.44	—	0.63	—
		法兰阀门	个	0.45	—	0.45	—
		平焊法兰	片	0.97	—	0.97	—
		钢板	kg	2.66	—	4.18	—
		钢挡土板	t	0.30	—	0.30	—
		板方材	m^3	0.19	—	0.19	—
		砂砾	m^3	31.45	—	51.41	—
		橡胶圈	个	36.37	—	31.92	—
		扒钉	kg	29.61	—	29.61	—
		钢套管	kg	50.59	—	50.59	—
		商品混凝土C15	m^3	0.17	—	4.26	—
		商品混凝土C20	m^3	0.26	—	0.26	—
		商品混凝土C25	m^3	1.30	—	1.30	—
		消火栓	个	0.83	—	0.83	—
		排气阀	个	0.11	—	0.11	—
		泄水管	个	0.05	—	0.05	—
		井盖	套	1.38	—	1.38	—
		其他材料费	元	2825	—	4305	—
		措施费分摊	元	1958	—	3195	—
		材料费小计	元	30755	67.58	53262	71.73
	机械费	自卸汽车 15t	台班	0.71	—	1.03	—
		反铲挖掘机 $1m^3$	台班	0.44	—	0.51	—
		电动夯实机 20～62N·m	台班	14.82	—	17.25	—
		载重汽车 6t	台班	1.13	—	1.13	—
		其他机械费	元	471	—	988	—
		措施费分摊	元	113	—	184	—
		机械费小计	元	2023	4.44	2881	3.88
	直接费小计		元	37519	82.44	61216	82.44
综合费用			元	7992	17.56	13039	17.56
合计			元	45510	—	74255	—

工程内容：挖土、运土、回填，管道、阀门、管件安装，试压、消毒冲洗。

单位：100m

指标编号				3F-005		3F-006	
项目			单位	埋深 1.5m			
				*DN*400	占指标基价（%）	*DN*500	占指标基价（%）
指标基价			元	98616	100.00	121234	100.00
一、建筑安装工程费			元	98616	100.00	121234	100.00
二、设备购置费			元	—	—	—	—
建筑安装工程费							
直接费	人工费	人工	工日	171	—	187	—
		措施费分摊	元	390	—	480	—
		人工费小计	元	5696	5.78	6283	5.18
	材料费	球墨铸铁管	m	100.00	—	100.00	—
		钢配件	t	1.14	—	1.24	—
		法兰阀门	个	0.40	—	0.40	—
		平焊法兰	片	0.86	—	0.86	—
		钢板	kg	5.12	—	6.50	—
		钢挡土板	t	0.30	—	0.30	—
		板方材	m^3	0.19	—	0.19	—
		砂砾	m^3	74.54	—	100.55	—
		橡胶圈	个	25.25	—	25.25	—
		扒钉	kg	29.61	—	29.61	—
		钢套管	kg	50.59	—	50.59	—
		商品混凝土 C15	m^3	8.96	—	10.79	—
		商品混凝土 C20	m^3	0.26	—	—	—
		商品混凝土 C25	m^3	2.35	—	2.06	—
		消火栓	个	0.83	—	—	—
		排气阀	个	0.11	—	0.11	—
		泄水管	个	0.05	—	0.05	—
		井盖	套	1.33	—	0.43	—
		其他材料费	元	3788	—	3204	—
		措施费分摊	元	4244	—	5217	—
		材料费小计	元	72186	73.20	89650	73.95
	机械费	自卸汽车 15t	台班	1.43	—	1.84	—
		反铲挖掘机 $1m^3$	台班	0.59	—	0.67	—
		电动夯实机 20～62N·m	台班	19.87	—	22.65	—
		载重汽车 6t	台班	1.14	—	1.14	—
		其他机械费	元	1112	—	1287	—
		措施费分摊	元	244	—	300	—
		机械费小计	元	3417	3.46	4013	3.31
	直接费小计		元	81299	82.44	99946	82.44
综合费用			元	17317	17.56	21288	17.56
合计			元	98616	—	121234	—

工程内容：挖土、运土、回填，管道、阀门、管件安装，试压、消毒冲洗。

单位：100m

指标编号				3F-007		3F-008	
项目			单位	埋深 1.5m			
				*DN*600	占指标基价（%）	*DN*700	占指标基价（%）
指标基价			元	156722	100.00	190933	100.00
一、建筑安装工程费			元	156722	100.00	190933	100.00
二、设备购置费			元	—	—	—	—
建筑安装工程费							
直接费	人工费	人工	工日	206	—	235	—
		措施费分摊	元	620	—	756	—
		人工费小计	元	7012	4.47	8048	4.22
	材料费	球墨铸铁管	m	100.00	—	100.00	—
		钢配件	t	1.25	—	1.27	—
		法兰阀门	个	0.38	—	0.38	—
		平焊法兰	片	0.82	—	0.82	—
		钢板	kg	7.48	—	9.50	—
		钢挡土板	t	0.30	—	0.30	—
		板方材	m^3	0.19	—	0.19	—
		砂砾	m^3	148.48	—	184.01	—
		橡胶圈	个	23.03	—	23.03	—
		扒钉	kg	29.61	—	29.61	—
		钢套管	kg	50.59	—	50.59	—
		商品混凝土 C15	m^3	11.48	—	16.80	—
		商品混凝土 C25	m^3	1.95	—	2.22	—
		排气阀	个	0.11	—	0.11	—
		泄水管	个	0.05	—	0.05	—
		井盖	套	0.41	—	0.41	—
		其他材料费	元	3674	—	4851	—
		措施费分摊	元	6744	—	8217	—
		材料费小计	元	116996	74.65	143320	75.06
	机械费	自卸汽车 15t	台班	2.60	—	3.22	—
		反铲挖掘机 $1m^3$	台班	0.87	—	0.98	—
		电动夯实机 20～62N·m	台班	29.28	—	32.61	—
		载重汽车 6t	台班	1.14	—	1.14	—
		其他机械费	元	1623	—	1865	—
		措施费分摊	元	388	—	472	—
		机械费小计	元	5194	3.31	6038	3.16
	直接费小计		元	129202	82.44	157406	82.44
综合费用			元	27520	17.56	33527	17.56
合计			元	156722	—	190933	—

工程内容：挖土、运土、回填，管道、阀门、管件安装，试压、消毒冲洗。

单位：100m

指标编号				3F-009		3F-010	
项目			单位	埋深 1.5m			
				*DN*800	占指标基价（%）	*DN*900	占指标基价（%）
指标基价			元	228870	100.00	260690	100.00
一、建筑安装工程费			元	228870	100.00	260690	100.00
二、设备购置费			元	—	—	—	—
建筑安装工程费							
直接费	人工费	人工	工日	245	—	251	—
		措施费分摊	元	906	—	1032	—
		人工费小计	元	8508	3.72	8821	3.38
	材料费	球墨铸铁管	m	100.00	—	100.00	—
		钢配件	t	1.37	—	1.56	—
		法兰阀门	个	0.38	—	0.21	—
		平焊法兰	片	0.82	—	0.45	—
		钢板	kg	9.50	—	11.31	—
		钢挡土板	t	0.30	—	0.30	—
		板方材	m^3	0.19	—	0.19	—
		砂砾	m^3	222.42	—	264.15	—
		橡胶圈	个	23.03	—	21.91	—
		扒钉	kg	29.61	—	29.61	—
		钢套管	kg	50.59	—	50.59	—
		商品混凝土 C15	m^3	21.48	—	15.82	—
		商品混凝土 C25	m^3	2.22	—	1.23	—
		排气阀	个	0.11	—	0.11	—
		泄水管	个	0.05	—	0.05	—
		井盖	套	0.41	—	0.23	—
		其他材料费	元	5007	—	4765	—
		措施费分摊	元	9849	—	11219	—
		材料费小计	元	173346	75.74	198614	76.19
	机械费	自卸汽车 15t	台班	3.85	—	4.43	—
		反铲挖掘机 $1m^3$	台班	1.10	—	1.22	—
		电动夯实机 20～62N · m	台班	36.10	—	39.79	—
		载重汽车 6t	台班	1.14	—	1.14	—
		其他机械费	元	2028	—	2081	—
		措施费分摊	元	566	—	645	—
		机械费小计	元	6826	2.98	7476	2.87
	直接费小计		元	188681	82.44	214913	82.44
综合费用			元	40189	17.56	45777	17.56
合计			元	228870	—	260690	—

工程内容： 挖土、运土、回填，管道、阀门、管件安装，试压、消毒冲洗。

单位：100m

指标编号				3F-011		3F-012	
项目			单位	埋深 1.5m			
				*DN*1000	占指标基价（%）	*DN*1200	占指标基价（%）
指标基价			元	303699	100.00	402149	100.00
一、建筑安装工程费			元	303699	100.00	402149	100.00
二、设备购置费			元	—	—	—	—
建筑安装工程费							
直接费	人工费	人工	工日	279	—	319	—
		措施费分摊	元	1202	—	1591	—
		人工费小计	元	9859	3.25	11490	2.86
	材料费	球墨铸铁管	m	100.00	—	100.00	—
		钢配件	t	1.64	—	1.64	—
		法兰阀门	个	0.21	—	0.21	—
		平焊法兰	片	0.45	—	0.45	—
		钢板	kg	11.31	—	13.56	—
		钢挡土板	t	0.30	—	0.30	—
		板方材	m^3	0.19	—	0.19	—
		砂砾	m^3	309.05	—	407.40	—
		橡胶圈	个	21.91	—	21.91	—
		扒钉	kg	29.61	—	29.61	—
		钢套管	kg	50.59	—	50.59	—
		商品混凝土 C15	m^3	17.28	—	21.88	—
		商品混凝土 C25	m^3	2.90	—	2.90	—
		排气阀	个	0.11	—	0.11	—
		泄水管	个	0.05	—	0.05	—
		井盖	套	0.23	—	0.23	—
		其他材料费	元	5824	—	7290	—
		措施费分摊	元	13069	—	17306	—
		材料费小计	元	231232	76.14	308903	76.81
	机械费	自卸汽车 15t	台班	5.28	—	6.92	—
		反铲挖掘机 $1m^3$	台班	1.34	—	1.62	—
		电动夯实机 20～62N·m	台班	43.66	—	51.92	—
		载重汽车 6t	台班	1.14	—	1.14	—
		其他机械费	元	3084	—	3359	—
		措施费分摊	元	751	—	995	—
		机械费小计	元	9279	3.06	11139	2.77
	直接费小计		元	250370	82.44	331532	82.44
综合费用			元	53329	17.56	70616	17.56
合计			元	303699	—	402149	—

工程内容：挖土、运土、回填，管道、阀门、管件安装，试压、消毒冲洗。

单位：100m

指标编号				3F-013		3F-014	
项目			单位	埋深 1.5m			
				*DN*1400	占指标基价（%）	*DN*1600	占指标基价（%）
指标基价			元	455623	100.00	516011	100.00
一、建筑安装工程费			元	455623	100.00	516011	100.00
二、设备购置费			元	—	—	—	—
建筑安装工程费							
直接费	人工费	人工	工日	343	—	401	—
		措施费分摊	元	1803	—	2042	—
		人工费小计	元	12446	2.73	14485	2.81
	材料费	球墨铸铁管	m	100.00	—	100.00	—
		钢配件	t	1.77	—	1.77	—
		法兰阀门	个	0.13	—	0.13	—
		平焊法兰	片	0.28	—	0.28	—
		钢板	kg	15.83	—	18.09	—
		钢挡土板	t	0.30	—	0.30	—
		板方材	m^3	0.19	—	0.19	—
		砂砾	m^3	517.56	—	640.48	—
		橡胶圈	个	20.58	—	20.58	—
		扒钉	kg	29.61	—	29.61	—
		钢套管	kg	50.59	—	50.59	—
		商品混凝土 C15	m^3	17.15	—	22.83	—
		商品混凝土 C25	m^3	1.80	—	2.46	—
		排气阀	个	0.11	—	—	—
		泄水管	个	0.05	—	—	—
		井盖	套	0.14	—	0.14	—
		其他材料费	元	7279	—	11251	—
		措施费分摊	元	19607	—	22206	—
		材料费小计	元	349695	76.75	394987	76.55
	机械费	自卸汽车 15t	台班	8.59	—	10.69	—
		反铲挖掘机 $1m^3$	台班	1.91	—	2.24	—
		电动夯实机 20～62N·m	台班	60.74	—	7.03	—
		光轮压路机 15t	台班	—	—	6.46	—
		载重汽车 6t	台班	1.13	—	1.14	—
		其他机械费	元	4071	—	4547	—
		措施费分摊	元	1127	—	1276	—
		机械费小计	元	13475	2.96	15929	3.09
	直接费小计		元	375616	82.44	425401	82.44
综合费用			元	80006	17.56	90610	17.56
合　计			元	455623	—	516011	—

工程内容：挖土、运土、回填，管道、阀门、管件安装，试压、消毒冲洗。

单位：100m

指标编号				3F-015		3F-016	
项目			单位	埋深2.0m			
				*DN*100	占指标基价（%）	*DN*150	占指标基价（%）
指标基价			元	36271	100.00	39900	100.00
一、建筑安装工程费			元	36271	100.00	39900	100.00
二、设备购置费			元	—	—	—	—
建筑安装工程费							
直接费	人工费	人工	工日	161	—	167	—
		措施费分摊	元	144	—	158	—
		人工费小计	元	5140	14.17	5340	13.38
	材料费	球墨铸铁管	m	100.00	—	100.00	—
		钢配件	t	0.32	—	0.37	—
		法兰阀门	个	0.50	—	0.45	—
		平焊法兰	片	1.08	—	0.97	—
		钢板	kg	0.88	—	2.66	—
		钢挡土板	t	0.40	—	0.40	—
		板方材	m^3	0.26	—	0.26	—
		砂砾	m^3	14.52	—	22.53	—
		橡胶圈	个	43.05	—	43.05	—
		扒钉	kg	39.48	—	39.48	—
		钢套管	kg	67.45	—	67.45	—
		商品混凝土C15	m^3	0.16	—	0.17	—
		商品混凝土C20	m^3	0.26	—	0.26	—
		商品混凝土C25	m^3	1.16	—	1.23	—
		消火栓	个	0.83	—	0.83	—
		排气阀	个	0.11	—	0.11	—
		泄水管	个	0.05	—	0.05	—
		井盖	套	1.44	—	1.38	—
		其他材料费	元	2831	—	3002	—
		措施费分摊	元	1561	—	1717	—
		材料费小计	元	22713	62.62	25331	63.49
	机械费	自卸汽车 15t	台班	0.49	—	0.63	—
		反铲挖掘机 $1m^3$	台班	0.49	—	0.53	—
		电动夯实机 20~62N·m	台班	16.45	—	17.78	—
		载重汽车 6t	台班	1.51	—	1.51	—
		其他机械费	元	447	—	459	—
		措施费分摊	元	90	—	99	—
		机械费小计	元	2049	5.65	2223	5.57
	直接费小计		元	29902	82.44	32893	82.44
综合费用			元	6369	17.56	7006	17.56
合计			元	36271	—	39900	—

工程内容：挖土、运土、回填，管道、阀门、管件安装，试压、消毒冲洗。

单位：100m

指标编号				3F-017		3F-018	
项目			单位	埋深2.0m			
				*DN*200	占指标基价（%）	*DN*300	占指标基价（%）
指标基价			元	48266	100.00	76244	100.00
一、建筑安装工程费			元	48266	100.00	76244	100.00
二、设备购置费			元	—	—	—	—
建筑安装工程费							
直接费	人工费	人工	工日	176	—	183	—
		措施费分摊	元	191	—	302	—
		人工费小计	元	5652	11.71	5980	7.84
	材料费	球墨铸铁管	m	100.00	—	100.00	—
		钢配件	t	0.44	—	0.63	—
		法兰阀门	个	0.45	—	0.45	—
		平焊法兰	片	0.97	—	0.97	—
		钢板	kg	2.66	—	4.18	—
		钢挡土板	t	0.40	—	0.40	—
		板方材	m^3	0.26	—	0.26	—
		砂砾	m^3	31.45	—	51.41	—
		橡胶圈	个	36.37	—	31.92	—
		扒钉	kg	39.48	—	39.48	—
		钢套管	kg	67.45	—	67.45	—
		商品混凝土C15	m^3	0.17	—	2.37	—
		商品混凝土C20	m^3	0.26	—	0.26	—
		商品混凝土C25	m^3	1.34	—	1.34	—
		消火栓	个	0.83	—	0.83	—
		排气阀	个	0.11	—	0.11	—
		泄水管	个	0.05	—	0.05	—
		井盖	套	1.38	—	1.38	—
		其他材料费	元	3566	—	4058	—
		措施费分摊	元	2077	—	3281	—
		材料费小计	元	31731	65.74	53595	70.29
	机械费	自卸汽车 15t	台班	0.77	—	1.08	—
		反铲挖掘机 $1m^3$	台班	0.58	—	0.67	—
		电动夯实机 20~62N·m	台班	19.15	—	22.02	—
		载重汽车 6t	台班	1.51	—	1.51	—
		其他机械费	元	479	—	1000	—
		措施费分摊	元	119	—	189	—
		机械费小计	元	2408	4.99	3281	4.30
	直接费小计		元	39791	82.44	62856	82.44
综合费用			元	8475	17.56	13388	17.56
合计			元	48266	—	76244	—

工程内容：挖土、运土、回填，管道、阀门、管件安装，试压、消毒冲洗。

单位：100m

指标编号				3F-019		3F-020	
项目			单位	埋深 2.0m			
				*DN*400	占指标基价（%）	*DN*500	占指标基价（%）
指标基价			元	99681	100.00	122443	100.00
一、建筑安装工程费			元	99681	100.00	122443	100.00
二、设备购置费			元	—	—	—	—
建筑安装工程费							
直接费	人工费	人工	工日	197	—	219	—
		措施费分摊	元	394	—	485	—
		人工费小计	元	6507	6.53	7281	5.95
	材料费	球墨铸铁管	m	100.00	—	100.00	—
		钢配件	t	1.14	—	1.24	—
		法兰阀门	个	0.40	—	0.40	—
		平焊法兰	片	0.86	—	0.86	—
		钢板	kg	5.12	—	6.50	—
		钢挡土板	t	0.40	—	0.40	—
		板方材	m^3	0.26	—	0.26	—
		砂砾	m^3	74.54	—	100.55	—
		橡胶圈	个	25.25	—	25.25	—
		扒钉	kg	39.48	—	39.48	—
		钢套管	kg	67.45	—	67.45	—
		商品混凝土 C15	m^3	4.92	—	6.54	—
		商品混凝土 C20	m^3	0.26	—	—	—
		商品混凝土 C25	m^3	2.38	—	2.06	—
		消火栓	个	0.83	—	—	—
		排气阀	个	0.11	—	0.11	—
		泄水管	个	0.05	—	0.05	—
		井盖	套	1.33	—	0.43	—
		其他材料费	元	4011	—	3858	—
		措施费分摊	元	4290	—	5269	—
		材料费小计	元	71868	72.10	89258	72.90
	机械费	自卸汽车 15t	台班	1.50	—	1.84	—
		反铲挖掘机 $1m^3$	台班	0.76	—	0.85	—
		电动夯实机 20～62N·m	台班	23.00	—	28.29	—
		载重汽车 6t	台班	1.51	—	1.51	—
		其他机械费	元	1125	—	1159	—
		措施费分摊	元	247	—	303	—
		机械费小计	元	3802	3.81	4404	3.60
	直接费小计		元	82177	82.44	100942	82.44
综合费用			元	17504	17.56	21501	17.56
合计			元	99681	—	122443	—

工程内容：挖土、运土、回填，管道、阀门、管件安装，试压、消毒冲洗。

单位：100m

指标编号			单位	3F-021		3F-022	
项目			单位	埋深 2.0m			
				*DN*600	占指标基价（%）	*DN* 700	占指标基价（%）
指标基价			元	157888	100.00	191360	100.00
一、建筑安装工程费			元	157888	100.00	191360	100.00
二、设备购置费			元	—	—	—	—
建筑安装工程费							
直接费	人工费	人工	工日	241	—	269	—
		措施费分摊	元	625	—	757	—
		人工费小计	元	8103	5.13	9104	4.76
	材料费	球墨铸铁管	m	100.00	—	100.00	—
		钢配件	t	1.25	—	1.27	—
		法兰阀门	个	0.38	—	0.38	—
		平焊法兰	片	0.82	—	0.82	—
		钢板	kg	7.48	—	9.50	—
		钢挡土板	t	0.40	—	0.40	—
		板方材	m^3	0.26	—	0.26	—
		砂砾	m^3	148.48	—	184.01	—
		橡胶圈	个	23.03	—	23.03	—
		扒钉	kg	39.48	—	39.48	—
		钢套管	kg	67.45	—	67.45	—
		商品混凝土 C15	m^3	6.64	—	10.02	—
		商品混凝土 C25	m^3	1.95	—	2.22	—
		排气阀	个	0.11	—	0.11	—
		泄水管	个	0.05	—	0.05	—
		井盖	套	0.41	—	0.41	—
		其他材料费	元	4126	—	5007	—
		措施费分摊	元	6795	—	8235	—
		材料费小计	元	116417	73.73	142164	74.29
	机械费	自卸汽车 15t	台班	2.60	—	3.22	—
		反铲挖掘机 $1m^3$	台班	1.09	—	1.21	—
		电动夯实机 20～62N·m	台班	36.21	—	39.12	—
		载重汽车 6t	台班	1.51	—	1.51	—
		其他机械费	元	1635	—	1873	—
		措施费分摊	元	390	—	473	—
		机械费小计	元	5643	3.57	6489	3.39
	直接费小计		元	130163	82.44	157757	82.44
综合费用			元	27725	17.56	33602	17.56
合计			元	157888	—	191360	—

工程内容：挖土、运土、回填，管道、阀门、管件安装，试压、消毒冲洗。

单位：100m

指标编号				3F-023		3F-024	
项目			单位	埋深 2.0m			
				*DN*800	占指标基价（%）	*DN*900	占指标基价（%）
指标基价			元	229581	100.00	261834	100.00
一、建筑安装工程费			元	229581	100.00	261834	100.00
二、设备购置费			元	—	—	—	—
建筑安装工程费							
直接费	人工费	人工	工日	281	—	286	—
		措施费分摊	元	908	—	1036	—
		人工费小计	元	9627	4.19	9911	3.79
	材料费	球墨铸铁管	m	100.00	—	100.00	—
		钢配件	t	1.37	—	1.56	—
		法兰阀门	个	0.38	—	0.21	—
		平焊法兰	片	0.82	—	0.45	—
		钢板	kg	9.50	—	11.31	—
		钢挡土板	t	0.40	—	0.40	—
		板方材	m^3	0.26	—	0.26	—
		砂砾	m^3	222.42	—	264.15	—
		橡胶圈	个	18.58	—	18.58	—
		扒钉	kg	39.48	—	39.48	—
		钢套管	kg	67.45	—	67.45	—
		商品混凝土 C15	m^3	15.17	—	10.79	—
		商品混凝土 C25	m^3	2.22	—	1.23	—
		排气阀	个	0.11	—	0.11	—
		泄水管	个	0.05	—	0.05	—
		井盖	套	0.41	—	0.23	—
		其他材料费	元	5426	—	5166	—
		措施费分摊	元	9880	—	11268	—
		材料费小计	元	172326	75.06	197968	75.61
	机械费	自卸汽车 15t	台班	3.85	—	4.43	—
		反铲挖掘机 $1m^3$	台班	1.34	—	1.48	—
		电动夯实机 20～62N·m	台班	43.91	—	48.03	—
		载重汽车 6t	台班	1.51	—	1.50	—
		其他机械费	元	2043	—	2092	—
		措施费分摊	元	568	—	648	—
		机械费小计	元	7314	3.19	7978	3.05
	直接费小计		元	189267	82.44	215856	82.44
综合费用			元	40314	17.56	45977	17.56
合计			元	229581	—	261834	—

工程内容：挖土、运土、回填，管道、阀门、管件安装，试压、消毒冲洗。

单位：100m

指标编号				3F-025		3F-026	
项目			单位	埋深 2.0m			
				*DN*1000	占指标基价（%）	*DN*1200	占指标基价（%）
指标基价			元	305228	100.00	403475	100.00
一、建筑安装工程费			元	305228	100.00	403475	100.00
二、设备购置费			元	—	—	—	—
建筑安装工程费							
直接费	人工费	人工	工日	317	—	358	—
		措施费分摊	元	1208	—	1597	—
		人工费小计	元	11045	3.62	12706	3.15
	材料费	球墨铸铁管	m	100.00	—	100.00	—
		钢配件	t	1.64	—	1.64	—
		法兰阀门	个	0.21	—	0.21	—
		平焊法兰	片	0.45	—	0.45	—
		钢板	kg	11.31	—	13.56	—
		钢挡土板	t	0.40	—	0.40	—
		板方材	m^3	0.26	—	0.26	—
		砂砾	m^3	309.05	—	407.40	—
		橡胶圈	个	18.58	—	21.91	—
		扒钉	kg	39.48	—	39.48	—
		钢套管	kg	67.45	—	67.45	—
		商品混凝土 C15	m^3	12.89	—	16.68	—
		商品混凝土 C25	m^3	2.90	—	2.90	—
		排气阀	个	0.11	—	0.11	—
		泄水管	个	0.05	—	0.05	—
		井盖	套	0.23	—	0.23	—
		其他材料费	元	6271	—	8458	—
		措施费分摊	元	13135	—	17363	—
		材料费小计	元	230779	75.61	308211	76.39
	机械费	自卸汽车 15t	台班	5.28	—	6.92	—
		反铲挖掘机 $1m^3$	台班	1.62	—	1.92	—
		电动夯实机 20~62N·m	台班	52.34	—	61.47	—
		载重汽车 6t	台班	1.52	—	1.52	—
		其他机械费	元	3099	—	3377	—
		措施费分摊	元	755	—	998	—
		机械费小计	元	9808	3.21	11708	2.90
	直接费小计		元	251631	82.44	332625	82.44
综合费用			元	53597	17.56	70849	17.56
合计			元	305228	—	403475	—

工程内容：挖土、运土、回填，管道、阀门、管件安装，试压、消毒冲洗。

单位：100m

指标编号				3F-027		3F-028	
项目			单位	埋深 2.0m			
				*DN*1400	占指标基价（%）	*DN*1600	占指标基价（%）
指标基价			元	457556	100.00	517839	100.00
一、建筑安装工程费			元	457556	100.00	517839	100.00
二、设备购置费			元	—	—	—	—
建筑安装工程费							
直接费	人工费	人工	工日	382	—	443	—
		措施费分摊	元	1811	—	2049	—
		人工费小计	元	13664	2.99	15795	3.05
	材料费	球墨铸铁管	m	100.00	—	100.00	—
		钢配件	t	1.77	—	1.77	—
		法兰阀门	个	0.13	—	0.13	—
		平焊法兰	片	0.28	—	0.28	—
		钢板	kg	15.83	—	18.09	—
		钢挡土板	t	0.40	—	0.40	—
		板方材	m^3	0.26	—	0.26	—
		砂砾	m^3	517.56	—	640.59	—
		橡胶圈	个	20.58	—	20.58	—
		扒钉	kg	39.48	—	39.48	—
		钢套管	kg	67.45	—	67.45	—
		商品混凝土 C15	m^3	13.52	—	18.46	—
		商品混凝土 C25	m^3	1.80	—	2.46	—
		排气阀	个	0.11	—	—	—
		泄水管	个	0.05	—	—	—
		井盖	套	0.14	—	0.14	—
		其他材料费	元	7483	—	11437	—
		措施费分摊	元	19690	—	22284	—
		材料费小计	元	349461	76.38	394534	76.19
	机械费	自卸汽车 15t	台班	8.59	—	10.69	—
		反铲挖掘机 $1m^3$	台班	2.24	—	2.60	—
		电动夯实机 20～62N·m	台班	71.15	—	8.16	—
		光轮压路机 15t	台班	—	—	7.50	—
		载重汽车 6t	台班	1.52	—	1.52	—
		其他机械费	元	4084	—	4544	—
		措施费分摊	元	1132	—	1281	—
		机械费小计	元	14082	3.08	16576	3.20
	直接费小计		元	377211	82.44	426909	82.44
综合费用			元	80345	17.56	90931	17.56
合计			元	457556	—	517839	—

2.1.2 钢板卷管（开槽支撑）

工程内容：挖土、运土、回填，管道、阀门、管件安装，试压、消毒冲洗。

单位：100m

指标编号			单位	3F-029		3F-030	
项目				埋深 1.5m			
				D219×8	占指标基价（%）	D325×8	占指标基价（%）
指标基价			元	52957	100.00	71708	100.00
一、建筑安装工程费			元	52957	100.00	71708	100.00
二、设备购置费			元	—	—	—	—
建筑安装工程费							
直接费	人工费	人工	工日	172	—	191	—
		措施费分摊	元	202	—	272	—
		人工费小计	元	5539	10.46	6199	8.65
	材料费	钢板卷管	m	101.40	—	101.30	—
		角钢	kg	1.78	—	1.88	—
		砂砾	m^3	28.12	—	42.79	—
		商品混凝土 C15	m^3	0.17	—	4.26	—
		商品混凝土 C20	m^3	0.26	—	0.26	—
		商品混凝土 C25	m^3	1.30	—	1.30	—
		阀门	个	0.45	—	0.45	—
		钢配件	t	0.44	—	0.57	—
		泄水管	个	0.05	—	0.05	—
		排气阀	个	0.11	—	0.11	—
		消火栓	个	0.83	—	0.83	—
		井盖	套	1.38	—	1.38	—
		其他材料费	元	6196	—	6808	—
		措施费分摊	元	2218	—	3012	—
		材料费小计	元	34428	65.01	48394	67.49
	机械费	履带式推土机 75kW	台班	0.11	—	0.16	—
		履带式推土机 90kW	台班	0.03	—	0.03	—
		履带式单斗液压挖掘机 $1m^3$	台班	0.03	—	0.03	—
		电动夯实机 20~62N·m	台班	14.79	—	16.99	—
		汽车式起重机 5t	台班	0.12	—	0.82	—
		汽车式起重机 16t	台班	0.01	—	0.01	—
		电动双梁起重机 5t	台班	0.91	—	0.80	—
		载重汽车 6t	台班	1.29	—	1.37	—
		自卸汽车 15t	台班	0.82	—	1.10	—
		卷板机 20×2500	台班	0.35	—	0.37	—
		试压泵 60MPa	台班	0.22	—	0.32	—
		电焊机(综合)	台班	14.76	—	14.17	—
		反铲挖掘机 $1m^3$	台班	0.44	—	0.52	—
		其他机械费	元	652	—	885	—
		措施费分摊	元	127	—	173	—
		机械费小计	元	3691	6.97	4523	6.31
	直接费小计		元	43658	82.44	59117	82.44
综合费用			元	9299	17.56	12592	17.56
合计			元	52957	—	71708	—

工程内容：挖土、运土、回填，管道、阀门、管件安装，试压、消毒冲洗。

单位：100m

指标编号				3F-031		3F-032	
项目			单位	埋深1.5m			
				D428×8	占指标基价（%）	D529×10	占指标基价（%）
指标基价			元	95294	100.00	127244	100.00
一、建筑安装工程费			元	95294	100.00	127244	100.00
二、设备购置费			元	—	—	—	—
建筑安装工程费							
直接费	人工费	人工	工日	216	—	255	—
		措施费分摊	元	374	—	478	—
		人工费小计	元	7076	7.43	8391	6.59
	材料费	钢板卷管	m	101.20	—	101.10	—
		角钢	kg	1.78	—	1.77	—
		砂砾	m^3	57.46	—	89.06	—
		商品混凝土C15	m^3	8.99	—	10.79	—
		商品混凝土C20	m^3	0.26	—	0.00	—
		商品混凝土C25	m^3	2.64	—	2.06	—
		阀门	个	0.45	—	0.40	—
		钢配件	t	1.01	—	1.04	—
		泄水管	个	0.05	—	0.05	—
		排气阀	个	0.11	—	0.11	—
		井盖	套	0.49	—	0.43	—
		其他材料费	元	9096	—	8791	—
		措施费分摊	元	4002	—	5372	—
		材料费小计	元	66020	69.28	90068	70.78
	机械费	履带式推土机75kW	台班	0.20	—	0.28	—
		履带式推土机90kW	台班	0.03	—	0.03	—
		履带式单斗液压挖掘机1m^3	台班	0.03	—	0.03	—
		电动夯实机20~62N·m	台班	19.13	—	24.85	—
		汽车式起重机5t	台班	0.90	—	1.28	—
		汽车式起重机16t	台班	0.01	—	0.01	—
		电动双梁起重机5t	台班	0.91	—	0.78	—
		载重汽车6t	台班	1.45	—	1.53	—
		自卸汽车15t	台班	1.52	—	2.18	—
		卷板机20×2500	台班	0.57	—	0.48	—
		试压泵60MPa	台班	0.32	—	0.32	—
		电焊机(综合)	台班	16.52	—	13.88	—
		反铲挖掘机1m^3	台班	0.61	—	0.79	—
		其他机械费	元	1116	—	1341	—
		措施费分摊	元	230	—	309	—
		机械费小计	元	5465	5.73	6440	5.06
	直接费小计		元	78560	82.44	104900	82.44
综合费用			元	16733	17.56	22344	17.56
合计			元	95294	—	127244	—

工程内容：挖土、运土、回填，管道、阀门、管件安装，试压、消毒冲洗。

单位：100m

指标编号				3F-033		3F-034	
项目			单位	埋深 1.5m			
				*D*630×10	占指标基价（%）	*D*720×10	占指标基价（%）
指标基价			元	154144	100.00	178160	100.00
一、建筑安装工程费			元	154144	100.00	178160	100.00
二、设备购置费			元	—	—	—	—
建筑安装工程费							
直接费	人工费	人工	工日	288	—	315	—
		措施费分摊	元	605	—	681	—
		人工费小计	元	9542	6.19	10455	5.87
	材料费	钢板卷管	m	101.05	—	101.00	—
		角钢	kg	1.77	—	1.95	—
		砂砾	m^3	108.11	—	125.65	—
		商品混凝土 C15	m^3	11.48	—	16.80	—
		商品混凝土 C25	m^3	1.95	—	2.22	—
		阀门	个	0.38	—	0.38	—
		钢配件	t	1.12	—	1.20	—
		泄水管	个	0.05	—	0.05	—
		排气阀	个	0.11	—	0.11	—
		井盖	套	0.41	—	0.41	—
		其他材料费	元	9747	—	10811	—
		措施费分摊	元	6520	—	7540	—
		材料费小计	元	109605	71.11	127504	71.57
	机械费	履带式推土机 75kW	台班	0.35	—	0.41	—
		履带式推土机 90kW	台班	0.03	—	0.03	—
		履带式单斗液压挖掘机 $1m^3$	台班	0.03	—	0.03	—
		电动夯实机 20~62N·m	台班	27.23	—	29.40	—
		汽车式起重机 5t	台班	2.05	—	0.24	—
		汽车式起重机 16t	台班	0.01	—	0.01	—
		电动双梁起重机 5t	台班	0.93	—	0.86	—
		载重汽车 6t	台班	1.61	—	1.68	—
		自卸汽车 15t	台班	2.72	—	3.29	—
		卷板机 20×2500	台班	0.47	—	0.46	—
		试压泵 60MPa	台班	0.32	—	0.32	—
		电焊机（综合）	台班	18.75	—	17.39	—
		反铲挖掘机 $1m^3$	台班	0.89	—	0.99	—
		其他机械费	元	1595	—	2825	—
		措施费分摊	元	375	—	433	—
		机械费小计	元	7930	5.14	8916	5.00
	直接费小计		元	127077	82.44	146876	82.44
综合费用			元	27067	17.56	31285	17.56
合计			元	154144	—	178160	—

工程内容：挖土、运土、回填，管道、阀门、管件安装，试压、消毒冲洗。

单位：100m

指标编号				3F-035		3F-036	
项目			单位	埋深 1.5m			
				D820×10	占指标基价（%）	D920×10	占指标基价（%）
指标基价			元	201466	100.00	239419	100.00
一、建筑安装工程费			元	201466	100.00	239419	100.00
二、设备购置费			元	—	—	—	—
建筑安装工程费							
直接费	人工费	人工	工日	334	—	336	—
		措施费分摊	元	769	—	959	—
		人工费小计	元	11133	5.53	11385	4.76
	材料费	钢板卷管	m	100.95	—	100.90	—
		角钢	kg	1.95	—	1.91	—
		砂砾	m^3	145.91	—	166.62	—
		商品混凝土 C15	m^3	21.48	—	15.82	—
		商品混凝土 C25	m^3	2.22	—	1.23	—
		阀门	个	0.38	—	0.21	—
		钢配件	t	1.30	—	1.48	—
		泄水管	个	0.05	—	0.05	—
		排气阀	个	0.11	—	0.11	—
		井盖	套	0.41	—	0.23	—
		其他材料费	元	11389	—	8936	—
		措施费分摊	元	8532	—	10295	—
		材料费小计	元	145211	72.08	175337	73.23
	机械费	履带式推土机 75kW	台班	0.48	—	0.56	—
		履带式推土机 90kW	台班	0.03	—	0.03	—
		履带式单斗液压挖掘机 $1m^3$	台班	0.03	—	0.03	—
		电动夯实机 20~62N·m	台班	31.84	—	34.32	—
		汽车式起重机 5t	台班	0.12	—	0.11	—
		汽车式起重机 16t	台班	0.01	—	0.01	—
		电动双梁起重机 5t	台班	0.78	—	0.79	—
		载重汽车 6t	台班	1.75	—	1.82	—
		自卸汽车 15t	台班	3.90	—	4.48	—
		卷板机 20×2500	台班	0.49	—	0.47	—
		试压泵 60MPa	台班	0.32	—	0.54	—
		电焊机（综合）	台班	14.90	—	15.36	—
		反铲挖掘机 $1m^3$	台班	1.11	—	1.23	—
		其他机械费	元	3220	—	3455	—
		措施费分摊	元	490	—	592	—
		机械费小计	元	9745	4.84	10656	4.45
	直接费小计		元	166089	82.44	197377	82.44
综合费用			元	35377	17.56	42041	17.56
合计			元	201466	—	239419	—

工程内容：挖土、运土、回填，管道、阀门、管件安装，试压、消毒冲洗。

单位：100m

指标编号				3F-037		3F-038	
项目			单位	埋深 1.5m			
				*D*1020×12	占指标基价（%）	*D*1220×12	占指标基价（%）
指标基价			元	267656	100.00	319980	100.00
一、建筑安装工程费			元	267656	100.00	319980	100.00
二、设备购置费			元	—	—	—	—
建筑安装工程费							
直接费	人工费	人工	工日	370	—	429	—
		措施费分摊	元	1070	—	1256	—
		人工费小计	元	12551	4.69	14568	4.55
	材料费	钢板卷管	m	100.85	—	100.80	—
		角钢	kg	1.91	—	3.37	—
		砂砾	m^3	188.09	—	232.85	—
		商品混凝土 C15	m^3	17.28	—	21.88	—
		商品混凝土 C25	m^3	2.90	—	2.90	—
		阀门	个	0.21	—	0.21	—
		钢配件	t	1.50	—	1.52	—
		泄水管	个	0.05	—	0.05	—
		排气阀	个	0.11	—	0.11	—
		井盖	套	0.23	—	0.23	—
		其他材料费	元	10912	—	12674	—
		措施费分摊	元	11484	—	13771	—
		材料费小计	元	195849	73.17	234340	73.24
	机械费	履带式推土机 75kW	台班	0.65	—	0.84	—
		履带式推土机 90kW	台班	0.03	—	0.03	—
		履带式单斗液压挖掘机 $1m^3$	台班	0.03	—	0.03	—
		电动夯实机 20~62N·m	台班	36.83	—	41.97	—
		汽车式起重机 5t	台班	0.12	—	0.12	—
		汽车式起重机 16t	台班	0.01	—	0.01	—
		电动双梁起重机 5t	台班	0.42	—	0.54	—
		载重汽车 6t	台班	1.90	—	2.05	—
		自卸汽车 15t	台班	5.28	—	6.94	—
		卷板机 20×2500	台班	0.27	—	0.41	—
		试压泵 60MPa	台班	0.54	—	0.54	—
		电焊机（综合）	台班	7.71	—	9.98	—
		反铲挖掘机 $1m^3$	台班	1.35	—	1.63	—
		其他机械费	元	4854	—	5603	—
		措施费分摊	元	660	—	791	—
		机械费小计	元	12257	4.58	14884	4.65
	直接费小计		元	220656	82.44	263792	82.44
综合费用			元	47000	17.56	56188	17.56
合计			元	267656	—	319980	—

工程内容：挖土、运土、回填，管道、阀门、管件安装，试压、消毒冲洗。

单位：100m

指标编号			3F-039		3F-040	
项目		单位	埋深 1.5m			
			D1420×14	占指标基价（%）	D1620×16	占指标基价（%）
指标基价		元	397974	100.00	512603	100.00
一、建筑安装工程费		元	397974	100.00	512603	100.00
二、设备购置费		元	—	—	—	—
建筑安装工程费						
直接费	人工费	人工	工日	465	—	529	—
		措施费分摊	元	1577	—	2031	—
		人工费小计	元	16006	4.02	18446	3.60
	材料费	钢板卷管	m	100.75	—	100.70	—
		角钢	kg	3.34	—	4.06	—
		砂砾	m^3	280.32	—	330.22	—
		商品混凝土 C15	m^3	17.15	—	22.83	—
		商品混凝土 C25	m^3	1.80	—	2.46	—
		阀门	个	0.13	—	0.13	—
		钢配件	t	1.56	—	1.66	—
		泄水管	个	0.05	—	0.05	—
		排气阀	个	0.11	—	—	—
		井盖	套	0.14	—	0.14	—
		其他材料费	元	11944	—	18157	—
		措施费分摊	元	17235	—	22054	—
		材料费小计	元	293938	73.86	381793	74.48
	机械费	履带式推土机 75kW	台班	1.05	—	1.28	—
		履带式推土机 90kW	台班	0.03	—	0.03	—
		履带式单斗液压挖掘机 $1m^3$	台班	0.03	—	0.03	—
		电动夯实机 20~62N·m	台班	47.26	—	5.27	—
		光轮压路机 15t	台班	—	—	4.84	—
		汽车式起重机 5t	台班	0.11	—	0.12	—
		汽车式起重机 16t	台班	3.66	—	4.99	—
		电动双梁起重机 5t	台班	0.55	—	0.29	—
		载重汽车 6t	台班	2.19	—	2.35	—
		自卸汽车 15t	台班	8.63	—	10.70	—
		卷板机 20×2500	台班	0.40	—	0.27	—
		试压泵 60MPa	台班	0.54	—	0.54	—
		电焊机（综合）	台班	9.52	—	4.97	—
		反铲挖掘机 $1m^3$	台班	1.92	—	2.24	—
		其他机械费	元	4151	—	5129	—
		措施费分摊	元	991	—	1267	—
		机械费小计	元	18146	4.56	22352	4.36
	直接费小计		元	328090	82.44	422591	82.44
综合费用			元	69883	17.56	90012	17.56
合计			元	397974	—	512603	—

工程内容：挖土、运土、回填，管道、阀门、管件安装，试压、消毒冲洗。

单位：100m

指标编号				3F-041		3F-042	
项目			单位	埋深 1.5m			
				D 1820×16	占指标基价（%）	D 2020×16	占指标基价（%）
指标基价			元	568321	100.00	642971	100.00
一、建筑安装工程费			元	568321	100.00	642971	100.00
二、设备购置费			元	—	—	—	—
建筑安装工程费							
直接费	人工费	人工	工日	599	—	645	—
		措施费分摊	元	2253	—	2554	—
		人工费小计	元	20842	3.67	22570	3.51
	材料费	钢板卷管	m	100.65	—	100.60	—
		角钢	kg	4.05	—	4.05	—
		砂砾	m^3	382.84	—	438.03	—
		商品混凝土 C15	m^3	22.62	—	23.21	—
		商品混凝土 C25	m^3	1.89	—	1.89	—
		阀门	个	0.10	—	0.10	—
		钢配件	t	1.77	—	1.77	—
		泄水管	个	0.05	—	0.05	—
		井盖	套	0.11	—	0.11	—
		其他材料费	元	18128	—	26198	—
		措施费分摊	元	24667	—	27886	—
		材料费小计	元	420039	73.91	473902	73.71
	机械费	履带式推土机 75kW	台班	1.54	—	1.82	—
		履带式推土机 90kW	台班	0.03	—	0.03	—
		履带式单斗液压挖掘机 $1m^3$	台班	0.03	—	0.03	—
		电动夯实机 20~62N·m	台班	5.83	—	6.40	—
		光轮压路机 15t	台班	5.35	—	5.88	—
		汽车式起重机 5t	台班	1.20	—	0.12	—
		汽车式起重机 16t	台班	0.10	—	0.01	—
		电动双梁起重机 5t	台班	0.41	—	0.53	—
		载重汽车 6t	台班	2.49	—	2.64	—
		自卸汽车 15t	台班	12.61	—	15.18	—
		卷板机 20×2500	台班	0.43	—	0.61	—
		试压泵 60MPa	台班	0.54	—	0.54	—
		电焊机(综合)	台班	7.06	—	9.39	—
		反铲挖掘机 $1m^3$	台班	2.59	—	2.97	—
		其他机械费	元	11824	—	15542	—
		措施费分摊	元	1418	—	1603	—
		机械费小计	元	27643	4.86	33595	5.22
	直接费小计		元	468525	82.44	530066	82.44
综合费用			元	99796	17.56	112904	17.56
合计			元	568321	—	642971	—

工程内容：挖土、运土、回填，管道、阀门、管件安装，试压、消毒冲洗。

单位：100m

指标编号				3F-043		3F-044	
项目			单位	埋深1.5m			
				D 2420×18	占指标基价（%）	D 2620×18	占指标基价（%）
指标基价			元	850770	100.00	923692	100.00
一、建筑安装工程费			元	850770	100.00	923692	100.00
二、设备购置费			元	—	—	—	—
建筑安装工程费							
直接费	人工费	人工	工日	817	—	903	—
		措施费分摊	元	3336	—	3610	—
		人工费小计	元	28690	3.37	31632	3.42
	材料费	钢板卷管	m	100.50	—	100.45	—
		角钢	kg	6.56	—	6.56	—
		砂砾	m^3	556.26	—	619.32	—
		商品混凝土 C15	m^3	23.21	—	23.21	—
		商品混凝土 C25	m^3	1.89	—	1.89	—
		阀门	个	0.10	—	0.10	—
		钢配件	t	1.77	—	1.77	—
		泄水管	个	0.05	—	0.05	—
		井盖	套	0.11	—	0.11	—
		其他材料费	元	44027	—	48040	—
		措施费分摊	元	36287	—	39393	—
		材料费小计	元	629322	73.97	681261	73.75
	机械费	履带式推土机 75kW	台班	2.45	—	2.79	—
		履带式推土机 90kW	台班	0.03	—	0.03	—
		履带式单斗液压挖掘机 $1m^3$	台班	0.03	—	0.03	—
		电动夯实机 20~62N·m	台班	7.59	—	8.21	—
		光轮压路机 15t	台班	6.97	—	7.54	—
		汽车式起重机 5t	台班	0.12	—	0.12	—
		汽车式起重机 16t	台班	0.01	—	0.01	—
		电动双梁起重机 5t	台班	0.44	—	0.45	—
		载重汽车 6t	台班	2.94	—	3.09	—
		自卸汽车 15t	台班	20.53	—	23.48	—
		卷板机 20×2500	台班	0.57	—	0.55	—
		试压泵 60MPa	台班	0.65	—	0.65	—
		电焊机(综合)	台班	7.80	—	8.37	—
		反铲挖掘机 $1m^3$	台班	3.79	—	4.23	—
		其他机械费	元	20117	—	22402	—
		措施费分摊	元	2085	—	2264	—
		机械费小计	元	43365	5.10	48600	5.26
	直接费小计		元	701377	82.44	761493	82.44
综合费用			元	149393	17.56	162198	17.56
合计			元	850770	—	923692	—

工程内容：挖土、运土、回填，管道、阀门、管件安装，试压、消毒冲洗。

单位：100m

指标编号				3F-045		3F-046	
项目			单位	埋深 1.5m			
				D 2820×18	占指标基价（%）	D 3020×18	占指标基价（%）
指标基价			元	1010913	100.00	1065472	100.00
一、建筑安装工程费			元	1010913	100.00	1065472	100.00
二、设备购置费			元	—	—	—	—
建筑安装工程费							
直接费	人工费	人工	工日	990	—	1090	—
		措施费分摊	元	3947	—	4191	—
		人工费小计	元	34670	3.43	38017	3.57
	材料费	钢板卷管	m	100.40	—	100.35	—
		角钢	kg	6.56	—	6.56	—
		砂砾	m^3	684.94	—	753.13	—
		商品混凝土 C15	m^3	23.21	—	23.21	—
		商品混凝土 C25	m^3	1.89	—	1.89	—
		阀门	个	0.10	—	0.10	—
		钢配件	t	1.77	—	1.77	—
		泄水管	个	0.05	—	0.05	—
		井盖	套	0.11	—	0.11	—
		其他材料费	元	50984	—	54208	—
		措施费分摊	元	43122	—	45571	—
		材料费小计	元	745048	73.70	784001	73.58
	机械费	履带式推土机 75kW	台班	3.16	—	3.56	—
		履带式推土机 90kW	台班	0.03	—	0.03	—
		履带式单斗液压挖掘机 $1m^3$	台班	0.03	—	0.66	—
		电动夯实机 20~62N·m	台班	8.84	—	9.49	—
		光轮压路机 15t	台班	8.12	—	8.71	—
		汽车式起重机 5t	台班	0.12	—	1.37	—
		汽车式起重机 16t	台班	0.01	—	0.01	—
		电动双梁起重机 5t	台班	0.39	—	0.34	—
		载重汽车 6t	台班	3.23	—	3.38	—
		自卸汽车 15t	台班	26.64	—	37.10	—
		卷板机 20×2500	台班	0.53	—	0.53	—
		试压泵 60MPa	台班	0.65	—	0.65	—
		电焊机(综合)	台班	7.08	—	6.40	—
		反铲挖掘机 $1m^3$	台班	4.70	—	5.27	—
		其他机械费	元	24476	—	17704	—
		措施费分摊	元	2478	—	2619	—
		机械费小计	元	53680	5.31	56360	5.29
	直接费小计		元	833399	82.44	878378	82.44
综合费用			元	177514	17.56	187094	17.56
合计			元	1010913	—	1065472	—

工程内容： 挖土、运土、回填，管道、阀门、管件安装，试压、消毒冲洗。

单位：100m

指标编号				3F-047		3F-048	
项目			单位	埋深 2.0m			
				D 219×8	占指标基价（%）	D 325×8	占指标基价（%）
指标基价			元	55683	100.00	73106	100.00
一、建筑安装工程费			元	55683	100.00	73106	100.00
二、设备购置费			元	—	—	—	—
建筑安装工程费							
直接费	人工费	人工	工日	201	—	204	—
		措施费分摊	元	202	—	295	—
		人工费小计	元	6439	11.56	6625	9.06
	材料费	钢板卷管	m	101.40	—	101.30	—
		角钢	kg	1.78	—	1.78	—
		砂砾	m^3	28.12	—	42.79	—
		商品混凝土 C15	m^3	0.17	—	2.37	—
		商品混凝土 C20	m^3	0.26	—	0.26	—
		商品混凝土 C25	m^3	1.34	—	1.34	—
		阀门	个	0.45	—	0.45	—
		钢配件	t	0.44	—	0.57	—
		泄水管	个	0.05	—	0.05	—
		排气阀	个	0.11	—	0.11	—
		消火栓	个	0.83	—	0.83	—
		井盖	套	1.38	—	1.38	—
		其他材料费	元	7030	—	7461	—
		措施费分摊	元	2328	—	3069	—
		材料费小计	元	35386	63.55	48594	66.47
	机械费	履带式推土机 75kW	台班	0.13	—	0.18	—
		履带式推土机 90kW	台班	0.03	—	0.03	—
		履带式单斗液压挖掘机 $1m^3$	台班	0.03	—	0.03	—
		电动夯实机 20~62N·m	台班	19.18	—	21.84	—
		汽车式起重机 5t	台班	0.12	—	0.82	—
		汽车式起重机 16t	台班	0.01	—	0.01	—
		电动双梁起重机 5t	台班	0.91	—	0.80	—
		载重汽车 6t	台班	1.67	—	1.75	—
		自卸汽车 15t	台班	0.80	—	1.07	—
		卷板机 20×2500	台班	0.35	—	0.37	—
		试压泵 60MPa	台班	0.22	—	0.32	—
		电焊机(综合)	台班	14.76	—	14.17	—
		反铲挖掘机 $1m^3$	台班	0.59	—	0.69	—
		其他机械费	元	718	—	1068	—
		措施费分摊	元	134	—	176	—
		机械费小计	元	4080	7.33	5049	6.91
	直接费小计		元	45905	82.44	60268	82.44
综合费用			元	9778	17.56	12837	17.56
合计			元	55683	—	73106	—

工程内容：挖土、运土、回填，管道、阀门、管件安装，试压、消毒冲洗。

单位：100m

<table>
<tr><td colspan="3">指标编号</td><td>单位</td><td colspan="2">3F-049</td><td colspan="2">3F-050</td></tr>
<tr><td colspan="3" rowspan="2">项目</td><td rowspan="2">单位</td><td colspan="4">埋深 2.0m</td></tr>
<tr><td>D 428×8</td><td>占指标基价（%）</td><td>D 529×10</td><td>占指标基价（%）</td></tr>
<tr><td colspan="3">指标基价</td><td>元</td><td>94022</td><td>100.00</td><td>128968</td><td>100.00</td></tr>
<tr><td colspan="3">一、建筑安装工程费</td><td>元</td><td>94022</td><td>100.00</td><td>128968</td><td>100.00</td></tr>
<tr><td colspan="3">二、设备购置费</td><td>元</td><td>—</td><td>—</td><td>—</td><td>—</td></tr>
<tr><td colspan="8">建筑安装工程费</td></tr>
<tr><td rowspan="35">直接费</td><td rowspan="3">人工费</td><td>人工</td><td>工日</td><td>225</td><td>—</td><td>285</td><td>—</td></tr>
<tr><td>措施费分摊</td><td>元</td><td>370</td><td>—</td><td>506</td><td>—</td></tr>
<tr><td>人工费小计</td><td>元</td><td>7352</td><td>7.82</td><td>9350</td><td>7.25</td></tr>
<tr><td rowspan="14">材料费</td><td>钢板卷管</td><td>m</td><td>101.20</td><td>—</td><td>101.10</td><td>—</td></tr>
<tr><td>角钢</td><td>kg</td><td>1.77</td><td>—</td><td>1.77</td><td>—</td></tr>
<tr><td>砂砾</td><td>m^3</td><td>57.46</td><td>—</td><td>89.06</td><td>—</td></tr>
<tr><td>商品混凝土 C15</td><td>m^3</td><td>4.95</td><td>—</td><td>6.54</td><td>—</td></tr>
<tr><td>商品混凝土 C20</td><td>m^3</td><td>0.26</td><td>—</td><td>—</td><td>—</td></tr>
<tr><td>商品混凝土 C25</td><td>m^3</td><td>2.67</td><td>—</td><td>2.06</td><td>—</td></tr>
<tr><td>阀门</td><td>个</td><td>0.40</td><td>—</td><td>0.40</td><td>—</td></tr>
<tr><td>钢配件</td><td>t</td><td>0.95</td><td>—</td><td>1.04</td><td>—</td></tr>
<tr><td>泄水管</td><td>个</td><td>0.05</td><td>—</td><td>0.05</td><td>—</td></tr>
<tr><td>排气阀</td><td>个</td><td>0.11</td><td>—</td><td>0.11</td><td>—</td></tr>
<tr><td>井盖</td><td>套</td><td>0.43</td><td>—</td><td>0.43</td><td>—</td></tr>
<tr><td>其他材料费</td><td>元</td><td>9153</td><td>—</td><td>9783</td><td>—</td></tr>
<tr><td>措施费分摊</td><td>元</td><td>3950</td><td>—</td><td>5442</td><td>—</td></tr>
<tr><td>材料费小计</td><td>元</td><td>64381</td><td>68.47</td><td>89953</td><td>69.75</td></tr>
<tr><td rowspan="17">机械费</td><td>履带式推土机 75kW</td><td>台班</td><td>0.21</td><td>—</td><td>0.30</td><td>—</td></tr>
<tr><td>履带式推土机 90kW</td><td>台班</td><td>0.03</td><td>—</td><td>0.03</td><td>—</td></tr>
<tr><td>履带式单斗液压挖掘机 1m^3</td><td>台班</td><td>0.03</td><td>—</td><td>0.03</td><td>—</td></tr>
<tr><td>电动夯实机 20~62N·m</td><td>台班</td><td>24.42</td><td>—</td><td>31.43</td><td>—</td></tr>
<tr><td>汽车式起重机 5t</td><td>台班</td><td>0.96</td><td>—</td><td>1.28</td><td>—</td></tr>
<tr><td>汽车式起重机 16t</td><td>台班</td><td>0.01</td><td>—</td><td>0.01</td><td>—</td></tr>
<tr><td>电动双梁起重机 5t</td><td>台班</td><td>0.91</td><td>—</td><td>0.78</td><td>—</td></tr>
<tr><td>载重汽车 6t</td><td>台班</td><td>1.46</td><td>—</td><td>1.91</td><td>—</td></tr>
<tr><td>自卸汽车 15t</td><td>台班</td><td>1.59</td><td>—</td><td>2.18</td><td>—</td></tr>
<tr><td>卷板机 20×2500</td><td>台班</td><td>0.57</td><td>—</td><td>0.48</td><td>—</td></tr>
<tr><td>试压泵 60MPa</td><td>台班</td><td>0.32</td><td>—</td><td>0.32</td><td>—</td></tr>
<tr><td>电焊机(综合)</td><td>台班</td><td>16.52</td><td>—</td><td>13.88</td><td>—</td></tr>
<tr><td>反铲挖掘机 1m^3</td><td>台班</td><td>0.61</td><td>—</td><td>1.00</td><td>—</td></tr>
<tr><td>其他机械费</td><td>元</td><td>1237</td><td>—</td><td>1490</td><td>—</td></tr>
<tr><td>措施费分摊</td><td>元</td><td>227</td><td>—</td><td>313</td><td>—</td></tr>
<tr><td>机械费小计</td><td>元</td><td>5779</td><td>6.15</td><td>7018</td><td>5.44</td></tr>
<tr><td colspan="2">直接费小计</td><td>元</td><td>77512</td><td>82.44</td><td>106321</td><td>82.44</td></tr>
<tr><td colspan="3">综合费用</td><td>元</td><td>16510</td><td>17.56</td><td>22646</td><td>17.56</td></tr>
<tr><td colspan="3">合计</td><td>元</td><td>94022</td><td>—</td><td>128968</td><td>—</td></tr>
</table>

工程内容：挖土、运土、回填，管道、阀门、管件安装，试压、消毒冲洗。

单位：100m

指标编号				3F-051		3F-052	
项目			单位	埋深 2.0m			
				D 630×10	占指标基价（%）	D 720×10	占指标基价（%）
指标基价			元	155405	100.00	179181	100.00
一、建筑安装工程费			元	155405	100.00	179181	100.00
二、设备购置费			元	—	—	—	—
建筑安装工程费							
直接费	人工费	人工	工日	319	—	345	—
		措施费分摊	元	606	—	698	—
		人工费小计	元	10505	6.76	11403	6.36
	材料费	钢板卷管	m	101.05	—	101.00	—
		角钢	kg	1.77	—	1.95	—
		砂砾	m^3	108.11	—	125.65	—
		商品混凝土 C15	m^3	6.64	—	10.03	—
		商品混凝土 C25	m^3	1.95	—	2.22	—
		阀门	个	0.38	—	0.38	—
		钢配件	t	1.12	—	1.20	—
		泄水管	个	0.05	—	0.05	—
		排气阀	个	0.11	—	0.11	—
		井盖	套	0.41	—	0.41	—
		其他材料费	元	10473	—	11849	—
		措施费分摊	元	6572	—	7582	—
		材料费小计	元	109040	70.17	126707	70.71
	机械费	履带式推土机 75kW	台班	0.37	—	0.43	—
		履带式推土机 90kW	台班	0.03	—	0.03	—
		履带式单斗液压挖掘机 $1m^3$	台班	0.03	—	0.03	—
		电动夯实机 20~62N·m	台班	34.26	—	36.81	—
		汽车式起重机 5t	台班	2.05	—	0.24	—
		汽车式起重机 16t	台班	0.01	—	0.01	—
		电动双梁起重机 5t	台班	0.93	—	0.86	—
		载重汽车 6t	台班	1.98	—	2.05	—
		自卸汽车 15t	台班	2.72	—	3.29	—
		卷板机 20×2500	台班	0.47	—	0.46	—
		试压泵 60MPa	台班	0.32	—	0.32	—
		电焊机（综合）	台班	18.75	—	17.39	—
		反铲挖掘机 $1m^3$	台班	1.11	—	1.22	—
		其他机械费	元	1788	—	3048	—
		措施费分摊	元	378	—	436	—
		机械费小计	元	8572	5.52	9608	5.36
	直接费小计		元	128116	82.44	147718	82.44
综合费用			元	27289	17.56	31464	17.56
合计			元	155405	—	179181	—

工程内容：挖土、运土、回填，管道、阀门、管件安装，试压、消毒冲洗。

单位：100m

指标编号				3F-053		3F-054	
项目			单位	埋深 2.0m			
				D 820×10	占指标基价（%）	D 920×10	占指标基价（%）
指标基价			元	202747	100.00	240525	100.00
一、建筑安装工程费			元	202747	100.00	240525	100.00
二、设备购置费			元	—	—	—	—
建筑安装工程费							
直接费	人工费	人工	工日	365	—	361	—
		措施费分摊	元	790	—	966	—
		人工费小计	元	12116	5.98	12168	5.06
	材料费	钢板卷管	m	100.95	—	100.90	—
		角钢	kg	1.95	—	1.91	—
		砂砾	m^3	145.91	—	166.62	—
		商品混凝土 C15	m^3	15.17	—	10.79	—
		商品混凝土 C25	m^3	2.22	—	1.23	—
		阀门	个	0.38	—	0.21	—
		钢配件	t	1.30	—	1.48	—
		泄水管	个	0.05	—	0.05	—
		排气阀	个	0.11	—	0.12	—
		井盖	套	0.41	—	0.23	—
		其他材料费	元	12419	—	9689	—
		措施费分摊	元	8584	—	10340	—
		材料费小计	元	144542	71.29	174741	72.65
	机械费	履带式推土机 75kW	台班	0.51	—	0.59	—
		履带式推土机 90kW	台班	0.03	—	0.03	—
		履带式单斗液压挖掘机 $1m^3$	台班	0.03	—	0.03	—
		电动夯实机 20~62N·m	台班	39.69	—	42.59	—
		汽车式起重机 5t	台班	0.12	—	0.11	—
		汽车式起重机 16t	台班	0.01	—	0.01	—
		电动双梁起重机 5t	台班	0.78	—	0.79	—
		载重汽车 6t	台班	2.12	—	2.05	—
		自卸汽车 15t	台班	3.90	—	4.48	—
		卷板机 20×2500	台班	0.49	—	0.47	—
		试压泵 60MPa	台班	0.32	—	0.54	—
		电焊机(综合)	台班	14.90	—	15.36	—
		反铲挖掘机 $1m^3$	台班	1.35	—	1.49	—
		其他机械费	元	3475	—	3705	—
		措施费分摊	元	493	—	594	—
		机械费小计	元	10488	5.17	11376	4.73
	直接费小计		元	167145	82.44	198289	82.44
综合费用			元	35602	17.56	42236	17.56
合　计			元	202747	—	240525	—

工程内容：挖土、运土、回填，管道、阀门、管件安装，试压、消毒冲洗。

单位：100m

指标编号				3F-055		3F-056	
项目			单位	埋深 2.0m			
				D 1020×12	占指标基价（%）	D 1220×12	占指标基价（%）
指标基价			元	269905	100.00	324011	100.00
一、建筑安装工程费			元	269905	100.00	324011	100.00
二、设备购置费			元	—	—	—	—
建筑安装工程费							
直接费	人工费	人工	工日	405	—	468	—
		措施费分摊	元	1055	—	1270	—
		人工费小计	元	13622	5.05	15792	4.87
	材料费	钢板卷管	m	100.85	—	100.80	—
		角钢	kg	1.91	—	3.37	—
		砂砾	m^3	188.09	—	232.85	—
		商品混凝土 C15	m^3	12.89	—	21.88	—
		商品混凝土 C25	m^3	2.90	—	2.90	—
		阀门	个	0.21	—	0.21	—
		钢配件	t	1.50	—	1.52	—
		泄水管	个	0.05	—	0.05	—
		排气阀	个	0.11	—	0.11	—
		井盖	套	0.23	—	0.23	—
		其他材料费	元	11930	—	13669	—
		措施费分摊	元	11576	—	13934	—
		材料费小计	元	195742	72.52	235498	72.68
	机械费	履带式推土机 75kW	台班	0.68	—	0.87	—
		履带式推土机 90kW	台班	0.03	—	0.03	—
		履带式单斗液压挖掘机 $1m^3$	台班	0.03	—	0.03	—
		电动夯实机 20~62N·m	台班	45.54	—	51.54	—
		汽车式起重机 5t	台班	0.12	—	0.12	—
		汽车式起重机 16t	台班	0.01	—	0.01	—
		电动双梁起重机 5t	台班	0.42	—	0.54	—
		载重汽车 6t	台班	2.28	—	2.42	—
		自卸汽车 15t	台班	5.32	—	6.94	—
		卷板机 20×2500	台班	0.27	—	0.41	—
		试压泵 60MPa	台班	0.54	—	0.54	—
		电焊机(综合)	台班	7.71	—	9.98	—
		反铲挖掘机 $1m^3$	台班	1.63	—	1.93	—
		其他机械费	元	5182	—	5979	—
		措施费分摊	元	665	—	801	—
		机械费小计	元	13146	4.87	15826	4.88
	直接费小计		元	222510	82.44	267116	82.44
综合费用			元	47395	17.56	56896	17.56
合计			元	269905	—	324011	—

工程内容：挖土、运土、回填，管道、阀门、管件安装，试压、消毒冲洗。

单位：100m

指标编号				3F-057		3F-058	
项目			单位	埋深 2.0m			
				D 1420×14	占指标基价（%）	*D* 1620×16	占指标基价（%）
指标基价			元	401113	100.00	515744	100.00
一、建筑安装工程费			元	401113	100.00	515744	100.00
二、设备购置费			元	—	—	—	—
建筑安装工程费							
直接费	人工费	人工	工日	502	—	567	—
		措施费分摊	元	1585	—	2055	—
		人工费小计	元	17162	4.28	19649	3.81
	材料费	钢板卷管	m	100.75	—	100.70	—
		角钢	kg	3.35	—	4.06	—
		砂砾	m^3	280.32	—	330.22	—
		商品混凝土 C15	m^3	13.52	—	18.46	—
		商品混凝土 C25	m^3	1.80	—	2.46	—
		阀门	个	0.13	—	0.13	—
		钢配件	t	1.56	—	1.66	—
		泄水管	个	0.05	—	0.05	—
		排气阀	个	0.11	—	—	—
		井盖	套	0.14	—	0.14	—
		其他材料费	元	12941	—	19099	—
		措施费分摊	元	17362	—	22181	—
		材料费小计	元	294057	73.31	381650	74.00
	机械费	履带式推土机 75kW	台班	1.08	—	1.32	—
		履带式推土机 90kW	台班	0.03	—	0.03	—
		履带式单斗液压挖掘机 $1m^3$	台班	0.03	—	0.03	—
		电动夯实机 20~62N·m	台班	57.69	—	6.40	—
		光轮压路机 15t	台班	—	—	5.87	—
		汽车式起重机 5t	台班	0.11	—	0.12	—
		汽车式起重机 16t	台班	3.66	—	4.99	—
		电动双梁起重机 5t	台班	0.55	—	0.29	—
		载重汽车 6t	台班	2.56	—	2.72	—
		自卸汽车 15t	台班	8.63	—	10.70	—
		卷板机 20×2500	台班	0.40	—	0.27	—
		试压泵 60MPa	台班	0.54	—	0.54	—
		电焊机（综合）	台班	9.52	—	4.97	—
		反铲挖掘机 $1m^3$	台班	2.25	—	2.60	—
		其他机械费	元	4859	—	5918	—
		措施费分摊	元	998	—	1275	—
		机械费小计	元	19460	4.85	23881	4.63
	直接费小计		元	330678	82.44	425180	82.44
综合费用			元	70434	17.56	90563	17.56
合计			元	401113	—	515744	—

工程内容：挖土、运土、回填，管道、阀门、管件安装，试压、消毒冲洗。

单位：100m

指标编号				3F-059		3F-060	
项目			单位	埋深 2.0m			
				D 1820×16	占指标基价（%）	D 2020×16	占指标基价（%）
指标基价			元	569093	100.00	645320	100.00
一、建筑安装工程费			元	569093	100.00	645320	100.00
二、设备购置费			元	—	—	—	—
建筑安装工程费							
直接费	人工费	人工	工日	620	—	686	—
		措施费分摊	元	2264	—	2575	—
		人工费小计	元	21505	3.78	23864	3.70
	材料费	钢板卷管	m	100.65	—	100.60	—
		角钢	kg	4.05	—	4.05	—
		砂砾	m^3	382.84	—	438.03	—
		商品混凝土 C15	m^3	18.45	—	19.40	—
		商品混凝土 C25	m^3	1.89	—	1.89	—
		阀门	个	0.10	—	0.10	—
		钢配件	t	1.77	—	1.77	—
		泄水管	个	0.05	—	0.05	—
		井盖	套	0.11	—	0.11	—
		其他材料费	元	17690	—	26982	—
		措施费分摊	元	24699	—	27981	—
		材料费小计	元	418477	73.53	473724	73.41
	机械费	履带式推土机 75kW	台班	1.58	—	1.86	—
		履带式推土机 90kW	台班	0.03	—	0.03	—
		履带式单斗液压挖掘机 $1m^3$	台班	0.03	—	0.03	—
		电动夯实机 20~62N·m	台班	7.04	—	7.70	—
		光轮压路机 15t	台班	6.47	—	7.07	—
		汽车式起重机 5t	台班	0.12	—	0.12	—
		汽车式起重机 16t	台班	0.01	—	0.01	—
		电动双梁起重机 5t	台班	0.41	—	0.53	—
		载重汽车 6t	台班	2.86	—	3.01	—
		自卸汽车 15t	台班	12.62	—	15.18	—
		卷板机 20×2500	台班	0.43	—	0.61	—
		试压泵 60MPa	台班	0.54	—	0.54	—
		电焊机(综合)	台班	7.06	—	9.39	—
		反铲挖掘机 $1m^3$	台班	2.97	—	3.37	—
		其他机械费	元	13075	—	15528	—
		措施费分摊	元	1419	—	1608	—
		机械费小计	元	29179	5.13	34415	5.33
	直接费小计		元	469161	82.44	532003	82.44
综合费用			元	99931	17.56	113317	17.56
合计			元	569093	—	645320	—

工程内容：挖土、运土、回填，管道、阀门、管件安装，试压、消毒冲洗。

单位：100m

指标编号				3F-061		3F-062	
项目			单位	埋深 2.0m			
				D 2420×18	占指标基价（%）	D 2620×18	占指标基价（%）
指标基价			元	853358	100.00	926402	100.00
一、建筑安装工程费			元	853358	100.00	926402	100.00
二、设备购置费			元	—	—	—	—
建筑安装工程费							
直接费	人工费	人工	工日	862	—	949	—
		措施费分摊	元	3331	—	3623	—
		人工费小计	元	30082	3.53	33073	3.57
	材料费	钢板卷管	m	100.50	—	100.45	—
		角钢	kg	6.56	—	6.56	—
		砂砾	m^3	556.26	—	619.32	—
		商品混凝土 C15	m^3	19.40	—	19.40	—
		商品混凝土 C25	m^3	1.89	—	1.89	—
		阀门	个	0.10	—	0.10	—
		钢配件	t	1.77	—	1.77	—
		泄水管	个	0.05	—	0.05	—
		井盖	套	0.11	—	0.11	—
		其他材料费	元	44807	—	48824	—
		措施费分摊	元	36392	—	39503	—
		材料费小计	元	629150	73.73	681098	73.52
	机械费	履带式推土机 75kW	台班	2.49	—	2.84	—
		履带式推土机 90kW	台班	0.03	—	0.03	—
		履带式单斗液压挖掘机 $1m^3$	台班	0.03	—	0.03	—
		电动夯实机 20~62N·m	台班	9.07	—	9.77	—
		光轮压路机 15t	台班	8.32	—	8.97	—
		汽车式起重机 5t	台班	0.12	—	0.12	—
		汽车式起重机 16t	台班	0.01	—	0.01	—
		电动双梁起重机 5t	台班	0.44	—	0.45	—
		载重汽车 6t	台班	3.31	—	3.46	—
		自卸汽车 15t	台班	20.53	—	23.48	—
		卷板机 20×2500	台班	0.57	—	0.55	—
		试压泵 60MPa	台班	0.65	—	0.65	—
		电焊机(综合)	台班	7.80	—	8.37	—
		反铲挖掘机 $1m^3$	台班	4.25	—	4.72	—
		其他机械费	元	20103	—	22577	—
		措施费分摊	元	2091	—	2270	—
		机械费小计	元	44278	5.19	49557	5.35
	直接费小计		元	703510	82.44	763728	82.44
综合费用			元	149848	17.56	162674	17.56
合计			元	853358	—	926402	—

工程内容：挖土、运土、回填，管道、阀门、管件安装，试压、消毒冲洗。

单位：100m

指标编号				3F-063		3F-064	
项目			单位	埋深 2.0m			
				D 2820×18	占指标基价（%）	D 3020×18	占指标基价（%）
指标基价			元	1013348	100.00	1070449	100.00
一、建筑安装工程费			元	1013348	100.00	1070449	100.00
二、设备购置费			元	—	—	—	—
建筑安装工程费							
直接费	人工费	人工	工日	1037	—	1124	—
		措施费分摊	元	3970	—	4189	—
		人工费小计	元	36151	3.57	39071	3.65
	材料费	钢板卷管	m	100.40	—	100.35	—
		角钢	kg	6.56	—	6.56	—
		砂砾	m^3	684.94	—	753.13	—
		商品混凝土 C15	m^3	19.40	—	19.40	—
		商品混凝土 C25	m^3	1.89	—	1.89	—
		阀门	个	0.10	—	0.10	—
		钢配件	t	1.77	—	1.77	—
		泄水管	个	0.05	—	0.05	—
		井盖	套	0.11	—	0.11	—
		其他材料费	元	51476	—	54695	—
		措施费分摊	元	43221	—	45644	—
		材料费小计	元	744582	73.48	783504	73.19
	机械费	履带式推土机 75kW	台班	3.21	—	3.60	—
		履带式推土机 90kW	台班	0.03	—	0.03	—
		履带式单斗液压挖掘机 $1m^3$	台班	0.03	—	0.03	—
		电动夯实机 20~62N·m	台班	10.49	—	11.22	—
		光轮压路机 15t	台班	9.63	—	10.30	—
		汽车式起重机 5t	台班	0.12	—	0.12	—
		汽车式起重机 16t	台班	0.01	—	0.01	—
		电动双梁起重机 5t	台班	0.38	—	0.34	—
		载重汽车 6t	台班	3.61	—	3.76	—
		自卸汽车 15t	台班	26.64	—	30.00	—
		卷板机 20×2500	台班	0.52	—	0.52	—
		试压泵 60MPa	台班	0.65	—	0.65	—
		电焊机（综合）	台班	6.99	—	6.32	—
		反铲挖掘机 $1m^3$	台班	5.22	—	5.74	—
		其他机械费	元	24456	—	26411	—
		措施费分摊	元	2484	—	2623	—
		机械费小计	元	54673	5.40	59906	5.60
	直接费小计		元	835406	82.44	882481	82.44
综合费用			元	177941	17.56	187968	17.56
合计			元	1013348	—	1070449	—

2.1.3　预应力钢筋混凝土管（开槽支撑）

工程内容：挖土、运土、回填，管道、阀门、管件安装，试压、消毒冲洗。

单位：100m

指标编号				3F-065		3F-066	
项目			单位	埋深 1.5m			
				DN 300	占指标基价（%）	*DN* 400	占指标基价（%）
指标基价			元	53722	100.00	73647	100.00
一、建筑安装工程费			元	53722	100.00	73647	100.00
二、设备购置费			元	—	—	—	—
建筑安装工程费							
直接费	人工费	人工	工日	194	—	230	—
		措施费分摊	元	191	—	283	—
		人工费小计	元	6211	11.56	7420	10.08
	材料费	预应力钢筋混凝土管	m	100.00	—	100.00	—
		钢板	kg	4.18	—	5.12	—
		砂砾	m^3	62.14	—	81.95	—
		橡胶圈	个	22.25	—	22.25	—
		商品混凝土 C15	m^3	4.26	—	8.96	—
		商品混凝土 C20	m^3	0.26	—	0.26	—
		商品混凝土 C25	m^3	1.17	—	2.35	—
		阀 门	个	0.45	—	0.40	—
		泄水管	个	0.05	—	0.05	—
		排气阀	个	0.11	—	0.11	—
		消火栓	个	0.83	—	0.83	—
		井盖	套	1.38	—	1.33	—
		钢配件	t	0.74	—	1.27	—
		其他材料费	元	5281	—	7015	—
		措施费分摊	元	2238	—	3065	—
		材料费小计	元	34260	63.77	48692	66.11
	机械费	履带式推土机 75kW	台班	0.21	—	0.27	—
		履带式推土机 90kW	台班	0.03	—	0.03	—
		履带式单斗液压挖掘机 1m^3	台班	0.03	—	0.03	—
		电动夯实机 20~62N·m	台班	21.60	—	24.17	—
		汽车式起重机 5t	台班	1.24	—	1.50	—
		汽车式起重机 16t	台班	0.01	—	0.01	—
		载重汽车 6t	台班	1.40	—	1.50	—
		自卸汽车 15t	台班	1.54	—	2.01	—
		电动卷扬机 双筒慢速 50kN	台班	0.65	—	0.86	—
		试压泵 25MPa	台班	0.22	—	0.32	—
		反铲挖掘机 1m^3	台班	0.66	—	0.77	—
		其他机械费	元	527	—	667	—
		措施费分摊	元	129	—	176	—
		机械费小计	元	3819	7.11	4603	6.25
	直接费小计		元	44289	82.44	60715	82.44
综合费用			元	9434	17.56	12932	17.56
合　计			元	53722	—	73647	—

工程内容：挖土、运土、回填，管道、阀门、管件安装，试压、消毒冲洗。

单位：100m

指标编号				3F-067		3F-068	
项目			单位	埋深 1.5m			
				DN 500	占指标基价（%）	*DN* 600	占指标基价（%）
指标基价			元	85057	100.00	105517	100.00
一、建筑安装工程费			元	85057	100.00	105517	100.00
二、设备购置费			元	—	—	—	—
建筑安装工程费							
直接费	人工费	人工	工日	260	—	291	—
		措施费分摊	元	334	—	411	—
		人工费小计	元	8402	9.88	9441	8.95
	材料费	预应力钢筋混凝土管	m	100.00	—	100.00	—
		钢板	kg	6.50	—	7.48	—
		砂砾	m^3	104.33	—	147.57	—
		橡胶圈	个	22.25	—	22.25	—
		商品混凝土 C15	m^3	10.79	—	11.48	—
		商品混凝土 C25	m^3	2.06	—	1.95	—
		阀 门	个	0.40	—	0.38	—
		泄水管	个	0.05	—	0.05	—
		排气阀	个	0.11	—	0.11	—
		井盖	套	0.43	—	0.41	—
		钢配件	t	1.38	—	1.57	—
		其他材料费	元	7671	—	8313	—
		措施费分摊	元	3547	—	4412	—
		材料费小计	元	56328	66.22	70589	66.90
	机械费	履带式推土机 75kW	台班	0.33	—	0.46	—
		履带式推土机 90kW	台班	0.03	—	0.03	—
		履带式单斗液压挖掘机 $1m^3$	台班	0.03	—	0.03	—
		电动夯实机 20~62N·m	台班	27.02	—	33.54	—
		汽车式起重机 5t	台班	1.72	—	0.22	—
		汽车式起重机 16t	台班	0.01	—	0.01	—
		载重汽车 6t	台班	0.77	—	1.67	—
		自卸汽车 15t	台班	2.60	—	3.59	—
		电动卷扬机 双筒慢速 50kN	台班	1.08	—	1.40	—
		试压泵 25MPa	台班	0.32	—	0.32	—
		反铲挖掘机 $1m^3$	台班	0.87	—	1.11	—
		其他机械费	元	975	—	1701	—
		措施费分摊	元	204	—	254	—
		机械费小计	元	5391	6.34	6958	6.59
	直接费小计		元	70121	82.44	86988	82.44
综合费用			元	14936	17.56	18529	17.56
合　计			元	85057	—	105517	—

工程内容：挖土、运土、回填，管道、阀门、管件安装，试压、消毒冲洗。

单位：100m

<table>
<tr><td colspan="3">指 标 编 号</td><td></td><td colspan="2">3F-069</td><td colspan="2">3F-070</td></tr>
<tr><td colspan="3" rowspan="2">项　目</td><td rowspan="2">单位</td><td colspan="4">埋深 1.5m</td></tr>
<tr><td>DN 700</td><td>占指标基价（%）</td><td>DN 800</td><td>占指标基价（%）</td></tr>
<tr><td colspan="3">指 标 基 价</td><td>元</td><td>121096</td><td>100.00</td><td>140648</td><td>100.00</td></tr>
<tr><td colspan="3">一、建筑安装工程费</td><td>元</td><td>121096</td><td>100.00</td><td>140648</td><td>100.00</td></tr>
<tr><td colspan="3">二、设备购置费</td><td>元</td><td>—</td><td>—</td><td>—</td><td>—</td></tr>
<tr><td colspan="8">建筑安装工程费</td></tr>
<tr><td rowspan="32">直接费</td><td rowspan="3">人工费</td><td>人工</td><td>工日</td><td>331</td><td>—</td><td>354</td><td>—</td></tr>
<tr><td>措施费分摊</td><td>元</td><td>460</td><td>—</td><td>550</td><td>—</td></tr>
<tr><td>人工费小计</td><td>元</td><td>10731</td><td>8.86</td><td>11535</td><td>8.20</td></tr>
<tr><td rowspan="14">材料费</td><td>预应力钢筋混凝土管</td><td>m</td><td>100.00</td><td>—</td><td>100.00</td><td>—</td></tr>
<tr><td>钢板</td><td>kg</td><td>9.50</td><td>—</td><td>9.50</td><td>—</td></tr>
<tr><td>砂砾</td><td>m^3</td><td>170.70</td><td>—</td><td>204.12</td><td>—</td></tr>
<tr><td>橡胶圈</td><td>个</td><td>22.25</td><td>—</td><td>22.25</td><td>—</td></tr>
<tr><td>商品混凝土 C15</td><td>m^3</td><td>16.80</td><td>—</td><td>21.48</td><td>—</td></tr>
<tr><td>商品混凝土 C25</td><td>m^3</td><td>2.22</td><td>—</td><td>2.22</td><td>—</td></tr>
<tr><td>阀门</td><td>个</td><td>0.38</td><td>—</td><td>0.38</td><td>—</td></tr>
<tr><td>泄水管</td><td>个</td><td>0.05</td><td>—</td><td>0.05</td><td>—</td></tr>
<tr><td>排气阀</td><td>个</td><td>0.11</td><td>—</td><td>0.11</td><td>—</td></tr>
<tr><td>井盖</td><td>套</td><td>0.41</td><td>—</td><td>0.41</td><td>—</td></tr>
<tr><td>钢配件</td><td>t</td><td>1.69</td><td>—</td><td>1.82</td><td>—</td></tr>
<tr><td>其他材料费</td><td>元</td><td>9431</td><td>—</td><td>9996</td><td>—</td></tr>
<tr><td>措施费分摊</td><td>元</td><td>5064</td><td>—</td><td>5890</td><td>—</td></tr>
<tr><td>材料费小计</td><td>元</td><td>81104</td><td>66.98</td><td>95114</td><td>67.63</td></tr>
<tr><td rowspan="14">机械费</td><td>履带式推土机 75kW</td><td>台班</td><td>0.54</td><td>—</td><td>0.66</td><td>—</td></tr>
<tr><td>履带式推土机 90kW</td><td>台班</td><td>0.03</td><td>—</td><td>0.03</td><td>—</td></tr>
<tr><td>履带式单斗液压挖掘机 $1m^3$</td><td>台班</td><td>0.03</td><td>—</td><td>0.03</td><td>—</td></tr>
<tr><td>电动夯实机 20~62N · m</td><td>台班</td><td>36.18</td><td>—</td><td>39.92</td><td>—</td></tr>
<tr><td>汽车式起重机 5t</td><td>台班</td><td>0.24</td><td>—</td><td>0.12</td><td>—</td></tr>
<tr><td>汽车式起重机 16t</td><td>台班</td><td>0.01</td><td>—</td><td>0.01</td><td>—</td></tr>
<tr><td>载重汽车 6t</td><td>台班</td><td>1.75</td><td>—</td><td>1.85</td><td>—</td></tr>
<tr><td>自卸汽车 15t</td><td>台班</td><td>4.31</td><td>—</td><td>5.33</td><td>—</td></tr>
<tr><td>电动卷扬机 双筒慢速 50kN</td><td>台班</td><td>1.62</td><td>—</td><td>1.84</td><td>—</td></tr>
<tr><td>试压泵 25MPa</td><td>台班</td><td>0.32</td><td>—</td><td>0.32</td><td>—</td></tr>
<tr><td>反铲挖掘机 $1m^3$</td><td>台班</td><td>1.23</td><td>—</td><td>1.41</td><td>—</td></tr>
<tr><td>其他机械费</td><td>元</td><td>1961</td><td>—</td><td>2242</td><td>—</td></tr>
<tr><td>措施费分摊</td><td>元</td><td>291</td><td>—</td><td>339</td><td>—</td></tr>
<tr><td>机械费小计</td><td>元</td><td>7996</td><td>6.60</td><td>9302</td><td>6.61</td></tr>
<tr><td colspan="2">直接费小计</td><td>元</td><td>99832</td><td>82.44</td><td>115951</td><td>82.44</td></tr>
<tr><td colspan="3">综合费用</td><td>元</td><td>21264</td><td>17.56</td><td>24698</td><td>17.56</td></tr>
<tr><td colspan="3">合　计</td><td>元</td><td>121096</td><td>—</td><td>140648</td><td>—</td></tr>
</table>

工程内容：挖土、运土、回填，管道、阀门、管件安装，试压、消毒冲洗。

单位：100m

指标编号				3F-071		3F-072	
项目			单位	埋深 1.5m			
				DN 900	占指标基价（%）	*DN* 1000	占指标基价（%）
指标基价			元	148902	100.00	171255	100.00
一、建筑安装工程费			元	148902	100.00	171255	100.00
二、设备购置费			元	—	—	—	—
建筑安装工程费							
直接费	人工费	人工	工日	392	—	405	—
		措施费分摊	元	566	—	654	—
		人工费小计	元	12730	8.55	13221	7.72
	材料费	预应力钢筋混凝土管	m	100.00	—	100.00	—
		钢板	kg	11.31	—	11.31	—
		砂砾	m^3	225.14	—	254.17	—
		橡胶圈	个	22.25	—	22.25	—
		商品混凝土 C15	m^3	16.03	—	17.28	—
		商品混凝土 C25	m^3	2.22	—	2.90	—
		阀门	个	0.21	—	0.21	—
		泄水管	个	0.05	—	0.05	—
		排气阀	个	0.11	—	0.11	—
		井盖	套	0.23	—	0.23	—
		钢配件	t	1.83	—	1.84	—
		其他材料费	元	10593	—	10972	—
		措施费分摊	元	6241	—	7195	—
		材料费小计	元	99875	67.07	115198	67.27
	机械费	履带式推土机 75kW	台班	0.73	—	0.85	—
		履带式推土机 90kW	台班	0.03	—	0.03	—
		履带式单斗液压挖掘机 $1m^3$	台班	0.03	—	0.03	—
		电动夯实机 20~62N·m	台班	43.29	—	45.45	—
		汽车式起重机 5t	台班	0.11	—	0.12	—
		汽车式起重机 16t	台班	0.01	—	3.22	—
		载重汽车 6t	台班	1.92	—	2.01	—
		自卸汽车 15t	台班	5.71	—	6.99	—
		电动卷扬机 双筒慢速 50kN	台班	2.16	—	2.38	—
		试压泵 25MPa	台班	0.54	—	0.54	—
		反铲挖掘机 $1m^3$	台班	1.54	—	1.68	—
		其他机械费	元	2535	—	1293	—
		措施费分摊	元	359	—	413	—
		机械费小计	元	10150	6.82	12764	7.45
	直接费小计		元	122755	82.44	141183	82.44
综合费用			元	26147	17.56	30072	17.56
合计			元	148902	—	171255	—

工程内容：挖土、运土、回填，管道、阀门、管件安装，试压、消毒冲洗。

单位：100m

指标编号			单位	3F-073		3F-074	
项目				埋深 1.5m			
				DN 1200	占指标基价（%）	*DN* 1400	占指标基价（%）
指标基价			元	218634	100.00	271706	100.00
一、建筑安装工程费			元	218634	100.00	271706	100.00
二、设备购置费			元	—	—	—	—
建筑安装工程费							
直接费	人工费	人工	工日	481	—	546	—
		措施费分摊	元	853	—	1050	—
		人工费小计	元	15778	7.22	17992	6.62
	材料费	预应力钢筋混凝土管	m	100.00	—	100.00	—
		钢板	kg	13.56	—	15.83	—
		砂砾	m^3	348.06	—	421.85	—
		橡胶圈	个	22.25	—	22.25	—
		商品混凝土 C15	m^3	21.88	—	17.15	—
		商品混凝土 C25	m^3	2.90	—	1.80	—
		阀门	个	0.21	—	0.13	—
		泄水管	个	0.05	—	0.05	—
		排气阀	个	0.11	—	0.11	—
		井盖	套	0.23	—	0.14	—
		钢配件	t	1.93	—	2.53	—
		其他材料费	元	13242	—	14194	—
		措施费分摊	元	9204	—	11464	—
		材料费小计	元	148604	67.97	186034	68.47
	机械费	履带式推土机 75kW	台班	1.15	—	1.47	—
		履带式推土机 90kW	台班	0.03	—	0.03	—
		履带式单斗液压挖掘机 $1m^3$	台班	0.03	—	0.03	—
		电动夯实机 20~62N·m	台班	56.03	—	68.57	—
		汽车式起重机 5t	台班	0.12	—	0.16	—
		汽车式起重机 16t	台班	3.56	—	0.10	—
		载重汽车 6t	台班	2.16	—	2.58	—
		自卸汽车 15t	台班	9.50	—	13.30	—
		电动卷扬机 双筒慢速 50kN	台班	2.92	—	3.46	—
		试压泵 25MPa	台班	0.54	—	0.54	—
		反铲挖掘机 $1m^3$	台班	2.14	—	2.71	—
		其他机械费	元	1455	—	4560	—
		措施费分摊	元	529	—	659	—
		机械费小计	元	15861	7.25	19968	7.35
	直接费小计		元	180242	82.44	223995	82.44
综合费用			元	38392	17.56	47711	17.56
合计			元	218634	—	271706	—

工程内容：挖土、运土、回填，管道、阀门、管件安装，试压、消毒冲洗。

单位：100m

指标编号				3F-075		3F-076	
项目			单位	埋深 1.5m			
				DN 1600	占指标基价（%）	*DN* 1800	占指标基价（%）
指标基价			元	343398	100.00	422490	100.00
一、建筑安装工程费			元	343398	100.00	422490	100.00
二、设备购置费			元	—	—	—	—
建筑安装工程费							
直接费	人工费	人工	工日	608	—	665	—
		措施费分摊	元	1335	—	1644	—
		人工费小计	元	20204	5.88	22282	5.27
	材料费	预应力钢筋混凝土管	m	100.00	—	100.00	—
		钢板	kg	18.09	—	20.35	—
		砂砾	m^3	499.56	—	538.12	—
		橡胶圈	个	22.25	—	22.25	—
		商品混凝土 C15	m^3	22.83	—	22.62	—
		商品混凝土 C25	m^3	2.46	—	1.89	—
		阀门	个	0.13	—	0.10	—
		泄水管	个	0.05	—	0.05	—
		井盖	套	0.14	—	0.11	—
		钢配件	t	2.58	—	2.68	—
		其他材料费	元	17848	—	20902	—
		措施费分摊	元	14527	—	17895	—
		材料费小计	元	237835	69.26	297105	70.32
	机械费	履带式推土机 75kW	台班	1.79	—	2.19	—
		履带式推土机 90kW	台班	0.03	—	0.03	—
		履带式单斗液压挖掘机 $1m^3$	台班	0.03	—	0.03	—
		电动夯实机 20~62N·m	台班	7.10	—	7.66	—
		光轮压路机 15t	台班	6.52	—	7.03	—
		汽车式起重机 5t	台班	0.12	—	0.12	—
		汽车式起重机 16t	台班	0.20	—	0.10	—
		载重汽车 6t	台班	2.51	—	2.70	—
		自卸汽车 15t	台班	14.92	—	18.25	—
		电动卷扬机 双筒慢速 50kN	台班	4.00	—	4.54	—
		试压泵 25MPa	台班	0.76	—	0.76	—
		反铲挖掘机 $1m^3$	台班	3.00	—	3.52	—
		其他机械费	元	7314	—	7929	—
		措施费分摊	元	835	—	1028	—
		机械费小计	元	25059	7.30	28915	6.84
	直接费小计		元	283098	82.44	348301	82.44
综合费用			元	60300	17.56	74188	17.56
合计			元	343398	—	422490	—

工程内容：挖土、运土、回填，管道、阀门、管件安装，试压、消毒冲洗。

单位：100m

指标编号				3F-077		3F-078	
项目			单位	埋深 2.0m			
				DN 300	占指标基价（%）	*DN* 400	占指标基价（%）
指标基价			元	56833	100.00	75082	100.00
一、建筑安装工程费			元	56833	100.00	75082	100.00
二、设备购置费			元	—	—	—	—
建筑安装工程费							
直接费	人工费	人工	工日	229	—	261	—
		措施费分摊	元	224	—	274	—
		人工费小计	元	7330	12.90	8373	11.15
	材料费	预应力钢筋混凝土管	m	100.00	—	100.00	—
		钢板	kg	4.18	—	5.12	—
		砂砾	m^3	62.14	—	81.95	—
		橡胶圈	个	22.25	—	22.25	—
		商品混凝土 C15	m^3	2.37	—	4.92	—
		商品混凝土 C20	m^3	0.26	—	0.26	—
		商品混凝土 C25	m^3	1.34	—	2.38	—
		阀门	个	0.45	—	0.40	—
		泄水管	个	0.05	—	0.05	—
		排气阀	个	0.11	—	0.11	—
		消火栓	个	0.83	—	0.83	—
		井盖	套	1.38	—	1.33	—
		钢配件	t	0.74	—	1.27	—
		其他材料费	元	6628	—	7825	—
		措施费分摊	元	2364	—	3123	—
		材料费小计	元	35264	62.05	48450	64.53
	机械费	履带式推土机 75kW	台班	0.23	—	0.30	—
		履带式推土机 90kW	台班	0.03	—	0.03	—
		履带式单斗液压挖掘机 1m^3	台班	0.03	—	0.03	—
		电动夯实机 20~62N · m	台班	27.54	—	30.60	—
		汽车式起重机 5t	台班	1.25	—	1.50	—
		汽车式起重机 16t	台班	0.01	—	0.01	—
		载重汽车 6t	台班	1.79	—	1.87	—
		自卸汽车 15t	台班	1.53	—	2.09	—
		电动卷扬机 双筒慢速 50kN	台班	0.65	—	0.86	—
		试压泵 25MPa	台班	0.22	—	0.32	—
		电焊机（综合）	台班	0.40	—	—	—
		反铲挖掘机 1m^3	台班	0.85	—	0.97	—
		其他机械费	元	535	—	630	—
		措施费分摊	元	136	—	179	—
		机械费小计	元	4259	7.49	5076	6.76
	直接费小计		元	46854	82.44	61898	82.44
综合费用			元	9980	17.56	13184	17.56
合　　计			元	56833	—	75082	—

工程内容：挖土、运土、回填，管道、阀门、管件安装，试压、消毒冲洗。

单位：100m

指标编号				3F-079		3F-080	
项目			单位	埋深 2.0m			
				DN 500	占指标基价（%）	*DN* 600	占指标基价（%）
指标基价			元	87147	100.00	107655	100.00
一、建筑安装工程费			元	87147	100.00	107655	100.00
二、设备购置费			元	—	—	—	—
建筑安装工程费							
直接费	人工费	人工	工日	303	—	331	—
		措施费分摊	元	327	—	404	—
		人工费小计	元	9729	11.16	10675	9.92
	材料费	预应力钢筋混凝土管	m	100.00	—	100.00	—
		钢板	kg	6.50	—	7.48	—
		砂砾	m^3	104.33	—	147.57	—
		橡胶圈	个	22.25	—	22.25	—
		商品混凝土 C15	m^3	6.54	—	6.64	—
		商品混凝土 C25	m^3	2.06	—	1.95	—
		阀门	个	0.40	—	0.38	—
		泄水管	个	0.05	—	0.05	—
		排气阀	个	0.11	—	0.11	—
		井盖	套	0.43	—	0.41	—
		钢配件	t	1.38	—	1.57	—
		其他材料费	元	8592	—	9570	—
		措施费分摊	元	3632	—	4499	—
		材料费小计	元	56157	64.44	70591	65.57
	机械费	履带式推土机 75kW	台班	0.35	—	0.48	—
		履带式推土机 90kW	台班	0.03	—	0.03	—
		履带式单斗液压挖掘机 $1m^3$	台班	0.03	—	0.03	—
		电动夯实机 20~62N·m	台班	33.96	—	41.51	—
		汽车式起重机 5t	台班	1.72	—	0.22	—
		汽车式起重机 16t	台班	0.01	—	0.01	—
		载重汽车 6t	台班	1.97	—	2.05	—
		自卸汽车 15t	台班	2.60	—	3.59	—
		电动卷扬机 双筒慢速 50kN	台班	1.08	—	1.40	—
		试压泵 25MPa	台班	0.32	—	0.32	—
		反铲挖掘机 $1m^3$	台班	1.09	—	1.37	—
		其他机械费	元	806	—	1727	—
		措施费分摊	元	209	—	259	—
		机械费小计	元	5959	6.84	7484	6.95
	直接费小计		元	71845	82.44	88751	82.44
综合费用			元	15303	17.56	18904	17.56
合计			元	87147	—	107655	—

工程内容：挖土、运土、回填，管道、阀门、管件安装，试压、消毒冲洗。

单位：100m

指标编号				3F-081		3F-082	
项目			单位	埋深2.0m			
				DN 700	占指标基价（%）	*DN* 800	占指标基价（%）
指标基价			元	121600	100.00	141481	100.00
一、建筑安装工程费			元	121600	100.00	141481	100.00
二、设备购置费			元	—	—	—	—
建筑安装工程费							
直接费	人工费	人工	工日	364	—	388	—
		措施费分摊	元	455	—	558	—
		人工费小计	元	11750	9.66	12598	8.90
	材料费	预应力钢筋混凝土管	m	100.00	—	100.00	—
		钢板	kg	9.50	—	9.50	—
		砂砾	m^3	170.70	—	204.12	—
		橡胶圈	个	22.25	—	22.25	—
		商品混凝土 C15	m^3	10.03	—	15.17	—
		商品混凝土 C25	m^3	2.22	—	2.22	—
		阀门	个	0.38	—	0.38	—
		泄水管	个	0.05	—	0.05	—
		排气阀	个	0.11	—	0.11	—
		井盖	套	0.41	—	0.41	—
		钢配件	t	1.69	—	1.82	—
		其他材料费	元	10155	—	10778	—
		措施费分摊	元	5084	—	5924	—
		材料费小计	元	79972	65.77	94180	66.57
	机械费	履带式推土机 75kW	台班	0.56	—	0.69	—
		履带式推土机 90kW	台班	0.03	—	0.03	—
		履带式单斗液压挖掘机 $1m^3$	台班	0.03	—	0.03	—
		电动夯实机 20~62N·m	台班	44.88	—	49.23	—
		汽车式起重机 5t	台班	0.24	—	0.12	—
		汽车式起重机 16t	台班	0.01	—	0.01	—
		载重汽车 6t	台班	2.12	—	2.23	—
		自卸汽车 15t	台班	4.16	—	5.33	—
		电动卷扬机 双筒慢速 50kN	台班	1.62	—	1.84	—
		试压泵 25MPa	台班	0.32	—	0.32	—
		反铲挖掘机 $1m^3$	台班	1.50	—	1.70	—
		其他机械费	元	2073	—	2245	—
		措施费分摊	元	292	—	340	—
		机械费小计	元	8525	7.01	9859	6.97
	直接费小计		元	100247	82.44	116637	82.44
综合费用			元	21353	17.56	24844	17.56
合　计			元	121600	—	141481	—

工程内容：挖土、运土、回填，管道、阀门、管件安装，试压、消毒冲洗。

单位：100m

指标编号				3F-083		3F-084	
项目			单位	埋深 2.0m			
				DN 900	占指标基价（%）	*DN* 1000	占指标基价（%）
指标基价			元	150264	100.00	172995	100.00
一、建筑安装工程费			元	150264	100.00	172995	100.00
二、设备购置费			元	—	—	—	—
建筑安装工程费							
直接费	人工费	人工	工日	427	—	444	—
		措施费分摊	元	568	—	656	—
		人工费小计	元	13818	9.20	14433	8.34
	材料费	预应力钢筋混凝土管	m	100.00	—	100.00	—
		钢板	kg	11.31	—	11.31	—
		砂砾	m^3	225.14	—	254.17	—
		橡胶圈	个	22.25	—	22.25	—
		商品混凝土 C15	m^3	11.01	—	12.89	—
		商品混凝土 C25	m^3	2.22	—	2.90	—
		阀门	个	0.21	—	0.21	—
		泄水管	个	0.05	—	0.05	—
		排气阀	个	0.11	—	0.11	—
		井盖	套	0.23	—	0.23	—
		钢配件	t	1.83	—	1.84	—
		其他材料费	元	11371	—	11758	—
		措施费分摊	元	6297	—	7265	—
		材料费小计	元	99315	66.09	114838	66.38
	机械费	履带式推土机 75kW	台班	0.76	—	0.88	—
		履带式推土机 90kW	台班	0.03	—	0.03	—
		履带式单斗液压挖掘机 $1m^3$	台班	0.03	—	0.03	—
		电动夯实机 20~62N·m	台班	52.99	—	54.85	—
		汽车式起重机 5t	台班	0.12	—	0.12	—
		汽车式起重机 16t	台班	0.01	—	3.22	—
		载重汽车 6t	台班	2.30	—	2.38	—
		自卸汽车 15t	台班	5.71	—	6.99	—
		电动卷扬机 双筒慢速 50kN	台班	2.16	—	2.38	—
		试压泵 25MPa	台班	0.54	—	0.54	—
		反铲挖掘机 $1m^3$	台班	1.84	—	2.00	—
		其他机械费	元	2551	—	1298	—
		措施费分摊	元	362	—	418	—
		机械费小计	元	10745	7.15	13346	7.71
	直接费小计		元	123878	82.44	142618	82.44
综合费用			元	26386	17.56	30378	17.56
合计			元	150264	—	172995	—

工程内容：挖土、运土、回填，管道、阀门、管件安装，试压、消毒冲洗。

单位：100m

指标编号				3F-085		3F-086	
项　目			单位	埋深2.0m			
				DN 1200	占指标基价（%）	*DN* 1400	占指标基价（%）
指标基价			元	220353	100.00	274950	100.00
一、建筑安装工程费			元	220353	100.00	274950	100.00
二、设备购置费			元	—	—	—	—
建筑安装工程费							
直接费	人工费	人工	工日	524	—	591	—
		措施费分摊	元	863	—	1073	—
		人工费小计	元	17123	7.77	19412	7.06
	材料费	预应力钢筋混凝土管	m	100.00	—	100.00	—
		钢板	kg	13.56	—	15.83	—
		砂砾	m^3	347.76	—	421.85	—
		橡胶圈	个	22.25	—	22.25	—
		商品混凝土C15	m^3	16.68	—	15.47	—
		商品混凝土C25	m^3	2.90	—	1.80	—
		阀门	个	0.21	—	0.13	—
		泄水管	个	0.05	—	0.05	—
		排气阀	个	0.11	—	0.11	—
		井盖	套	0.23	—	0.14	—
		钢配件	t	1.93	—	2.53	—
		其他材料费	元	14025	—	15052	—
		措施费分摊	元	9274	—	11596	—
		材料费小计	元	148000	67.16	186559	67.85
	机械费	履带式推土机 75kW	台班	1.19	—	1.51	—
		履带式推土机 90kW	台班	0.03	—	0.03	—
		履带式单斗液压挖掘机 $1m^3$	台班	0.03	—	0.03	—
		电动夯实机 20~62N·m	台班	67.90	—	81.49	—
		汽车式起重机 5t	台班	0.12	—	0.11	—
		汽车式起重机 16t	台班	3.56	—	0.10	—
		载重汽车 6t	台班	2.53	—	2.85	—
		自卸汽车 15t	台班	9.27	—	11.90	—
		电动卷扬机 双筒慢速 50kN	台班	2.92	—	3.46	—
		试压泵 25MPa	台班	0.54	—	0.54	—
		反铲挖掘机 $1m^3$	台班	2.51	—	3.12	—
		其他机械费	元	1626	—	5645	—
		措施费分摊	元	533	—	666	—
		机械费小计	元	16536	7.50	20699	7.53
	直接费小计		元	181659	82.44	226670	82.44
综合费用			元	38693	17.56	48281	17.56
合　计			元	220353	—	274950	—

工程内容：挖土、运土、回填，管道、阀门、管件安装，试压、消毒冲洗。

单位：100m

<table>
<tr><td colspan="3">指 标 编 号</td><td></td><td colspan="2">3F-087</td><td colspan="2">3F-088</td></tr>
<tr><td colspan="3" rowspan="2">项 目</td><td rowspan="2">单位</td><td colspan="4">埋深 2.0m</td></tr>
<tr><td>DN 1600</td><td>占指标基价（%）</td><td>DN 1800</td><td>占指标基价（%）</td></tr>
<tr><td colspan="3">指 标 基 价</td><td>元</td><td>345847</td><td>100.00</td><td>427894</td><td>100.00</td></tr>
<tr><td colspan="3">一、建筑安装工程费</td><td>元</td><td>345847</td><td>100.00</td><td>427894</td><td>100.00</td></tr>
<tr><td colspan="3">二、设备购置费</td><td>元</td><td>—</td><td>—</td><td>—</td><td>—</td></tr>
<tr><td colspan="8">建筑安装工程费</td></tr>
<tr><td rowspan="34">直接费</td><td rowspan="3">人工费</td><td>人工</td><td>工日</td><td>656</td><td>—</td><td>716</td><td>—</td></tr>
<tr><td>措施费分摊</td><td>元</td><td>1334</td><td>—</td><td>1656</td><td>—</td></tr>
<tr><td>人工费小计</td><td>元</td><td>21693</td><td>6.27</td><td>23876</td><td>5.58</td></tr>
<tr><td rowspan="13">材料费</td><td>预应力钢筋混凝土管</td><td>m</td><td>100.00</td><td>—</td><td>100.00</td><td>—</td></tr>
<tr><td>钢板</td><td>kg</td><td>18.09</td><td>—</td><td>20.35</td><td>—</td></tr>
<tr><td>砂砾</td><td>m^3</td><td>499.56</td><td>—</td><td>587.87</td><td>—</td></tr>
<tr><td>橡胶圈</td><td>个</td><td>22.25</td><td>—</td><td>22.25</td><td>—</td></tr>
<tr><td>商品混凝土 C15</td><td>m^3</td><td>18.46</td><td>—</td><td>18.45</td><td>—</td></tr>
<tr><td>商品混凝土 C25</td><td>m^3</td><td>2.46</td><td>—</td><td>1.89</td><td>—</td></tr>
<tr><td>阀门</td><td>个</td><td>0.13</td><td>—</td><td>0.10</td><td>—</td></tr>
<tr><td>泄水管</td><td>个</td><td>0.05</td><td>—</td><td>0.05</td><td>—</td></tr>
<tr><td>井盖</td><td>套</td><td>0.14</td><td>—</td><td>0.11</td><td>—</td></tr>
<tr><td>钢配件</td><td>t</td><td>2.58</td><td>—</td><td>2.68</td><td>—</td></tr>
<tr><td>其他材料费</td><td>元</td><td>18630</td><td>—</td><td>20905</td><td>—</td></tr>
<tr><td>措施费分摊</td><td>元</td><td>14626</td><td>—</td><td>18154</td><td>—</td></tr>
<tr><td>材料费小计</td><td>元</td><td>237503</td><td>68.67</td><td>298919</td><td>69.86</td></tr>
<tr><td rowspan="15">机械费</td><td>履带式推土机 75kW</td><td>台班</td><td>1.83</td><td>—</td><td>2.23</td><td>—</td></tr>
<tr><td>履带式推土机 90kW</td><td>台班</td><td>0.03</td><td>—</td><td>0.03</td><td>—</td></tr>
<tr><td>履带式单斗液压挖掘机 $1m^3$</td><td>台班</td><td>0.03</td><td>—</td><td>0.03</td><td>—</td></tr>
<tr><td>电动夯实机 20~62N · m</td><td>台班</td><td>8.49</td><td>—</td><td>9.45</td><td>—</td></tr>
<tr><td>光轮压路机 15t</td><td>台班</td><td>7.80</td><td>—</td><td>8.68</td><td>—</td></tr>
<tr><td>汽车式起重机 5t</td><td>台班</td><td>0.12</td><td>—</td><td>0.12</td><td>—</td></tr>
<tr><td>汽车式起重机 16t</td><td>台班</td><td>0.19</td><td>—</td><td>0.10</td><td>—</td></tr>
<tr><td>载重汽车 6t</td><td>台班</td><td>2.88</td><td>—</td><td>3.07</td><td>—</td></tr>
<tr><td>自卸汽车 15t</td><td>台班</td><td>14.92</td><td>—</td><td>18.05</td><td>—</td></tr>
<tr><td>电动卷扬机 双筒慢速 50kN</td><td>台班</td><td>4.00</td><td>—</td><td>4.54</td><td>—</td></tr>
<tr><td>试压泵 25MPa</td><td>台班</td><td>0.76</td><td>—</td><td>0.76</td><td>—</td></tr>
<tr><td>反铲挖掘机 $1m^3$</td><td>台班</td><td>3.43</td><td>—</td><td>3.99</td><td>—</td></tr>
<tr><td>其他机械费</td><td>元</td><td>7299</td><td>—</td><td>8089</td><td>—</td></tr>
<tr><td>措施费分摊</td><td>元</td><td>841</td><td>—</td><td>1043</td><td>—</td></tr>
<tr><td>机械费小计</td><td>元</td><td>25922</td><td>7.50</td><td>29962</td><td>7.00</td></tr>
<tr><td colspan="2">直接费小计</td><td>元</td><td>285117</td><td>82.44</td><td>352757</td><td>82.44</td></tr>
<tr><td colspan="3">综合费用</td><td>元</td><td>60730</td><td>17.56</td><td>75137</td><td>17.56</td></tr>
<tr><td colspan="3">合 计</td><td>元</td><td>345847</td><td>—</td><td>427894</td><td>—</td></tr>
</table>

2.1.4 PE 塑料管（开槽支撑）

工程内容：挖土、运土、回填，管道、阀门、管件安装，试压、消毒冲洗。

单位：100m

指标编号			单位	3F-089		3F-090	
项目				埋深 1.5m			
				D 90	占指标基价（%）	*D* 125	占指标基价（%）
指标基价			元	22219	100.00	28977	100.00
一、建筑安装工程费			元	22219	100.00	28977	100.00
二、设备购置费			元	—	—	—	—
建筑安装工程费							
直接费	人工费	人工	工日	138	—	146	—
		措施费分摊	元	72	—	101	—
		人工费小计	元	4354	19.60	4631	15.98
	材料费	PE 管	m	100.00	—	100.00	—
		钢板	kg	0.88	—	2.66	—
		板方材	m^3	0.21	—	0.21	—
		砂砾	m^3	14.82	—	21.32	—
		钢套管	kg	53.62	—	54.80	—
		钢挡土板	t	0.32	—	0.32	—
		商品混凝土 C20	m^3	0.26	—	0.26	—
		商品混凝土 C25	m^3	0.98	—	1.30	—
		阀门	个	0.50	—	0.45	—
		管件	个	11.88	—	11.88	—
		泄水管	个	0.05	—	0.05	—
		排气阀	个	0.11	—	0.11	—
		消火栓	个	0.83	—	0.83	—
		井盖	套	1.44	—	1.38	—
		其他材料费	元	2970	—	3249	—
		措施费分摊	元	906	—	1180	—
		材料费小计	元	12239	55.08	17381	59.98
	机械费	履带式推土机 75kW	台班	0.08	—	0.09	—
		履带式推土机 90kW	台班	0.03	—	0.03	—
		电动夯实机 20~62N·m	台班	14.94	—	15.77	—
		汽车式起重机 5t	台班	0.12	—	0.12	—
		汽车式起重机 16t	台班	0.01	—	0.01	—
		载重汽车 6t	台班	1.20	—	1.22	—
		自卸汽车 15t	台班	0.42	—	0.54	—
		平板拖车组 40t	台班	0.11	—	0.11	—
		机动翻斗车 1t	台班	0.02	—	0.02	—
		电动卷扬机 单筒慢速 50kN	台班	0.05	—	0.06	—
		灰浆搅拌机 200L	台班	0.02	—	0.02	—
		试压泵 25MPa	台班	0.11	—	0.22	—
		试压泵	台班	0.02	—	0.03	—
		电焊机（综合）	台班	0.40	—	0.40	—
		反铲挖掘机 $1m^3$	台班	0.43	—	0.45	—
		其他机械费	元	128	—	132	—
		措施费分摊	元	52	—	68	—
		机械费小计	元	1724	7.76	1876	6.48
	直接费小计		元	18317	82.44	23888	82.44
综合费用			元	3902	17.56	5088	17.56
合计			元	22219	—	28977	—

工程内容：挖土、运土、回填，管道、阀门、管件安装，试压、消毒冲洗。

单位：100m

指标编号				3F-091		3F-092	
项目			单位	埋深 1.5m			
				D 160	占指标基价（%）	*D* 250	占指标基价（%）
指标基价			元	33509	100.00	54209	100.00
一、建筑安装工程费			元	33509	100.00	54209	100.00
二、设备购置费			元	—	—	—	—
建筑安装工程费							
直接费	人工费	人工	工日	152	—	173	—
		措施费分摊	元	136	—	218	—
		人工费小计	元	4853	14.48	5586	10.31
	材料费	PE 管	m	100.00	—	100.00	—
		钢板	kg	2.66	—	4.18	—
		板方材	m^3	0.21	—	0.23	—
		砂砾	m^3	28.12	—	39.77	—
		钢套管	kg	55.98	—	59.02	—
		钢挡土板	t	0.33	—	0.35	—
		商品混凝土 C20	m^3	0.26	—	0.26	—
		商品混凝土 C25	m^3	1.30	—	1.30	—
		阀门	个	0.45	—	0.45	—
		管件	个	8.64	—	6.48	—
		泄水管	个	0.05	—	0.05	—
		排气阀	个	0.11	—	0.11	—
		消火栓	个	0.83	—	0.83	—
		井盖	套	1.38	—	1.38	—
		其他材料费	元	3284	—	3708	—
		措施费分摊	元	1364	—	2199	—
		材料费小计	元	20751	61.93	37091	68.42
	机械费	履带式推土机 75kW	台班	0.11	—	0.13	—
		履带式推土机 90kW	台班	0.03	—	0.03	—
		电动夯实机 20~62N·m	台班	16.61	—	18.44	—
		汽车式起重机 5t	台班	0.12	—	0.13	—
		汽车式起重机 16t	台班	0.01	—	0.01	—
		载重汽车 6t	台班	1.25	—	1.32	—
		自卸汽车 15t	台班	0.65	—	0.46	—
		平板拖车组 40 t	台班	0.11	—	0.11	—
		机动翻斗车 1t	台班	0.02	—	0.02	—
		电动卷扬机 单筒慢速 50kN	台班	0.06	—	0.06	—
		灰浆搅拌机 200L	台班	0.02	—	0.02	—
		试压泵 25MPa	台班	0.22	—	0.22	—
		试压泵	台班	0.04	—	0.04	—
		电焊机(综合)	台班	0.40	—	0.40	—
		反铲挖掘机 $1m^3$	台班	0.48	—	0.55	—
		其他机械费	元	138	—	136	—
		措施费分摊	元	78	—	126	—
		机械费小计	元	2020	6.03	2014	3.71
	直接费小计		元	27625	82.44	44690	82.44
综合费用			元	5884	17.56	9519	17.56
合计			元	33509	—	54209	—

工程内容：挖土、运土、回填，管道、阀门、管件安装，试压、消毒冲洗。

单位：100m

指标编号				3F-093		3F-094	
项目			单位	埋深1.5m			
				D 315	占指标基价（%）	*D* 355	占指标基价（%）
指标基价			元	74049	100.00	87652	100.00
一、建筑安装工程费			元	74049	100.00	87652	100.00
二、设备购置费			元	—	—	—	—
建筑安装工程费							
直接费	人工费	人工	工日	193	—	204	—
		措施费分摊	元	266	—	342	—
		人工费小计	元	6255	8.45	6672	7.61
	材料费	PE管	m	100.00	—	100.00	—
		钢板	kg	5.12	—	5.12	—
		板方材	m^3	0.24	—	0.24	—
		砂砾	m^3	50.80	—	57.76	—
		钢套管	kg	61.21	—	62.73	—
		钢挡土板	t	0.36	—	0.37	—
		商品混凝土C15	m^3	4.31	—	4.31	—
		商品混凝土C20	m^3	0.26	—	0.26	—
		商品混凝土C25	m^3	2.35	—	2.35	—
		阀门	个	0.40	—	0.40	—
		管件	个	3.24	—	3.24	—
		泄水管	个	0.05	—	0.05	—
		排气阀	个	0.11	—	0.11	—
		消火栓	个	0.83	—	0.83	—
		井盖	套	1.33	—	1.33	—
		其他材料费	元	4523	—	4721	—
		措施费分摊	元	3002	—	3578	—
		材料费小计	元	52238	70.54	62880	71.74
	机械费	履带式推土机 75kW	台班	0.16	—	0.17	—
		履带式推土机 90kW	台班	0.03	—	0.03	—
		电动夯实机 20~62N·m	台班	19.91	—	21.89	—
		汽车式起重机 5t	台班	0.14	—	0.14	—
		汽车式起重机 16t	台班	0.01	—	0.01	—
		载重汽车 6t	台班	1.37	—	1.77	—
		自卸汽车 15t	台班	1.07	—	1.16	—
		平板拖车组 40 t	台班	0.11	—	0.11	—
		机动翻斗车 1t	台班	0.02	—	0.01	—
		电动卷扬机 单筒慢速 50kN	台班	0.10	—	0.09	—
		灰浆搅拌机 200L	台班	0.02	—	0.02	—
		试压泵 25MPa	台班	0.32	—	0.32	—
		试压泵	台班	0.04	—	0.04	—
		电焊机（综合）	台班	0.40	—	0.40	—
		反铲挖掘机 $1m^3$	台班	0.60	—	0.64	—
		其他机械费	元	145	—	143	—
		措施费分摊	元	173	—	206	—
		机械费小计	元	2554	3.45	2709	3.09
	直接费小计		元	61046	82.44	72260	82.44
综合费用			元	13003	17.56	15391	17.56
合计			元	74049	—	87652	—

工程内容：挖土、运土、回填，管道、阀门、管件安装，试压、消毒冲洗。

单位：100m

指标编号				3F-095		3F-096	
项目			单位	埋深 1.5m			
				D 400	占指标基价（%）	D 500	占指标基价（%）
指标基价			元	107527	100.00	166863	100.00
一、建筑安装工程费			元	107527	100.00	166863	100.00
二、设备购置费			元	—	—	—	—
建筑安装工程费							
直接费	人工费	人工	工日	215	—	236	—
		措施费分摊	元	418	—	641	—
		人工费小计	元	7089	6.59	7964	4.77
	材料费	PE 管	m	100.00	—	100.00	—
		钢板	kg	5.12	—	6.50	—
		板方材	m^3	0.25	—	0.26	—
		砂砾	m^3	65.62	—	83.76	—
		钢套管	kg	64.08	—	67.45	—
		钢挡土板	t	0.38	—	0.40	—
		商品混凝土 C15	m^3	8.96	—	10.79	—
		商品混凝土 C20	m^3	0.26	—	—	—
		商品混凝土 C25	m^3	2.35	—	2.51	—
		阀门	个	0.40	—	0.40	—
		管件	个	3.24	—	3.24	—
		泄水管	个	0.05	—	0.05	—
		排气阀	个	0.11	—	0.11	—
		消火栓	个	0.83	—	—	—
		井盖	套	1.33	—	0.43	—
		其他材料费	元	4904	—	5422	—
		措施费分摊	元	4373	—	6930	—
		材料费小计	元	78681	73.17	126211	75.64
	机械费	履带式推土机 75kW	台班	0.19	—	0.07	—
		履带式推土机 90kW	台班	0.03	—	0.03	—
		电动夯实机 20~62N・m	台班	22.93	—	25.86	—
		汽车式起重机 5t	台班	0.14	—	0.12	—
		汽车式起重机 16t	台班	0.01	—	0.01	—
		载重汽车 6t	台班	1.44	—	1.51	—
		自卸汽车 15t	台班	1.30	—	1.85	—
		平板拖车组 40t	台班	0.11	—	0.11	—
		机动翻斗车 1t	台班	0.02	—	0.17	—
		电动卷扬机 单筒慢速 50kN	台班	0.10	—	0.05	—
		灰浆搅拌机 200L	台班	0.02	—	—	—
		试压泵 25MPa	台班	0.32	—	0.32	—
		试压泵	台班	0.04	—	0.03	—
		电焊机(综合)	台班	0.40	—	—	—
		反铲挖掘机 $1m^3$	台班	0.68	—	0.73	—
		其他机械费	元	145	—	202	—
		措施费分摊	元	251	—	398	—
		机械费小计	元	2877	2.68	3387	2.03
		直接费小计	元	88646	82.44	137562	82.44
综合费用			元	18882	17.56	29301	17.56
合计			元	107527	—	166863	—

工程内容：挖土、运土、回填，管道、阀门、管件安装，试压、消毒冲洗。

单位：100m

指标编号			单位	3F-097		3F-098	
项目				埋深2.0m			
				D 90	占指标基价（%）	*D* 125	占指标基价（%）
指标基价			元	24933	100.00	31388	100.00
一、建筑安装工程费			元	24933	100.00	31388	100.00
二、设备购置费			元	—	—	—	—
建筑安装工程费							
直接费	人工费	人工	工日	167	—	173	—
		措施费分摊	元	86	—	129	—
		人工费小计	元	5268	21.13	5497	17.51
	材料费	PE管	m	100.00	—	100.00	—
		钢板	kg	0.88	—	2.66	—
		板方材	m^3	0.27	—	0.28	—
		砂砾	m^3	14.82	—	21.32	—
		钢套管	kg	70.48	—	71.66	—
		钢挡土板	t	0.42	—	0.42	—
		商品混凝土C20	m^3	0.26	—	0.26	—
		商品混凝土C25	m^3	1.04	—	1.23	—
		阀门	个	0.50	—	0.45	—
		管件	个	11.88	—	11.88	—
		泄水管	个	0.05	—	0.05	—
		排气阀	个	0.11	—	0.11	—
		消火栓	个	0.83	—	0.83	—
		井盖	套	1.44	—	1.38	—
		其他材料费	元	3300	—	3423	—
		措施费分摊	元	1017	—	1278	—
		材料费小计	元	13182	52.87	18118	57.72
	机械费	履带式推土机 75kW	台班	0.10	—	0.11	—
		履带式推土机 90kW	台班	0.03	—	0.03	—
		电动夯实机 20~62N·m	台班	19.64	—	20.62	—
		汽车式起重机 5t	台班	0.12	—	0.12	—
		汽车式起重机 16t	台班	0.01	—	0.01	—
		载重汽车 6t	台班	1.57	—	1.59	—
		自卸汽车 15t	台班	0.53	—	0.61	—
		平板拖车组 40t	台班	0.11	—	0.11	—
		机动翻斗车 1t	台班	0.02	—	0.02	—
		电动卷扬机 单筒慢速 50kN	台班	0.04	—	0.05	—
		灰浆搅拌机 200L	台班	0.02	—	0.02	—
		试压泵 25MPa	台班	0.11	—	0.22	—
		试压泵	台班	0.02	—	0.03	—
		电焊机(综合)	台班	0.40	—	0.40	—
		反铲挖掘机 $1m^3$	台班	0.58	—	0.61	—
		其他机械费	元	129	—	130	—
		措施费分摊	元	58	—	73	—
		机械费小计	元	2105	8.44	2261	7.20
	直接费小计		元	20555	82.44	25877	82.44
综合费用			元	4378	17.56	5512	17.56
合计			元	24933	—	31388	—

工程内容：挖土、运土、回填，管道、阀门、管件安装，试压、消毒冲洗。

单位：100m

指标编号				3F-099		3F-100	
项目			单位	埋深2.0m			
				D 160	占指标基价（%）	*D* 250	占指标基价（%）
指标基价			元	36542	100.00	57352	100.00
一、建筑安装工程费			元	36542	100.00	57352	100.00
二、设备购置费			元	—	—	—	—
建筑安装工程费							
直接费	人工费	人工	工日	182	—	205	—
		措施费分摊	元	142	—	203	—
		人工费小计	元	5789	15.84	6564	11.45
	材料费	PE管	m	100.00	—	100.00	—
		钢板	kg	2.66	—	4.18	—
		板方材	m^3	0.28	—	0.29	—
		砂砾	m^3	28.12	—	39.77	—
		钢套管	kg	72.84	—	75.88	—
		钢挡土板	t	0.43	—	0.45	—
		商品混凝土C20	m^3	0.26	—	0.26	—
		商品混凝土C25	m^3	1.34	—	1.34	—
		阀门	个	0.45	—	0.45	—
		管件	个	8.64	—	6.48	—
		泄水管	个	0.05	—	0.05	—
		排气阀	个	0.11	—	0.11	—
		消火栓	个	0.83	—	0.83	—
		井盖	套	1.38	—	1.38	—
		其他材料费	元	3831	—	4085	—
		措施费分摊	元	1487	—	2331	—
		材料费小计	元	21921	59.99	38020	66.29
	机械费	履带式推土机 75kW	台班	0.13	—	0.16	—
		履带式推土机 90kW	台班	0.03	—	0.03	—
		电动夯实机 20~62N·m	台班	21.61	—	24.24	—
		汽车式起重机 5t	台班	0.12	—	0.13	—
		汽车式起重机 16t	台班	0.01	—	0.01	—
		载重汽车 6t	台班	1.62	—	1.69	—
		自卸汽车 15t	台班	0.72	—	0.89	—
		平板拖车组 40t	台班	0.11	—	0.11	—
		机动翻斗车 1t	台班	0.02	—	0.02	—
		电动卷扬机 单筒慢速 50kN	台班	0.06	—	0.06	—
		灰浆搅拌机 200L	台班	0.02	—	0.02	—
		试压泵 25MPa	台班	0.22	—	0.22	—
		试压泵	台班	0.04	—	0.04	—
		电焊机(综合)	台班	0.40	—	0.40	—
		反铲挖掘机 $1m^3$	台班	0.65	—	0.72	—
		其他机械费	元	139	—	144	—
		措施费分摊	元	85	—	134	—
		机械费小计	元	2416	6.61	2697	4.70
	直接费小计		元	30126	82.44	47281	82.44
综合费用			元	6417	17.56	10071	17.56
合计			元	36542	—	57352	—

工程内容：挖土、运土、回填，管道、阀门、管件安装，试压、消毒冲洗。

单位：100m

指标编号				3F-101		3F-102	
项目			单位	埋深2.0m			
				D 315	占指标基价（%）	*D* 355	占指标基价（%）
指标基价			元	76830	100.00	89643	100.00
一、建筑安装工程费			元	76830	100.00	89643	100.00
二、设备购置费			元	—	—	—	—
建筑安装工程费							
直接费	人工费	人工	工日	226	—	237	—
		措施费分摊	元	285	—	325	—
		人工费小计	元	7298	9.50	7679	8.57
	材料费	PE管	m	100.00	—	100.00	—
		钢板	kg	5.12	—	5.12	—
		板方材	m^3	0.30	—	0.31	—
		砂砾	m^3	50.80	—	57.76	—
		钢套管	kg	78.07	—	79.42	—
		钢挡土板	t	0.46	—	0.47	—
		商品混凝土C15	m^3	2.46	—	2.46	—
		商品混凝土C20	m^3	0.26	—	0.26	—
		商品混凝土C25	m^3	2.67	—	2.67	—
		阀门	个	0.40	—	0.40	—
		管件	个	3.24	—	3.24	—
		泄水管	个	0.05	—	0.05	—
		排气阀	个	0.11	—	0.11	—
		消火栓	个	0.83	—	0.83	—
		井盖	套	1.33	—	1.33	—
		其他材料费	元	5127	—	5091	—
		措施费分摊	元	3115	—	3659	—
		材料费小计	元	53027	69.02	63531	70.87
	机械费	履带式推土机 75kW	台班	0.18	—	0.20	—
		履带式推土机 90kW	台班	0.03	—	0.03	—
		电动夯实机 20~62N·m	台班	26.24	—	27.52	—
		汽车式起重机 5t	台班	0.14	—	0.14	—
		汽车式起重机 16t	台班	0.01	—	0.01	—
		载重汽车 6t	台班	1.75	—	1.78	—
		自卸汽车 15t	台班	1.14	—	1.25	—
		平板拖车组 40t	台班	0.11	—	0.11	—
		机动翻斗车 1t	台班	0.02	—	0.02	—
		电动卷扬机 单筒慢速 50kN	台班	0.10	—	0.10	—
		灰浆搅拌机 200L	台班	0.02	—	0.02	—
		试压泵 25MPa	台班	0.32	—	0.32	—
		试压泵	台班	0.04	—	0.04	—
		电焊机(综合)	台班	0.40	—	0.40	—
		反铲挖掘机 $1m^3$	台班	0.79	—	0.83	—
		其他机械费	元	146	—	146	—
		措施费分摊	元	179	—	210	—
		机械费小计	元	3015	3.92	2693	3.00
	直接费小计		元	63339	82.44	73902	82.44
综合费用			元	13491	17.56	15741	17.56
合计			元	76830	—	89643	—

工程内容：挖土、运土、回填，管道、阀门、管件安装，试压、消毒冲洗。

单位：100m

指标编号				3F-103		3F-104	
项目			单位	埋深 2.0m			
				D 400	占指标基价（%）	*D* 500	占指标基价（%）
指标基价			元	109349	100.00	168191	100.00
一、建筑安装工程费			元	109349	100.00	168191	100.00
二、设备购置费			元	—	—	—	—
建筑安装工程费							
直接费	人工费	人工	工日	247	—	267	—
		措施费分摊	元	412	—	629	—
		人工费小计	元	8076	7.39	8914	5.30
	材料费	PE 管	m	100.00	—	100.00	—
		钢板	kg	5.12	—	6.50	—
		板方材	m^3	0.31	—	0.32	—
		砂砾	m^3	65.62	—	83.76	—
		钢套管	kg	80.94	—	84.31	—
		钢挡土板	t	0.48	—	0.50	—
		商品混凝土 C15	m^3	4.95	—	6.54	—
		商品混凝土 C20	m^3	0.26	—	—	—
		商品混凝土 C25	m^3	2.67	—	2.51	—
		阀门	个	0.40	—	0.40	—
		管件	个	3.24	—	3.24	—
		泄水管	个	0.05	—	0.05	—
		排气阀	个	0.11	—	0.11	—
		消火栓	个	0.83	—	—	—
		井盖	套	1.33	—	0.43	—
		其他材料费	元	5406	—	5706	—
		措施费分摊	元	4447	—	6984	—
		材料费小计	元	78732	72.00	125858	74.83
	机械费	履带式推土机 75kW	台班	0.21	—	0.23	—
		履带式推土机 90kW	台班	0.03	—	0.03	—
		电动夯实机 20~62N·m	台班	28.97	—	32.32	—
		汽车式起重机 5t	台班	0.14	—	0.12	—
		汽车式起重机 16t	台班	0.01	—	0.01	—
		载重汽车 6t	台班	1.81	—	1.88	—
		自卸汽车 15t	台班	1.37	—	1.85	—
		平板拖车组 40t	台班	0.11	—	0.11	—
		机动翻斗车 1t	台班	0.02	—	0.17	—
		电动卷扬机 单筒慢速 50kN	台班	0.10	—	0.05	—
		灰浆搅拌机 200L	台班	0.02	—	—	—
		试压泵 25MPa	台班	0.32	—	0.32	—
		试压泵	台班	0.04	—	0.03	—
		电焊机(综合)	台班	0.40	—	—	—
		反铲挖掘机 $1m^3$	台班	0.87	—	0.95	—
		其他机械费	元	146	—	202	—
		措施费分摊	元	256	—	401	—
		机械费小计	元	3340	3.05	3885	2.31
	直接费小计		元	90148	82.44	138657	82.44
综合费用			元	19201	17.56	29534	17.56
合计			元	109349	—	168191	—

2.1.5 钢骨架塑料复合管（开槽支撑）

工程内容：挖土、运土、回填，管道、阀门、管件安装，试压、消毒冲洗。

单位：100m

指标编号				3F-105		3F-106	
项目			单位	埋深 1.5m			
				DN 100	占指标基价（%）	*DN* 150	占指标基价（%）
指标基价			元	32615	100.00	42686	100.00
一、建筑安装工程费			元	32615	100.00	42686	100.00
二、设备购置费			元	—	—	—	—
建筑安装工程费							
直接费	人工费	人工	工日	127	—	132	—
		措施费分摊	元	125	—	170	—
		人工费小计	元	4066	12.47	4266	9.99
	材料费	钢骨架塑料复合管	m	100.00	—	100.00	—
		板方材	m^3	0.21	—	0.22	—
		砂砾	m^3	13.61	—	20.56	—
		钢套管	kg	54.26	—	56.07	—
		钢挡土板	t	0.32	—	0.33	—
		商品混凝土 C20	m^3	0.26	—	0.26	—
		商品混凝土 C25	m^3	1.10	—	1.18	—
		阀门	个	0.50	—	0.45	—
		管件	个	11.88	—	11.88	—
		泄水管	个	0.05	—	0.05	—
		排气阀	个	0.11	—	0.11	—
		消火栓	个	0.83	—	0.83	—
		井盖	套	1.44	—	1.38	—
		其他材料费	元	2929	—	3114	—
		措施费分摊	元	1362	—	1794	—
		材料费小计	元	20779	63.71	28606	67.01
	机械费	履带式推土机 75kW	台班	0.07	—	0.09	—
		履带式推土机 90kW	台班	0.03	—	0.03	—
		电动夯实机 20~62N·m	台班	12.54	—	13.63	—
		汽车式起重机 5t	台班	0.12	—	0.12	—
		汽车式起重机 8t	台班	0.49	—	0.63	—
		汽车式起重机 16t	台班	0.01	—	0.01	—
		载重汽车 6t	台班	1.21	—	1.25	—
		载重汽车 8t	台班	0.05	—	0.07	—
		自卸汽车 15t	台班	0.42	—	0.58	—
		平板拖车组 40t	台班	0.11	—	0.11	—
		机动翻斗车 1t	台班	0.02	—	0.02	—
		电动卷扬机 单筒慢速 50kN	台班	1.34	—	1.78	—
		灰浆搅拌机 200L	台班	0.02	—	0.02	—
		试压泵	台班	0.02	—	0.06	—
		电焊机(综合)	台班	0.48	—	0.48	—
		电熔电焊机	台班	1.19	—	1.43	—
		反铲挖掘机 $1m^3$	台班	0.37	—	0.40	—
		其他机械费	元	109	—	109	—
		措施费分摊	元	78	—	103	—
		机械费小计	元	2043	6.26	2318	5.43
	直接费小计		元	26888	82.44	35191	82.44
综合费用			元	5727	17.56	7496	17.56
合计			元	32615	—	42686	—

工程内容：挖土、运土、回填，管道、阀门、管件安装，试压、消毒冲洗。

单位：100m

指标编号				3F-107		3F-108	
项目			单位	埋深 1.5m			
				DN 200	占指标基价（%）	*DN* 250	占指标基价（%）
指标基价			元	72770	100.00	96584	100.00
一、建筑安装工程费			元	72770	100.00	96584	100.00
二、设备购置费			元	—	—	—	—
建筑安装工程费							
直接费	人工费	人工	工日	138	—	144	—
		措施费分摊	元	301	—	385	—
		人工费小计	元	4583	6.30	4853	5.03
	材料费	钢骨架塑料复合管	m	100.00	—	100.00	—
		板方材	m^3	0.22	—	0.23	—
		砂砾	m^3	26.76	—	34.17	—
		钢套管	kg	57.75	—	59.44	—
		钢挡土板	t	0.34	—	0.35	—
		商品混凝土 C20	m^3	0.26	—	0.26	—
		商品混凝土 C25	m^3	1.30	—	1.30	—
		阀门	个	0.45	—	0.45	—
		管件	个	8.64	—	6.48	—
		泄水管	个	0.05	—	0.05	—
		排气阀	个	0.11	—	0.11	—
		消火栓	个	0.83	—	0.83	—
		井盖	套	1.38	—	1.38	—
		其他材料费	元	3285	—	3477	—
		措施费分摊	元	3107	—	4144	—
		材料费小计	元	52767	72.51	71723	74.26
	机械费	履带式推土机 75kW	台班	0.11	—	0.13	—
		履带式推土机 90kW	台班	0.03	—	0.03	—
		电动夯实机 20~62N·m	台班	14.63	—	15.69	—
		汽车式起重机 5t	台班	0.12	—	0.12	—
		汽车式起重机 8t	台班	0.80	—	1.14	—
		汽车式起重机 16t	台班	0.01	—	0.01	—
		载重汽车 6t	台班	1.29	—	1.33	—
		载重汽车 8t	台班	0.09	—	0.15	—
		自卸汽车 15t	台班	0.73	—	0.89	—
		平板拖车组 40t	台班	0.11	—	0.11	—
		机动翻斗车 1t	台班	0.02	—	0.02	—
		电动卷扬机 单筒慢速 50kN	台班	2.22	—	2.65	—
		灰浆搅拌机 200L	台班	0.02	—	0.02	—
		试压泵	台班	0.06	—	0.05	—
		电焊机(综合)	台班	0.60	—	0.70	—
		电熔电焊机	台班	1.21	—	0.97	—
		反铲挖掘机 $1m^3$	台班	0.44	—	0.48	—
		其他机械费	元	125	—	125	—
		措施费分摊	元	179	—	238	—
		机械费小计	元	2642	3.63	3047	3.15
	直接费小计		元	59991	82.44	79624	82.44
综合费用			元	12778	17.56	16960	17.56
合计			元	72770	—	96584	—

工程内容：挖土、运土、回填，管道、阀门、管件安装，试压、消毒冲洗。

单位：100m

指标编号				3F-109		3F-110	
项目			单位	埋深1.5m			
				DN 400	占指标基价（%）	*DN* 500	占指标基价（%）
指标基价			元	189011	100.00	205789	100.00
一、建筑安装工程费			元	189011	100.00	205789	100.00
二、设备购置费			元	—	—	—	—
建筑安装工程费							
直接费	人工费	人工	工日	178	—	196	—
		措施费分摊	元	741	—	827	—
		人工费小计	元	6264	3.31	6909	3.36
	材料费	钢骨架塑料复合管	m	100.00	—	100.00	—
		板方材	m^3	0.25	—	0.26	—
		砂砾	m^3	68.19	—	86.64	—
		钢套管	kg	64.58	—	67.99	—
		钢挡土板	t	0.38	—	0.40	—
		商品混凝土 C15	m^3	8.96	—	10.79	—
		商品混凝土 C20	m^3	0.26	—	—	—
		商品混凝土 C25	m^3	2.35	—	2.51	—
		阀门	个	0.40	—	0.40	—
		管件	个	3.24	—	3.24	—
		泄水管	个	0.05	—	0.05	—
		排气阀	个	0.11	—	0.11	—
		消火栓	个	0.83	—	—	—
		井盖	套	1.33	—	0.43	—
		其他材料费	元	4289	—	4330	—
		措施费分摊	元	8160	—	8902	—
		材料费小计	元	146136	77.32	158689	77.11
	机械费	履带式推土机 75kW	台班	0.12	—	0.17	—
		履带式推土机 90kW	台班	0.03	—	0.03	—
		电动夯实机 20~62N·m	台班	22.19	—	24.54	—
		汽车式起重机 5t	台班	0.14	—	0.12	—
		汽车式起重机 8t	台班	1.42	—	1.58	—
		汽车式起重机 16t	台班	0.01	—	0.01	—
		载重汽车 6t	台班	1.45	—	1.52	—
		载重汽车 8t	台班	0.24	—	0.29	—
		自卸汽车 15t	台班	0.74	—	1.13	—
		平板拖车组 40t	台班	0.11	—	0.11	—
		机动翻斗车 1t	台班	0.02	—	0.17	—
		电动卷扬机 单筒慢速 50kN	台班	3.56	—	3.94	—
		灰浆搅拌机 200L	台班	0.02	—	0.02	—
		试压泵	台班	0.06	—	0.07	—
		电焊机(综合)	台班	0.76	—	0.46	—
		电熔电焊机	台班	0.55	—	0.62	—
		反铲挖掘机 $1m^3$	台班	0.59	—	0.68	—
		其他机械费	元	134	—	182	—
		措施费分摊	元	469	—	512	—
		机械费小计	元	3420	1.81	4055	1.97
	直接费小计		元	155821	82.44	169653	82.44
综合费用			元	33190	17.56	36136	17.56
合计			元	189011	—	205789	—

工程内容：挖土、运土、回填，管道、阀门、管件安装，试压、消毒冲洗。

单位：100m

指标编号				3F-111		3F-112	
项目			单位	埋深 2.0m			
				DN 100	占指标基价（%）	*DN* 150	占指标基价（%）
指标基价			元	35274	100.00	45243	100.00
一、建筑安装工程费			元	35274	100.00	45243	100.00
二、设备购置费			元	—	—	—	—
建筑安装工程费							
直接费	人工费	人工	工日	155	—	160	—
		措施费分摊	元	130	—	178	—
		人工费小计	元	4940	14.01	5143	11.37
	材料费	钢骨架塑料复合管	m	100.00	—	100.00	—
		板方材	m^3	0.27	—	0.28	—
		砂砾	m^3	13.61	—	20.56	—
		钢套管	kg	71.12	—	72.93	—
		钢挡土板	t	0.42	—	0.43	—
		商品混凝土 C20	m^3	0.26	—	0.26	—
		商品混凝土 C25	m^3	1.16	—	1.23	—
		阀门	个	0.50	—	0.45	—
		管件	个	11.88	—	11.88	—
		泄水管	个	0.05	—	0.05	—
		排气阀	个	0.11	—	0.11	—
		消火栓	个	0.83	—	0.83	—
		井盖	套	1.44	—	1.38	—
		其他材料费	元	3319	—	3383	—
		措施费分摊	元	1470	—	1898	—
		材料费小计	元	21778	61.74	29481	65.16
	机械费	履带式推土机 75kW	台班	0.09	—	0.11	—
		履带式推土机 90kW	台班	0.03	—	0.03	—
		电动夯实机 20~62N·m	台班	16.45	—	17.77	—
		汽车式起重机 5t	台班	0.12	—	0.12	—
		汽车式起重机 8t	台班	0.49	—	0.63	—
		汽车式起重机 16t	台班	0.01	—	0.01	—
		载重汽车 6t	台班	1.59	—	1.62	—
		载重汽车 8t	台班	0.05	—	0.07	—
		自卸汽车 15t	台班	0.49	—	0.65	—
		平板拖车组 40t	台班	0.11	—	0.11	—
		机动翻斗车 1t	台班	0.02	—	0.02	—
		电动卷扬机 单筒慢速 50kN	台班	1.34	—	1.78	—
		灰浆搅拌机 200L	台班	0.02	—	0.02	—
		试压泵	台班	0.02	—	0.06	—
		电焊机(综合)	台班	0.48	—	0.48	—
		电熔电焊机	台班	1.19	—	1.43	—
		反铲挖掘机 $1m^3$	台班	0.50	—	0.54	—
		其他机械费	元	110	—	108	—
		措施费分摊	元	85	—	109	—
		机械费小计	元	2361	6.69	2674	5.91
	直接费小计		元	29080	82.44	37299	82.44
综合费用			元	6194	17.56	7945	17.56
合计			元	35274	—	45243	—

工程内容：挖土、运土、回填，管道、阀门、管件安装，试压、消毒冲洗。

单位：100m

指标编号				3F-113		3F-114	
项目			单位	埋深 2.0m			
				DN 200	占指标基价（%）	*DN* 250	占指标基价（%）
指标基价			元	75457	100.00	99300	100.00
一、建筑安装工程费			元	75457	100.00	99300	100.00
二、设备购置费			元	—	—	—	—
建筑安装工程费							
直接费	人工费	人工	工日	167	—	173	—
		措施费分摊	元	300	—	396	—
		人工费小计	元	5482	7.26	5764	5.80
	材料费	钢骨架塑料复合管	m	100.00	—	100.00	—
		板方材	m^3	0.29	—	0.29	—
		砂砾	m^3	26.76	—	34.17	—
		钢套管	kg	74.62	—	76.30	—
		钢挡土板	t	0.44	—	0.45	—
		商品混凝土 C20	m^3	0.26	—	0.26	—
		商品混凝土 C25	m^3	1.34	—	1.34	—
		阀门	个	0.45	—	0.45	—
		管件	个	8.64	—	6.48	—
		泄水管	个	0.05	—	0.05	—
		排气阀	个	0.11	—	0.11	—
		消火栓	个	0.83	—	0.83	—
		井盖	套	1.38	—	1.38	—
		其他材料费	元	3630	—	3821	—
		措施费分摊	元	3216	—	4255	—
		材料费小计	元	53719	71.19	72677	73.19
	机械费	履带式推土机 75kW	台班	0.13	—	0.15	—
		履带式推土机 90kW	台班	0.03	—	0.03	—
		电动夯实机 20～62N·m	台班	18.99	—	20.27	—
		汽车式起重机 5t	台班	0.12	—	0.12	—
		汽车式起重机 8t	台班	0.80	—	1.14	—
		汽车式起重机 16t	台班	0.01	—	0.01	—
		载重汽车 6t	台班	1.66	—	1.70	—
		载重汽车 8t	台班	0.09	—	0.15	—
		自卸汽车 15t	台班	0.79	—	0.95	—
		平板拖车组 40t	台班	0.11	—	0.11	—
		机动翻斗车 1t	台班	0.02	—	0.02	—
		电动卷扬机 单筒慢速 50kN	台班	2.22	—	2.65	—
		灰浆搅拌机 200L	台班	0.02	—	0.02	—
		试压泵	台班	0.05	—	0.05	—
		电焊机(综合)	台班	0.59	—	0.68	—
		电熔电焊机	台班	1.21	—	0.97	—
		反铲挖掘机 $1m^3$	台班	0.58	—	0.63	—
		其他机械费	元	126	—	126	—
		措施费分摊	元	185	—	245	—
		机械费小计	元	3007	3.98	3423	3.45
	直接费小计		元	62207	82.44	81863	82.44
综合费用			元	13250	17.56	17437	17.56
合计			元	75457	—	99300	—

工程内容：挖土、运土、回填，管道、阀门、管件安装，试压、消毒冲洗。

单位：100m

指标编号				3F-115		3F-116	
项目			单位	埋深2.0m			
				*DN*400	占指标基价（%）	*DN*500	占指标基价（%）
指标基价			元	190078	100.00	206811	100.00
一、建筑安装工程费			元	190078	100.00	206811	100.00
二、设备购置费			元	—	—	—	—
建筑安装工程费							
直接费	人工费	人工	工日	207	—	227	—
		措施费分摊	元	751	—	816	—
		人工费小计	元	7174	3.77	7860	3.80
	材料费	钢骨架塑料复合管	m	100.00	—	100.00	—
		板方材	m^3	0.31	—	0.33	—
		砂砾	m^3	68.19	—	86.64	—
		钢套管	kg	81.44	—	84.85	—
		钢挡土板	t	0.48	—	0.50	—
		商品混凝土 C15	m^3	4.92	—	6.54	—
		商品混凝土 C20	m^3	0.65	—	—	—
		商品混凝土 C25	m^3	2.38	—	2.51	—
		阀门	个	0.40	—	0.40	—
		管件	个	3.24	—	3.24	—
		泄水管	个	0.05	—	0.05	—
		排气阀	个	0.11	—	0.11	—
		消火栓	个	0.83	—	—	—
		井盖	套	1.33	—	0.43	—
		其他材料费	元	4496	—	4633	—
		措施费分摊	元	8203	—	8941	—
		材料费小计	元	145875	76.75	158398	76.59
	机械费	履带式推土机 75kW	台班	0.12	—	0.15	—
		履带式推土机 90kW	台班	0.03	—	0.03	—
		电动夯实机 20~62N·m	台班	28.29	—	31.07	—
		汽车式起重机 5t	台班	0.14	—	0.12	—
		汽车式起重机 8t	台班	1.43	—	1.58	—
		汽车式起重机 16t	台班	0.01	—	0.01	—
		载重汽车 6t	台班	1.83	—	1.90	—
		载重汽车 8t	台班	0.24	—	0.29	—
		自卸汽车 15t	台班	0.56	—	0.89	—
		平板拖车组 40t	台班	0.11	—	0.11	—
		机动翻斗车 1t	台班	0.02	—	0.17	—
		电动卷扬机 单筒慢速 50kN	台班	3.55	—	3.94	—
		灰浆搅拌机 200L	台班	0.02	—	0.00	—
		试压泵	台班	0.06	—	0.07	—
		电焊机(综合)	台班	0.77	—	0.46	—
		电熔电焊机	台班	0.55	—	0.62	—
		反铲挖掘机 $1m^3$	台班	0.75	—	0.83	—
		其他机械费	元	135	—	195	—
		措施费分摊	元	471	—	514	—
		机械费小计	元	3651	1.92	4238	2.05
	直接费小计		元	156700	82.44	170495	82.44
综合费用			元	33377	17.56	36316	17.56
合计			元	190078	—	206811	—

2.2 管道开槽放坡埋设

2.2.1 承插球墨铸铁管（开槽放坡）

工程内容：挖土、运土、回填，管道、阀门、管件安装，试压、消毒冲洗。

单位：100m

指 标 编 号				3F-117		3F-118	
项 目			单位	埋深 1.5m			
				DN 100	占指标基价（%）	*DN* 150	占指标基价（%）
指 标 基 价			元	29405	100.00	33026	100.00
一、建筑安装工程费			元	29405	100.00	33026	100.00
二、设备购置费			元	—	—	—	—
建筑安装工程费							
直接费	人工费	人工	工日	97	—	105	—
		措施费分摊	元	116	—	131	—
		人工费小计	元	3126	10.63	3389	10.26
	材料费	球墨铸铁管	m	100.00	—	100.00	—
		钢配件	t	0.32	—	0.37	—
		法兰阀门	个	0.50	—	0.45	—
		平焊法兰	片	1.08	—	0.97	—
		钢板	kg	0.88	—	2.66	—
		砂砾	m^3	12.40	—	20.41	—
		橡胶圈	个	43.05	—	43.05	—
		商品混凝土 C15	m^3	0.16	—	0.17	—
		商品混凝土 C20	m^3	0.26	—	0.26	—
		商品混凝土 C25	m^3	1.10	—	1.18	—
		消火栓	个	0.83	—	0.83	—
		排气阀	个	0.11	—	0.11	—
		泄水管	个	0.05	—	0.05	—
		井盖	套	1.44	—	1.38	—
		其他材料费	元	2983	—	2425	—
		措施费分摊	元	1265	—	1421	—
		材料费小计	元	19309	65.67	21837	66.12
	机械费	自卸汽车 15t	台班	0.39	—	0.51	—
		反铲挖掘机 $1m^3$	台班	0.75	—	0.81	—
		电动夯实机 20～62N·m	台班	24.67	—	26.65	—
		其他机械费	元	458	—	472	—
		措施费分摊	元	73	—	82	—
		机械费小计	元	1806	6.14	2001	6.06
	直接费小计		元	24241	82.44	27227	82.44
综合费用			元	5163	17.56	5799	17.56
合 计			元	29405	—	33026	—

工程内容：挖土、运土、回填，管道、阀门、管件安装，试压、消毒冲洗。

单位：100m

指标编号				3F-119		3F-120	
项目			单位	埋深 1.5m			
				DN 200	占指标基价（%）	*DN* 300	占指标基价（%）
指标基价			元	41401	100.00	70544	100.00
一、建筑安装工程费			元	41401	100.00	70544	100.00
二、设备购置费			元	—	—	—	—
建筑安装工程费							
直接费	人工费	人工	工日	115	—	125	—
		措施费分摊	元	164	—	279	—
		人工费小计	元	3732	9.00	4158	5.89
	材料费	球墨铸铁管	m	100.00	—	100.00	—
		钢配件	t	0.44	—	0.63	—
		法兰阀门	个	0.45	—	0.45	—
		平焊法兰	片	0.97	—	0.97	—
		钢板	kg	2.66	—	4.18	—
		砂砾	m^3	29.48	—	51.71	—
		橡胶圈	个	36.37	—	31.92	—
		商品混凝土 C15	m^3	0.17	—	4.26	—
		商品混凝土 C20	m^3	0.26	—	0.26	—
		商品混凝土 C25	m^3	1.30	—	1.30	—
		消火栓	个	0.83	—	0.90	—
		排气阀	个	0.11	—	0.11	—
		泄水管	个	0.05	—	0.05	—
		井盖	套	1.38	—	1.38	—
		其他材料费	元	2826	—	4038	—
		措施费分摊	元	1782	—	3036	—
		材料费小计	元	28157	68.00	50793	72.00
	机械费	自卸汽车 15t	台班	0.66	—	1.03	—
		反铲挖掘机 $1m^3$	台班	0.87	—	1.01	—
		电动夯实机 20～62N·m	台班	28.68	—	33.00	—
		其他机械费	元	517	—	1020	—
		措施费分摊	元	102	—	174	—
		机械费小计	元	2242	5.00	3207	4.55
	直接费小计		元	34131	82.00	58157	82.44
综合费用			元	7270	18.00	12387	17.56
合计			元	41401	—	70544	—

工程内容：挖土、运土、回填，管道、阀门、管件安装，试压、消毒冲洗。

单位：100m

指标编号				3F-121		3F-122	
项目			单位	埋深 1.5m			
				DN 400	占指标基价（%）	*DN* 500	占指标基价（%）
指标基价			元	95497	100.00	118924	100.00
一、建筑安装工程费			元	95497	100.00	118924	100.00
二、设备购置费			元	—	—	—	—
建筑安装工程费							
直接费	人工费	人工	工日	145	—	165	—
		措施费分摊	元	378	—	471	—
		人工费小计	元	4877	5.11	5591	4.70
	材料费	球墨铸铁管	m	100.00	—	100.00	—
		钢配件	t	1.14	—	1.24	—
		法兰阀门	个	0.40	—	0.40	—
		平焊法兰	片	0.86	—	0.86	—
		钢板	kg	5.12	—	6.50	—
		砂砾	m^3	79.08	—	111.43	—
		橡胶圈	个	25.25	—	25.25	—
		商品混凝土 C15	m^3	8.96	—	10.79	—
		商品混凝土 C20	m^3	0.26	—	—	—
		商品混凝土 C25	m^3	2.35	—	2.06	—
		消火栓	个	0.83	—	—	—
		排气阀	个	0.11	—	0.11	—
		泄水管	个	0.05	—	0.05	—
		井盖	套	1.33	—	0.43	—
		其他材料费	元	5399	—	6180	—
		措施费分摊	元	4110	—	5118	—
		材料费小计	元	69958	73.26	87787	73.82
	机械费	自卸汽车 15t	台班	1.50	—	2.02	—
		反铲挖掘机 $1m^3$	台班	1.15	—	1.29	—
		电动夯实机 20～62N·m	台班	37.61	—	42.49	—
		其他机械费	元	1154	—	1338	—
		措施费分摊	元	236	—	294	—
		机械费小计	元	3893	4.08	4663	3.92
	直接费小计		元	78728	82.44	98041	82.44
综合费用			元	16769	17.56	20883	17.56
合　计			元	95497	—	118924	—

工程内容：挖土、运土、回填，管道、阀门、管件安装，试压、消毒冲洗。

单位：100m

指标编号				3F-123		3F-124	
项目			单位	埋深1.5m			
				DN 600	占指标基价（%）	*DN* 700	占指标基价（%）
指标基价			元	155457	100.00	190815	100.00
一、建筑安装工程费			元	155457	100.00	190815	100.00
二、设备购置费			元	—	—	—	—
建筑安装工程费							
直接费	人工费	人工	工日	189	—	222	—
		措施费分摊	元	615	—	755	—
		人工费小计	元	6480	4.17	7644	4.01
	材料费	球墨铸铁管	m	100.00	—	100.00	—
		钢配件	t	1.25	—	1.27	—
		法兰阀门	个	0.38	—	0.38	—
		平焊法兰	片	0.82	—	0.82	—
		钢板	kg	7.48	—	9.50	—
		砂砾	m^3	167.68	—	213.65	—
		橡胶圈	个	23.03	—	23.03	—
		商品混凝土C15	m^3	11.48	—	16.80	—
		商品混凝土C25	m^3	1.95	—	2.22	—
		排气阀	个	0.11	—	0.11	—
		泄水管	个	0.05	—	0.05	—
		井盖	套	0.41	—	0.41	—
		其他材料费	元	7876	—	9984	—
		措施费分摊	元	6690	—	8211	—
		材料费小计	元	115611	74.37	142531	74.70
	机械费	自卸汽车 15t	台班	2.92	—	3.69	—
		反铲挖掘机 1m^3	台班	1.57	—	1.76	—
		电动夯实机 20～62N·m	台班	51.35	—	57.02	—
		其他机械费	元	1687	—	1935	—
		措施费分摊	元	384	—	472	—
		机械费小计	元	6068	3.90	7133	3.74
	直接费小计		元	128159	82.44	157308	82.44
综合费用			元	27298	17.56	33507	17.56
合计			元	155457	—	190815	—

工程内容：挖土、运土、回填，管道、阀门、管件安装，试压、消毒冲洗。

单位：100m

指标编号				3F-125		3F-126	
项目			单位	埋深 1.5m			
				DN 800	占指标基价（%）	*DN* 900	占指标基价（%）
指标基价			元	230147	100.00	263468	100.00
一、建筑安装工程费			元	230147	100.00	263468	100.00
二、设备购置费			元	—	—	—	—
建筑安装工程费							
直接费	人工费	人工	工日	236	—	246	—
		措施费分摊	元	911	—	1043	—
		人工费小计	元	8234	3.58	8676	3.29
	材料费	球墨铸铁管	m	100.00	—	100.00	—
		钢配件	t	1.37	—	1.56	—
		法兰阀门	个	0.38	—	0.21	—
		平焊法兰	片	0.82	—	0.45	—
		钢板	kg	9.50	—	11.31	—
		砂砾	m^3	264.75	—	320.85	—
		橡胶圈	个	23.03	—	21.91	—
		商品混凝土 C15	m^3	21.48	—	15.82	—
		商品混凝土 C25	m^3	2.22	—	1.23	—
		排气阀	个	0.11	—	0.11	—
		泄水管	个	0.05	—	0.05	—
		井盖	套	0.41	—	0.23	—
		其他材料费	元	11650	—	12960	—
		措施费分摊	元	9904	—	11338	—
		材料费小计	元	173286	75.29	199376	75.67
	机械费	自卸汽车 15t	台班	4.53	—	5.34	—
		反铲挖掘机 $1m^3$	台班	1.95	—	2.16	—
		电动夯实机 20～62N·m	台班	62.99	—	69.24	—
		其他机械费	元	2121	—	2183	—
		措施费分摊	元	569	—	652	—
		机械费小计	元	8214	3.57	9151	3.47
	直接费小计		元	189734	82.44	217203	82.44
综合费用			元	40413	17.56	46264	17.56
合计			元	230147	—	263468	—

工程内容：挖土、运土、回填，管道、阀门、管件安装，试压、消毒冲洗。

单位：100m

指标编号				3F-127		3F-128	
项目			单位	埋深1.5m			
				DN 1000	占指标基价（%）	*DN* 1200	占指标基价（%）
指标基价			元	305125	100.00	410886	100.00
一、建筑安装工程费			元	305125	100.00	410886	100.00
二、设备购置费			元	—	—	—	—
建筑安装工程费							
直接费	人工费	人工	工日	280	—	330	—
		措施费分摊	元	1207	—	1626	—
		人工费小计	元	9895	3.24	11866	2.89
	材料费	球墨铸铁管	m	100.00	—	100.00	—
		钢配件	t	1.64	—	1.64	—
		法兰阀门	个	0.21	—	0.21	—
		平焊法兰	片	0.45	—	0.45	—
		钢板	kg	11.31	—	13.56	—
		砂砾	m^3	382.54	—	521.19	—
		橡胶圈	个	18.58	—	18.58	—
		商品混凝土 C15	m^3	17.28	—	21.88	—
		商品混凝土 C25	m^3	2.90	—	2.90	—
		排气阀	个	0.11	—	0.11	—
		泄水管	个	0.05	—	0.05	—
		井盖	套	0.23	—	0.23	—
		其他材料费	元	15962	—	21498	—
		措施费分摊	元	13131	—	17682	—
		材料费小计	元	232957	76.35	312909	76.15
	机械费	自卸汽车 15t	台班	2.91	—	8.76	—
		反铲挖掘机 $1m^3$	台班	2.38	—	2.85	—
		电动夯实机 20～62N·m	台班	75.82	—	89.85	—
		其他机械费	元	3217	—	3537	—
		措施费分摊	元	755	—	1016	—
		机械费小计	元	8693	2.85	13960	3.40
	直接费小计		元	251546	82.44	338735	82.44
综合费用			元	53579	17.56	72151	17.56
合计			元	305125	—	410886	—

工程内容：挖土、运土、回填，管道、阀门、管件安装，试压、消毒冲洗。

单位：100m

指标编号				3F-129		3F-130	
项目			单位	埋深 1.5m			
				DN 1400	占指标基价（%）	*DN* 1600	占指标基价（%）
指标基价			元	469157	100.00	535161	100.00
一、建筑安装工程费			元	469157	100.00	535161	100.00
二、设备购置费			元	—	—	—	—
建筑安装工程费							
直接费	人工费	人工	工日	365	—	435	—
		措施费分摊	元	1857	—	2118	—
		人工费小计	元	13183	2.81	15616	2.92
	材料费	球墨铸铁管	m	100.00	—	100.00	—
		钢配件	t	1.77	—	1.77	—
		法兰阀门	个	0.13	—	0.13	—
		平焊法兰	片	0.28	—	0.28	—
		钢板	kg	15.83	—	18.09	—
		砂砾	m^3	677.98	—	856.70	—
		橡胶圈	个	20.58	—	20.58	—
		商品混凝土 C15	m^3	17.15	—	22.83	—
		商品混凝土 C25	m^3	1.80	—	2.46	—
		排气阀	个	0.11	—	—	—
		泄水管	个	0.05	—	—	—
		井盖	套	0.14	—	0.14	—
		其他材料费	元	23239	—	27471	—
		措施费分摊	元	20190	—	23030	—
		材料费小计	元	356405	75.97	404895	75.66
	机械费	自卸汽车 15t	台班	11.19	—	14.20	—
		反铲挖掘机 $1m^3$	台班	3.35	—	3.90	—
		电动夯实机 20～62N·m	台班	104.82	—	12.11	—
		光轮压路机 15t	台班	—	—	11.11	—
		其他机械费	元	4297	—	4825	—
		措施费分摊	元	1160	—	1324	—
		机械费小计	元	17186	3.66	20677	3.86
	直接费小计		元	386774	82.44	441188	82.44
综合费用			元	82383	17.56	93973	17.56
合计			元	469157	—	535161	—

工程内容：挖土、运土、回填，管道、阀门、管件安装，试压、消毒冲洗。

单位：100m

指 标 编 号			单位	3F-131		3F-132	
项 目				埋深 2.0m			
				DN 100	占指标基价（%）	*DN* 150	占指标基价（%）
指 标 基 价			元	31234	100.00	35017	100.00
一、建筑安装工程费			元	31234	100.00	35017	100.00
二、设备购置费			元	—	—	—	—
建筑安装工程费							
直接费	人工费	人工	工日	124	—	133	—
		措施费分摊	元	124	—	139	—
		人工费小计	元	3972	12.72	4266	12.18
	材料费	球墨铸铁管	m	100.00	—	100.00	—
		钢配件	t	0.32	—	0.37	—
		法兰阀门	个	0.50	—	0.45	—
		平焊法兰	片	1.08	—	0.97	—
		钢板	kg	0.88	—	2.66	—
		砂砾	m^3	12.40	—	20.41	—
		橡胶圈	个	43.05	—	43.05	—
		商品混凝土 C15	m^3	0.16	—	0.17	—
		商品混凝土 C20	m^3	0.26	—	0.26	—
		商品混凝土 C25	m^3	1.16	—	1.23	—
		消火栓	个	0.83	—	0.83	—
		排气阀	个	0.11	—	0.11	—
		泄水管	个	0.05	—	0.05	—
		井盖	套	1.44	—	1.38	—
		其他材料费	元	2854	—	2379	—
		措施费分摊	元	1344	—	1507	—
		材料费小计	元	19275	61.71	21893	62.52
	机械费	自卸汽车 15t	台班	0.37	—	0.58	—
		反铲挖掘机 $1m^3$	台班	1.18	—	1.26	—
		电动夯实机 20～62N·m	台班	38.44	—	40.91	—
		其他机械费	元	559	—	501	—
		措施费分摊	元	77	—	87	—
		机械费小计	元	2503	8.01	2709	7.74
	直接费小计		元	25750	82.44	28868	82.44
综合费用			元	5485	17.56	6149	17.56
合 计			元	31234	—	35017	—

工程内容：挖土、运土、回填，管道、阀门、管件安装，试压、消毒冲洗。

单位：100m

指标编号				3F-133		3F-134	
项目			单位	埋深2.0m			
				DN 200	占指标基价（%）	*DN* 300	占指标基价（%）
指标基价			元	43393	100.00	72014	100.00
一、建筑安装工程费			元	43393	100.00	72014	100.00
二、设备购置费			元	—	—	—	—
建筑安装工程费							
直接费	人工费	人工	工日	143	—	155	—
		措施费分摊	元	172	—	285	—
		人工费小计	元	4609	10.62	5095	7.07
	材料费	球墨铸铁管	m	100.00	—	100.00	—
		钢配件	t	0.44	—	0.63	—
		法兰阀门	个	0.45	—	0.45	—
		平焊法兰	片	0.97	—	0.97	—
		钢板	kg	2.66	—	4.18	—
		砂砾	m^3	29.48	—	51.71	—
		橡胶圈	个	36.37	—	31.92	—
		商品混凝土C15	m^3	0.17	—	2.37	—
		商品混凝土C20	m^3	0.26	—	0.26	—
		商品混凝土C25	m^3	1.34	—	1.34	—
		消火栓	个	0.83	—	0.83	—
		排气阀	个	0.11	—	0.11	—
		泄水管	个	0.05	—	0.05	—
		井盖	套	1.38	—	1.38	—
		其他材料费	元	2785	—	4046	—
		措施费分摊	元	1867	—	3099	—
		材料费小计	元	28215	65.02	50296	69.84
	机械费	自卸汽车 15t	台班	0.72	—	1.08	—
		反铲挖掘机 $1m^3$	台班	1.34	—	1.51	—
		电动夯实机 20～62N·m	台班	43.45	—	48.79	—
		其他机械费	元	527	—	1051	—
		措施费分摊	元	107	—	178	—
		机械费小计	元	2949	6.80	3978	5.52
	直接费小计		元	35773	82.44	59369	82.44
综合费用			元	7620	17.56	12646	17.56
合　计			元	43393	—	72014	—

工程内容：挖土、运土、回填，管道、阀门、管件安装，试压、消毒冲洗。

单位：100m

指标编号			单位	3F-135		3F-136	
项目			单位	埋深2.0m			
				DN 400	占指标基价（%）	*DN* 500	占指标基价（%）
指标基价			元	96299	100.00	119729	100.00
一、建筑安装工程费			元	96299	100.00	119729	100.00
二、设备购置费			元	—	—	—	—
建筑安装工程费							
直接费	人工费	人工	工日	177	—	200	—
		措施费分摊	元	381	—	474	—
		人工费小计	元	5873	6.10	6680	5.58
	材料费	球墨铸铁管	m	100.00	—	100.00	—
		钢配件	t	1.14	—	1.24	—
		法兰阀门	个	0.40	—	0.40	—
		平焊法兰	片	0.86	—	0.86	—
		钢板	kg	5.12	—	6.50	—
		砂砾	m^3	79.08	—	111.43	—
		橡胶圈	个	25.25	—	25.25	—
		商品混凝土 C15	m^3	4.92	—	6.54	—
		商品混凝土 C20	m^3	0.26	—	—	—
		商品混凝土 C25	m^3	2.38	—	2.06	—
		消火栓	个	0.83	—	—	—
		排气阀	个	0.11	—	0.11	—
		泄水管	个	0.05	—	0.05	—
		井盖	套	1.33	—	0.43	—
		其他材料费	元	5329	—	6084	—
		措施费分摊	元	4144	—	5152	—
		材料费小计	元	68812	71.46	86549	72.29
	机械费	自卸汽车 15t	台班	1.57	—	2.02	—
		反铲挖掘机 $1m^3$	台班	1.67	—	1.85	—
		电动夯实机 20～62N·m	台班	54.06	—	60.30	—
		其他机械费	元	1187	—	1369	—
		措施费分摊	元	238	—	296	—
		机械费小计	元	4703	4.88	5476	4.57
	直接费小计		元	79389	82.44	98705	82.44
综合费用			元	16910	17.56	21024	17.56
合计			元	96299	—	119729	—

工程内容：挖土、运土、回填，管道、阀门、管件安装，试压、消毒冲洗。

单位：100m

指标编号				3F-137		3F-138	
项目			单位	埋深2.0m			
				DN 600	占指标基价（%）	*DN* 700	占指标基价（%）
指标基价			元	156266	100.00	191062	100.00
一、建筑安装工程费			元	156266	100.00	191062	100.00
二、设备购置费			元	—	—	—	—
建筑安装工程费							
直接费	人工费	人工	工日	227	—	262	—
		措施费分摊	元	618	—	756	—
		人工费小计	元	7662	4.90	8886	4.65
	材料费	球墨铸铁管	m	100.00	—	100.00	—
		钢配件	t	1.25	—	1.27	—
		法兰阀门	个	0.38	—	0.38	—
		平焊法兰	片	0.82	—	0.82	—
		钢板	kg	7.48	—	9.50	—
		砂砾	m^3	167.68	—	213.65	—
		橡胶圈	个	23.03	—	23.03	—
		商品混凝土 C15	m^3	6.64	—	10.02	—
		商品混凝土 C25	m^3	1.95	—	2.22	—
		排气阀	个	0.11	—	0.11	—
		泄水管	个	0.05	—	0.05	—
		井盖	套	0.41	—	0.41	—
		其他材料费	元	7770	—	9868	—
		措施费分摊	元	6725	—	8222	—
		材料费小计	元	114198	73.08	140546	73.56
	机械费	自卸汽车 15t	台班	2.92	—	3.69	—
		反铲挖掘机 $1m^3$	台班	2.19	—	2.41	—
		电动夯实机 20～62N·m	台班	71.05	—	77.74	—
		其他机械费	元	1720	—	1973	—
		措施费分摊	元	386	—	473	—
		机械费小计	元	6966	4.46	8081	4.23
	直接费小计		元	128826	82.44	157512	82.44
综合费用			元	27440	17.56	33550	17.56
合　计			元	156266	—	191062	—

工程内容：挖土、运土、回填，管道、阀门、管件安装，试压、消毒冲洗。

单位：100m

指标编号			单位	3F-139		3F-140	
项目			单位	埋深 2.0m			
				DN 800	占指标基价（%）	*DN* 900	占指标基价（%）
指标基价			元	230690	100.00	264561	100.00
一、建筑安装工程费			元	230690	100.00	264561	100.00
二、设备购置费			元	—	—	—	—
建筑安装工程费							
直接费	人工费	人工	工日	278	—	289	—
		措施费分摊	元	913	—	1047	—
		人工费小计	元	9539	4.14	10015	3.79
	材料费	球墨铸铁管	m	100.00	—	100.00	—
		钢配件	t	1.37	—	1.56	—
		法兰阀门	个	0.38	—	0.21	—
		平焊法兰	片	0.82	—	0.45	—
		钢板	kg	9.50	—	11.31	—
		砂砾	m^3	264.75	—	320.85	—
		橡胶圈	个	23.03	—	21.91	—
		商品混凝土 C15	m^3	15.17	—	10.79	—
		商品混凝土 C25	m^3	2.22	—	1.23	—
		排气阀	个	0.11	—	0.11	—
		泄水管	个	0.05	—	0.05	—
		井盖	套	0.41	—	0.23	—
		其他材料费	元	11529	—	12833	—
		措施费分摊	元	9927	—	11385	—
		材料费小计	元	171437	74.32	197902	74.80
	机械费	自卸汽车 15t	台班	4.53	—	5.34	—
		反铲挖掘机 $1m^3$	台班	2.63	—	2.87	—
		电动夯实机 20～62N·m	台班	84.73	—	92.00	—
		其他机械费	元	2165	—	2222	—
		措施费分摊	元	571	—	654	—
		机械费小计	元	9205	3.99	10188	3.85
	直接费小计		元	190181	82.44	218105	82.44
综合费用			元	40509	17.56	46456	17.56
合计			元	230690	—	264561	—

工程内容：挖土、运土、回填，管道、阀门、管件安装，试压、消毒冲洗。

单位：100m

指标编号				3F-141		3F-142	
项目			单位	埋深 2.0m			
				DN 1000	占指标基价（%）	*DN* 1200	占指标基价（%）
指标基价			元	309831	100.00	412359	100.00
一、建筑安装工程费			元	309831	100.00	412359	100.00
二、设备购置费			元	—	—	—	—
建筑安装工程费							
直接费	人工费	人工	工日	326	—	380	—
		措施费分摊	元	1226	—	1632	—
		人工费小计	元	11342	3.66	13423	3.26
	材料费	球墨铸铁管	m	100.00	—	100.00	—
		钢配件	t	1.64	—	1.64	—
		法兰阀门	个	0.21	—	0.21	—
		平焊法兰	片	0.45	—	0.45	—
		钢板	kg	11.31	—	13.56	—
		砂砾	m^3	382.54	—	521.19	—
		橡胶圈	个	21.91	—	21.91	—
		商品混凝土 C15	m^3	12.89	—	16.68	—
		商品混凝土 C25	m^3	2.90	—	2.90	—
		排气阀	个	0.11	—	0.11	—
		泄水管	个	0.05	—	0.05	—
		井盖	套	0.23	—	0.23	—
		其他材料费	元	15442	—	21057	—
		措施费分摊	元	13333	—	17745	—
		材料费小计	元	231675	74.77	311387	75.51
	机械费	自卸汽车 15t	台班	6.48	—	8.76	—
		反铲挖掘机 $1m^3$	台班	3.12	—	3.66	—
		电动夯实机 20～62N · m	台班	99.61	—	115.68	—
		其他机械费	元	3259	—	3581	—
		措施费分摊	元	766	—	1020	—
		机械费小计	元	12408	4.00	15139	3.67
	直接费小计		元	255425	82.44	339949	82.44
综合费用			元	54406	17.56	72409	17.56
合计			元	309831	—	412359	—

工程内容：挖土、运土、回填，管道、阀门、管件安装，试压、消毒冲洗。

单位：100m

指标编号				3F-143		3F-144	
项目			单位	埋深 2.0m			
				DN 1400	占指标基价（%）	*DN* 1600	占指标基价（%）
指标基价			元	471375	100.00	537374	100.00
一、建筑安装工程费			元	471375	100.00	537374	100.00
二、设备购置费			元	—	—	—	—
建筑安装工程费							
直接费	人工费	人工	工日	417	—	491	—
		措施费分摊	元	1865	—	2126	—
		人工费小计	元	14805	3.14	17362	3.23
	材料费	球墨铸铁管	m	100.00	—	100.00	—
		钢配件	t	1.77	—	1.77	—
		法兰阀门	个	0.13	—	0.13	—
		平焊法兰	片	0.28	—	0.28	—
		钢板	kg	15.83	—	18.09	—
		砂砾	m^3	677.98	—	856.70	—
		橡胶圈	个	20.58	—	20.58	—
		商品混凝土 C15	m^3	13.52	—	18.46	—
		商品混凝土 C25	m^3	1.80	—	2.46	—
		排气阀	个	0.11	—	—	—
		泄水管	个	0.05	—	—	—
		井盖	套	0.14	—	0.14	—
		其他材料费	元	23086	—	27306	—
		措施费分摊	元	20285	—	23125	—
		材料费小计	元	355341	75.38	403612	75.11
	机械费	自卸汽车 15t	台班	11.19	—	14.20	—
		反铲挖掘机 $1m^3$	台班	4.22	—	4.83	—
		电动夯实机 20～62N·m	台班	132.66	—	15.10	—
		光轮压路机 15t	台班	—	—	13.86	—
		其他机械费	元	4346	—	4892	—
		措施费分摊	元	1166	—	1329	—
		机械费小计	元	18457	3.92	22038	4.10
	直接费小计		元	388603	82.44	443012	82.44
综合费用			元	82772	17.56	94362	17.56
合计			元	471375	—	537374	—

2.2.2 钢板卷管（开槽放坡）

工程内容：挖土、运土、回填，管道、阀门、管件安装，试压、消毒冲洗。

单位：100m

<table>
<tr><td colspan="4">指标编号</td><td colspan="2">3F-145</td><td colspan="2">3F-146</td></tr>
<tr><td colspan="3" rowspan="2">项目</td><td rowspan="2">单位</td><td colspan="4">埋深 1.5m</td></tr>
<tr><td>D 219×8</td><td>占指标基价（%）</td><td>D 325×8</td><td>占指标基价（%）</td></tr>
<tr><td colspan="3">指标基价</td><td>元</td><td>47968</td><td>100.00</td><td>66291</td><td>100.00</td></tr>
<tr><td colspan="3">一、建筑安装工程费</td><td>元</td><td>47968</td><td>100.00</td><td>66291</td><td>100.00</td></tr>
<tr><td colspan="3">二、设备购置费</td><td>元</td><td>—</td><td>—</td><td>—</td><td>—</td></tr>
<tr><td colspan="8">建筑安装工程费</td></tr>
<tr><td rowspan="41">直接费</td><td rowspan="3">人工费</td><td>人工</td><td>工日</td><td>131</td><td>—</td><td>149</td><td>—</td></tr>
<tr><td>措施费分摊</td><td>元</td><td>198</td><td>—</td><td>265</td><td>—</td></tr>
<tr><td>人工费小计</td><td>元</td><td>4263</td><td>8.89</td><td>4888</td><td>7.37</td></tr>
<tr><td rowspan="15">材料费</td><td>钢板卷管</td><td>m</td><td>101.40</td><td>—</td><td>101.30</td><td>—</td></tr>
<tr><td>角钢</td><td>kg</td><td>1.78</td><td>—</td><td>1.78</td><td>—</td></tr>
<tr><td>砂砾</td><td>m^3</td><td>26.31</td><td>—</td><td>43.55</td><td>—</td></tr>
<tr><td>商品混凝土 C15</td><td>m^3</td><td>0.17</td><td>—</td><td>4.26</td><td>—</td></tr>
<tr><td>商品混凝土 C20</td><td>m^3</td><td>0.26</td><td>—</td><td>0.26</td><td>—</td></tr>
<tr><td>商品混凝土 C25</td><td>m^3</td><td>1.30</td><td>—</td><td>1.30</td><td>—</td></tr>
<tr><td>阀门</td><td>个</td><td>0.45</td><td>—</td><td>0.45</td><td>—</td></tr>
<tr><td>钢配件</td><td>t</td><td>0.44</td><td>—</td><td>0.57</td><td>—</td></tr>
<tr><td>泄水管</td><td>个</td><td>0.05</td><td>—</td><td>0.05</td><td>—</td></tr>
<tr><td>排气阀</td><td>个</td><td>0.11</td><td>—</td><td>0.11</td><td>—</td></tr>
<tr><td>消火栓</td><td>个</td><td>0.83</td><td>—</td><td>0.83</td><td>—</td></tr>
<tr><td>井盖</td><td>套</td><td>1.38</td><td>—</td><td>1.38</td><td>—</td></tr>
<tr><td>其他材料费</td><td>元</td><td>3550</td><td>—</td><td>3932</td><td>—</td></tr>
<tr><td>措施费分摊</td><td>元</td><td>2015</td><td>—</td><td>2791</td><td>—</td></tr>
<tr><td>材料费小计</td><td>元</td><td>31480</td><td>65.63</td><td>45338</td><td>68.39</td></tr>
<tr><td rowspan="16">机械费</td><td>履带式推土机 75kW</td><td>台班</td><td>0.15</td><td>—</td><td>0.21</td><td>—</td></tr>
<tr><td>履带式推土机 90kW</td><td>台班</td><td>0.03</td><td>—</td><td>0.03</td><td>—</td></tr>
<tr><td>履带式单斗液压挖掘机 $1m^3$</td><td>台班</td><td>0.03</td><td>—</td><td>0.03</td><td>—</td></tr>
<tr><td>电动夯实机 20~62N·m</td><td>台班</td><td>28.88</td><td>—</td><td>33.07</td><td>—</td></tr>
<tr><td>汽车式起重机 5t</td><td>台班</td><td>0.12</td><td>—</td><td>0.82</td><td>—</td></tr>
<tr><td>汽车式起重机 16t</td><td>台班</td><td>0.01</td><td>—</td><td>0.01</td><td>—</td></tr>
<tr><td>电动双梁起重机 5t</td><td>台班</td><td>0.91</td><td>—</td><td>0.80</td><td>—</td></tr>
<tr><td>载重汽车 6t</td><td>台班</td><td>0.01</td><td>—</td><td>0.01</td><td>—</td></tr>
<tr><td>自卸汽车 15t</td><td>台班</td><td>0.79</td><td>—</td><td>0.58</td><td>—</td></tr>
<tr><td>卷板机 20×2500</td><td>台班</td><td>0.35</td><td>—</td><td>0.37</td><td>—</td></tr>
<tr><td>试压泵 60MPa</td><td>台班</td><td>0.22</td><td>—</td><td>0.22</td><td>—</td></tr>
<tr><td>电焊机(综合)</td><td>台班</td><td>14.76</td><td>—</td><td>14.17</td><td>—</td></tr>
<tr><td>反铲挖掘机 $1m^3$</td><td>台班</td><td>0.89</td><td>—</td><td>1.03</td><td>—</td></tr>
<tr><td>其他机械费</td><td>元</td><td>588</td><td>—</td><td>902</td><td>—</td></tr>
<tr><td>措施费分摊</td><td>元</td><td>116</td><td>—</td><td>160</td><td>—</td></tr>
<tr><td>机械费小计</td><td>元</td><td>3801</td><td>7.92</td><td>4411</td><td>6.65</td></tr>
<tr><td colspan="2">直接费小计</td><td>元</td><td>39545</td><td>82.44</td><td>54651</td><td>82.44</td></tr>
<tr><td colspan="3">综合费用</td><td>元</td><td>8423</td><td>17.56</td><td>11641</td><td>17.56</td></tr>
<tr><td colspan="3">合计</td><td>元</td><td>47968</td><td>—</td><td>66291</td><td>—</td></tr>
</table>

工程内容：挖土、运土、回填，管道、阀门、管件安装，试压、消毒冲洗。

单位：100m

指标编号				3F-147		3F-148	
项目			单位	埋深 1.5m			
				D 428×8	占指标基价（%）	D 529×10	占指标基价（%）
指标基价			元	90671	100.00	122971	100.00
一、建筑安装工程费			元	90671	100.00	122971	100.00
二、设备购置费			元	—	—	—	—
建筑安装工程费							
直接费	人工费	人工	工日	176	—	213	—
		措施费分摊	元	342	—	491	—
		人工费小计	元	5803	6.40	7100	5.77
	材料费	钢板卷管	m	101.20	—	101.10	—
		角钢	kg	1.78	—	1.77	—
		砂砾	m^3	62.90	—	101.46	—
		商品混凝土 C15	m^3	8.99	—	10.79	—
		商品混凝土 C20	m^3	0.26	—	—	—
		商品混凝土 C25	m^3	2.64	—	2.06	—
		阀门	个	0.45	—	0.40	—
		钢配件	t	0.95	—	1.04	—
		泄水管	个	0.05	—	0.05	—
		排气阀	个	0.11	—	0.11	—
		井盖	套	0.49	—	0.43	—
		其他材料费	元	6528	—	5519	—
		措施费分摊	元	3814	—	5199	—
		材料费小计	元	63091	69.58	87297	70.99
	机械费	履带式推土机 75kW	台班	0.27	—	0.37	—
		履带式推土机 90kW	台班	0.03	—	0.03	—
		履带式单斗液压挖掘机 $1m^3$	台班	0.03	—	0.03	—
		电动夯实机 20~62N·m	台班	37.23	—	45.12	—
		汽车式起重机 5t	台班	0.97	—	1.28	—
		汽车式起重机 16t	台班	0.01	—	0.01	—
		电动双梁起重机 5t	台班	0.91	—	0.78	—
		载重汽车 6t	台班	0.02	—	0.02	—
		自卸汽车 15t	台班	1.62	—	2.38	—
		卷板机 20×2500	台班	0.57	—	0.48	—
		试压泵 60MPa	台班	0.32	—	0.32	—
		电焊机(综合)	台班	16.52	—	13.88	—
		反铲挖掘机 $1m^3$	台班	1.18	—	1.43	—
		其他机械费	元	1079	—	1332	—
		措施费分摊	元	219	—	299	—
		机械费小计	元	5855	6.46	6980	5.68
	直接费小计		元	74749	82.44	101377	82.44
综合费用			元	15922	17.56	21593	17.56
合计			元	90671	—	122971	—

工程内容：挖土、运土、回填，管道、阀门、管件安装，试压、消毒冲洗。

单位：100m

指标编号				3F-149		3F-150	
项目			单位	埋深 1.5m			
				D 630 × 10	占指标基价（%）	D 720 × 10	占指标基价（%）
指标基价			元	154161	100.00	175410	100.00
一、建筑安装工程费			元	154161	100.00	175410	100.00
二、设备购置费			元	—	—	—	—
建筑安装工程费							
直接费	人工费	人工	工日	247	—	274	—
		措施费分摊	元	611	—	687	—
		人工费小计	元	8275	5.37	9189	5.24
	材料费	钢板卷管	m	101.05	—	101.00	—
		角钢	kg	1.77	—	1.95	—
		砂砾	m^3	129.28	—	156.49	—
		商品混凝土 C15	m^3	11.48	—	16.80	—
		商品混凝土 C25	m^3	1.95	—	2.22	—
		阀门	个	0.38	—	0.38	—
		钢配件	t	1.12	—	1.20	—
		泄水管	个	0.05	—	0.05	—
		排气阀	个	0.11	—	0.11	—
		井盖	套	0.41	—	0.41	—
		其他材料费	元	9118	—	11139	—
		措施费分摊	元	6532	—	7429	—
		材料费小计	元	110141	71.45	125574	71.59
	机械费	履带式推土机 75kW	台班	0.45	—	0.54	—
		履带式推土机 90kW	台班	0.03	—	0.03	—
		履带式单斗液压挖掘机 $1m^3$	台班	0.03	—	0.03	—
		电动夯实机 20~62N·m	台班	49.76	—	54.04	—
		汽车式起重机 5t	台班	2.05	—	0.24	—
		汽车式起重机 16t	台班	0.01	—	0.01	—
		电动双梁起重机 5t	台班	0.93	—	0.86	—
		载重汽车 6t	台班	0.02	—	0.02	—
		自卸汽车 15t	台班	3.06	—	3.78	—
		卷板机 20 × 2500	台班	0.47	—	0.46	—
		试压泵 60MPa	台班	0.32	—	0.32	—
		电焊机(综合)	台班	18.75	—	17.39	—
		反铲挖掘机 $1m^3$	台班	1.61	—	1.77	—
		其他机械费	元	1596	—	2819	—
		措施费分摊	元	375	—	427	—
		机械费小计	元	8674	5.63	9845	5.61
	直接费小计		元	127091	82.44	144608	82.44
综合费用			元	27070	17.56	30802	17.56
合计			元	154161	—	175410	—

工程内容：挖土、运土、回填，管道、阀门、管件安装，试压、消毒冲洗。

单位：100m

指标编号				3F-151		3F-152	
项目			单位	埋深 1.5m			
				D 820×10	占指标基价（%）	D 920×10	占指标基价（%）
指标基价			元	199735	100.00	239388	100.00
一、建筑安装工程费			元	199735	100.00	239388	100.00
二、设备购置费			元	—	—	—	—
建筑安装工程费							
直接费	人工费	人工	工日	294	—	297	—
		措施费分摊	元	767	—	959	—
		人工费小计	元	9890	4.95	10175	4.25
	材料费	钢板卷管	m	100.95	—	100.90	—
		角钢	kg	1.95	—	1.91	—
		砂砾	m^3	189.15	—	224.53	—
		商品混凝土 C15	m^3	21.48	—	15.82	—
		商品混凝土 C25	m^3	2.22	—	1.23	—
		阀门	个	0.38	—	0.21	—
		钢配件	t	1.30	—	1.48	—
		泄水管	个	0.05	—	0.05	—
		排气阀	个	0.11	—	0.11	—
		井盖	套	0.41	—	0.23	—
		其他材料费	元	7734	—	5272	—
		措施费分摊	元	8462	—	10294	—
		材料费小计	元	143840	72.02	174824	73.03
	机械费	履带式推土机 75kW	台班	0.64	—	0.75	—
		履带式推土机 90kW	台班	0.03	—	0.03	—
		履带式单斗液压挖掘机 $1m^3$	台班	0.03	—	0.03	—
		电动夯实机 20~62N·m	台班	58.92	—	63.97	—
		汽车式起重机 5t	台班	0.12	—	0.11	—
		汽车式起重机 16t	台班	0.01	—	0.01	—
		电动双梁起重机 5t	台班	0.78	—	0.79	—
		载重汽车 6t	台班	0.02	—	0.01	—
		自卸汽车 15t	台班	4.61	—	5.42	—
		卷板机 20×2500	台班	0.49	—	0.47	—
		试压泵 60MPa	台班	0.32	—	0.54	—
		电焊机(综合)	台班	14.90	—	15.36	—
		反铲挖掘机 $1m^3$	台班	1.97	—	2.18	—
		其他机械费	元	3216	—	3687	—
		措施费分摊	元	486	—	592	—
		机械费小计	元	10931	5.47	12354	5.16
	直接费小计		元	164662	82.44	197352	82.44
综合费用			元	35073	17.56	42036	17.56
合　计			元	199735	—	239388	—

工程内容：挖土、运土、回填，管道、阀门、管件安装，试压、消毒冲洗。

单位：100m

指标编号				3F-153		3F-154	
项目			单位	埋深 1.5m			
				D 1020×12	占指标基价（%）	D 1220×12	占指标基价（%）
指标基价			元	268590	100.00	324057	100.00
一、建筑安装工程费			元	268590	100.00	324057	100.00
二、设备购置费			元	—	—	—	—
建筑安装工程费							
直接费	人工费	人工	工日	332	—	393	—
		措施费分摊	元	1074	—	1294	—
		人工费小计	元	11376	4.24	13489	4.16
	材料费	钢板卷管	m	100.85	—	100.80	—
		角钢	kg	1.91	—	3.37	—
		砂砾	m^3	262.63	—	346.70	—
		商品混凝土 C15	m^3	17.28	—	21.88	—
		商品混凝土 C25	m^3	2.90	—	2.90	—
		阀门	个	0.21	—	0.21	—
		钢配件	t	1.50	—	1.52	—
		泄水管	个	0.05	—	0.05	—
		排气阀	个	0.11	—	0.11	—
		井盖	套	0.23	—	0.23	—
		其他材料费	元	6943	—	8390	—
		措施费分摊	元	11522	—	13936	—
		材料费小计	元	195977	72.97	236421	72.96
	机械费	履带式推土机 75kW	台班	0.88	—	1.15	—
		履带式推土机 90kW	台班	0.03	—	0.03	—
		履带式单斗液压挖掘机 1m^3	台班	0.03	—	0.03	—
		电动夯实机 20~62N·m	台班	69.16	—	80.00	—
		汽车式起重机 5t	台班	0.12	—	0.12	—
		汽车式起重机 16t	台班	0.01	—	0.01	—
		电动双梁起重机 5t	台班	0.42	—	0.54	—
		载重汽车 6t	台班	0.02	—	0.02	—
		自卸汽车 15t	台班	6.53	—	8.78	—
		卷板机 20×2500	台班	0.27	—	0.41	—
		试压泵 60MPa	台班	0.54	—	0.54	—
		电焊机(综合)	台班	7.71	—	9.98	—
		反铲挖掘机 1m^3	台班	2.39	—	2.85	—
		其他机械费	元	4856	—	5466	—
		措施费分摊	元	662	—	801	—
		机械费小计	元	14073	5.24	17243	5.32
	直接费小计		元	221426	82.44	267154	82.44
综合费用			元	47164	17.56	56904	17.56
合计			元	268590	—	324057	—

工程内容：挖土、运土、回填，管道、阀门、管件安装，试压、消毒冲洗。

单位：100m

指标编号				3F-155		3F-156	
项目			单位	埋深 1.5m			
				D 1420×14	占指标基价（%）	*D* 1620×16	占指标基价（%）
指标基价			元	406322	100.00	526411	100.00
一、建筑安装工程费			元	406322	100.00	526411	100.00
二、设备购置费			元	—	—	—	—
建筑安装工程费							
直接费	人工费	人工	工日	434	—	502	—
		措施费分摊	元	1613	—	2074	—
		人工费小计	元	15080	3.71	17651	3.35
	材料费	钢板卷管	m	100.75	—	100.70	—
		角钢	kg	3.39	—	4.06	—
		砂砾	m^3	441.66	—	547.19	—
		商品混凝土 C15	m^3	17.15	—	22.83	—
		商品混凝土 C25	m^3	1.80	—	2.46	—
		阀门	个	0.13	—	0.13	—
		钢配件	t	1.56	—	1.66	—
		泄水管	个	0.05	—	0.05	—
		排气阀	个	0.11	—	—	—
		井盖	套	0.14	—	0.14	—
		其他材料费	元	7153	—	13247	—
		措施费分摊	元	17574	—	22614	—
		材料费小计	元	298271	73.41	389258	73.95
	机械费	履带式推土机 75kW	台班	1.46	—	1.81	—
		履带式推土机 90kW	台班	0.03	—	0.03	—
		履带式单斗液压挖掘机 $1m^3$	台班	0.03	—	0.03	—
		电动夯实机 20~62N·m	台班	91.47	—	10.35	—
		光轮压路机 15t	台班	—	—	9.50	—
		汽车式起重机 5t	台班	0.11	—	0.12	—
		汽车式起重机 16t	台班	3.67	—	4.99	—
		电动双梁起重机 5t	台班	0.55	—	0.29	—
		载重汽车 6t	台班	0.02	—	0.02	—
		自卸汽车 15t	台班	11.24	—	14.23	—
		卷板机 20×2500	台班	0.40	—	0.27	—
		试压泵 60MPa	台班	0.54	—	0.54	—
		电焊机(综合)	台班	9.52	—	0.04	—
		反铲挖掘机 $1m^3$	台班	3.35	—	3.90	—
		其他机械费	元	4285	—	5411	—
		措施费分摊	元	1010	—	1300	—
		机械费小计	元	21622	5.32	27065	5.14
	直接费小计		元	334973	82.44	433975	82.44
综合费用			元	71349	17.56	92437	17.56
合计			元	406322	—	526411	—

工程内容：挖土、运土、回填，管道、阀门、管件安装，试压、消毒冲洗。

单位：100m

指标编号				3F-157		3F-158	
项　目			单位	埋深 1.5m			
				D 1820×16	占指标基价（%）	D 2020×16	占指标基价（%）
指标基价			元	585235	100.00	668787	100.00
一、建筑安装工程费			元	585235	100.00	668787	100.00
二、设备购置费			元	—	—	—	—
建筑安装工程费							
直接费	人工费	人工	工日	559	—	628	—
		措施费分摊	元	2323	—	2668	—
		人工费小计	元	19673	3.36	22159	3.31
	材料费	钢板卷管	m	100.65	—	100.60	—
		角钢	kg	4.05	—	4.05	—
		砂砾	m^3	663.31	—	790.32	—
		商品混凝土 C15	m^3	22.62	—	23.21	—
		商品混凝土 C25	m^3	1.89	—	1.89	—
		阀门	个	0.10	—	0.10	—
		钢配件	t	1.77	—	1.77	—
		泄水管	个	0.05	—	0.05	—
		井盖	套	0.11	—	0.11	—
		其他材料费	元	11566	—	20654	—
		措施费分摊	元	25354	—	28934	—
		材料费小计	元	429437	73.38	488589	73.06
	机械费	履带式推土机 75kW	台班	2.19	—	2.62	—
		履带式推土机 90kW	台班	0.03	—	—	—
		履带式单斗液压挖掘机 $1m^3$	台班	0.03	—	0.03	—
		电动夯实机 20~62N·m	台班	11.62	—	12.95	—
		光轮压路机 15t	台班	10.67	—	11.89	—
		汽车式起重机 5t	台班	0.12	—	0.06	—
		汽车式起重机 16t	台班	0.01	—	—	—
		电动双梁起重机 5t	台班	0.41	—	0.53	—
		载重汽车 6t	台班	0.02	—	0.02	—
		自卸汽车 15t	台班	17.17	—	20.90	—
		卷板机 20×2500	台班	0.43	—	0.61	—
		试压泵 60MPa	台班	0.54	—	0.54	—
		电焊机(综合)	台班	7.06	—	9.39	—
		反铲挖掘机 $1m^3$	台班	4.49	—	5.12	—
		其他机械费	元	12130	—	15392	—
		措施费分摊	元	1457	—	1663	—
		机械费小计	元	33359	5.70	40602	6.07
	直接费小计		元	482469	82.44	551349	82.44
综合费用			元	102766	17.56	117437	17.56
合　计			元	585235	—	668787	—

工程内容：挖土、运土、回填，管道、阀门、管件安装，试压、消毒冲洗。

单位：100m

指标编号				3F-159		3F-160	
项目			单位	埋深 1.5m			
				D 2420 × 18	占指标基价（%）	D 2620 × 18	占指标基价（%）
指标基价			元	892133	100.00	973865	100.00
一、建筑安装工程费			元	892133	100.00	973865	100.00
二、设备购置费			元	—	—	—	—
建筑安装工程费							
直接费	人工费	人工	工日	816	—	910	—
		措施费分摊	元	3475	—	3798	—
		人工费小计	元	28801	3.23	32041	3.29
	材料费	钢板卷管	m	100.50	—	100.45	—
		角钢	kg	6.56	—	6.56	—
		砂砾	m^3	1076.39	—	1235.46	—
		商品混凝土 C15	m^3	23.21	—	23.21	—
		商品混凝土 C25	m^3	1.89	—	1.89	—
		阀门	个	0.10	—	0.10	—
		钢配件	t	1.77	—	1.77	—
		泄水管	个	0.05	—	0.05	—
		井盖	套	0.11	—	0.11	—
		其他材料费	元	37868	—	41569	—
		措施费分摊	元	37966	—	41430	—
		材料费小计	元	653163	73.21	710376	72.94
	机械费	履带式推土机 75kW	台班	3.57	—	4.11	—
		履带式推土机 90kW	台班	0.03	—	0.03	—
		履带式单斗液压挖掘机 $1m^3$	台班	0.03	—	0.03	—
		电动夯实机 20~62N·m	台班	15.79	—	17.30	—
		光轮压路机 15t	台班	14.50	—	15.88	—
		汽车式起重机 5t	台班	0.12	—	0.12	—
		汽车式起重机 16t	台班	0.01	—	0.01	—
		电动双梁起重机 5t	台班	0.44	—	0.45	—
		载重汽车 6t	台班	0.02	—	0.02	—
		自卸汽车 15t	台班	28.97	—	33.49	—
		卷板机 20 × 2500	台班	0.57	—	0.55	—
		试压泵 60MPa	台班	0.65	—	0.65	—
		电焊机(综合)	台班	7.80	—	8.37	—
		反铲挖掘机 $1m^3$	台班	6.50	—	7.25	—
		其他机械费	元	20092	—	22381	—
		措施费分摊	元	2182	—	2381	—
		机械费小计	元	53513	6.00	60440	6.21
	直接费小计		元	735476	82.44	802857	82.44
综合费用			元	156656	17.56	171009	17.56
合计			元	892133	—	973865	—

工程内容：挖土、运土、回填，管道、阀门、管件安装，试压、消毒冲洗。

单位：100m

指标编号				3F-161		3F-162	
项目			单位	埋深 1.5m			
				D 2820×18	占指标基价（%）	*D* 3020×18	占指标基价（%）
指标基价			元	1070666	100.00	1137996	100.00
一、建筑安装工程费			元	1070666	100.00	1137996	100.00
二、设备购置费			元	—	—	—	—
建筑安装工程费							
直接费	人工费	人工	工日	1006	—	1102	—
		措施费分摊	元	4184	—	4431	—
		人工费小计	元	35406	3.31	38632	3.39
	材料费	钢板卷管	m	100.40	—	100.35	—
		角钢	kg	6.56	—	6.56	—
		砂砾	m^3	1405.25	—	1585.79	—
		商品混凝土 C15	m^3	23.21	—	23.21	—
		商品混凝土 C25	m^3	1.89	—	1.89	—
		阀门	个	0.10	—	0.10	—
		钢配件	t	1.77	—	1.77	—
		泄水管	个	0.05	—	0.05	—
		井盖	套	0.11	—	0.11	—
		其他材料费	元	44201	—	47109	—
		措施费分摊	元	45548	—	48386	—
		材料费小计	元	779913	72.84	825056	72.50
	机械费	履带式推土机 75kW	台班	4.68	—	5.29	—
		履带式推土机 90kW	台班	0.03	—	0.03	—
		履带式单斗液压挖掘机 $1m^3$	台班	0.03	—	0.03	—
		电动夯实机 20~62N·m	台班	18.87	—	20.51	—
		光轮压路机 15t	台班	17.33	—	18.83	—
		汽车式起重机 5t	台班	0.12	—	0.12	—
		汽车式起重机 16t	台班	0.01	—	0.01	—
		电动双梁起重机 5t	台班	0.39	—	0.34	—
		载重汽车 6t	台班	0.02	—	0.02	—
		自卸汽车 15t	台班	38.34	—	43.51	—
		卷板机 20×2500	台班	0.53	—	0.53	—
		试压泵 60MPa	台班	0.65	—	0.65	—
		电焊机(综合)	台班	7.08	—	6.40	—
		反铲挖掘机 $1m^3$	台班	8.05	—	8.89	—
		其他机械费	元	24466	—	26430	—
		措施费分摊	元	2618	—	2781	—
		机械费小计	元	67341	6.29	74478	6.54
	直接费小计		元	882659	82.44	938166	82.44
综合费用			元	188006	17.56	199829	17.56
合计			元	1070666	—	1137996	—

工程内容：挖土、运土、回填，管道、阀门、管件安装，试压、消毒冲洗。

单位：100m

指标编号				3F-163		3F-164	
项目			单位	埋深 2.0m			
				$D\,219\times8$	占指标基价（%）	$D\,325\times8$	占指标基价（%）
指标基价			元	49416	100.00	68250	100.00
一、建筑安装工程费			元	49416	100.00	68250	100.00
二、设备购置费			元	—	—	—	—
建筑安装工程费							
直接费	人工费	人工	工日	158	—	179	—
		措施费分摊	元	204	—	252	—
		人工费小计	元	5107	10.34	5806	8.51
	材料费	钢板卷管	m	101.40	—	101.30	—
		角钢	kg	1.78	—	1.78	—
		砂砾	m^3	28.12	—	43.55	—
		商品混凝土 C15	m^3	0.17	—	2.37	—
		商品混凝土 C20	m^3	0.26	—	0.26	—
		商品混凝土 C25	m^3	1.34	—	1.34	—
		阀门	个	0.45	—	0.45	—
		钢配件	t	0.44	—	0.57	—
		泄水管	个	0.05	—	0.05	—
		排气阀	个	0.11	—	0.11	—
		消火栓	个	0.83	—	0.83	—
		井盖	套	1.38	—	1.38	—
		其他材料费	元	3534	—	3793	—
		措施费分摊	元	2074	—	2872	—
		材料费小计	元	31635	64.02	44770	65.60
	机械费	履带式推土机 75kW	台班	0.13	—	0.26	—
		履带式推土机 90kW	台班	0.03	—	0.03	—
		履带式单斗液压挖掘机 $1m^3$	台班	0.03	—	0.03	—
		电动夯实机 20~62N·m	台班	43.88	—	49.04	—
		汽车式起重机 5t	台班	0.12	—	0.82	—
		汽车式起重机 16t	台班	0.01	—	0.01	—
		电动双梁起重机 5t	台班	0.91	—	0.80	—
		载重汽车 6t	台班	0.01	—	0.02	—
		自卸汽车 15t	台班	0.80	—	1.08	—
		卷板机 20×2500	台班	0.35	—	0.37	—
		试压泵 60MPa	台班	0.22	—	0.32	—
		电焊机(综合)	台班	14.76	—	14.17	—
		反铲挖掘机 $1m^3$	台班	0.59	—	1.54	—
		其他机械费	元	703	—	1074	—
		措施费分摊	元	119	—	165	—
		机械费小计	元	3997	8.09	5690	8.34
	直接费小计		元	40739	82.44	56266	82.44
综合费用			元	8677	17.56	11985	17.56
合　计			元	49416	—	68250	—

工程内容：挖土、运土、回填，管道、阀门、管件安装，试压、消毒冲洗。

单位：100m

指标编号				3F-165		3F-166	
项目			单位	埋深 2.0m			
				D 428×8	占指标基价（%）	D 529×10	占指标基价（%）
指标基价			元	91322	100.00	125946	100.00
一、建筑安装工程费			元	91322	100.00	125946	100.00
二、设备购置费			元	—	—	—	—
建筑安装工程费							
直接费	人工费	人工	工日	206	—	247	—
		措施费分摊	元	342	—	501	—
		人工费小计	元	6734	7.37	8165	6.48
	材料费	钢板卷管	m	101.20	—	101.10	—
		角钢	kg	1.77	—	1.77	—
		砂砾	m^3	62.90	—	101.46	—
		商品混凝土 C15	m^3	4.95	—	6.54	—
		商品混凝土 C20	m^3	0.26	—	—	—
		商品混凝土 C25	m^3	2.67	—	2.06	—
		阀门	个	0.40	—	0.40	—
		钢配件	t	0.95	—	1.04	—
		泄水管	个	0.05	—	0.05	—
		排气阀	个	0.11	—	0.11	—
		井盖	套	0.43	—	0.43	—
		其他材料费	元	6366	—	5799	—
		措施费分摊	元	3841	—	5319	—
		材料费小计	元	61781	67.65	86521	68.70
	机械费	履带式推土机 75kW	台班	0.33	—	0.42	—
		履带式推土机 90kW	台班	0.03	—	0.03	—
		履带式单斗液压挖掘机 $1m^3$	台班	0.03	—	0.03	—
		电动夯实机 20~62N·m	台班	54.22	—	64.01	—
		汽车式起重机 5t	台班	0.96	—	1.28	—
		汽车式起重机 16t	台班	0.01	—	0.01	—
		电动双梁起重机 5t	台班	0.91	—	0.78	—
		载重汽车 6t	台班	0.02	—	0.02	—
		自卸汽车 15t	台班	1.54	—	2.38	—
		卷板机 20×2500	台班	0.57	—	0.48	—
		试压泵 60MPa	台班	0.32	—	0.32	—
		电焊机(综合)	台班	16.52	—	17.60	—
		反铲挖掘机 $1m^3$	台班	1.72	—	2.02	—
		其他机械费	元	1274	—	1244	—
		措施费分摊	元	221	—	306	—
		机械费小计	元	6771	7.41	103830	7.26
	直接费小计		元	75286	82.44	104975	82.44
综合费用			元	16036	17.56	22116	17.56
合　计			元	91322	—	125946	—

工程内容：挖土、运土、回填，管道、阀门、管件安装，试压、消毒冲洗。

单位：100m

指标编号				3F-167		3F-168	
项目			单位	埋深 2.0m			
				D 630×10	占指标基价（%）	D 720×10	占指标基价（%）
指标基价			元	151635	100.00	176244	100.00
一、建筑安装工程费			元	151635	100.00	176244	100.00
二、设备购置费			元	—	—	—	—
建筑安装工程费							
直接费	人工费	人工	工日	282	—	310	—
		措施费分摊	元	606	—	680	—
		人工费小计	元	9356	6.17	10299	5.84
	材料费	钢板卷管	m	101.05	—	101.00	—
		角钢	kg	1.77	—	1.95	—
		砂砾	m^3	129.28	—	156.49	—
		商品混凝土 C15	m^3	6.64	—	10.03	—
		商品混凝土 C25	m^3	1.95	—	2.22	—
		阀门	个	0.38	—	0.38	—
		钢配件	t	1.12	—	1.20	—
		泄水管	个	0.05	—	0.05	—
		排气阀	个	0.11	—	0.11	—
		井盖	套	0.41	—	0.41	—
		其他材料费	元	6324	—	7564	—
		措施费分摊	元	6419	—	7463	—
		材料费小计	元	105891	69.83	123981	70.35
	机械费	履带式推土机 75kW	台班	0.52	—	0.60	—
		履带式推土机 90kW	台班	0.03	—	0.03	—
		履带式单斗液压挖掘机 $1m^3$	台班	0.03	—	0.03	—
		电动夯实机 20~62N·m	台班	69.66	—	74.85	—
		汽车式起重机 5t	台班	2.05	—	0.24	—
		汽车式起重机 16t	台班	0.01	—	0.01	—
		电动双梁起重机 5t	台班	0.93	—	0.92	—
		载重汽车 6t	台班	0.02	—	0.02	—
		自卸汽车 15t	台班	3.06	—	3.78	—
		卷板机 20×2500	台班	0.47	—	0.46	—
		试压泵 60MPa	台班	0.32	—	0.32	—
		电焊机(综合)	台班	18.75	—	14.15	—
		反铲挖掘机 $1m^3$	台班	2.23	—	2.43	—
		其他机械费	元	1779	—	3248	—
		措施费分摊	元	369	—	429	—
		机械费小计	元	9762	6.44	11015	6.25
	直接费小计		元	125008	82.44	145296	82.44
综合费用			元	26627	17.56	30948	17.56
合　计			元	151635	—	176244	—

工程内容：挖土、运土、回填，管道、阀门、管件安装，试压、消毒冲洗。

单位：100m

指标编号				3F-169		3F-170	
项目			单位	埋深 2.0m			
				D 820×10	占指标基价（%）	D 920×10	占指标基价（%）
指标基价			元	201419	100.00	240658	100.00
一、建筑安装工程费			元	201419	100.00	240658	100.00
二、设备购置费			元	—	—	—	—
建筑安装工程费							
直接费	人工费	人工	工日	334	—	337	—
		措施费分摊	元	778	—	940	—
		人工费小计	元	11142	5.53	11397	4.74
	材料费	钢板卷管	m	100.95	—	100.90	—
		角钢	kg	1.95	—	1.91	—
		砂砾	m^3	189.15	—	224.53	—
		商品混凝土 C15	m^3	15.17	—	10.79	—
		商品混凝土 C25	m^3	2.22	—	1.23	—
		阀门	个	0.38	—	0.21	—
		钢配件	t	1.30	—	1.48	—
		泄水管	个	0.05	—	0.05	—
		排气阀	个	0.11	—	0.11	—
		井盖	套	0.41	—	0.23	—
		其他材料费	元	7885	—	5374	—
		措施费分摊	元	8531	—	10345	—
		材料费小计	元	142308	70.65	173584	72.13
	机械费	履带式推土机 75kW	台班	0.71	—	0.83	—
		履带式推土机 90kW	台班	0.03	—	0.03	—
		履带式单斗液压挖掘机 $1m^3$	台班	0.03	—	0.03	—
		电动夯实机 20~62N·m	台班	80.75	—	86.80	—
		汽车式起重机 5t	台班	0.12	—	0.11	—
		汽车式起重机 16t	台班	0.01	—	0.01	—
		电动双梁起重机 5t	台班	1.37	—	0.79	—
		载重汽车 6t	台班	0.02	—	0.01	—
		自卸汽车 15t	台班	4.61	—	5.42	—
		卷板机 20×2500	台班	0.75	—	0.47	—
		试压泵 60MPa	台班	0.32	—	0.54	—
		电焊机(综合)	台班	9.24	—	15.36	—
		反铲挖掘机 $1m^3$	台班	2.65	—	2.89	—
		其他机械费	元	4128	—	3715	—
		措施费分摊	元	490	—	595	—
		机械费小计	元	12600	6.26	13418	5.58
	直接费小计		元	166050	82.44	198399	82.44
综合费用			元	35369	17.56	42259	17.56
合计			元	201419	—	240658	—

工程内容：挖土、运土、回填，管道、阀门、管件安装，试压、消毒冲洗。

单位：100m

指标编号				3F-171		3F-172	
项目			单位	埋深 2.0m			
				D 1020×12	占指标基价（%）	D 1220×12	占指标基价（%）
指标基价			元	270830	100.00	324952	100.00
一、建筑安装工程费			元	270830	100.00	324952	100.00
二、设备购置费			元	—	—	—	—
建筑安装工程费							
直接费	人工费	人工	工日	375	—	445	—
		措施费分摊	元	1071	—	1276	—
		人工费小计	元	12707	4.69	15084	4.64
	材料费	钢板卷管	m	100.85	—	100.80	—
		角钢	kg	1.91	—	3.35	—
		砂砾	m^3	262.63	—	346.70	—
		商品混凝土 C15	m^3	12.89	—	16.68	—
		商品混凝土 C25	m^3	2.90	—	2.90	—
		阀门	个	0.21	—	0.13	—
		钢配件	t	1.50	—	1.52	—
		泄水管	个	0.05	—	0.05	—
		排气阀	个	0.11	—	0.11	—
		井盖	套	0.23	—	0.14	—
		其他材料费	元	7174	—	8057	—
		措施费分摊	元	11613	—	13957	—
		材料费小计	元	195082	72.03	230822	71.03
	机械费	履带式推土机 75kW	台班	0.95	—	3.04	—
		履带式推土机 90kW	台班	0.03	—	0.03	—
		履带式单斗液压挖掘机 $1m^3$	台班	0.03	—	0.03	—
		电动夯实机 20~62N·m	台班	93.00	—	105.86	—
		汽车式起重机 5t	台班	0.12	—	0.12	—
		汽车式起重机 16t	台班	0.01	—	0.10	—
		电动双梁起重机 5t	台班	1.21	—	0.54	—
		载重汽车 6t	台班	0.02	—	0.02	—
		自卸汽车 15t	台班	6.53	—	8.78	—
		卷板机 20×2500	台班	0.27	—	0.41	—
		试压泵 60MPa	台班	0.54	—	0.54	—
		电焊机(综合)	台班	7.71	—	9.98	—
		反铲挖掘机 $1m^3$	台班	3.13	—	6.50	—
		其他机械费	元	5066	—	5894	—
		措施费分摊	元	667	—	802	—
		机械费小计	元	15484	5.72	21985	6.77
	直接费小计		元	223272	82.44	267891	82.44
综合费用			元	47557	17.56	57061	17.56
合计			元	270830	—	324952	—

工程内容：挖土、运土、回填，管道、阀门、管件安装，试压、消毒冲洗。

单位：100m

指标编号				3F-173		3F-174	
项目			单位	埋深 2.0m			
				D 1420×14	占指标基价（%）	D 1620×16	占指标基价（%）
指标基价			元	409863	100.00	529994	100.00
一、建筑安装工程费			元	409863	100.00	529994	100.00
二、设备购置费			元	—	—	—	—
建筑安装工程费							
直接费	人工费	人工	工日	482	—	555	—
		措施费分摊	元	1644	—	2077	—
		人工费小计	元	16600	4.05	19299	3.64
	材料费	钢板卷管	m	100.75	—	100.70	—
		角钢	kg	3.35	—	4.06	—
		砂砾	m^3	441.66	—	547.19	—
		商品混凝土 C15	m^3	13.52	—	18.46	—
		商品混凝土 C25	m^3	2.28	—	2.46	—
		阀门	个	0.13	—	0.13	—
		钢配件	t	1.56	—	1.66	—
		泄水管	个	0.05	—	0.05	—
		排气阀	个	0.11	—	—	—
		井盖	套	0.14	—	0.14	—
		其他材料费	元	7408	—	13393	—
		措施费分摊	元	17718	—	22760	—
		材料费小计	元	297813	72.66	388336	73.27
	机械费	履带式推土机 75kW	台班	1.55	—	1.90	—
		履带式推土机 90kW	台班	0.03	—	—	—
		履带式单斗液压挖掘机 $1m^3$	台班	0.03	—	0.03	—
		电动夯实机 20~62N·m	台班	119.34	—	13.34	—
		光轮压路机 15t	台班	—	—	12.25	—
		汽车式起重机 5t	台班	0.11	—	0.06	—
		汽车式起重机 16t	台班	3.66	—	4.99	—
		电动双梁起重机 5t	台班	1.34	—	0.21	—
		载重汽车 6t	台班	0.02	—	0.02	—
		自卸汽车 15t	台班	11.24	—	14.23	—
		卷板机 20×2500	台班	0.04	—	0.27	—
		试压泵 60MPa	台班	0.54	—	0.54	—
		电焊机(综合)	台班	9.52	—	4.97	—
		反铲挖掘机 $1m^3$	台班	4.23	—	4.84	—
		其他机械费	元	4826	—	5746	—
		措施费分摊	元	1018	—	1308	—
		机械费小计	元	23480	5.73	29293	5.53
	直接费小计		元	337892	82.44	436928	82.44
综合费用			元	71971	17.56	93066	17.56
合　计			元	409863	—	529994	—

工程内容：挖土、运土、回填，管道、阀门、管件安装，试压、消毒冲洗。

单位：100m

指标编号				3F-175		3F-176	
项目			单位	埋深 2.0m			
				D 1820×16	占指标基价（%）	D 2020×16	占指标基价（%）
指标基价			元	589520	100.00	672343	100.00
一、建筑安装工程费			元	589520	100.00	672343	100.00
二、设备购置费			元	—	—	—	—
建筑安装工程费							
直接费	人工费	人工	工日	615	—	689	—
		措施费分摊	元	2349	—	2665	—
		人工费小计	元	21437	3.64	24051	3.58
	材料费	钢板卷管	m	100.65	—	100.60	—
		角钢	kg	4.05	—	4.05	—
		砂砾	m^3	663.31	—	790.32	—
		商品混凝土 C15	m^3	18.45	—	19.40	—
		商品混凝土 C25	m^3	1.89	—	1.89	—
		阀门	个	0.10	—	0.10	—
		钢配件	t	1.77	—	1.77	—
		泄水管	个	0.05	—	0.05	—
		井盖	套	0.11	—	0.11	—
		其他材料费	元	11715	—	20659	—
		措施费分摊	元	25528	—	29078	—
		材料费小计	元	428603	72.70	487681	72.53
	机械费	履带式推土机 75kW	台班	2.29	—	2.72	—
		履带式推土机 90kW	台班	0.03	—	0.03	—
		履带式单斗液压挖掘机 $1m^3$	台班	0.03	—	0.03	—
		电动夯实机 20~62N·m	台班	14.81	—	16.34	—
		光轮压路机 15t	台班	13.60	—	15.00	—
		汽车式起重机 5t	台班	0.12	—	0.12	—
		汽车式起重机 16t	台班	0.01	—	0.01	—
		电动双梁起重机 5t	台班	0.41	—	0.53	—
		载重汽车 6t	台班	0.02	—	0.02	—
		自卸汽车 15t	台班	17.17	—	20.90	—
		卷板机 20×2500	台班	0.43	—	0.61	—
		试压泵 60MPa	台班	0.54	—	0.54	—
		电焊机(综合)	台班	7.06	—	9.39	—
		反铲挖掘机 $1m^3$	台班	5.49	—	6.18	—
		其他机械费	元	13007	—	15462	—
		措施费分摊	元	1467	—	1671	—
		机械费小计	元	35961	6.10	42549	6.33
	直接费小计		元	486002	82.44	554281	82.44
综合费用			元	103518	17.56	118062	17.56
合计			元	589520	—	672343	—

工程内容：挖土、运土、回填，管道、阀门、管件安装，试压、消毒冲洗。

单位：100m

指标编号				3F-177		3F-178	
项目			单位	埋深 2.0m			
				D 2420 × 18	占指标基价（%）	D 2620 × 18	占指标基价（%）
指标基价			元	886317	100.00	978043	100.00
一、建筑安装工程费			元	886317	100.00	978043	100.00
二、设备购置费			元	—	—	—	—
建筑安装工程费							
直接费	人工费	人工	工日	883	—	981	—
		措施费分摊	元	3504	—	3817	—
		人工费小计	元	30910	3.49	34264	3.50
	材料费	钢板卷管	m	100.50	—	100.45	—
		角钢	kg	6.56	—	6.56	—
		砂砾	m^3	1076.39	—	1235.46	—
		商品混凝土 C15	m^3	19.40	—	19.40	—
		商品混凝土 C25	m^3	1.89	—	1.89	—
		阀门	个	0.10	—	0.10	—
		钢配件	t	1.77	—	1.77	—
		泄水管	个	0.05	—	0.05	—
		井盖	套	0.11	—	0.11	—
		其他材料费	元	29861	—	41566	—
		措施费分摊	元	38124	—	41600	—
		材料费小计	元	644257	72.69	709485	72.54
	机械费	履带式推土机 75kW	台班	3.69	—	4.24	—
		履带式推土机 90kW	台班	0.03	—	0.03	—
		履带式单斗液压挖掘机 $1m^3$	台班	0.03	—	0.03	—
		电动夯实机 20~62N·m	台班	19.59	—	21.30	—
		光轮压路机 15t	台班	17.98	—	19.55	—
		汽车式起重机 5t	台班	0.12	—	0.12	—
		汽车式起重机 16t	台班	0.01	—	0.01	—
		电动双梁起重机 5t	台班	0.44	—	0.45	—
		载重汽车 6t	台班	0.02	—	0.02	—
		自卸汽车 15t	台班	28.97	—	33.49	—
		卷板机 20 × 2500	台班	0.57	—	0.55	—
		试压泵 60MPa	台班	0.65	—	0.65	—
		电焊机(综合)	台班	7.80	—	8.37	—
		反铲挖掘机 $1m^3$	台班	7.69	—	8.51	—
		其他机械费	元	20045	—	22333	—
		措施费分摊	元	2191	—	2391	—
		机械费小计	元	55516	6.26	62551	6.40
	直接费小计		元	730682	82.44	806301	82.44
综合费用			元	155635	17.56	171742	17.56
合计			元	886317	—	978043	—

工程内容：挖土、运土、回填，管道、阀门、管件安装，试压、消毒冲洗。

单位：100m

指标编号				3F-179		3F-180	
项目			单位	埋深 2.0m			
				$D\,2820\times18$	占指标基价（%）	$D\,3020\times18$	占指标基价（%）
指标基价			元	1074728	100.00	1143459	100.00
一、建筑安装工程费			元	1074728	100.00	1143459	100.00
二、设备购置费			元	—	—	—	—
建筑安装工程费							
直接费	人工费	人工	工日	1081	—	1180	—
		措施费分摊	元	4184	—	4460	—
		人工费小计	元	37735	3.51	41083	3.59
	材料费	钢板卷管	m	100.40	—	100.35	—
		角钢	kg	6.56	—	6.56	—
		砂砾	m^3	1405.25	—	1585.79	—
		商品混凝土 C15	m^3	19.40	—	19.40	—
		商品混凝土 C25	m^3	1.89	—	1.89	—
		阀门	个	0.10	—	0.10	—
		钢配件	t	1.77	—	1.77	—
		泄水管	个	0.05	—	0.05	—
		井盖	套	0.11	—	0.11	—
		其他材料费	元	43905	—	47706	—
		措施费分摊	元	45713	—	48578	—
		材料费小计	元	778725	72.46	824787	72.13
	机械费	履带式推土机 75kW	台班	4.81	—	5.43	—
		履带式推土机 90kW	台班	0.03	—	0.03	—
		履带式单斗液压挖掘机 $1m^3$	台班	0.03	—	0.03	—
		电动夯实机 20~62N·m	台班	23.07	—	24.91	—
		光轮压路机 15t	台班	21.18	—	22.87	—
		汽车式起重机 5t	台班	0.12	—	0.12	—
		汽车式起重机 16t	台班	0.01	—	0.01	—
		电动双梁起重机 5t	台班	0.38	—	0.34	—
		载重汽车 6t	台班	0.02	—	0.02	—
		自卸汽车 15t	台班	38.34	—	43.51	—
		卷板机 20×2500	台班	0.52	—	0.53	—
		试压泵 60MPa	台班	0.65	—	0.65	—
		电焊机(综合)	台班	6.99	—	6.40	—
		反铲挖掘机 $1m^3$	台班	9.37	—	10.27	—
		其他机械费	元	24411	—	26375	—
		措施费分摊	元	2627	—	2792	—
		机械费小计	元	69548	6.47	76800	6.72
	直接费小计		元	886008	82.44	942670	82.44
综合费用			元	188720	17.56	200789	17.56
合计			元	1074728	—	1143459	—

2.2.3 预应力钢筋混凝土管（开槽放坡）

工程内容：挖土、运土、回填，管道、阀门、管件安装，试压、消毒冲洗。

单位：100m

指标编号				3F-181		3F-182	
项目			单位	埋深 1.5m			
				DN 300	占指标基价（%）	*DN* 400	占指标基价（%）
指标基价			元	53001	100.00	69473	100.00
一、建筑安装工程费			元	53001	100.00	69473	100.00
二、设备购置费			元	—	—	—	—
建筑安装工程费							
直接费	人工费	人工	工日	162	—	190	—
		措施费分摊	元	201	—	258	—
		人工费小计	元	5228	9.86	6154	8.86
	材料费	预应力钢筋混凝土管	m	100.00	—	100.00	—
		钢板	kg	4.18	—	5.12	—
		砂砾	m^3	105.39	—	94.05	—
		橡胶圈	个	22.25	—	22.25	—
		商品混凝土 C15	m^3	4.26	—	8.96	—
		商品混凝土 C20	m^3	0.26	—	0.26	—
		商品混凝土 C25	m^3	1.30	—	2.35	—
		阀门	个	0.45	—	0.40	—
		泄水管	个	0.05	—	0.05	—
		排气阀	个	0.11	—	0.11	—
		消火栓	个	0.83	—	0.83	—
		井盖	套	1.38	—	1.33	—
		钢配件	t	0.74	—	1.27	—
		其他材料费	元	2929	—	3880	—
		措施费分摊	元	2208	—	2895	—
		材料费小计	元	34273	64.67	46046	66.28
	机械费	履带式推土机 75kW	台班	0.27	—	0.35	—
		履带式推土机 90kW	台班	0.03	—	0.03	—
		履带式单斗液压挖掘机 $1m^3$	台班	0.03	—	0.03	—
		电动夯实机 20~62N·m	台班	41.05	—	43.69	—
		汽车式起重机 5t	台班	1.25	—	1.50	—
		汽车式起重机 16t	台班	0.01	—	0.01	—
		载重汽车 6t	台班	0.01	—	0.02	—
		自卸汽车 15t	台班	1.54	—	2.16	—
		电动卷扬机 双筒慢速 50kN	台班	0.65	—	0.86	—
		试压泵 25MPa	台班	0.22	—	0.32	—
		反铲挖掘机 $1m^3$	台班	1.21	—	1.38	—
		其他机械费	元	551	—	628	—
		措施费分摊	元	127	—	166	—
		机械费小计	元	4192	7.91	5074	7.30
	直接费小计		元	43694	82.44	57274	82.44
综合费用			元	9307	17.56	12199	17.56
合　计			元	53001	—	69473	—

工程内容：挖土、运土、回填，管道、阀门、管件安装，试压、消毒冲洗。

单位：100m

指标编号				3F-183		3F-184	
项目			单位	埋深 1.5m			
				DN 500	占指标基价（%）	*DN* 600	占指标基价（%）
指标基价			元	81437	100.00	106423	100.00
一、建筑安装工程费			元	81437	100.00	106423	100.00
二、设备购置费			元	—	—	—	—
建筑安装工程费							
直接费	人工费	人工	工日	219	—	258	—
		措施费分摊	元	324	—	409	—
		人工费小计	元	7120	8.74	8415	7.91
	材料费	预应力钢筋混凝土管	m	100.00	—	100.00	—
		钢板	kg	6.50	—	7.48	—
		砂砾	m^3	123.98	—	177.51	—
		橡胶圈	个	22.25	—	22.25	—
		商品混凝土 C15	m^3	10.79	—	11.48	—
		商品混凝土 C25	m^3	2.06	—	1.95	—
		阀门	个	0.40	—	0.38	—
		泄水管	个	0.05	—	0.05	—
		排气阀	个	0.11	—	0.11	—
		井盖	套	0.43	—	0.41	—
		钢配件	t	1.38	—	1.57	—
		其他材料费	元	4346	—	8050	—
		措施费分摊	元	3400	—	4449	—
		材料费小计	元	53927	66.22	71993	67.65
	机械费	履带式推土机 75kW	台班	0.44	—	0.52	—
		履带式推土机 90kW	台班	0.03	—	0.03	—
		履带式单斗液压挖掘机 $1m^3$	台班	0.03	—	0.03	—
		电动夯实机 20~62N·m	台班	49.12	—	52.05	—
		汽车式起重机 5t	台班	1.72	—	0.22	—
		汽车式起重机 16t	台班	0.01	—	0.01	—
		载重汽车 6t	台班	0.02	—	0.02	—
		自卸汽车 15t	台班	2.92	—	3.65	—
		电动卷扬机 双筒慢速 50kN	台班	1.08	—	1.40	—
		试压泵 25MPa	台班	0.32	—	0.32	—
		反铲挖掘机 $1m^3$	台班	1.57	—	1.64	—
		其他机械费	元	677	—	1794	—
		措施费分摊	元	195	—	256	—
		机械费小计	元	6090	7.48	7327	6.88
	直接费小计		元	67137	82.44	87735	82.44
综合费用			元	14300	17.56	18688	17.56
合计			元	81437	—	106423	—

工程内容：挖土、运土、回填，管道、阀门、管件安装，试压、消毒冲洗。

单位：100m

指标编号				3F-185		3F-186	
项目			单位	埋深 1.5m			
				DN 700	占指标基价（%）	DN 800	占指标基价（%）
指标基价			元	119221	100.00	140723	100.00
一、建筑安装工程费			元	119221	100.00	140723	100.00
二、设备购置费			元	—	—	—	—
建筑安装工程费							
直接费	人工费	人工	工日	291	—	316	—
		措施费分摊	元	457	—	535	—
		人工费小计	元	9487	7.96	10340	7.35
	材料费	预应力钢筋混凝土管	m	100.00	—	100.00	—
		钢板	kg	9.50	—	9.50	—
		砂砾	m^3	213.04	—	268.98	—
		橡胶圈	个	22.25	—	22.25	—
		商品混凝土 C15	m^3	16.80	—	21.48	—
		商品混凝土 C25	m^3	2.22	—	2.22	—
		阀门	个	0.38	—	0.38	—
		泄水管	个	0.05	—	0.05	—
		排气阀	个	0.11	—	0.11	—
		井盖	套	0.41	—	0.41	—
		钢配件	t	1.69	—	1.82	—
		其他材料费	元	5776	—	6121	—
		措施费分摊	元	4987	—	5893	—
		材料费小计	元	79678	66.83	94774	67.35
	机械费	履带式推土机 75kW	台班	0.20	—	0.86	—
		履带式推土机 90kW	台班	0.03	—	0.03	—
		履带式单斗液压挖掘机 $1m^3$	台班	0.03	—	0.03	—
		电动夯实机 20~62N·m	台班	63.23	—	70.67	—
		汽车式起重机 5t	台班	0.24	—	0.12	—
		汽车式起重机 16t	台班	0.01	—	0.01	—
		载重汽车 6t	台班	0.02	—	0.02	—
		自卸汽车 15t	台班	4.85	—	6.38	—
		电动卷扬机 双筒慢速 50kN	台班	1.62	—	1.84	—
		试压泵 25MPa	台班	0.32	—	0.32	—
		反铲挖掘机 $1m^3$	台班	2.01	—	2.39	—
		其他机械费	元	2348	—	2242	—
		措施费分摊	元	287	—	339	—
		机械费小计	元	9121	7.65	10898	7.74
	直接费小计		元	98286	82.44	116012	82.44
综合费用			元	20935	17.56	24711	17.56
合计			元	119221	—	140723	—

工程内容：挖土、运土、回填，管道、阀门、管件安装，试压、消毒冲洗。

单位：100m

指标编号				3F-187		3F-188	
项目			单位	埋深 1.5m			
				DN 900	占指标基价（%）	*DN* 1000	占指标基价（%）
指标基价			元	153019	100.00	174289	100.00
一、建筑安装工程费			元	153019	100.00	174289	100.00
二、设备购置费			元	—	—	—	—
建筑安装工程费							
直接费	人工费	人工	工日	353	—	372	—
		措施费分摊	元	591	—	654	—
		人工费小计	元	11545	7.54	12197	7.00
	材料费	预应力钢筋混凝土管	m	100.00	—	100.00	—
		钢板	kg	11.31	—	11.31	—
		砂砾	m^3	335.97	—	354.56	—
		橡胶圈	个	22.25	—	22.25	—
		商品混凝土 C15	m^3	16.03	—	17.28	—
		商品混凝土 C25	m^3	2.22	—	2.90	—
		阀门	个	0.21	—	0.21	—
		泄水管	个	0.05	—	0.05	—
		排气阀	个	0.11	—	0.11	—
		井盖	套	0.23	—	0.23	—
		钢配件	t	1.83	—	1.84	—
		其他材料费	元	6563	—	6915	—
		措施费分摊	元	6408	—	7194	—
		材料费小计	元	102046	66.69	116475	66.83
	机械费	履带式推土机 75kW	台班	1.04	—	1.13	—
		履带式推土机 90kW	台班	0.03	—	0.03	—
		履带式单斗液压挖掘机 $1m^3$	台班	0.03	—	0.03	—
		电动夯实机 20~62N · m	台班	76.10	—	81.63	—
		汽车式起重机 5t	台班	0.12	—	0.12	—
		汽车式起重机 16t	台班	0.01	—	0.01	—
		载重汽车 6t	台班	0.02	—	0.02	—
		自卸汽车 15t	台班	7.66	—	8.62	—
		电动卷扬机 双筒慢速 50kN	台班	2.16	—	2.38	—
		试压泵 25MPa	台班	0.54	—	0.54	—
		反铲挖掘机 $1m^3$	台班	2.62	—	2.85	—
		其他机械费	元	2540	—	3942	—
		措施费分摊	元	368	—	413	—
		机械费小计	元	12558	8.21	15012	8.61
	直接费小计		元	126149	82.44	143684	82.44
综合费用			元	26870	17.56	30605	17.56
合计			元	153019	—	174289	—

工程内容：挖土、运土、回填，管道、阀门、管件安装，试压、消毒冲洗。

单位：100m

指标编号				3F-189		3F-190	
项目			单位	埋深1.5m			
				DN 1200	占指标基价（%）	*DN* 1400	占指标基价（%）
指标基价			元	225870	100.00	283185	100.00
一、建筑安装工程费			元	225870	100.00	283185	100.00
二、设备购置费			元	—	—	—	—
建筑安装工程费							
直接费	人工费	人工	工日	452	—	503	—
		措施费分摊	元	863	—	1086	—
		人工费小计	元	14889	6.59	16694	5.90
	材料费	预应力钢筋混凝土管	m	100.00	—	100.00	—
		钢板	kg	13.56	—	15.83	—
		砂砾	m^3	494.42	—	632.77	—
		橡胶圈	个	22.25	—	22.25	—
		商品混凝土 C15	m^3	21.88	—	17.15	—
		商品混凝土 C25	m^3	2.90	—	1.80	—
		阀门	个	0.21	—	0.13	—
		泄水管	个	0.05	—	0.05	—
		排气阀	个	0.11	—	0.11	—
		井盖	套	0.23	—	0.14	—
		钢配件	t	1.93	—	2.53	—
		其他材料费	元	8883	—	9059	—
		措施费分摊	元	9357	—	11930	—
		材料费小计	元	152225	67.39	192850	68.10
	机械费	履带式推土机 75kW	台班	1.53	—	1.97	—
		履带式推土机 90kW	台班	0.03	—	0.03	—
		履带式单斗液压挖掘机 $1m^3$	台班	0.03	—	0.03	—
		电动夯实机 20~62N·m	台班	98.33	—	113.55	—
		汽车式起重机 5t	台班	0.12	—	0.11	—
		汽车式起重机 16t	台班	0.10	—	0.10	—
		载重汽车 6t	台班	0.02	—	0.02	—
		自卸汽车 15t	台班	11.88	—	15.40	—
		电动卷扬机 双筒慢速 50kN	台班	2.92	—	3.46	—
		试压泵 25MPa	台班	0.54	—	0.54	—
		反铲挖掘机 $1m^3$	台班	3.51	—	4.19	—
		其他机械费	元	4459	—	5598	—
		措施费分摊	元	538	—	686	—
		机械费小计	元	19094	8.45	23914	8.44
	直接费小计		元	186208	82.44	233458	82.44
综合费用			元	39662	17.56	49727	17.56
合计			元	225870	—	283185	—

工程内容：挖土、运土、回填，管道、阀门、管件安装，试压、消毒冲洗。

单位：100m

指标编号				3F-191		3F-192	
项目			单位	埋深 1.5m			
				DN 1600	占指标基价（%）	*DN* 1800	占指标基价（%）
指标基价			元	367790	100.00	448622	100.00
一、建筑安装工程费			元	367790	100.00	448622	100.00
二、设备购置费			元	—	—	—	—
建筑安装工程费							
直接费	人工费	人工	工日	591	—	709	—
		措施费分摊	元	1423	—	1742	—
		人工费小计	元	19766	5.37	23748	5.29
	材料费	预应力钢筋混凝土管	m	100.00	—	100.00	—
		钢板	kg	18.09	—	20.35	—
		砂砾	m^3	786.84	—	971.16	—
		橡胶圈	个	22.25	—	22.25	—
		商品混凝土 C15	m^3	22.83	—	22.62	—
		商品混凝土 C25	m^3	2.46	—	1.89	—
		阀门	个	0.13	—	0.10	—
		泄水管	个	0.05	—	0.05	—
		井盖	套	0.14	—	0.11	—
		钢配件	t	2.58	—	2.68	—
		其他材料费	元	15645	—	38209	—
		措施费分摊	元	15515	—	18996	—
		材料费小计	元	252262	68.59	315346	70.29
	机械费	履带式推土机 75kW	台班	2.45	—	2.17	—
		履带式推土机 90kW	台班	0.03	—	0.03	—
		履带式单斗液压挖掘机 $1m^3$	台班	0.03	—	0.03	—
		电动夯实机 20~62N·m	台班	12.96	—	17.79	—
		光轮压路机 15t	台班	11.90	—	16.33	—
		汽车式起重机 5t	台班	0.12	—	0.12	—
		汽车式起重机 16t	台班	0.20	—	0.10	—
		载重汽车 6t	台班	0.02	—	0.02	—
		自卸汽车 15t	台班	19.58	—	15.97	—
		电动卷扬机 双筒慢速 50kN	台班	4.00	—	4.54	—
		试压泵 25MPa	台班	0.76	—	0.76	—
		反铲挖掘机 $1m^3$	台班	4.92	—	5.64	—
		其他机械费	元	7396	—	7867	—
		措施费分摊	元	892	—	1092	—
		机械费小计	元	31179	8.48	30751	6.85
	直接费小计		元	303207	82.44	369845	82.44
综合费用			元	64583	17.56	78777	17.56
合　计			元	367790	—	448622	—

工程内容：挖土、运土、回填，管道、阀门、管件安装，试压、消毒冲洗。

单位：100m

指标编号				3F-193		3F-194	
项目			单位	埋深 2.0m			
				DN 300	占指标基价（%）	*DN* 400	占指标基价（%）
指标基价			元	51603	100.00	69928	100.00
一、建筑安装工程费			元	51603	100.00	69928	100.00
二、设备购置费			元	—	—	—	—
建筑安装工程费							
直接费	人工费	人工	工日	190	—	213	—
		措施费分摊	元	194	—	283	—
		人工费小计	元	6090	11.80	6892	9.86
	材料费	预应力钢筋混凝土管	m	100.00	—	100.00	—
		钢板	kg	4.18	—	5.12	—
		砂砾	m^3	65.32	—	91.48	—
		橡胶圈	个	22.25	—	22.25	—
		商品混凝土 C15	m^3	2.37	—	4.92	—
		商品混凝土 C20	m^3	0.26	—	0.26	—
		商品混凝土 C25	m^3	1.34	—	2.38	—
		阀门	个	0.45	—	0.40	—
		泄水管	个	0.05	—	0.05	—
		排气阀	个	0.11	—	0.11	—
		消火栓	个	0.83	—	0.83	—
		井盖	套	1.38	—	1.33	—
		钢配件	t	0.74	—	1.27	—
		其他材料费	元	2878	—	3851	—
		措施费分摊	元	2152	—	2914	—
		材料费小计	元	31474	60.99	44785	64.05
	机械费	履带式推土机 75kW	台班	0.33	—	0.41	—
		履带式推土机 90kW	台班	0.03	—	0.03	—
		履带式单斗液压挖掘机 1m^3	台班	0.03	—	0.03	—
		电动夯实机 20~62N·m	台班	56.15	—	62.10	—
		汽车式起重机 5t	台班	1.25	—	1.50	—
		汽车式起重机 16t	台班	0.01	—	0.01	—
		载重汽车 6t	台班	0.02	—	0.02	—
		自卸汽车 15t	台班	1.59	—	2.24	—
		电动卷扬机 双筒慢速 50kN	台班	0.65	—	0.86	—
		试压泵 25MPa	台班	0.22	—	0.32	—
		电焊机(综合)	台班	0.40	—	0.40	—
		反铲挖掘机 1m^3	台班	1.76	—	1.97	—
		其他机械费	元	522	—	595	—
		措施费分摊	元	124	—	167	—
		机械费小计	元	4978	9.65	5971	8.54
	直接费小计		元	42542	82.44	57649	82.44
综合费用			元	9061	17.56	12279	17.56
合计			元	51603	—	69928	—

工程内容：挖土、运土、回填，管道、阀门、管件安装，试压、消毒冲洗。

单位：100m

指标编号				3F-195		3F-196	
项目			单位	埋深 2.0m			
				DN 500	占指标基价（%）	*DN* 600	占指标基价（%）
指标基价			元	82457	100.00	103398	100.00
一、建筑安装工程费			元	82457	100.00	103398	100.00
二、设备购置费			元	—	—	—	—
建筑安装工程费							
直接费	人工费	人工	工日	255	—	289	—
		措施费分摊	元	309	—	400	—
		人工费小计	元	8222	9.97	9368	9.06
	材料费	预应力钢筋混凝土管	m	100.00	—	100.00	—
		钢板	kg	6.50	—	7.48	—
		砂砾	m^3	123.53	—	178.26	—
		橡胶圈	个	22.25	—	22.25	—
		商品混凝土 C15	m^3	6.54	—	6.64	—
		商品混凝土 C25	m^3	2.06	—	1.95	—
		阀门	个	0.40	—	0.38	—
		泄水管	个	0.05	—	0.05	—
		排气阀	个	0.11	—	0.11	—
		井盖	套	0.43	—	0.41	—
		钢配件	t	1.38	—	1.57	—
		其他材料费	元	4348	—	4471	—
		措施费分摊	元	3442	—	4326	—
		材料费小计	元	52768	64.00	66990	64.79
	机械费	履带式推土机 75kW	台班	0.50	—	0.66	—
		履带式推土机 90kW	台班	0.03	—	0.03	—
		履带式单斗液压挖掘机 $1m^3$	台班	0.03	—	0.03	—
		电动夯实机 20~62N·m	台班	68.79	—	79.84	—
		汽车式起重机 5t	台班	1.72	—	0.22	—
		汽车式起重机 16t	台班	0.01	—	0.01	—
		载重汽车 6t	台班	0.02	—	0.02	—
		自卸汽车 15t	台班	2.92	—	4.09	—
		电动卷扬机 双筒慢速 50kN	台班	1.08	—	1.40	—
		试压泵 25MPa	台班	0.32	—	0.32	—
		反铲挖掘机 $1m^3$	台班	2.19	—	2.57	—
		其他机械费	元	679	—	1693	—
		措施费分摊	元	198	—	249	—
		机械费小计	元	6987	8.47	8884	8.59
	直接费小计		元	67978	82.44	85241	82.44
综合费用			元	14479	17.56	18156	17.56
合计			元	82457	—	103398	—

工程内容：挖土、运土、回填，管道、阀门、管件安装，试压、消毒冲洗。

单位：100m

指标编号				3F-197		3F-198	
项目			单位	埋深 2.0m			
				DN 700	占指标基价（%）	*DN* 800	占指标基价（%）
指标基价			元	119833	100.00	141527	100.00
一、建筑安装工程费			元	119833	100.00	141527	100.00
二、设备购置费			元	—	—	—	—
建筑安装工程费							
直接费	人工费	人工	工日	330	—	358	—
		措施费分摊	元	456	—	531	—
		人工费小计	元	10696	8.93	11640	8.23
	材料费	预应力钢筋混凝土管	m	100.00	—	100.00	—
		钢板	kg	9.50	—	9.50	—
		砂砾	m^3	213.95	—	268.53	—
		橡胶圈	个	22.25	—	22.25	—
		商品混凝土 C15	m^3	10.03	—	15.17	—
		商品混凝土 C25	m^3	2.22	—	2.22	—
		阀门	个	0.38	—	0.38	—
		泄水管	个	0.05	—	0.05	—
		排气阀	个	0.11	—	0.11	—
		井盖	套	0.41	—	0.41	—
		钢配件	t	1.69	—	1.82	—
		其他材料费	元	5771	—	6115	—
		措施费分摊	元	5012	—	5926	—
		材料费小计	元	77871	64.98	93026	65.74
	机械费	履带式推土机 75kW	台班	0.77	—	0.94	—
		履带式推土机 90kW	台班	0.03	—	0.03	—
		履带式单斗液压挖掘机 $1m^3$	台班	0.03	—	0.03	—
		电动夯实机 20~62N·m	台班	85.84	—	94.72	—
		汽车式起重机 5t	台班	0.24	—	0.12	—
		汽车式起重机 16t	台班	0.01	—	0.01	—
		载重汽车 6t	台班	0.02	—	0.02	—
		自卸汽车 15t	台班	5.04	—	6.38	—
		电动卷扬机 双筒慢速 50kN	台班	1.62	—	1.84	—
		试压泵 25MPa	台班	0.32	—	0.32	—
		反铲挖掘机 $1m^3$	台班	2.80	—	3.14	—
		其他机械费	元	1958	—	2245	—
		措施费分摊	元	288	—	341	—
		机械费小计	元	10224	8.53	12009	8.48
	直接费小计		元	98791	82.44	116675	82.44
综合费用			元	21042	17.56	24852	17.56
合计			元	119833	—	141527	—

工程内容：挖土、运土、回填，管道、阀门、管件安装，试压、消毒冲洗。

单位：100m

指标编号				3F-199		3F-200	
项目			单位	埋深 2.0m			
				DN 900	占指标基价（%）	*DN* 1000	占指标基价（%）
指标基价			元	152292	100.00	174197	100.00
一、建筑安装工程费			元	152292	100.00	174197	100.00
二、设备购置费			元	—	—	—	—
建筑安装工程费							
直接费	人工费	人工	工日	398	—	417	—
		措施费分摊	元	582	—	685	—
		人工费小计	元	12932	8.49	13625	7.82
	材料费	预应力钢筋混凝土管	m	100.00	—	100.00	—
		钢板	kg	11.31	—	11.31	—
		砂砾	m^3	310.56	—	355.47	—
		橡胶圈	个	22.25	—	22.25	—
		商品混凝土 C15	m^3	11.01	—	12.89	—
		商品混凝土 C25	m^3	2.22	—	2.90	—
		阀门	个	0.21	—	0.21	—
		泄水管	个	0.05	—	0.05	—
		排气阀	个	0.11	—	0.11	—
		井盖	套	0.23	—	0.23	—
		钢配件	t	1.83	—	1.84	—
		其他材料费	元	6561	—	7831	—
		措施费分摊	元	6379	—	7317	—
		材料费小计	元	99238	65.16	116349	66.79
	机械费	履带式推土机 75kW	台班	1.07	—	1.22	—
		履带式推土机 90kW	台班	0.03	—	0.03	—
		履带式单斗液压挖掘机 $1m^3$	台班	0.03	—	0.03	—
		电动夯实机 20~62N·m	台班	101.21	—	107.84	—
		汽车式起重机 5t	台班	0.12	—	0.12	—
		汽车式起重机 16t	台班	0.01	—	0.01	—
		载重汽车 6t	台班	0.02	—	0.02	—
		自卸汽车 15t	台班	7.26	—	8.63	—
		电动卷扬机 双筒慢速 50kN	台班	2.16	—	2.38	—
		试压泵 25MPa	台班	0.54	—	0.54	—
		反铲挖掘机 $1m^3$	台班	3.40	—	3.67	—
		其他机械费	元	2540	—	3918	—
		措施费分摊	元	367	—	353	—
		机械费小计	元	13379	8.79	13634	7.83
	直接费小计		元	125550	82.44	143608	82.44
综合费用			元	26742	17.56	30589	17.56
合计			元	152292	—	174197	—

工程内容：挖土、运土、回填，管道、阀门、管件安装，试压、消毒冲洗。

单位：100m

指标编号			单位	3F-201		3F-202	
项目			单位	埋深 2.0m			
				DN 1200	占指标基价（%）	*DN* 1400	占指标基价（%）
指标基价			元	229517	100.00	285944	100.00
一、建筑安装工程费			元	229517	100.00	285944	100.00
二、设备购置费			元	—	—	—	—
建筑安装工程费							
直接费	人工费	人工	工日	503	—	559	—
		措施费分摊	元	882	—	1121	—
		人工费小计	元	16490	7.18	18467	6.46
	材料费	预应力钢筋混凝土管	m	100.00	—	100.00	—
		钢板	kg	13.56	—	15.83	—
		砂砾	m^3	494.27	—	632.92	—
		橡胶圈	个	22.25	—	22.25	—
		商品混凝土 C15	m^3	16.68	—	13.52	—
		商品混凝土 C25	m^3	2.90	—	1.80	—
		阀门	个	0.21	—	0.13	—
		泄水管	个	0.05	—	0.05	—
		排气阀	个	0.11	—	0.11	—
		井盖	套	0.23	—	0.14	—
		钢配件	t	1.93	—	2.53	—
		其他材料费	元	8878	—	8986	—
		措施费分摊	元	9564	—	12046	—
		材料费小计	元	150847	65.72	191895	67.11
	机械费	履带式推土机 75kW	台班	1.62	—	2.06	—
		履带式推土机 90kW	台班	0.03	—	0.03	—
		履带式单斗液压挖掘机 $1m^3$	台班	0.03	—	0.03	—
		电动夯实机 20~62N·m	台班	127.32	—	144.96	—
		汽车式起重机 5t	台班	0.12	—	0.11	—
		汽车式起重机 16t	台班	0.10	—	0.18	—
		载重汽车 6t	台班	0.02	—	0.02	—
		自卸汽车 15t	台班	11.88	—	15.40	—
		电动卷扬机 双筒慢速 50kN	台班	2.92	—	3.46	—
		试压泵 25MPa	台班	0.54	—	0.54	—
		反铲挖掘机 $1m^3$	台班	4.42	—	5.17	—
		其他机械费	元	4324	—	5556	—
		措施费分摊	元	542	—	692	—
		机械费小计	元	21877	9.53	25371	8.87
	直接费小计		元	189214	82.44	235733	82.44
综合费用			元	40303	17.56	50211	17.56
合计			元	229517	—	285944	—

工程内容：挖土、运土、回填，管道、阀门、管件安装，试压、消毒冲洗。

单位：100m

指标编号				3F-203		3F-204	
项目			单位	埋深 2.0m			
				DN 1600	占指标基价（%）	*DN* 1800	占指标基价（%）
指标基价			元	366561	100.00	457794	100.00
一、建筑安装工程费			元	366561	100.00	457794	100.00
二、设备购置费			元	—	—	—	—
建筑安装工程费							
直接费	人工费	人工	工日	657	—	722	—
		措施费分摊	元	1411	—	1771	—
		人工费小计	元	21804	5.95	24181	5.28
	材料费	预应力钢筋混凝土管	m	100.00	—	100.00	—
		钢板	kg	18.09	—	20.35	—
		砂砾	m^3	786.84	—	971.16	—
		橡胶圈	个	22.25	—	22.25	—
		商品混凝土 C15	m^3	18.46	—	18.45	—
		商品混凝土 C25	m^3	2.46	—	1.89	—
		阀门	个	0.13	—	0.10	—
		泄水管	个	0.05	—	0.05	—
		井盖	套	0.14	—	0.11	—
		钢配件	t	2.58	—	2.68	—
		其他材料费	元	15328	—	14458	—
		措施费分摊	元	15467	—	19368	—
		材料费小计	元	250684	68.39	314556	68.71
	机械费	履带式推土机 75kW	台班	2.77	—	3.16	—
		履带式推土机 90kW	台班	0.03	—	0.03	—
		履带式单斗液压挖掘机 $1m^3$	台班	0.03	—	0.03	—
		电动夯实机 20~62N·m	台班	16.35	—	18.45	—
		光轮压路机 15t	台班	15.01	—	16.94	—
		汽车式起重机 5t	台班	0.12	—	0.12	—
		汽车式起重机 16t	台班	0.20	—	0.10	—
		载重汽车 6t	台班	0.02	—	0.02	—
		自卸汽车 15t	台班	1.62	—	1.62	—
		电动卷扬机 双筒慢速 50kN	台班	4.00	—	4.54	—
		试压泵 25MPa	台班	0.76	—	1.30	—
		反铲挖掘机 $1m^3$	台班	8.10	—	6.92	—
		其他机械费	元	15596	—	24601	—
		措施费分摊	元	889	—	1113	—
		机械费小计	元	29706	8.10	38669	8.45
	直接费小计		元	302194	82.44	377407	82.44
综合费用			元	64367	17.56	80388	17.56
合计			元	366561	—	457794	—

2.2.4 PE塑料管（开槽放坡）

工程内容：挖土、运土、回填，管道、阀门、管件安装，试压、消毒冲洗。

单位：100m

指标编号				3F-205		3F-206	
项目			单位	埋深 1.5m			
				D 90	占指标基价（%）	*D* 125	占指标基价（%）
指标基价			元	17451	100.00	24728	100.00
一、建筑安装工程费			元	17451	100.00	24728	100.00
二、设备购置费			元	—	—	—	—
建筑安装工程费							
直接费	人工费	人工	工日	102	—	110	—
		措施费分摊	元	75	—	96	—
		人工费小计	元	3240	18.57	3509	14.19
	材料费	PE管	m	100.00	—	100.00	—
		砂砾	m^3	15.72	—	22.83	—
		钢板	kg	0.88	—	2.66	—
		商品混凝土 C20	m^3	0.26	—	0.26	—
		商品混凝土 C25	m^3	0.98	—	1.30	—
		阀门	个	0.50	—	0.45	—
		管件	个	11.88	—	11.88	—
		泄水管	个	0.05	—	0.05	—
		排气阀	个	0.11	—	0.11	—
		消火栓	个	0.83	—	0.83	—
		井盖	套	1.44	—	1.38	—
		其他材料费	元	2009	—	2265	—
		措施费分摊	元	712	—	1007	—
		材料费小计	元	9588	54.94	14729	72.25
	机械费	履带式推土机 75kW	台班	0.08	—	0.14	—
		履带式推土机 90kW	台班	0.03	—	0.03	—
		电动夯实机 20~62N·m	台班	27.87	—	29.26	—
		汽车式起重机 5t	台班	0.12	—	0.12	—
		汽车式起重机 16t	台班	0.01	—	0.01	—
		载重汽车 6t	台班	0.01	—	0.01	—
		自卸汽车 15t	台班	0.42	—	0.56	—
		平板拖车组 40t	台班	0.11	—	0.11	—
		机动翻斗车 1t	台班	0.02	—	0.02	—
		电动卷扬机 单筒慢速 50kN	台班	0.05	—	0.06	—
		灰浆搅拌机 200L	台班	0.02	—	0.02	—
		试压泵 25MPa	台班	0.11	—	0.22	—
		试压泵	台班	0.02	—	0.03	—
		电焊机(综合)	台班	0.40	—	0.40	—
		反铲挖掘机 $1m^3$	台班	0.43	—	0.87	—
		其他机械费	元	547	—	132	—
		措施费分摊	元	41	—	58	—
		机械费小计	元	1559	8.93	2148	8.68
	直接费小计		元	14387	82.44	20386	82.44
综合费用			元	3064	17.56	4342	17.56
合计			元	17451	—	24728	—

工程内容：挖土、运土、回填，管道、阀门、管件安装，试压、消毒冲洗。

单位：100m

指标编号				3F-207		3F-208	
项目			单位	埋深 1.5m			
				D 160	占指标基价（%）	*D* 250	占指标基价（%）
指标基价			元	29301	100.00	50526	100.00
一、建筑安装工程费			元	29301	100.00	50526	100.00
二、设备购置费			元	—	—	—	—
建筑安装工程费							
直接费	人工费	人工	工日	117	—	138	—
		措施费分摊	元	99	—	193	—
		人工费小计	元	3730	12.73	4475	8.86
	材料费	PE 管	m	100.00	—	100.00	—
		砂砾	m^3	30.69	—	46.27	—
		钢板	kg	2.66	—	4.18	—
		商品混凝土 C20	m^3	0.26	—	0.26	—
		商品混凝土 C25	m^3	1.30	—	1.30	—
		阀门	个	0.45	—	0.45	—
		管件	个	8.64	—	6.48	—
		泄水管	个	0.05	—	0.05	—
		排气阀	个	0.11	—	0.11	—
		消火栓	个	0.83	—	0.83	—
		井盖	套	1.38	—	1.38	—
		其他材料费	元	2277	—	2650	—
		措施费分摊	元	1193	—	2053	—
		材料费小计	元	18103	74.95	34464	82.74
	机械费	履带式推土机 75kW	台班	0.15	—	0.19	—
		履带式推土机 90kW	台班	0.03	—	0.03	—
		电动夯实机 20~62N · m	台班	30.79	—	34.72	—
		汽车式起重机 5t	台班	0.12	—	0.13	—
		汽车式起重机 16t	台班	0.01	—	0.01	—
		载重汽车 6t	台班	0.01	—	0.01	—
		自卸汽车 15t	台班	0.69	—	0.95	—
		平板拖车组 40t	台班	0.11	—	0.11	—
		机动翻斗车 1t	台班	0.02	—	0.02	—
		电动卷扬机 单筒慢速 50kN	台班	0.06	—	0.06	—
		灰浆搅拌机 200L	台班	0.02	—	0.02	—
		试压泵 25MPa	台班	0.22	—	0.22	—
		试压泵	台班	0.04	—	0.04	—
		电焊机(综合)	台班	0.40	—	0.40	—
		反铲挖掘机 $1m^3$	台班	0.92	—	1.04	—
		其他机械费	元	138	—	143	—
		措施费分摊	元	69	—	118	—
		机械费小计	元	2323	7.93	2714	5.37
	直接费小计		元	24156	82.44	41653	82.44
综合费用			元	5145	17.56	8872	17.56
合计			元	29301	—	50526	—

工程内容：挖土、运土、回填，管道、阀门、管件安装，试压、消毒冲洗。

单位：100m

指标编号				3F-209		3F-210	
项目			单位	埋深 1.5m			
				D 315	占指标基价（%）	D 355	占指标基价（%）
指标基价			元	70762	100.00	84528	100.00
一、建筑安装工程费			元	70762	100.00	84528	100.00
二、设备购置费			元	—	—	—	—
建筑安装工程费							
直接费	人工费	人工	工日	159	—	170	—
		措施费分摊	元	261	—	322	—
		人工费小计	元	5195	7.34	5597	6.62
	材料费	PE 管	m	100.00	—	100.00	—
		砂砾	m^3	60.93	—	70.46	—
		钢板	kg	5.12	—	5.12	—
		商品混凝土 C15	m^3	4.34	—	4.34	—
		商品混凝土 C20	m^3	0.26	—	0.26	—
		商品混凝土 C25	m^3	2.64	—	2.64	—
		阀门	个	0.40	—	0.40	—
		管件	个	3.24	—	3.24	—
		泄水管	个	0.05	—	0.05	—
		排气阀	个	0.11	—	0.11	—
		消火栓	个	0.83	—	0.83	—
		井盖	套	1.33	—	1.33	—
		其他材料费	元	3600	—	3772	—
		措施费分摊	元	2868	—	3451	—
		材料费小计	元	50069	85.83	60790	87.24
	机械费	履带式推土机 75kW	台班	0.23	—	0.25	—
		履带式推土机 90kW	台班	0.03	—	0.03	—
		电动夯实机 20~62N·m	台班	37.13	—	39.57	—
		汽车式起重机 5t	台班	0.14	—	0.14	—
		汽车式起重机 16t	台班	0.01	—	0.01	—
		载重汽车 6t	台班	0.02	—	0.02	—
		自卸汽车 15t	台班	1.23	—	1.39	—
		平板拖车组 40t	台班	0.11	—	0.11	—
		机动翻斗车 1t	台班	0.02	—	0.02	—
		电动卷扬机 单筒慢速 50kN	台班	0.10	—	0.10	—
		灰浆搅拌机 200L	台班	0.02	—	0.02	—
		试压泵 25MPa	台班	0.32	—	0.32	—
		试压泵	台班	0.04	—	0.04	—
		电焊机(综合)	台班	0.40	—	0.40	—
		反铲挖掘机 $1m^3$	台班	1.13	—	1.20	—
		其他机械费	元	145	—	145	—
		措施费分摊	元	165	—	198	—
		机械费小计	元	3073	4.34	3298	3.90
	直接费小计		元	58337	82.44	69685	82.44
综合费用			元	12426	17.56	14843	17.56
合计			元	70762	—	84528	—

工程内容：挖土、运土、回填，管道、阀门、管件安装，试压、消毒冲洗。

单位：100m

指标编号				3F-211		3F-212	
项目			单位	埋深 1.5m			
				D 400	占指标基价（%）	*D* 500	占指标基价（%）
指标基价			元	105221	100.00	164332	100.00
一、建筑安装工程费			元	105221	100.00	164332	100.00
二、设备购置费			元	—	—	—	—
建筑安装工程费							
直接费	人工费	人工	工日	194	—	200	—
		措施费分摊	元	400	—	618	—
		人工费小计	元	6420	6.10	6824	4.15
	材料费	PE 管	m	100.00	—	100.00	—
		砂砾	m^3	81.95	—	109.02	—
		钢板	kg	5.12	—	6.50	—
		商品混凝土 C15	m^3	8.99	—	10.79	—
		商品混凝土 C20	m^3	0.26	—	—	—
		商品混凝土 C25	m^3	2.64	—	2.51	—
		阀门	个	0.40	—	0.40	—
		管件	个	3.24	—	3.24	—
		泄水管	个	0.05	—	0.05	—
		排气阀	个	0.11	—	0.11	—
		消火栓	个	0.83	—	—	—
		井盖	套	1.33	—	0.43	—
		其他材料费	元	3931	—	3418	—
		措施费分摊	元	4279	—	6827	—
		材料费小计	元	76756	88.48	124332	91.77
	机械费	履带式推土机 75kW	台班	0.27	—	0.32	—
		履带式推土机 90kW	台班	0.03	—	0.03	—
		电动夯实机 20~62N·m	台班	43.19	—	46.78	—
		汽车式起重机 5t	台班	0.14	—	0.12	—
		汽车式起重机 16t	台班	0.01	—	0.01	—
		载重汽车 6t	台班	0.02	—	0.02	—
		自卸汽车 15t	台班	1.57	—	2.27	—
		平板拖车组 40t	台班	0.11	—	0.11	—
		机动翻斗车 1t	台班	0.02	—	0.17	—
		电动卷扬机 单筒慢速 50kN	台班	0.10	—	0.05	—
		灰浆搅拌机 200L	台班	0.02	—	—	—
		试压泵 25MPa	台班	0.32	—	0.32	—
		试压泵	台班	0.04	—	0.03	—
		电焊机(综合)	台班	0.40	—	—	—
		反铲挖掘机 1m^3	台班	1.26	—	1.41	—
		其他机械费	元	145	—	202	—
		措施费分摊	元	246	—	392	—
		机械费小计	元	3569	3.39	4320	2.63
	直接费小计		元	86745	82.44	135476	82.44
综合费用			元	18477	17.56	28856	17.56
合计			元	105221	—	164332	—

工程内容：挖土、运土、回填，管道、阀门、管件安装，试压、消毒冲洗。

单位：100m

指标编号				3F-213		3F-214	
项目			单位	埋深 2.0m			
				D 90	占指标基价（%）	*D* 125	占指标基价（%）
指标基价			元	19881	100.00	27172	100.00
一、建筑安装工程费			元	19881	100.00	27172	100.00
二、设备购置费			元	—	—	—	—
建筑安装工程费							
直接费	人工费	人工	工日	127	—	147	—
		措施费分摊	元	72	—	104	—
		人工费小计	元	4013	20.18	4665	17.17
	材料费	PE 管	m	100.00	—	100.00	—
		砂砾	m^3	15.72	—	22.83	—
		钢板	kg	0.88	—	2.66	—
		商品混凝土 C20	m^3	0.26	—	0.26	—
		商品混凝土 C25	m^3	1.04	—	1.34	—
		阀门	个	0.50	—	0.45	—
		管件	个	11.88	—	11.88	—
		泄水管	个	0.05	—	0.05	—
		排气阀	个	0.11	—	0.11	—
		消火栓	个	0.83	—	0.83	—
		井盖	套	1.44	—	1.38	—
		其他材料费	元	2037	—	2308	—
		措施费分摊	元	811	—	1107	—
		材料费小计	元	9732	59.37	14884	66.45
	机械费	履带式推土机 75kW	台班	0.17	—	0.19	—
		履带式推土机 90kW	台班	0.03	—	0.03	—
		电动夯实机 20~62N·m	台班	40.48	—	42.24	—
		汽车式起重机 5t	台班	0.12	—	0.12	—
		汽车式起重机 16t	台班	0.01	—	0.01	—
		载重汽车 6t	台班	0.01	—	0.01	—
		自卸汽车 15t	台班	0.49	—	0.63	—
		平板拖车组 40t	台班	0.11	—	0.11	—
		机动翻斗车 1t	台班	0.02	—	0.02	—
		电动卷扬机 单筒慢速 50kN	台班	0.04	—	0.06	—
		灰浆搅拌机 200L	台班	0.02	—	0.02	—
		试压泵 25MPa	台班	0.11	—	0.22	—
		试压泵	台班	0.02	—	0.03	—
		电焊机(综合)	台班	0.40	—	0.40	—
		反铲挖掘机 $1m^3$	台班	1.29	—	1.35	—
		其他机械费	元	129	—	134	—
		措施费分摊	元	47	—	64	—
		机械费小计	元	2646	13.31	2851	10.49
	直接费小计		元	16390	82.44	22400	82.44
综合费用			元	3491	17.56	4771	17.56
合计			元	19881	—	27172	—

工程内容：挖土、运土、回填，管道、阀门、管件安装，试压、消毒冲洗。

单位：100m

指标编号				3F-215		3F-216	
项目			单位	埋深 2.0m			
				D 160	占指标基价（%）	*D* 250	占指标基价（%）
指标基价			元	31500	100.00	52854	100.00
一、建筑安装工程费			元	31500	100.00	52854	100.00
二、设备购置费			元	—	—	—	—
建筑安装工程费							
直接费	人工费	人工	工日	145	—	169	—
		措施费分摊	元	131	—	208	—
		人工费小计	元	4630	14.70	5452	10.32
	材料费	PE 管	m	100.00	—	100.00	—
		砂砾	m^3	30.69	—	46.27	—
		钢板	kg	2.66	—	4.18	—
		商品混凝土 C20	m^3	0.26	—	0.26	—
		商品混凝土 C25	m^3	1.34	—	1.34	—
		阀门	个	0.45	—	0.45	—
		管件	个	8.64	—	6.48	—
		泄水管	个	0.05	—	0.05	—
		排气阀	个	0.11	—	0.11	—
		消火栓	个	0.83	—	0.83	—
		井盖	套	1.38	—	1.38	—
		其他材料费	元	2332	—	2693	—
		措施费分摊	元	1282	—	2148	—
		材料费小计	元	18260	70.32	34614	79.44
	机械费	履带式推土机 75kW	台班	0.21	—	0.19	—
		履带式推土机 90kW	台班	0.03	—	0.03	—
		电动夯实机 20~62N·m	台班	44.27	—	51.04	—
		汽车式起重机 5t	台班	0.14	—	0.13	—
		汽车式起重机 16t	台班	0.01	—	0.01	—
		载重汽车 6t	台班	0.01	—	0.01	—
		自卸汽车 15t	台班	0.76	—	0.95	—
		平板拖车组 40t	台班	0.11	—	0.11	—
		机动翻斗车 1t	台班	0.02	—	0.02	—
		电动卷扬机 单筒慢速 50kN	台班	0.06	—	0.06	—
		灰浆搅拌机 200L	台班	0.02	—	0.02	—
		试压泵 25MPa	台班	0.22	—	0.22	—
		试压泵	台班	0.04	—	0.04	—
		电焊机(综合)	台班	0.40	—	0.40	—
		反铲挖掘机 $1m^3$	台班	1.45	—	1.04	—
		其他机械费	元	139	—	144	—
		措施费分摊	元	74	—	123	—
		机械费小计	元	3079	9.77	3507	6.63
	直接费小计		元	25969	82.44	43573	82.44
综合费用			元	5531	17.56	9281	17.56
合计			元	31500	—	52854	—

工程内容：挖土、运土、回填，管道、阀门、管件安装，试压、消毒冲洗。

单位：100m

指标编号				3F-217		3F-218	
项目			单位	埋深 2.0m			
				D 315	占指标基价（%）	*D* 355	占指标基价（%）
指标基价			元	72613	100.00	86271	100.00
一、建筑安装工程费			元	72613	100.00	86271	100.00
二、设备购置费			元	—	—	—	—
建筑安装工程费							
直接费	人工费	人工	工日	191	—	202	—
		措施费分摊	元	274	—	328	—
		人工费小计	元	6201	8.54	6596	7.65
	材料费	PE 管	m	100.00	—	100.00	—
		砂砾	m^3	60.93	—	70.46	—
		钢板	kg	5.12	—	5.12	—
		商品混凝土 C15	m^3	2.46	—	2.46	—
		商品混凝土 C20	m^3	0.26	—	0.26	—
		商品混凝土 C25	m^3	2.67	—	2.67	—
		阀门	个	0.40	—	0.40	—
		管件	个	3.24	—	3.24	—
		泄水管	个	0.05	—	0.05	—
		排气阀	个	0.11	—	0.11	—
		消火栓	个	0.83	—	0.83	—
		井盖	套	1.33	—	1.33	—
		其他材料费	元	3727	—	3798	—
		措施费分摊	元	2943	—	3522	—
		材料费小计	元	49758	83.12	60374	84.89
	机械费	履带式推土机 75kW	台班	0.28	—	0.31	—
		履带式推土机 90kW	台班	0.03	—	0.03	—
		电动夯实机 20~62N·m	台班	54.67	—	56.97	—
		汽车式起重机 5t	台班	0.14	—	0.14	—
		汽车式起重机 16t	台班	0.01	—	0.01	—
		载重汽车 6t	台班	0.02	—	0.02	—
		自卸汽车 15t	台班	1.30	—	1.46	—
		平板拖车组 40t	台班	0.11	—	0.11	—
		机动翻斗车 1t	台班	0.02	—	0.02	—
		电动卷扬机 单筒慢速 50kN	台班	0.10	—	0.10	—
		灰浆搅拌机 200L	台班	0.02	—	0.02	—
		试压泵 25MPa	台班	0.32	—	0.32	—
		试压泵	台班	0.04	—	0.04	—
		电焊机(综合)	台班	0.40	—	0.40	—
		反铲挖掘机 $1m^3$	台班	1.67	—	1.75	—
		其他机械费	元	131	—	146	—
		措施费分摊	元	169	—	202	—
		机械费小计	元	3903	5.38	4152	4.81
	直接费小计		元	59862	82.44	71122	82.44
综合费用			元	12751	17.56	15149	17.56
合　计			元	72613	—	86271	—

工程内容：挖土、运土、回填，管道、阀门、管件安装，试压、消毒冲洗。

单位：100m

指标编号				3F-219		3F-220	
项目			单位	埋深 2.0m			
				D 400	占指标基价（%）	*D* 500	占指标基价（%）
指标基价			元	106205	100.00	165157	100.00
一、建筑安装工程费			元	106205	100.00	165157	100.00
二、设备购置费			元	—	—	—	—
建筑安装工程费							
直接费	人工费	人工	工日	226	—	227	—
		措施费分摊	元	392	—	620	—
		人工费小计	元	7405	6.97	7664	4.64
	材料费	PE 管	m	100.00	—	100.00	—
		砂砾	m^3	81.95	—	109.02	—
		钢板	kg	5.12	—	6.50	—
		商品混凝土 C15	m^3	4.95	—	6.54	—
		商品混凝土 C20	m^3	0.26	—	—	—
		商品混凝土 C25	m^3	2.67	—	2.51	—
		阀门	个	0.40	—	0.40	—
		管件	个	3.24	—	3.24	—
		泄水管	个	0.05	—	0.05	—
		排气阀	个	0.11	—	0.11	—
		消火栓	个	0.83	—	—	—
		井盖	套	1.33	—	0.43	—
		其他材料费	元	3953	—	3542	—
		措施费分摊	元	4319	—	6861	—
		材料费小计	元	75708	86.47	123312	90.57
	机械费	履带式推土机 75kW	台班	0.33	—	0.38	—
		履带式推土机 90kW	台班	0.03	—	0.03	—
		电动夯实机 20~62N · m	台班	61.04	—	65.66	—
		汽车式起重机 5t	台班	0.14	—	0.12	—
		汽车式起重机 16t	台班	0.01	—	0.01	—
		载重汽车 6t	台班	0.02	—	0.02	—
		自卸汽车 15t	台班	1.71	—	2.27	—
		平板拖车组 40t	台班	0.11	—	0.11	—
		机动翻斗车 1t	台班	0.02	—	0.17	—
		电动卷扬机 单筒慢速 50kN	台班	0.10	—	0.05	—
		灰浆搅拌机 200L	台班	0.02	—	—	—
		试压泵 25MPa	台班	0.32	—	0.32	—
		试压泵	台班	0.04	—	0.03	—
		电焊机(综合)	台班	0.40	—	—	—
		反铲挖掘机 $1m^3$	台班	1.83	—	2.00	—
		其他机械费	元	146	—	202	—
		措施费分摊	元	248	—	394	—
		机械费小计	元	4443	4.18	5179	3.14
	直接费小计		元	87556	82.44	136155	82.44
综合费用			元	18649	17.56	29001	17.56
合计			元	106205	—	165157	—

2.2.5 钢骨架塑料复合管（开槽放坡）

工程内容：挖土、运土、回填，管道、阀门、管件安装，试压、消毒冲洗。

单位：100m

指标编号				3F-221		3F-222	
项目			单位	埋深 1.5m			
				DN 100	占指标基价（%）	*DN* 150	占指标基价（%）
指标基价			元	27838	100.00	37822	100.00
一、建筑安装工程费			元	27838	100.00	37822	100.00
二、设备购置费			元	—	—	—	—
建筑安装工程费							
直接费	人工费	人工	工日	86	—	92	—
		措施费分摊	元	98	—	144	—
		人工费小计	元	2767	9.94	2999	7.93
	材料费	钢骨架塑料复合管	m	100.00	—	100.00	—
		砂砾	m^3	11.49	—	18.30	—
		商品混凝土 C20	m^3	0.26	—	0.26	—
		商品混凝土 C25	m^3	1.10	—	1.18	—
		阀门	个	0.50	—	0.45	—
		管件	个	11.88	—	11.88	—
		泄水管	个	0.05	—	0.05	—
		排气阀	个	0.11	—	0.11	—
		消火栓	个	0.83	—	0.83	—
		井盖	套	1.44	—	1.38	—
		其他材料费	元	2011	—	2109	—
		措施费分摊	元	1168	—	1596	—
		材料费小计	元	17989	64.62	25664	67.86
	机械费	履带式推土机 75kW	台班	0.11	—	0.13	—
		履带式推土机 90kW	台班	0.03	—	0.03	—
		电动夯实机 20~62N · m	台班	24.71	—	26.72	—
		汽车式起重机 5t	台班	0.12	—	0.12	—
		汽车式起重机 8t	台班	0.49	—	0.64	—
		汽车式起重机 16t	台班	0.01	—	0.01	—
		载重汽车 6t	台班	0.01	—	0.01	—
		载重汽车 8t	台班	0.05	—	0.08	—
		自卸汽车 15t	台班	0.39	—	0.54	—
		平板拖车组 40t	台班	0.11	—	0.11	—
		机动翻斗车 1t	台班	0.02	—	0.02	—
		电动卷扬机 单筒慢速 50kN	台班	1.34	—	1.78	—
		灰浆搅拌机 200L	台班	0.02	—	0.02	—
		试压泵	台班	0.02	—	0.05	—
		电焊机(综合)	台班	0.48	—	0.49	—
		电熔电焊机	台班	1.19	—	1.43	—
		反铲挖掘机 $1m^3$	台班	0.75	—	0.81	—
		其他机械费	元	109	—	109	—
		措施费分摊	元	67	—	92	—
		机械费小计	元	2193	7.88	2517	6.65
	直接费小计		元	22949	82.44	31181	82.44
综合费用			元	4888	17.56	6641	17.56
合计			元	27838	—	37822	—

工程内容：挖土、运土、回填，管道、阀门、管件安装，试压、消毒冲洗。

单位：100m

指标编号				3F-223		3F-224	
项目			单位	埋深 1.5m			
				DN 200	占指标基价（%）	*DN* 250	占指标基价（%）
指标基价			元	67863	100.00	92451	100.00
一、建筑安装工程费			元	67863	100.00	92451	100.00
二、设备购置费			元	—	—	—	—
建筑安装工程费							
直接费	人工费	人工	工日	98	—	117	—
		措施费分摊	元	266	—	375	—
		人工费小计	元	3307	4.87	4006	4.33
	材料费	钢骨架塑料复合管	m	100.00	—	100.00	—
		砂砾	m^3	24.95	—	33.11	—
		商品混凝土 C20	m^3	0.26	—	0.26	—
		商品混凝土 C25	m^3	1.30	—	1.30	—
		阀门	个	0.45	—	0.45	—
		管件	个	8.64	—	6.48	—
		泄水管	个	0.05	—	0.05	—
		排气阀	个	0.11	—	0.11	—
		消火栓	个	0.83	—	0.83	—
		井盖	套	1.38	—	1.38	—
		其他材料费	元	2250	—	2409	—
		措施费分摊	元	2907	—	3976	—
		材料费小计	元	49769	73.34	68719	74.33
	机械费	履带式推土机 75kW	台班	0.15	—	0.17	—
		履带式推土机 90kW	台班	0.03	—	0.03	—
		电动夯实机 20~62N·m	台班	28.61	—	38.66	—
		汽车式起重机 5t	台班	0.12	—	0.12	—
		汽车式起重机 8t	台班	0.81	—	1.14	—
		汽车式起重机 16t	台班	0.01	—	0.01	—
		载重汽车 6t	台班	0.01	—	0.01	—
		载重汽车 8t	台班	0.10	—	0.15	—
		自卸汽车 15t	台班	0.69	—	0.86	—
		平板拖车组 40t	台班	0.11	—	0.11	—
		机动翻斗车 1t	台班	0.02	—	0.02	—
		电动卷扬机 单筒慢速 50kN	台班	2.21	—	2.65	—
		灰浆搅拌机 200L	台班	0.02	—	0.02	—
		试压泵	台班	0.05	—	0.05	—
		电焊机(综合)	台班	0.59	—	0.68	—
		电熔电焊机	台班	1.21	—	0.97	—
		反铲挖掘机 $1m^3$	台班	0.87	—	0.95	—
		其他机械费	元	125	—	125	—
		措施费分摊	元	167	—	229	—
		机械费小计	元	2870	4.23	3491	3.78
	直接费小计		元	55947	82.44	76217	82.44
综合费用			元	11917	17.56	16234	17.56
合　计			元	67863	—	92451	—

工程内容：挖土、运土、回填，管道、阀门、管件安装，试压、消毒冲洗。

单位：100m

指标编号				3F-225		3F-226	
项目			单位	埋深 1.5m			
				DN 400	占指标基价（%）	*DN* 500	占指标基价（%）
指标基价			元	184027	100.00	201611	100.00
一、建筑安装工程费			元	184027	100.00	201611	100.00
二、设备购置费			元	—	—	—	—
建筑安装工程费							
直接费	人工费	人工	工日	131	—	149	—
		措施费分摊	元	728	—	809	—
		人工费小计	元	4793	2.60	5432	2.69
	材料费	钢骨架塑料复合管	m	100.00	—	100.00	—
		砂砾	m^3	60.78	—	82.71	—
		商品混凝土 C15	m^3	8.96	—	10.79	—
		商品混凝土 C20	m^3	0.26	—	—	—
		商品混凝土 C25	m^3	2.35	—	2.51	—
		阀门	个	0.40	—	0.40	—
		管件	个	3.24	—	3.24	—
		泄水管	个	0.05	—	0.05	—
		排气阀	个	0.11	—	0.11	—
		消火栓	个	0.83	—	—	—
		井盖	套	1.33	—	0.43	—
		其他材料费	元	4614	—	2316	—
		措施费分摊	元	7957	—	8708	—
		材料费小计	元	142511	77.44	155102	76.93
	机械费	履带式推土机 75kW	台班	0.26	—	0.32	—
		履带式推土机 90kW	台班	0.03	—	0.03	—
		电动夯实机 20~62N·m	台班	36.76	—	41.12	—
		汽车式起重机 5t	台班	0.14	—	0.12	—
		汽车式起重机 8t	台班	1.43	—	1.58	—
		汽车式起重机 16t	台班	0.01	—	0.01	—
		载重汽车 6t	台班	0.02	—	0.02	—
		载重汽车 8t	台班	0.24	—	0.29	—
		自卸汽车 15t	台班	1.57	—	2.06	—
		平板拖车组 40t	台班	0.11	—	0.11	—
		机动翻斗车 1t	台班	0.01	—	0.16	—
		电动卷扬机 单筒慢速 50kN	台班	3.55	—	3.93	—
		灰浆搅拌机 200L	台班	0.02	—	—	—
		试压泵	台班	0.06	—	0.08	—
		电焊机(综合)	台班	0.77	—	0.45	—
		电熔电焊机	台班	0.55	—	0.62	—
		反铲挖掘机 $1m^3$	台班	1.17	—	1.31	—
		其他机械费	元	134	—	195	—
		措施费分摊	元	457	—	500	—
		机械费小计	元	4408	2.40	5674	2.81
	直接费小计		元	151712	82.44	166208	82.44
综合费用			元	32315	17.56	35402	17.56
合计			元	184027	—	201611	—

工程内容：挖土、运土、回填，管道、阀门、管件安装，试压、消毒冲洗。

单位：100m

指标编号			单位	3F-227		3F-228	
项目			单位	埋深 2.0m			
				DN 100	占指标基价（%）	*DN* 150	占指标基价（%）
指标基价			元	29840	100.00	39506	100.00
一、建筑安装工程费			元	29840	100.00	39506	100.00
二、设备购置费			元	—	—	—	—
建筑安装工程费							
直接费	人工费	人工	工日	112	—	119	—
		措施费分摊	元	129	—	143	—
		人工费小计	元	3604	12.08	3836	9.71
	材料费	钢骨架塑料复合管	m	100.00	—	100.00	—
		砂砾	m^3	11.49	—	18.30	—
		商品混凝土 C20	m^3	0.26	—	0.26	—
		商品混凝土 C25	m^3	1.16	—	1.23	—
		阀门	个	0.50	—	0.45	—
		管件	个	11.88	—	11.88	—
		泄水管	个	0.05	—	0.05	—
		排气阀	个	0.11	—	0.11	—
		消火栓	个	0.83	—	0.83	—
		井盖	套	1.44	—	1.38	—
		其他材料费	元	2041	—	2076	—
		措施费分摊	元	1249	—	1664	—
		材料费小计	元	18117	60.71	25716	65.10
	机械费	履带式推土机 75kW	台班	0.16	—	0.15	—
		履带式推土机 90kW	台班	0.03	—	0.03	—
		电动夯实机 20~62N · m	台班	38.50	—	41.04	—
		汽车式起重机 5t	台班	0.12	—	0.12	—
		汽车式起重机 8t	台班	0.49	—	0.64	—
		汽车式起重机 16t	台班	0.01	—	0.01	—
		载重汽车 6t	台班	0.01	—	0.01	—
		载重汽车 8t	台班	0.05	—	0.08	—
		自卸汽车 15t	台班	0.45	—	0.60	—
		平板拖车组 40t	台班	0.11	—	0.11	—
		机动翻斗车 1t	台班	0.02	—	0.02	—
		电动卷扬机 单筒慢速 50kN	台班	1.34	—	1.78	—
		灰浆搅拌机 200L	台班	0.02	—	0.02	—
		试压泵	台班	0.02	—	0.05	—
		电焊机(综合)	台班	0.48	—	0.49	—
		电熔电焊机	台班	1.19	—	1.43	—
		反铲挖掘机 $1m^3$	台班	1.19	—	1.00	—
		其他机械费	元	110	—	108	—
		措施费分摊	元	72	—	96	—
		机械费小计	元	2880	9.65	3017	7.64
	直接费小计		元	24600	82.44	32568	82.44
综合费用			元	5240	17.56	6937	17.56
合　计			元	29840	—	39506	—

工程内容：挖土、运土、回填，管道、阀门、管件安装，试压、消毒冲洗。

单位：100m

指标编号				3F-229		3F-230	
项目			单位	埋深 2.0m			
				DN 200	占指标基价（%）	*DN* 250	占指标基价（%）
指标基价			元	70014	100.00	93896	100.00
一、建筑安装工程费			元	70014	100.00	93896	100.00
二、设备购置费			元	—	—	—	—
建筑安装工程费							
直接费	人工费	人工	工日	127	—	133	—
		措施费分摊	元	261	—	366	—
		人工费小计	元	4202	6.00	4493	4.79
	材料费	钢骨架塑料复合管	m	100.00	—	100.00	—
		砂砾	m^3	24.95	—	33.11	—
		商品混凝土 C20	m^3	0.26	—	0.26	—
		商品混凝土 C25	m^3	1.34	—	1.34	—
		阀门	个	0.45	—	0.45	—
		管件	个	8.64	—	6.48	—
		泄水管	个	0.05	—	0.05	—
		排气阀	个	0.11	—	0.11	—
		消火栓	个	0.83	—	0.83	—
		井盖	套	1.38	—	1.38	—
		其他材料费	元	2292	—	2453	—
		措施费分摊	元	2995	—	4035	—
		材料费小计	元	49912	71.29	68834	73.31
	机械费	履带式推土机 75kW	台班	0.19	—	0.23	—
		履带式推土机 90kW	台班	0.03	—	0.03	—
		电动夯实机 20~62N·m	台班	43.44	—	45.93	—
		汽车式起重机 5t	台班	0.12	—	0.12	—
		汽车式起重机 8t	台班	0.81	—	1.14	—
		汽车式起重机 16t	台班	0.01	—	0.01	—
		载重汽车 6t	台班	0.01	—	0.01	—
		载重汽车 8t	台班	0.10	—	0.15	—
		自卸汽车 15t	台班	0.76	—	0.93	—
		平板拖车组 40t	台班	0.11	—	0.11	—
		机动翻斗车 1t	台班	0.02	—	0.02	—
		电动卷扬机 单筒慢速 50kN	台班	2.21	—	2.65	—
		灰浆搅拌机 200L	台班	0.02	—	0.02	—
		试压泵	台班	0.05	—	0.05	—
		电焊机(综合)	台班	0.59	—	0.68	—
		电熔电焊机	台班	1.21	—	0.97	—
		反铲挖掘机 $1m^3$	台班	1.35	—	1.44	—
		其他机械费	元	126	—	126	—
		措施费分摊	元	172	—	232	—
		机械费小计	元	3605	5.15	4080	4.35
	直接费小计		元	57720	82.44	77408	82.44
综合费用			元	12294	17.56	16488	17.56
合计			元	70014	—	93896	—

工程内容：挖土、运土、回填，管道、阀门、管件安装，试压、消毒冲洗。

单位：100m

指标编号				3F-231		3F-232	
项目			单位	埋深 2.0m			
				DN 400	占指标基价（%）	*DN* 500	占指标基价（%）
指标基价			元	184873	100.00	202431	100.00
一、建筑安装工程费			元	184873	100.00	202431	100.00
二、设备购置费			元	—	—	—	—
建筑安装工程费							
直接费	人工费	人工	工日	161	—	181	—
		措施费分摊	元	723	—	817	—
		人工费小计	元	5719	3.09	6433	3.18
	材料费	钢骨架塑料复合管	m	100.00	—	100.00	—
		砂砾	m^3	60.78	—	82.71	—
		商品混凝土 C15	m^3	4.92	—	6.54	—
		商品混凝土 C20	m^3	0.26	—	—	—
		商品混凝土 C25	m^3	2.38	—	2.51	—
		阀门	个	0.40	—	0.40	—
		管件	个	3.24	—	3.24	—
		泄水管	个	0.05	—	0.05	—
		排气阀	个	0.11	—	0.11	—
		消火栓	个	0.83	—	—	—
		井盖	套	1.33	—	0.43	—
		其他材料费	元	3147	—	3110	—
		措施费分摊	元	7991	—	8741	—
		材料费小计	元	141454	76.51	153959	76.05
	机械费	履带式推土机 75kW	台班	0.32	—	0.38	—
		履带式推土机 90kW	台班	0.03	—	0.03	—
		电动夯实机 20~62N·m	台班	53.63	—	59.01	—
		汽车式起重机 5t	台班	0.14	—	0.12	—
		汽车式起重机 8t	台班	1.43	—	1.58	—
		汽车式起重机 16t	台班	0.01	—	0.01	—
		载重汽车 6t	台班	0.02	—	0.02	—
		载重汽车 8t	台班	0.24	—	0.29	—
		自卸汽车 15t	台班	1.63	—	2.06	—
		平板拖车组 40t	台班	0.11	—	0.11	—
		机动翻斗车 1t	台班	0.02	—	0.17	—
		电动卷扬机 单筒慢速 50kN	台班	3.55	—	3.93	—
		灰浆搅拌机 200L	台班	0.02	—	—	—
		试压泵	台班	0.06	—	0.08	—
		电焊机(综合)	台班	0.77	—	0.45	—
		电熔电焊机	台班	0.55	—	0.62	—
		反铲挖掘机 $1m^3$	台班	1.71	—	1.87	—
		其他机械费	元	135	—	195	—
		措施费分摊	元	459	—	502	—
		机械费小计	元	5237	2.83	6493	3.21
	直接费小计		元	152410	82.44	166885	82.44
综合费用			元	32463	17.56	35546	17.56
合计			元	184873	—	202431	—

2.3 管道顶进

2.3.1 钢管顶进

工程内容：开挖顶管坑、接收坑土方，筑钢筋混凝土基础，管坑钢桩支撑，顶管设备安装和拆除，钢管顶进，轻型井点抽水，覆土等。

单位：100m

指标编号				3F-233		3F-234	
项目			单位	管外径（mm）			
				D 1020×12	占指标基价（%）	D 1220×12	占指标基价（%）
指标基价			元	445878	100.00	511107	100.00
一、建筑安装工程费			元	445878	100.00	511107	100.00
二、设备购置费			元	—	—	—	—
建筑安装工程费							
直接费	人工费	人工	工日	2255	—	2368	—
		措施费分摊	元	1670	—	1927	—
		人工费小计	元	71643	16.07	75406	14.75
	材料费	钢板卷管	m	101.50	—	101.50	—
		商品混凝土 C20	m^3	19.95	—	20.79	—
		其他材料费	元	46302	—	55409	—
		措施费分摊	元	18153	—	20809	—
		材料费小计	元	224677	50.39	267368	52.31
	机械费	机械费	元	70219	—	77388	—
		措施费分摊	元	1043	—	1196	—
		机械费小计	元	71262	15.98	78584	15.38
	直接费小计		元	367583	82.44	421358	82.44
综合费用			元	78295	17.56	89749	17.56
合　计			元	445878	—	511107	—

工程内容：开挖顶管坑、接收坑土方，筑钢筋混凝土基础，管坑钢桩支撑，顶管设备安装和拆除，钢管顶进，轻型井点抽水，覆土等。

单位：100m

指标编号				3F-235		3F-236	
项目			单位	管外径（mm）			
				D 1420×14	占指标基价（%）	D 1620×16	占指标基价（%）
指标基价			元	622649	100.00	781719	100.00
一、建筑安装工程费			元	622649	100.00	781719	100.00
二、设备购置费			元	—	—	—	—
建筑安装工程费							
直接费	人工费	人工	工日	2537	—	2785	—
		措施费分摊	元	2329	—	2936	—
		人工费小计	元	81052	13.02	89355	11.43
	材料费	钢板卷管	m	101.50	—	101.50	—
		商品混凝土 C20	m^3	23.16	—	27.42	—
		其他材料费	元	73267	—	95557	—
		措施费分摊	元	25350	—	31826	—
		材料费小计	元	351250	56.41	455896	58.32
	机械费	机械费	元	79555	—	97371	—
		措施费分摊	元	1457	—	1829	—
		机械费小计	元	81012	13.01	99200	12.69
	直接费小计		元	513313	82.44	644451	82.44
综合费用			元	109336	17.56	137268	17.56
合计			元	622649	—	781719	—

工程内容：开挖顶管坑、接收坑土方，筑钢筋混凝土基础，管坑钢桩支撑，顶管设备安装和拆除，钢管顶进，轻型井点抽水，覆土等。

单位：100m

指标编号				3F-237		3F-238	
项目			单位	管外径（mm）			
				D 1820×16	占指标基价（%）	D 2020×16	占指标基价（%）
指标基价			元	880953	100.00	980915	100.00
一、建筑安装工程费			元	880953	100.00	980915	100.00
二、设备购置费			元	—	—	—	—
建筑安装工程费							
直接费	人工费	人工	工日	3051	—	3192	—
		措施费分摊	元	3298	—	3087	—
		人工费小计	元	97971	11.12	102735	10.47
	材料费	钢板卷管	m	101.50	—	101.50	—
		商品混凝土 C20	m^3	39.66	—	42.92	—
		其他材料费	元	107215	—	120739	—
		措施费分摊	元	35866	—	39936	—
		材料费小计	元	515314	58.50	577062	58.83
	机械费	机械费	元	110914	—	126577	—
		措施费分摊	元	2061	—	2295	—
		机械费小计	元	112975	12.82	128872	13.14
	直接费小计		元	726260	82.44	808669	82.44
综合费用			元	154693	17.56	172246	17.56
合　计			元	880953	—	980915	—

工程内容： 开挖顶管坑、接收坑土方，筑钢筋混凝土基础，管坑钢桩支撑，顶管设备安装和拆除，钢管顶进，轻型井点抽水，覆土等。

单位：100m

指标编号				3F-239		3F-240	
项目			单位	管外径（mm）			
				D 2420×18	占指标基价(%)	*D* 2620×18	占指标基价(%)
指标基价			元	1229666	100.00	1341471	100.00
一、建筑安装工程费			元	1229666	100.00	1341471	100.00
二、设备购置费			元	—	—	—	—
建筑安装工程费							
直接费	人工费	人工	工日	3338	—	3494	—
		措施费分摊	元	4612	—	5016	—
		人工费小计	元	108190	8.80	113435	8.46
	材料费	钢板卷管	m	101.50	—	101.50	—
		商品混凝土 C20	m^3	45.08	—	47.33	—
		其他材料费	元	160669	—	173943	—
		措施费分摊	元	50064	—	54616	—
		材料费小计	元	763790	62.11	827186	61.66
	机械费	机械费	元	138882	—	162152	—
		措施费分摊	元	2877	—	3139	—
		机械费小计	元	141759	11.53	165291	12.32
	直接费小计		元	1013739	82.44	1105912	82.44
综合费用			元	215927	17.56	235559	17.56
合计			元	1229666	—	1341471	—

2.3.2 钢筋混凝土顶进

工程内容： 开挖顶管坑、接收坑土方，筑钢筋混凝土基础，管坑钢桩支撑，顶管设备安装和拆除，钢筋混凝土管顶进，轻型井点抽水，覆土等。

单位：100m

指标编号				3F-241		3F-242	
项目			单位	公称直径（mm）			
				DN 1100	占指标基价（%）	*DN* 1350	占指标基价（%）
指标基价			元	934975	100.00	1364464	100.00
一、建筑安装工程费			元	934975	100.00	1364464	100.00
二、设备购置费			元	—	—	—	—
建筑安装工程费							
直接费	人工费	人工	工日	4455	—	5752	—
		措施费分摊	元	3466	—	5085	—
		人工费小计	元	141705	15.16	183570	13.45
	材料费	加强钢筋混凝土管	m	109.04	—	109.04	—
		钢板	t	4.03	—	4.67	—
		工字钢	kg	3717.73	—	4312.56	—
		碎石	t	282.89	—	328.15	—
		重轨	kg	1184.17	—	1373.64	—
		其他材料费	元	113014	—	133911	—
		措施费分摊	元	37851	—	55238	—
		材料费小计	元	313437	33.52	384373	28.17
	机械费	履带式推土机 75kW	台班	0.10	—	0.18	—
		电动夯实机 20~62N·m	台班	29.97	—	53.65	—
		汽车式起重机 12t	台班	11.98	—	—	—
		汽车式起重机 16t	台班	57.33	—	116.55	—
		汽车式起重机 20t	台班	10.28	—	18.40	—
		载重汽车 6t	台班	11.44	—	20.48	—
		自卸汽车 10t	台班	1.54	—	2.75	—
		自卸汽车 12t	台班	0.06	—	0.11	—
		电动卷扬机 单筒慢速 50kN	台班	0.31	—	0.56	—
		钢筋切断机 $\phi 40$	台班	1.81	—	3.24	—
		钢筋弯曲机 $\phi 40$	台班	0.21	—	0.37	—
		反铲挖掘机 1m³	台班	1.00	—	1.78	—
		其他机械费	元	240560	—	423143	—
		措施费分摊	元	2175	—	3175	—
		机械费小计	元	315654	33.76	556925	40.82
	直接费小计		元	770796	82.44	1124867	82.44
综合费用			元	164180	17.56	239597	17.56
合计			元	934975	—	1364464	—

工程内容：开挖顶管坑、接收坑土方，筑钢筋混凝土基础，管坑钢桩支撑，顶管设备安装和拆除，钢筋混凝土管顶进，轻型井点抽水，覆土等。

单位：100m

指标编号				3F-243		3F-244	
项目			单位	公称直径（mm）			
				DN 1650	占指标基价（%）	*DN* 1800	占指标基价（%）
指标基价			元	1536426	100.00	1669723	100.00
一、建筑安装工程费			元	1536426	100.00	1669723	100.00
二、设备购置费			元	—	—	—	—
建筑安装工程费							
直接费	人工费	人工	工日	6076	—	6269	—
		措施费分摊	元	5725	—	6220	—
		人工费小计	元	194263	12.64	200747	12.02
	材料费	加强钢筋混凝土管	m	109.04	—	109.04	—
		钢板	t	4.83	—	4.91	—
		工字钢	kg	4461.27	—	4535.62	—
		碎石	t	339.47	—	345.12	—
		重轨	kg	1421.01	—	1444.69	—
		其他材料费	元	138482	—	140769	—
		措施费分摊	元	62200	—	67596	—
		材料费小计	元	457306	29.76	524964	31.44
	机械费	履带式推土机 75kW	台班	0.20	—	0.21	—
		电动夯实机 20~62N·m	台班	58.75	—	61.74	—
		汽车式起重机 16t	台班	112.37	—	118.10	—
		汽车式起重机 20t	台班	38.83	—	21.18	—
		载重汽车 6t	台班	22.43	—	23.57	—
		自卸汽车 10t	台班	3.01	—	3.16	—
		自卸汽车 12t	台班	0.12	—	0.13	—
		电动卷扬机 单筒慢速 50kN	台班	0.61	—	0.64	—
		钢筋切断机 ϕ40	台班	3.54	—	3.72	—
		钢筋弯曲机 ϕ40	台班	0.41	—	0.43	—
		反铲挖掘机 1m^3	台班	1.95	—	2.05	—
		其他机械费	元	463738	—	509986	—
		措施费分摊	元	3575	—	3885	—
		机械费小计	元	615064	40.03	650813	38.98
	直接费小计		元	1266633	82.44	1376524	82.44
综合费用			元	269793	17.56	293200	17.56
合计			元	1536426	—	1669723	—

工程内容：开挖顶管坑、接收坑土方，筑钢筋混凝土基础，管坑钢桩支撑，顶管设备安装和拆除，钢筋混凝土管顶进，轻型井点抽水，覆土等。

单位：100m

指标编号				3F-245		3F-246	
项目			单位	公称直径（mm）			
				DN 2200	占指标基价（%）	*DN* 2400	占指标基价（%）
指标基价			元	1978922	100.00	2304759	100.00
一、建筑安装工程费			元	1978922	100.00	2304759	100.00
二、设备购置费			元	—	—	—	—
建筑安装工程费							
直接费	人工费	人工	工日	6766	—	7037	—
		措施费分摊	元	7355	—	8574	—
		人工费小计	元	217304	10.98	226932	9.85
	材料费	加强钢筋混凝土管	m	109.04	—	109.04	—
		钢板	t	5.11	—	5.19	—
		工字钢	kg	4721.51	—	4795.87	—
		碎石	t	359.27	—	364.92	—
		重轨	kg	1503.90	—	1527.58	—
		其他材料费	元	146481	—	148768	—
		措施费分摊	元	80113	—	93304	—
		材料费小计	元	675583	34.14	833908	36.18
	机械费	履带式推土机 75kW	台班	0.23	—	0.24	—
		电动夯实机 20~62N·m	台班	68.34	—	71.94	—
		汽车式起重机 16t	台班	130.72	—	137.60	—
		汽车式起重机 20t	台班	23.44	—	24.68	—
		载重汽车 6t	台班	26.09	—	27.46	—
		自卸汽车 10t	台班	3.50	—	3.68	—
		自卸汽车 12t	台班	0.14	—	0.15	—
		电动卷扬机 单筒慢速 50kN	台班	0.71	—	0.75	—
		钢筋切断机 ϕ40	台班	4.12	—	4.34	—
		钢筋弯曲机 ϕ40	台班	0.48	—	0.50	—
		反铲挖掘机 1m^3	台班	2.27	—	2.39	—
		其他机械费	元	582065	—	673468	—
		措施费分摊	元	4604	—	5362	—
		机械费小计	元	738542	37.32	839209	36.41
直接费小计			元	1631428	82.44	1900049	82.44
综合费用			元	347494	17.56	404710	17.56
合计			元	1978922	—	2304759	—

2.4 桥 管

2.4.1 桥管安装(跨度 15m 以内)

工程内容：钢管、管件预安装，泄气阀安装，安全栏安装，整体吊装等。

单位：座

指标编号				3F-247		3F-248	
项目			单位	公称直径（mm）			
				DN 300	占指标基价（%）	*DN* 400	占指标基价（%）
指标基价			元	16808	100.00	21588	100.00
一、建筑安装工程费			元	16808	100.00	21588	100.00
二、设备购置费			元	—	—	—	—
建筑安装工程费							
直接费	人工费	人工	工日	37	—	47	—
		措施费分摊	元	52	—	81	—
		人工费小计	元	1200	7.14	1539	7.13
	材料费	钢板卷管	m	31.24	—	31.24	—
		铜阀门 *DN* 40	个	1.00	—	1.00	—
		其他材料费	元	858	—	1065	—
		措施费分摊	元	684	—	879	—
		材料费小计	元	11106	66.08	14534	67.32
	机械费	机械费	元	1511	—	1724	—
		措施费分摊	元	39	—	51	—
		机械费小计	元	1550	9.22	1724	7.99
	直接费小计		元	13856	82.44	17797	82.44
综合费用			元	2951	17.56	3791	17.56
合计			元	16808	—	21588	—

工程内容：钢管、管件预安装，泄气阀安装，安全栏安装，整体吊装等。

单位：座

指标编号				3F-249		3F-250	
项目			单位	公称直径（mm）			
				DN 500	占指标基价（%）	*DN* 600	占指标基价（%）
指标基价			元	31831	100.00	37896	100.00
一、建筑安装工程费			元	31831	100.00	37896	100.00
二、设备购置费			元	—	—	—	—
建筑安装工程费							
直接费	人工费	人工	工日	55	—	68	—
		措施费分摊	元	107	—	155	—
		人工费小计	元	1814	5.70	2265	5.98
	材料费	钢板卷管	m	31.24	—	31.24	—
		铜阀门 *DN* 50	个	1.00	—	1.00	—
		其他材料费	元	1618	—	1940	—
		措施费分摊	元	1296	—	1543	—
		材料费小计	元	22389	70.34	26814	70.76
	机械费	机械费	元	2039	—	2162	—
		措施费分摊	元	74	—	89	—
		机械费小计	元	2039	6.41	2162	5.71
	直接费小计		元	26242	82.44	31242	82.44
综合费用			元	5590	17.56	6655	17.56
合　计			元	31831	—	37896	—

工程内容：钢管、管件预安装，泄气阀安装，安全栏安装，整体吊装等。

单位：座

指标编号				3F-251		3F-252	
项目			单位	公称直径（mm）			
				DN 700	占指标基价（%）	*DN* 800	占指标基价（%）
指标基价			元	43881	100.00	49923	100.00
一、建筑安装工程费			元	43881	100.00	49923	100.00
二、设备购置费			元	—	—	—	—
建筑安装工程费							
直接费	人工费	人工	工日	81	—	93	—
		措施费分摊	元	161	—	196	—
		人工费小计	元	2674	6.09	3082	6.17
	材料费	钢板卷管	m	31.24	—	31.24	—
		铜阀门 *DN* 50	个	1.00	—	1.00	—
		其他材料费	元	2253	—	2578	—
		措施费分摊	元	1787	—	2033	—
		材料费小计	元	31163	71.02	35615	71.34
	机械费	机械费	元	2237	—	2342	—
		措施费分摊	元	103	—	117	—
		机械费小计	元	2339	5.33	2459	4.93
	直接费小计		元	36176	82.44	41157	82.44
综合费用			元	7705	17.56	8766	17.56
合　计			元	43881	—	49923	—

工程内容：钢管、管件预安装，泄气阀安装，安全栏安装，整体吊装等。

单位：座

指标编号				3F-253		3F-254	
项目			单位	公称直径（mm）			
				DN 900	占指标基价（%）	*DN* 1000	占指标基价（%）
指标基价			元	65821	100.00	73340	100.00
一、建筑安装工程费			元	65821	100.00	73340	100.00
二、设备购置费			元	—	—	—	—
建筑安装工程费							
直接费	人工费	人工	工日	111	—	137	—
		措施费分摊	元	234	—	263	—
		人工费小计	元	3678	5.59	4514	6.15
	材料费	钢板卷管	m	31.24	—	31.24	—
		铜阀门 *DN* 50	个	1.00	—	1.00	—
		其他材料费	元	3234	—	3472	—
		措施费分摊	元	2680	—	2986	—
		材料费小计	元	47612	72.34	52769	71.95
	机械费	机械费	元	2819	—	3007	—
		措施费分摊	元	154	—	172	—
		机械费小计	元	2973	4.52	3179	4.33
	直接费小计		元	54263	82.44	60462	82.44
综合费用			元	11558	17.56	12878	17.56
合　计			元	65821	—	73340	—

工程内容：钢管、管件预安装，泄气阀安装，安全栏安装，整体吊装等。

单位：座

指标编号				3F-255		3F-256	
项目			单位	公称直径（mm）			
				DN 1200	占指标基价（%）	*DN* 1400	占指标基价（%）
指标基价			元	86267	100.00	114902	100.00
一、建筑安装工程费			元	86267	100.00	114902	100.00
二、设备购置费			元	—	—	—	—
建筑安装工程费							
直接费	人工费	人工	工日	140	—	189	—
		措施费分摊	元	311	—	426	—
		人工费小计	元	4655	5.40	6291	5.47
	材料费	钢板卷管	m	31.24	—	31.24	—
		铜阀门 *DN* 50	个	1.00	—	1.00	—
		其他材料费	元	3961	—	4912	—
		措施费分摊	元	3512	—	4678	—
		材料费小计	元	62996	73.02	83365	72.55
	机械费	机械费	元	3265	—	4801	—
		措施费分摊	元	202	—	269	—
		机械费小计	元	3467	4.02	5069	4.41
	直接费小计		元	71118	82.44	94725	82.44
综合费用			元	15148	17.56	20176	17.56
合　计			元	86267	—	114902	—

工程内容：钢管、管件预安装，泄气阀安装，安全栏安装，整体吊装等。

单位：座

指标编号				3F-257		3F-258	
项目			单位	公称直径（mm）			
				DN 1600	占指标基价（%）	*DN* 1800	占指标基价（%）
指标基价			元	147909	100.00	170503	100.00
一、建筑安装工程费			元	147909	100.00	170503	100.00
二、设备购置费			元	—	—	—	—
建筑安装工程费							
直接费	人工费	人工	工日	243	—	272	—
		措施费分摊	元	565	—	653	—
		人工费小计	元	8105	5.48	9093	5.33
	材料费	钢板卷管	m	31.24	—	31.24	—
		铜阀门 *DN* 50	个	1.00	—	1.00	—
		其他材料费	元	5909	—	7507	—
		措施费分摊	元	6022	—	6942	—
		材料费小计	元	108094	73.08	122591	71.90
	机械费	机械费	元	5391	—	8480	—
		措施费分摊	元	346	—	399	—
		机械费小计	元	5737	3.88	8879	5.21
	直接费小计		元	121936	82.44	140563	82.44
综合费用			元	25972	17.56	29940	17.56
合　计			元	147909	—	170503	—

工程内容：钢管、管件预安装，泄气阀安装，安全栏安装，整体吊装等。

单位：座

指标编号				3F-259		3F-260	
项目			单位	公称直径（mm）			
				DN 2000	占指标基价（%）	*DN* 2400	占指标基价（%）
指标基价			元	190093	100.00	247491	100.00
一、建筑安装工程费			元	190093	100.00	247491	100.00
二、设备购置费			元	—	—	—	—
建筑安装工程费							
直接费	人工费	人工	工日	334	—	384	—
		措施费分摊	元	702	—	917	—
		人工费小计	元	11066	5.82	12833	5.19
	材料费	钢板卷管	m	31.24	—	31.24	—
		铜阀门 *DN* 50	个	1.00	—	1.00	—
		其他材料费	元	8084	—	9122	—
		措施费分摊	元	7739	—	10076	—
		材料费小计	元	136904	72.02	181145	73.19
	机械费	机械费	元	8743	—	10054	—
		措施费分摊	元	445	—	579	—
		机械费小计	元	8743	4.60	10054	4.06
	直接费小计		元	156713	82.44	204032	82.44
综合费用			元	33380	17.56	43459	17.56
合　计			元	190093	—	247491	—

2.4.2 桥管土建(跨度 15m 以内)

工程内容：土方开挖、回填，水上（陆上）搭拆支架，打桩，筑钢筋混凝土承台，预制钢筋混凝土桩，围堰及养护等。

单位：座

指标编号				3F-261		3F-262	
项目			单位	公称直径（mm）			
				DN 500	占指标基价（%）	*DN* 600	占指标基价（%）
指标基价			元	117483	100.00	117576	100.00
一、建筑安装工程费			元	117483	100.00	117576	100.00
二、设备购置费			元	—	—	—	—
建筑安装工程费							
直接费	人工费	人工	工日	598	—	598	—
		措施费分摊	元	432	—	432	—
		人工费小计	元	18988	16.16	18988	16.15
	材料费	商品混凝土 C20	m^3	37.21	—	37.21	—
		钢材	t	4.20	—	4.20	—
		木材	m^3	12.03	—	12.03	—
		其他材料费	元	4872	—	4944	—
		措施费分摊	元	4783	—	4787	—
		材料费小计	元	48575	41.35	48652	41.38
	机械费	机械费	元	29290	—	29290	—
		措施费分摊	元	275	—	275	—
		机械费小计	元	29290	24.93	29290	24.91
	直接费小计		元	96853	82.44	96930	82.44
综合费用			元	20630	17.56	20646	17.56
合计			元	117483	—	117576	—

工程内容：土方开挖、回填，水上（陆上）搭拆支架，打桩，筑钢筋混凝土承台，预制钢筋混凝土桩，围堰及养护等。

单位：座

指标编号				3F-263		3F-264	
项目			单位	公称直径（mm）			
				DN 700	占指标基价（%）	*DN* 800	占指标基价（%）
指标基价			元	117710	100.00	128421	100.00
一、建筑安装工程费			元	117710	100.00	128421	100.00
二、设备购置费			元	—	—	—	—
建筑安装工程费							
直接费	人工费	人工	工日	598	—	641	—
		措施费分摊	元	432	—	476	—
		人工费小计	元	18989	16.13	20366	15.86
	材料费	商品混凝土 C20	m^3	37.21	—	48.71	—
		钢材	t	4.20	—	4.83	—
		木材	m^3	12.03	—	12.03	—
		其他材料费	元	5048	—	5234	—
		措施费分摊	元	4792	—	5228	—
		材料费小计	元	48761	41.43	54875	42.73
	机械费	机械费	元	29290	—	30630	—
		措施费分摊	元	275	—	300	—
		机械费小计	元	29290	24.88	30630	23.85
	直接费小计		元	97040	82.44	105871	82.44
综合费用			元	20670	17.56	22550	17.56
合计			元	117710	—	128421	—

工程内容： 土方开挖、回填，水上（陆上）搭拆支架，打桩，筑钢筋混凝土承台，预制钢筋混凝土桩，围堰及养护等。

单位：座

指标编号				3F-265		3F-266	
项目			单位	公称直径（mm）			
				DN 900	占指标基价（%）	*DN* 1000	占指标基价（%）
指标基价			元	128527	100.00	128613	100.00
一、建筑安装工程费			元	128527	100.00	128613	100.00
二、设备购置费			元	—	—	—	—
建筑安装工程费							
直接费	人工费	人工	工日	641	—	641	—
		措施费分摊	元	476	—	477	—
		人工费小计	元	20366	15.85	20367	15.84
	材料费	商品混凝土 C20	m^3	48.71	—	48.71	—
		钢材	t	4.83	—	4.83	—
		木材	m^3	12.03	—	12.03	—
		其他材料费	元	5317	—	5383	—
		措施费分摊	元	5233	—	5236	—
		材料费小计	元	54962	42.76	55031	42.79
	机械费	机械费	元	30330	—	30329	—
		措施费分摊	元	301	—	301	—
		机械费小计	元	30630	23.83	30630	23.82
	直接费小计		元	105958	82.44	106028	82.44
综合费用			元	22569	17.56	22584	17.56
合　计			元	128527	—	128613	—

工程内容：土方开挖、回填，水上（陆上）搭拆支架，打桩，筑钢筋混凝土承台，预制钢筋混凝土桩，围堰及养护等。

单位：座

<table>
<tr><td colspan="3">指 标 编 号</td><td>单位</td><td colspan="2">3F-267</td><td colspan="2">3F-268</td></tr>
<tr><td colspan="3" rowspan="2">项　　目</td><td rowspan="2">单位</td><td colspan="4">公称直径（mm）</td></tr>
<tr><td>DN 1200</td><td>占指标基价（%）</td><td>DN 1400</td><td>占指标基价（%）</td></tr>
<tr><td colspan="3">指 标 基 价</td><td>元</td><td>174411</td><td>100.00</td><td>174793</td><td>100.00</td></tr>
<tr><td colspan="3">一、建筑安装工程费</td><td>元</td><td>174411</td><td>100.00</td><td>174793</td><td>100.00</td></tr>
<tr><td colspan="3">二、设备购置费</td><td>元</td><td>—</td><td>—</td><td>—</td><td>—</td></tr>
<tr><td colspan="8">建筑安装工程费</td></tr>
<tr><td rowspan="13">直接费</td><td rowspan="3">人工费</td><td>人工</td><td>工日</td><td>854</td><td>—</td><td>854</td><td>—</td></tr>
<tr><td>措施费分摊</td><td>元</td><td>660</td><td>—</td><td>662</td><td>—</td></tr>
<tr><td>人工费小计</td><td>元</td><td>27160</td><td>15.57</td><td>27162</td><td>15.54</td></tr>
<tr><td rowspan="6">材料费</td><td>商品混凝土 C20</td><td>m^3</td><td>89.29</td><td>—</td><td>89.29</td><td>—</td></tr>
<tr><td>钢材</td><td>t</td><td>5.95</td><td>—</td><td>5.95</td><td>—</td></tr>
<tr><td>木材</td><td>m^3</td><td>11.90</td><td>—</td><td>11.90</td><td>—</td></tr>
<tr><td>其他材料费</td><td>元</td><td>1443</td><td>—</td><td>1741</td><td>—</td></tr>
<tr><td>措施费分摊</td><td>元</td><td>7101</td><td>—</td><td>7116</td><td>—</td></tr>
<tr><td>材料费小计</td><td>元</td><td>68488</td><td>39.27</td><td>68801</td><td>39.36</td></tr>
<tr><td rowspan="3">机械费</td><td>机械费</td><td>元</td><td>47729</td><td>—</td><td>47728</td><td>—</td></tr>
<tr><td>措施费分摊</td><td>元</td><td>408</td><td>—</td><td>409</td><td>—</td></tr>
<tr><td>机械费小计</td><td>元</td><td>48137</td><td>27.60</td><td>48137</td><td>27.54</td></tr>
<tr><td colspan="2">直接费小计</td><td>元</td><td>143785</td><td>82.44</td><td>144100</td><td>82.44</td></tr>
<tr><td colspan="3">综合费用</td><td>元</td><td>30626</td><td>17.56</td><td>30693</td><td>17.56</td></tr>
<tr><td colspan="3">合　　计</td><td>元</td><td>174411</td><td>—</td><td>174793</td><td>—</td></tr>
</table>

工程内容：土方开挖、回填，水上（陆上）搭拆支架，打桩，筑钢筋混凝土承台，预制钢筋混凝土桩，围堰及养护等。

单位：座

指标编号				3F-269		3F-270	
项目			单位	公称直径（mm）			
				DN 1600	占指标基价（%）	*DN* 1800	占指标基价（%）
指标基价			元	174861	100.00	175140	100.00
一、建筑安装工程费			元	174861	100.00	175140	100.00
二、设备购置费			元	—	—	—	—
建筑安装工程费							
直接费	人工费	人工	工日	854	—	854	—
		措施费分摊	元	662	—	663	—
		人工费小计	元	27162	15.53	27163	15.51
	材料费	商品混凝土 C20	m^3	89.29	—	89.29	—
		钢材	t	5.95	—	5.95	—
		木材	m^3	11.90	—	11.90	—
		其他材料费	元	1795	—	2012	—
		措施费分摊	元	7119	—	7130	—
		材料费小计	元	68857	39.38	69086	39.45
	机械费	机械费	元	47728	—	47727	—
		措施费分摊	元	409	—	410	—
		机械费小计	元	48137	27.53	48137	27.48
	直接费小计		元	144156	82.44	144386	82.44
综合费用			元	30705	17.56	30754	17.56
合　　计			元	174861	—	175140	—

工程内容：土方开挖、回填，水上（陆上）搭拆支架，打桩，筑钢筋混凝土承台，预制钢筋混凝土桩，围堰及养护等。

单位：座

指标编号				3F-271		3F-272	
项目			单位	公称直径（mm）			
				DN 2000	占指标基价（%）	*DN* 2400	占指标基价（%）
指标基价			元	279766	100.00	280397	100.00
一、建筑安装工程费			元	279766	100.00	280397	100.00
二、设备购置费			元	—	—	—	—
建筑安装工程费							
直接费	人工费	人工	工日	1378	—	1378	—
		措施费分摊	元	1045	—	1048	—
		人工费小计	元	43804	15.66	43807	15.62
	材料费	商品混凝土 C20	m^3	148.82	—	148.82	—
		钢材	t	9.53	—	9.53	—
		木材	m^3	11.90	—	11.90	—
		其他材料费	元	12802	—	13294	—
		措施费分摊	元	11390	—	11416	—
		材料费小计	元	113687	40.64	114205	40.73
	机械费	机械费	元	72494	—	72493	—
		措施费分摊	元	655	—	656	—
		机械费小计	元	73149	26.15	73149	26.09
	直接费小计		元	230640	82.44	231160	82.44
综合费用			元	49126	17.56	49237	17.56
合计			元	279766	—	280397	—

2.4.3 桥管安装（跨度25m以内）

工程内容：钢管、管件预安装，泄气阀安装，安全栏安装，整体吊装等。

单位：座

指标编号				3F-273		3F-274	
项目			单位	公称直径（mm）			
				DN 500	占指标基价（%）	*DN* 600	占指标基价（%）
指标基价			元	42956	100.00	51141	100.00
一、建筑安装工程费			元	42956	100.00	51141	100.00
二、设备购置费			元	—	—	—	—
建筑安装工程费							
直接费	人工费	人工	工日	86	—	106	—
		措施费分摊	元	146	—	205	—
		人工费小计	元	2815	6.55	3494	6.83
	材料费	钢板卷管	m	43.50	—	43.50	—
		铜阀门 *DN* 50	个	1.00	—	1.00	—
		其他材料费	元	1922	—	2167	—
		措施费分摊	元	1749	—	2082	—
		材料费小计	元	30760	71.61	36709	71.78
	机械费	机械费	元	1737	—	1838	—
		措施费分摊	元	101	—	120	—
		机械费小计	元	1838	4.28	1958	3.83
	直接费小计		元	35413	82.44	42161	82.44
综合费用			元	7543	17.56	8980	17.56
合计			元	42956	—	51141	—

工程内容：钢管、管件预安装，泄气阀安装，安全栏安装，整体吊装等。

单位：座

指标编号				3F-275		3F-276	
项目			单位	公称直径（mm）			
				DN 700	占指标基价（%）	*DN* 800	占指标基价（%）
指标基价			元	59035	100.00	68008	100.00
一、建筑安装工程费			元	59035	100.00	68008	100.00
二、设备购置费			元	—	—	—	—
建筑安装工程费							
直接费	人工费	人工	工日	123	—	144	—
		措施费分摊	元	208	—	240	—
		人工费小计	元	4025	6.82	4708	6.92
	材料费	钢板卷管	m	43.50	—	43.50	—
		铜阀门 *DN* 50	个	1.00	—	1.00	—
		其他材料费	元	2394	—	2990	—
		措施费分摊	元	2404	—	2769	—
		材料费小计	元	42538	72.06	48905	71.91
	机械费	机械费	元	1967	—	2294	—
		措施费分摊	元	138	—	159	—
		机械费小计	元	2105	3.57	2453	3.61
	直接费小计		元	48669	82.44	56066	82.44
综合费用			元	10366	17.56	11942	17.56
合计			元	59035	—	68008	—

工程内容：钢管、管件预安装，泄气阀安装，安全栏安装，整体吊装等。

单位：座

指标编号				3F-277		3F-278	
项目			单位	公称直径（mm）			
				DN 900	占指标基价（%）	*DN* 1000	占指标基价（%）
指标基价			元	88009	100.00	99320	100.00
一、建筑安装工程费			元	88009	100.00	99320	100.00
二、设备购置费			元	—	—	—	—
建筑安装工程费							
直接费	人工费	人工	工日	166	—	198	—
		措施费分摊	元	339	—	362	—
		人工费小计	元	5490	6.24	6506	6.55
	材料费	钢板卷管	m	43.50	—	43.50	—
		铜阀门 *DN* 50	个	1.00	—	1.00	—
		其他材料费	元	2990	—	3689	—
		措施费分摊	元	3583	—	4044	—
		材料费小计	元	64611	73.41	72196	72.69
	机械费	机械费	元	2247	—	2946	—
		措施费分摊	元	206	—	232	—
		机械费小计	元	2453	2.79	3178	3.20
	直接费小计		元	72555	82.44	81880	82.44
综合费用			元	15454	17.56	17440	17.56
合　计			元	88009	—	99320	—

工程内容：钢管、管件预安装，泄气阀安装，安全栏安装，整体吊装等。

单位：座

指标编号				3F-279		3F-280	
项目			单位	公称直径（mm）			
				DN 1200	占指标基价（%）	*DN* 1400	占指标基价（%）
指标基价			元	117742	100.00	154655	100.00
一、建筑安装工程费			元	117742	100.00	154655	100.00
二、设备购置费			元	—	—	—	—
建筑安装工程费							
直接费	人工费	人工	工日	220	—	269	—
		措施费分摊	元	456	—	578	—
		人工费小计	元	7283	6.19	8925	5.77
	材料费	钢板卷管	m	43.50	—	43.50	—
		铜阀门 *DN* 50	个	1.00	—	1.00	—
		其他材料费	元	4212	—	4865	—
		措施费分摊	元	4794	—	6297	—
		材料费小计	元	86296	73.29	113870	73.63
	机械费	机械费	元	3212	—	4342	—
		措施费分摊	元	275	—	362	—
		机械费小计	元	3487	2.96	4704	3.04
	直接费小计		元	97067	82.44	127498	82.44
综合费用			元	20675	17.56	27157	17.56
合　计			元	117742	—	154655	—

工程内容：钢管、管件预安装，泄气阀安装，安全栏安装，整体吊装等。

单位：座

指标编号				3F-281		3F-282	
项目			单位	公称直径（mm）			
				DN 1600	占指标基价（%）	*DN* 1800	占指标基价（%）
指标基价			元	199541	100.00	226467	100.00
一、建筑安装工程费			元	199541	100.00	226467	100.00
二、设备购置费			元	—	—	—	—
建筑安装工程费							
直接费	人工费	人工	工日	341	—	386	—
		措施费分摊	元	753	—	843	—
		人工费小计	元	11334	5.68	12821	5.66
	材料费	钢板卷管	m	43.50	—	43.50	—
		铜阀门 *DN* 50	个	1.00	—	1.00	—
		其他材料费	元	5261	—	5729	—
		措施费分摊	元	8124	—	9220	—
		材料费小计	元	147272	73.81	165519	73.09
	机械费	机械费	元	5429	—	7830	—
		措施费分摊	元	467	—	530	—
		机械费小计	元	5896	2.95	8360	3.69
	直接费小计		元	164502	82.44	186700	82.44
综合费用			元	35039	17.56	39767	17.56
合　计			元	199541	—	226467	—

工程内容：钢管、管件预安装，泄气阀安装，安全栏安装，整体吊装等。

单位：座

指标编号				3F-283		3F-284	
项目			单位	公称直径（mm）			
				DN 2000	占指标基价（%）	*DN* 2400	占指标基价（%）
指标基价			元	254007	100.00	330684	100.00
一、建筑安装工程费			元	254007	100.00	330684	100.00
二、设备购置费			元	—	—	—	—
建筑安装工程费							
直接费	人工费	人工	工日	470	—	517	—
		措施费分摊	元	965	—	1238	—
		人工费小计	元	15549	6.12	17281	5.23
	材料费	钢板卷管	m	43.50	—	43.50	—
		铜阀门 *DN* 50	个	1.00	—	1.00	—
		其他材料费	元	6086	—	6827	—
		措施费分摊	元	10341	—	13463	—
		材料费小计	元	185016	72.84	245789	74.33
	机械费	机械费	元	8245	—	8773	—
		措施费分摊	元	594	—	774	—
		机械费小计	元	8839	3.48	9546	2.89
	直接费小计		元	209404	82.44	272617	82.44
综合费用			元	44603	17.56	58067	17.56
合计			元	254007	—	330684	—

2.4.4 桥管土建(跨度 25m 以内)

工程内容：土方开挖、回填，水上（陆上）搭拆支架，打桩，筑钢筋混凝土承台，预制钢筋混凝土桩，围堰及养护等。

单位：座

<table>
<tr><td colspan="3">指标编号</td><td>单位</td><td colspan="2">3F-285</td><td colspan="2">3F-286</td></tr>
<tr><td colspan="3" rowspan="2">项目</td><td rowspan="2">单位</td><td colspan="4">公称直径（mm）</td></tr>
<tr><td>DN 500</td><td>占指标基价（%）</td><td>DN 600</td><td>占指标基价（%）</td></tr>
<tr><td colspan="3">指标基价</td><td>元</td><td>308528</td><td>100.00</td><td>308589</td><td>100.00</td></tr>
<tr><td colspan="3">一、建筑安装工程费</td><td>元</td><td>308528</td><td>100.00</td><td>308589</td><td>100.00</td></tr>
<tr><td colspan="3">二、设备购置费</td><td>元</td><td>—</td><td>—</td><td>—</td><td>—</td></tr>
<tr><td colspan="8">建筑安装工程费</td></tr>
<tr><td rowspan="14">直接费</td><td rowspan="3">人工费</td><td>人工</td><td>工日</td><td>1713</td><td>—</td><td>1713</td><td>—</td></tr>
<tr><td>措施费分摊</td><td>元</td><td>1160</td><td>—</td><td>1160</td><td>—</td></tr>
<tr><td>人工费小计</td><td>元</td><td>54314</td><td>17.60</td><td>54314</td><td>17.60</td></tr>
<tr><td rowspan="6">材料费</td><td>商品混凝土 C20</td><td>m^3</td><td>115.32</td><td>—</td><td>115.32</td><td>—</td></tr>
<tr><td>钢材</td><td>t</td><td>11.40</td><td>—</td><td>11.40</td><td>—</td></tr>
<tr><td>木材</td><td>m^3</td><td>26.96</td><td>—</td><td>26.96</td><td>—</td></tr>
<tr><td>其他材料费</td><td>元</td><td>8791</td><td>—</td><td>8839</td><td>—</td></tr>
<tr><td>措施费分摊</td><td>元</td><td>12561</td><td>—</td><td>12564</td><td>—</td></tr>
<tr><td>材料费小计</td><td>元</td><td>124669</td><td>40.41</td><td>124719</td><td>40.42</td></tr>
<tr><td rowspan="3">机械费</td><td>机械费</td><td>元</td><td>74646</td><td>—</td><td>74646</td><td>—</td></tr>
<tr><td>措施费分摊</td><td>元</td><td>722</td><td>—</td><td>722</td><td>—</td></tr>
<tr><td>机械费小计</td><td>元</td><td>75368</td><td>24.43</td><td>75368</td><td>24.42</td></tr>
<tr><td colspan="2">直接费小计</td><td>元</td><td>254351</td><td>82.44</td><td>254401</td><td>82.44</td></tr>
<tr><td colspan="3">综合费用</td><td>元</td><td>54177</td><td>17.56</td><td>54188</td><td>17.56</td></tr>
<tr><td colspan="3">合　计</td><td>元</td><td>308528</td><td>—</td><td>308589</td><td>—</td></tr>
</table>

工程内容：土方开挖、回填，水上（陆上）搭拆支架，打桩，筑钢筋混凝土承台，预制钢筋混凝土桩，围堰及养护等。

单位：座

指标编号				3F-287		3F-288	
项目			单位	公称直径（mm）			
				DN 700	占指标基价（%）	*DN* 800	占指标基价（%）
指标基价			元	308678	100.00	322980	100.00
一、建筑安装工程费			元	308678	100.00	322980	100.00
二、设备购置费			元	—	—	—	—
建筑安装工程费							
直接费	人工费	人工	工日	1713	—	1768	—
		措施费分摊	元	1160	—	1212	—
		人工费小计	元	54314	17.60	56073	17.36
	材料费	商品混凝土 C20	m^3	115.32	—	125.98	—
		钢材	t	11.40	—	11.92	—
		木材	m^3	26.96	—	26.96	—
		其他材料费	元	8908	—	9113	—
		措施费分摊	元	12567	—	13150	—
		材料费小计	元	124792	40.43	130457	40.39
	机械费	机械费	元	74646	—	78979	—
		措施费分摊	元	722	—	756	—
		机械费小计	元	75368	24.42	79735	24.69
	直接费小计		元	254475	82.44	266266	82.44
综合费用			元	54203	17.56	56715	17.56
合计			元	308678	—	322980	—

工程内容：土方开挖、回填，水上（陆上）搭拆支架，打桩，筑钢筋混凝土承台，预制钢筋混凝土桩，围堰及养护等。

单位：座

指标编号				3F-289		3F-290	
项目			单位	公称直径（mm）			
				DN 900	占指标基价（%）	*DN* 1000	占指标基价（%）
指标基价			元	324150	100.00	324237	100.00
一、建筑安装工程费			元	324150	100.00	324237	100.00
二、设备购置费			元	—	—	—	—
建筑安装工程费							
直接费	人工费	人工	工日	1785	—	1785	—
		措施费分摊	元	1225	—	1225	—
		人工费小计	元	56614	17.47	56614	17.46
	材料费	商品混凝土 C20	m^3	125.98	—	125.98	—
		钢材	t	11.92	—	11.92	—
		木材	m^3	26.96	—	26.96	—
		其他材料费	元	9490	—	9557	—
		措施费分摊	元	13197	—	13201	—
		材料费小计	元	130881	40.38	130952	40.39
	机械费	机械费	元	78977	—	78976	—
		措施费分摊	元	758	—	759	—
		机械费小计	元	79735	24.60	79735	24.59
	直接费小计		元	267230	82.44	267301	82.44
综合费用			元	56920	17.56	56935	17.56
合计			元	324150	—	324237	—

工程内容： 土方开挖、回填，水上（陆上）搭拆支架，打桩，筑钢筋混凝土承台，预制钢筋混凝土桩，围堰及养护等。

单位：座

<table>
<tr><td colspan="4">指 标 编 号</td><td colspan="2">3F-291</td><td colspan="2">3F-292</td></tr>
<tr><td colspan="3" rowspan="2">项　　目</td><td rowspan="2">单位</td><td colspan="4">公称直径（mm）</td></tr>
<tr><td>DN 1200</td><td>占指标基价（%）</td><td>DN 1400</td><td>占指标基价（%）</td></tr>
<tr><td colspan="3">指 标 基 价</td><td>元</td><td>366339</td><td>100.00</td><td>366731</td><td>100.00</td></tr>
<tr><td colspan="3">一、建筑安装工程费</td><td>元</td><td>366339</td><td>100.00</td><td>366731</td><td>100.00</td></tr>
<tr><td colspan="3">二、设备购置费</td><td>元</td><td>—</td><td>—</td><td>—</td><td>—</td></tr>
<tr><td colspan="8">建筑安装工程费</td></tr>
<tr><td rowspan="13">直接费</td><td rowspan="3">人工费</td><td>人工</td><td>工日</td><td>1931</td><td>—</td><td>1931</td><td>—</td></tr>
<tr><td>措施费分摊</td><td>元</td><td>1357</td><td>—</td><td>1358</td><td>—</td></tr>
<tr><td>人工费小计</td><td>元</td><td>61276</td><td>16.73</td><td>61277</td><td>16.71</td></tr>
<tr><td rowspan="6">材料费</td><td>商品混凝土 C20</td><td>m^3</td><td>147.83</td><td>—</td><td>147.83</td><td>—</td></tr>
<tr><td>钢材</td><td>t</td><td>11.92</td><td>—</td><td>11.92</td><td>—</td></tr>
<tr><td>木材</td><td>m^3</td><td>26.96</td><td>—</td><td>26.96</td><td>—</td></tr>
<tr><td>其他材料费</td><td>元</td><td>11122</td><td>—</td><td>11428</td><td>—</td></tr>
<tr><td>措施费分摊</td><td>元</td><td>14915</td><td>—</td><td>14931</td><td>—</td></tr>
<tr><td>材料费小计</td><td>元</td><td>140616</td><td>38.38</td><td>140938</td><td>38.43</td></tr>
<tr><td rowspan="3">机械费</td><td>机械费</td><td>元</td><td>99262</td><td>—</td><td>99261</td><td>—</td></tr>
<tr><td>措施费分摊</td><td>元</td><td>857</td><td>—</td><td>858</td><td>—</td></tr>
<tr><td>机械费小计</td><td>元</td><td>100119</td><td>27.33</td><td>100119</td><td>27.30</td></tr>
<tr><td colspan="2">直接费小计</td><td>元</td><td>302011</td><td>82.44</td><td>302334</td><td>82.44</td></tr>
<tr><td colspan="3">综合费用</td><td>元</td><td>64328</td><td>17.56</td><td>64397</td><td>17.56</td></tr>
<tr><td colspan="3">合　　计</td><td>元</td><td>366339</td><td>—</td><td>366731</td><td>—</td></tr>
</table>

工程内容：土方开挖、回填，水上（陆上）搭拆支架，打桩，筑钢筋混凝土承台，预制钢筋混凝土桩，围堰及养护等。

单位：座

<table>
<tr><td colspan="4">指 标 编 号</td><td colspan="2">3F-293</td><td colspan="2">3F-294</td></tr>
<tr><td colspan="3" rowspan="2">项 目</td><td rowspan="2">单位</td><td colspan="4">公称直径（mm）</td></tr>
<tr><td>DN 1600</td><td>占指标基价（%）</td><td>DN 1800</td><td>占指标基价（%）</td></tr>
<tr><td colspan="3">指 标 基 价</td><td>元</td><td>366802</td><td>100.00</td><td>367086</td><td>100.00</td></tr>
<tr><td colspan="3">一、建筑安装工程费</td><td>元</td><td>366802</td><td>100.00</td><td>367086</td><td>100.00</td></tr>
<tr><td colspan="3">二、设备购置费</td><td>元</td><td>—</td><td>—</td><td>—</td><td>—</td></tr>
<tr><td colspan="8">建筑安装工程费</td></tr>
<tr><td rowspan="13">直接费</td><td rowspan="3">人工费</td><td>人工</td><td>工日</td><td>1931</td><td>—</td><td>1931</td><td>—</td></tr>
<tr><td>措施费分摊</td><td>元</td><td>1358</td><td>—</td><td>1359</td><td>—</td></tr>
<tr><td>人工费小计</td><td>元</td><td>61277</td><td>16.71</td><td>61278</td><td>16.69</td></tr>
<tr><td rowspan="9">机械费</td><td>商品混凝土 C20</td><td>m^3</td><td>147.83</td><td>—</td><td>147.83</td><td>—</td></tr>
<tr><td>钢材</td><td>t</td><td>11.92</td><td>—</td><td>11.92</td><td>—</td></tr>
<tr><td>木材</td><td>m^3</td><td>26.96</td><td>—</td><td>26.96</td><td>—</td></tr>
<tr><td>其他材料费</td><td>元</td><td>11483</td><td>—</td><td>11704</td><td>—</td></tr>
<tr><td>措施费分摊</td><td>元</td><td>14934</td><td>—</td><td>14945</td><td>—</td></tr>
<tr><td>材料费小计</td><td>元</td><td>140996</td><td>38.44</td><td>141229</td><td>38.47</td></tr>
<tr><td>机械费</td><td>元</td><td>99261</td><td>—</td><td>99260</td><td>—</td></tr>
<tr><td>措施费分摊</td><td>元</td><td>858</td><td>—</td><td>859</td><td>—</td></tr>
<tr><td>机械费小计</td><td>元</td><td>100119</td><td>27.30</td><td>100119</td><td>27.27</td></tr>
<tr><td colspan="2">直接费小计</td><td>元</td><td>302392</td><td>82.44</td><td>302627</td><td>82.44</td></tr>
<tr><td colspan="3">综合费用</td><td>元</td><td>64410</td><td>17.56</td><td>64460</td><td>17.56</td></tr>
<tr><td colspan="3">合 计</td><td>元</td><td>366802</td><td>—</td><td>367086</td><td>—</td></tr>
</table>

工程内容：土方开挖、回填，水上（陆上）搭拆支架，打桩，筑钢筋混凝土承台，预制钢筋混凝土桩，围堰及养护等。

单位：座

指标编号				3F-295		3F-296	
项目			单位	公称直径（mm）			
				DN 2000	占指标基价（%）	*DN* 2400	占指标基价（%）
指标基价			元	476187	100.00	476836	100 .00
一、建筑安装工程费			元	476187	100.00	476836	100.00
二、设备购置费			元	—	—	—	—
建筑安装工程费							
直接费	人工费	人工	工日	2638	—	2638	—
		措施费分摊	元	1771	—	1773	—
		人工费小计	元	83628	17.56	83630	17.54
	材料费	商品混凝土 C20	m^3	247.19	—	247.19	—
		钢材	t	14.31	—	14.31	—
		木材	m^3	26.96	—	26.96	—
		其他材料费	元	13147	—	13653	—
		措施费分摊	元	19387	—	19413	—
		材料费小计	元	184265	38.70	184798	38.75
	机械费	机械费	元	123562	—	123561	—
		措施费分摊	元	1114	—	1116	—
		机械费小计	元	124676	26.18	124676	26.15
	直接费小计		元	392570	82.44	393105	82.44
综合费用			元	83617	17.56	83731	17.56
合计			元	476187	—	476836	—

2.4.5 桥管安装(跨度 40m 以内)

工程内容：钢管、管件预安装，泄气阀安装，安全栏安装，整体吊装等。

单位：座

指标编号				3F-297		3F-298	
项目			单位	公称直径（mm）			
				DN 500	占指标基价（%）	*DN* 600	占指标基价（%）
指标基价			元	57925	100.00	69041	100.00
一、建筑安装工程费			元	57925	100.00	69041	100.00
二、设备购置费			元	—	—	—	—
建筑安装工程费							
直接费	人工费	人工	工日	163	—	204	—
		措施费分摊	元	240	—	279	—
		人工费小计	元	5298	9.15	6609	9.57
	材料费	钢板卷管	m	61.07	—	61.07	—
		铜阀门 *DN* 50	个	1.00	—	1.00	—
		其他材料费	元	2584	—	2779	—
		措施费分摊	元	2481	—	2957	—
		材料费小计	元	40585	70.06	48319	69.99
	机械费	机械费	元	1728	—	1820	—
		措施费分摊	元	143	—	170	—
		机械费小计	元	1871	3.23	1990	2.88
	直接费小计		元	47753	82.44	56918	82.44
综合费用			元	10171	17.56	12123	17.56
合计			元	57925	—	69041	—

工程内容：钢管、管件预安装，泄气阀安装，安全栏安装，整体吊装等。

单位：座

指标编号				3F-299		3F-300	
项目			单位	公称直径（mm）			
				DN 700	占指标基价（%）	*DN* 800	占指标基价（%）
指标基价			元	80252	100.00	91795	100.00
一、建筑安装工程费			元	80252	100.00	91795	100.00
二、设备购置费			元	—	—	—	—
建筑安装工程费							
直接费	人工费	人工	工日	240	—	278	—
		措施费分摊	元	310	—	362	—
		人工费小计	元	7757	9.67	8988	9.79
	材料费	钢板卷管	m	61.07	—	61.07	—
		铜阀门 *DN* 50	个	1.00	—	1.00	—
		其他材料费	元	3317	—	3682	—
		措施费分摊	元	3437	—	3931	—
		材料费小计	元	56271	70.12	64226	69.97
	机械费	机械费	元	1934	—	2236	—
		措施费分摊	元	198	—	226	—
		机械费小计	元	2132	2.66	2461	2.68
	直接费小计		元	66160	82.44	75676	82.44
综合费用			元	14092	17.56	16119	17.56
合计			元	80252	—	91795	—

工程内容：钢管、管件预安装，泄气阀安装，安全栏安装，整体吊装等。

单位：座

指标编号				3F-301		3F-302	
项目			单位	公称直径（mm）			
				DN 900	占指标基价（%）	*DN* 1000	占指标基价（%）
指标基价			元	126441	100.00	141238	100.00
一、建筑安装工程费			元	126441	100.00	141238	100.00
二、设备购置费			元	—	—	—	—
建筑安装工程费							
直接费	人工费	人工	工日	325	—	377	—
		措施费分摊	元	487	—	524	—
		人工费小计	元	10572	8.36	12222	8.65
	材料费	钢板卷管	m	61.07	—	61.07	—
		铜阀门 *DN* 50	个	1.00	—	1.00	—
		其他材料费	元	4095	—	4795	—
		措施费分摊	元	5148	—	5750	—
		材料费小计	元	90695	71.73	101018	71.52
	机械费	机械费	元	2676	—	2866	—
		措施费分摊	元	296	—	330	—
		机械费小计	元	2972	2.35	3197	2.26
	直接费小计		元	104239	82.44	116437	82.44
综合费用			元	22203	17.56	24801	17.56
合计			元	126441	—	141238	—

工程内容：钢管、管件预安装，泄气阀安装，安全栏安装，整体吊装等。

单位：座

指标编号				3F-303		3F-304	
项目			单位	公称直径（mm）			
				DN 1200	占指标基价（%）	*DN* 1400	占指标基价（%）
指标基价			元	167162	100.00	219355	100.00
一、建筑安装工程费			元	167162	100.00	219355	100.00
二、设备购置费			元	—	—	—	—
建筑安装工程费							
直接费	人工费	人工	工日	419	—	519	—
		措施费分摊	元	625	—	825	—
		人工费小计	元	13627	8.15	16930	7.72
	材料费	钢板卷管	m	61.07	—	61.07	—
		铜阀门 *DN* 50	个	1.00	—	1.00	—
		其他材料费	元	5412	—	6101	—
		措施费分摊	元	6806	—	8931	—
		材料费小计	元	120701	72.21	159201	72.58
	机械费	机械费	元	3089	—	4193	—
		措施费分摊	元	391	—	513	—
		机械费小计	元	3481	2.08	4706	2.15
	直接费小计		元	137809	82.44	180837	82.44
综合费用			元	29353	17.56	38518	17.56
合　计			元	167162	—	219355	—

工程内容：钢管、管件预安装，泄气阀安装，安全栏安装，整体吊装等。

单位：座

指标编号				3F-305		3F-306	
项目			单位	公称直径（mm）			
				DN 1600	占指标基价（%）	*DN* 1800	占指标基价（%）
指标基价			元	283633	100.00	330618	100.00
一、建筑安装工程费			元	283633	100.00	330618	100.00
二、设备购置费			元	—	—	—	—
建筑安装工程费							
直接费	人工费	人工	工日	665	—	984	—
		措施费分摊	元	1074	—	1245	—
		人工费小计	元	21709	7.65	31779	9.61
	材料费	钢板卷管	m	61.07	—	61.07	—
		铜阀门 *DN* 50	个	1.00	—	1.00	—
		其他材料费	元	6821	—	7669	—
		措施费分摊	元	11548	—	13461	—
		材料费小计	元	206313	72.74	232496	70.32
	机械费	机械费	元	5142	—	7513	—
		措施费分摊	元	664	—	774	—
		机械费小计	元	5805	2.05	8287	2.51
	直接费小计		元	233827	82.44	272562	82.44
综合费用			元	49805	17.56	58056	17.56
合计			元	283633	—	330618	—

工程内容：钢管、管件预安装，泄气阀安装，安全栏安装，整体吊装等。

单位：座

指标编号				3F-307		3F-308	
项目			单位	公称直径（mm）			
				DN 2000	占指标基价（%）	*DN* 2400	占指标基价（%）
指标基价			元	362083	100.00	469534	100.00
一、建筑安装工程费			元	362083	100.00	469534	100.00
二、设备购置费			元	—	—	—	—
建筑安装工程费							
直接费	人工费	人工	工日	916	—	1007	—
		措施费分摊	元	1348	—	1747	—
		人工费小计	元	29771	8.22	32994	7.03
	材料费	钢板卷管	m	61.07	—	61.07	—
		铜阀门 *DN* 50	个	1.00	—	1.00	—
		其他材料费	元	8529	—	9083	—
		措施费分摊	元	14742	—	19116	—
		材料费小计	元	259936	71.79	344768	73.43
	机械费	机械费	元	7949	—	8225	—
		措施费分摊	元	847	—	1099	—
		机械费小计	元	8796	2.43	9324	1.99
	直接费小计		元	298502	82.44	387085	82.44
综合费用			元	63581	17.56	82449	17.56
合计			元	362083	—	469534	—

2.4.6 桥管土建(跨度 40m 以内)

工程内容：土方开挖、回填，水上（陆上）搭拆支架，打桩，筑钢筋混凝土承台，预制钢筋混凝土桩，围堰及养护等。

单位：座

指标编号				3F-309		3F-310	
项目			单位	公称直径（mm）			
				DN 500	占指标基价（%）	*DN* 600	占指标基价（%）
指标基价			元	489741	100.00	489849	100.00
一、建筑安装工程费			元	489741	100.00	489849	100.00
二、设备购置费			元	—	—	—	—
建筑安装工程费							
直接费	人工费	人工	工日	2970	—	2970	—
		措施费分摊	元	1831	—	1831	—
		人工费小计	元	93990	19.19	93990	19.19
	材料费	商品混凝土 C20	m^3	191.75	—	191.75	—
		钢材	t	21.46	—	21.46	—
		木材	m^3	60.71	—	60.71	—
		其他材料费	元	17038	—	17123	—
		措施费分摊	元	19939	—	19943	—
		材料费小计	元	235426	48.07	235515	48.08
	机械费	机械费	元	73181	—	73181	—
		措施费分摊	元	1146	—	1146	—
		机械费小计	元	74327	15.18	74327	15.17
	直接费小计		元	403743	82.44	403833	82.44
综合费用			元	85997	17.56	86016	17.56
合计			元	489741	—	489849	—

工程内容：土方开挖、回填，水上（陆上）搭拆支架，打桩，筑钢筋混凝土承台，预制钢筋混凝土桩，围堰及养护等。

单位：座

指标编号				3F-311		3F-312	
项目			单位	公称直径（mm）			
				DN 700	占指标基价（%）	*DN* 800	占指标基价（%）
指标基价			元	490022	100.00	517531	100.00
一、建筑安装工程费			元	490022	100.00	517531	100.00
二、设备购置费			元	—	—	—	—
建筑安装工程费							
直接费	人工费	人工	工日	2970	—	3188	—
		措施费分摊	元	1832	—	1938	—
		人工费小计	元	93991	19.18	100862	19.49
	材料费	商品混凝土 C20	m^3	191.75	—	226.10	—
		钢材	t	21.46	—	21.54	—
		木材	m^3	60.71	—	60.71	—
		其他材料费	元	17257	—	17856	—
		措施费分摊	元	19950	—	21070	—
		材料费小计	元	235657	48.09	247670	47.86
	机械费	机械费	元	73181	—	76911	—
		措施费分摊	元	1147	—	1211	—
		机械费小计	元	74327	15.17	78122	15.10
	直接费小计		元	403975	82.44	426654	82.44
综合费用			元	86047	17.56	90877	17.56
合计			元	490022	—	517531	—

工程内容： 土方开挖、回填，水上（陆上）搭拆支架，打桩，筑钢筋混凝土承台，预制钢筋混凝土桩，围堰及养护等。

单位：座

<table>
<tr><td colspan="3">指 标 编 号</td><td colspan="2">3F-313</td><td colspan="2">3F-314</td></tr>
<tr><td colspan="3" rowspan="2">项 目</td><td rowspan="2">单位</td><td colspan="4">公称直径（mm）</td></tr>
<tr><td>DN 900</td><td>占指标基价（%）</td><td>DN 1000</td><td>占指标基价（%）</td></tr>
<tr><td colspan="3">指 标 基 价</td><td>元</td><td>517727</td><td>100.00</td><td>517885</td><td>100.00</td></tr>
<tr><td colspan="3">一、建筑安装工程费</td><td>元</td><td>517727</td><td>100.00</td><td>517885</td><td>100.00</td></tr>
<tr><td colspan="3">二、设备购置费</td><td>元</td><td>—</td><td>—</td><td>—</td><td>—</td></tr>
<tr><td colspan="8">建筑安装工程费</td></tr>
<tr><td rowspan="14">直接费</td><td rowspan="3">人工费</td><td>人工</td><td>工日</td><td>3188</td><td>—</td><td>3188</td><td>—</td></tr>
<tr><td>措施费分摊</td><td>元</td><td>1939</td><td>—</td><td>1939</td><td>—</td></tr>
<tr><td>人工费小计</td><td>元</td><td>100863</td><td>19.48</td><td>100863</td><td>19.48</td></tr>
<tr><td rowspan="6">材料费</td><td>商品混凝土 C20</td><td>m^3</td><td>226.10</td><td>—</td><td>226.10</td><td>—</td></tr>
<tr><td>钢材</td><td>t</td><td>21.54</td><td>—</td><td>21.54</td><td>—</td></tr>
<tr><td>木材</td><td>m^3</td><td>60.71</td><td>—</td><td>60.71</td><td>—</td></tr>
<tr><td>其他材料费</td><td>元</td><td>18009</td><td>—</td><td>18132</td><td>—</td></tr>
<tr><td>措施费分摊</td><td>元</td><td>21078</td><td>—</td><td>21085</td><td>—</td></tr>
<tr><td>材料费小计</td><td>元</td><td>247831</td><td>47.87</td><td>247960</td><td>47.88</td></tr>
<tr><td rowspan="3">机械费</td><td>机械费</td><td>元</td><td>76911</td><td>—</td><td>76910</td><td>—</td></tr>
<tr><td>措施费分摊</td><td>元</td><td>1211</td><td>—</td><td>1212</td><td>—</td></tr>
<tr><td>机械费小计</td><td>元</td><td>78122</td><td>15.09</td><td>78122</td><td>15.08</td></tr>
<tr><td colspan="2">直接费小计</td><td>元</td><td>426815</td><td>82.44</td><td>426946</td><td>82.44</td></tr>
<tr><td colspan="3">综合费用</td><td>元</td><td>90912</td><td>17.56</td><td>90939</td><td>17.56</td></tr>
<tr><td colspan="3">合 计</td><td>元</td><td>517727</td><td>—</td><td>517885</td><td>—</td></tr>
</table>

工程内容： 土方开挖、回填，水上（陆上）搭拆支架，打桩，筑钢筋混凝土承台，预制钢筋混凝土桩，围堰及养护等。

单位：座

<table>
<tr><td colspan="3">指 标 编 号</td><td colspan="2">3F-315</td><td colspan="2">3F-316</td></tr>
<tr><td colspan="3" rowspan="2">项　　目</td><td rowspan="2">单位</td><td colspan="4">公称直径（mm）</td></tr>
<tr><td>DN 1200</td><td>占指标基价（%）</td><td>DN 1400</td><td>占指标基价（%）</td></tr>
<tr><td colspan="3">指 标 基 价</td><td>元</td><td>681800</td><td>100.00</td><td>682512</td><td>100.00</td></tr>
<tr><td colspan="3">一、建筑安装工程费</td><td>元</td><td>681800</td><td>100.00</td><td>682512</td><td>100.00</td></tr>
<tr><td colspan="3">二、设备购置费</td><td>元</td><td>—</td><td>—</td><td>—</td><td>—</td></tr>
<tr><td colspan="8">建筑安装工程费</td></tr>
<tr><td rowspan="14">直接费</td><td rowspan="3">人工费</td><td>人工</td><td>工日</td><td>3992</td><td>—</td><td>3992</td><td>—</td></tr>
<tr><td>措施费分摊</td><td>元</td><td>2541</td><td>—</td><td>2544</td><td>—</td></tr>
<tr><td>人工费小计</td><td>元</td><td>126413</td><td>18.54</td><td>126416</td><td>18.52</td></tr>
<tr><td rowspan="6">材料费</td><td>商品混凝土 C20</td><td>m^3</td><td>392.50</td><td>—</td><td>392.50</td><td>—</td></tr>
<tr><td>钢材</td><td>t</td><td>26.61</td><td>—</td><td>26.61</td><td>—</td></tr>
<tr><td>木材</td><td>m^3</td><td>60.71</td><td>—</td><td>60.71</td><td>—</td></tr>
<tr><td>其他材料费</td><td>元</td><td>21322</td><td>—</td><td>21878</td><td>—</td></tr>
<tr><td>措施费分摊</td><td>元</td><td>27758</td><td>—</td><td>27787</td><td>—</td></tr>
<tr><td>材料费小计</td><td>元</td><td>323713</td><td>47.48</td><td>324297</td><td>47.52</td></tr>
<tr><td rowspan="3">机械费</td><td>机械费</td><td>元</td><td>110356</td><td>—</td><td>110354</td><td>—</td></tr>
<tr><td>措施费分摊</td><td>元</td><td>1595</td><td>—</td><td>1597</td><td>—</td></tr>
<tr><td>机械费小计</td><td>元</td><td>111951</td><td>16.42</td><td>111951</td><td>16.40</td></tr>
<tr><td colspan="2">直接费小计</td><td>元</td><td>562077</td><td>82.44</td><td>562665</td><td>82.44</td></tr>
<tr><td colspan="3">综合费用</td><td>元</td><td>119722</td><td>17.56</td><td>119848</td><td>17.56</td></tr>
<tr><td colspan="3">合　　计</td><td>元</td><td>681800</td><td>—</td><td>682512</td><td>—</td></tr>
</table>

工程内容：土方开挖、回填，水上（陆上）搭拆支架，打桩，筑钢筋混凝土承台，预制钢筋混凝土桩，围堰及养护等。

单位：座

指标编号				3F-317		3F-318	
项目			单位	公称直径（mm）			
				DN 1600	占指标基价（%）	*DN* 1800	占指标基价（%）
指标基价			元	682638	100.00	683156	100.00
一、建筑安装工程费			元	682638	100.00	683156	100.00
二、设备购置费			元	—	—	—	—
建筑安装工程费							
直接费	人工费	人工	工日	3992	—	3992	—
		措施费分摊	元	2544	—	2546	—
		人工费小计	元	126416	18.52	126418	18.51
	材料费	商品混凝土 C20	m^3	392.50	—	392.50	—
		钢材	t	26.61	—	26.61	—
		木材	m^3	60.71	—	60.71	—
		其他材料费	元	21976	—	22380	—
		措施费分摊	元	27792	—	27813	—
		材料费小计	元	324400	47.52	324826	47.55
	机械费	机械费	元	110354	—	110353	—
		措施费分摊	元	1597	—	1598	—
		机械费小计	元	111951	16.40	111951	16.39
	直接费小计		元	562768	82.44	563195	82.44
综合费用			元	119870	17.56	119961	17.56
合　计			元	682638	—	683156	—

工程内容：土方开挖、回填，水上（陆上）搭拆支架，打桩，筑钢筋混凝土承台，预制钢筋混凝土桩，围堰及养护等。

单位：座

指标编号				3F-319		3F-320	
项目			单位	公称直径（mm）			
				DN 2000	占指标基价（%）	*DN* 2400	占指标基价（%）
指标基价			元	840687	100.00	841860	100.00
一、建筑安装工程费			元	840687	100.00	841860	100.00
二、设备购置费			元	—	—	—	—
建筑安装工程费							
直接费	人工费	人工	工日	5800	—	5800	—
		措施费分摊	元	3162	—	3166	—
		人工费小计	元	183136	21.78	183140	21.75
	材料费	商品混凝土 C20	m^3	392.50	—	392.50	—
		钢材	t	28.27	—	28.27	—
		木材	m^3	63.20	—	63.20	—
		其他材料费	元	34239	—	35153	—
		措施费分摊	元	34227	—	34275	—
		材料费小计	元	351607	41.82	352569	41.88
	机械费	机械费	元	156354	—	156351	—
		措施费分摊	元	1967	—	1970	—
		机械费小计	元	158321	18.83	158321	18.81
	直接费小计		元	693064	82.44	694031	82.44
综合费用			元	147623	17.56	147829	17.56
合计			元	840687	—	841860	—

2.5 倒 虹 管

2.5.1 倒虹管土建安装（河宽 15m 以内）

工程内容：场地整理，驳船挖泥，潜水员冲吸泥，打定位桩，河床抛石，管道陆上预制作，倒虹管铺设等。

单位：处

指 标 编 号				3F-321		3F-322	
项 目			单位	公称直径（mm）			
				DN 800	占指标基价（%）	*DN* 1000	占指标基价（%）
指 标 基 价			元	384290	100.00	421477	100.00
一、建筑安装工程费			元	384290	100.00	421477	100.00
二、设备购置费			元	—	—	—	—
建筑安装工程费							
直接费	人工费	人工	工日	3491	—	3726	—
		措施费分摊	元	1425	—	1582	—
		人工费小计	元	109751	28.56	117200	27.81
	材料费	钢板卷管	m	23.80	—	23.80	—
		商品混凝土 C20	m^3	85.32	—	85.32	—
		钢配件	t	8.32	—	8.32	—
		木材	m^3	20.52	—	20.52	—
		块石	m^3	34.56	—	34.56	—
		其他材料费	元	5864	—	6432	—
		措施费分摊	元	15646	—	17209	—
		材料费小计	元	160393	41.74	179847	42.67
	机械费	机械费	元	45767	—	50419	—
		措施费分摊	元	899	—	989	—
		机械费小计	元	46666	12.14	51408	12.20
	直接费小计		元	316809	82.44	347467	82.44
综合费用			元	67480	17.56	74010	17.56
合 计			元	384290	—	421477	—

工程内容：场地整理，驳船挖泥，潜水员冲吸泥，打定位桩，河床抛石，管道陆上预制作，倒虹管铺设等。

单位：处

<table>
<tr><td colspan="3">指 标 编 号</td><td colspan="2">3F-323</td><td colspan="2">3F-324</td></tr>
<tr><td colspan="2" rowspan="2">项 目</td><td rowspan="2">单位</td><td colspan="4">公称直径（mm）</td></tr>
<tr><td>DN 1200</td><td>占指标基价（%）</td><td>DN 1400</td><td>占指标基价（%）</td></tr>
<tr><td colspan="2">指 标 基 价</td><td>元</td><td>503545</td><td>100.00</td><td>557731</td><td>100.00</td></tr>
<tr><td colspan="2">一、建筑安装工程费</td><td>元</td><td>503545</td><td>100.00</td><td>557731</td><td>100.00</td></tr>
<tr><td colspan="2">二、设备购置费</td><td>元</td><td>—</td><td>—</td><td>—</td><td>—</td></tr>
<tr><td colspan="7">建筑安装工程费</td></tr>
<tr><td rowspan="15">直接费</td><td rowspan="3">人工费</td><td>人工</td><td>工日</td><td>4942</td><td>—</td><td>5343</td><td>—</td></tr>
<tr><td>措施费分摊</td><td>元</td><td>1888</td><td>—</td><td>2081</td><td>—</td></tr>
<tr><td>人工费小计</td><td>元</td><td>155238</td><td>30.83</td><td>167874</td><td>30.10</td></tr>
<tr><td rowspan="8">材料费</td><td>钢板卷管</td><td>m</td><td>23.80</td><td>—</td><td>23.80</td><td>—</td></tr>
<tr><td>商品混凝土 C20</td><td>m^3</td><td>97.20</td><td>—</td><td>97.20</td><td>—</td></tr>
<tr><td>钢配件</td><td>t</td><td>9.18</td><td>—</td><td>9.18</td><td>—</td></tr>
<tr><td>木材</td><td>m^3</td><td>20.52</td><td>—</td><td>20.52</td><td>—</td></tr>
<tr><td>块石</td><td>m^3</td><td>39.96</td><td>—</td><td>43.20</td><td>—</td></tr>
<tr><td>其他材料费</td><td>元</td><td>7067</td><td>—</td><td>7758</td><td>—</td></tr>
<tr><td>措施费分摊</td><td>元</td><td>20501</td><td>—</td><td>22707</td><td>—</td></tr>
<tr><td>材料费小计</td><td>元</td><td>203677</td><td>40.45</td><td>226110</td><td>40.54</td></tr>
<tr><td rowspan="3">机械费</td><td>机械费</td><td>元</td><td>55031</td><td>—</td><td>64505</td><td>—</td></tr>
<tr><td>措施费分摊</td><td>元</td><td>1178</td><td>—</td><td>1305</td><td>—</td></tr>
<tr><td>机械费小计</td><td>元</td><td>56209</td><td>11.16</td><td>65810</td><td>11.80</td></tr>
<tr><td colspan="2">直接费小计</td><td>元</td><td>415124</td><td>82.44</td><td>459794</td><td>82.44</td></tr>
<tr><td colspan="3">综合费用</td><td>元</td><td>88421</td><td>17.56</td><td>97936</td><td>17.56</td></tr>
<tr><td colspan="3">合 计</td><td>元</td><td>503545</td><td>—</td><td>557731</td><td>—</td></tr>
</table>

工程内容：场地整理，驳船挖泥，潜水员冲吸泥，打定位桩，河床抛石，管道陆上预制作，倒虹管铺设等。

单位：处

指标编号				3F-325		3F-326	
项目			单位	公称直径（mm）			
				DN 1600	占指标基价（%）	*DN* 1800	占指标基价（%）
指标基价			元	586259	100.00	689255	100.00
一、建筑安装工程费			元	586259	100.00	689255	100.00
二、设备购置费			元	—	—	—	—
建筑安装工程费							
直接费	人工费	人工	工日	5656	—	7032	—
		措施费分摊	元	2193	—	2577	—
		人工费小计	元	177699	30.31.00	220780	32.03
	材料费	钢板卷管	m	23.80	—	23.80	—
		商品混凝土 C20	m^3	97.20	—	102.60	—
		钢配件	t	9.18	—	9.18	—
		木材	m^3	20.52	—	20.52	—
		块石	m^3	45.36	—	45.36	—
		其他材料费	元	8550	—	9234	—
		措施费分摊	元	23868	—	28062	—
		材料费小计	元	236518	40.34	267515	38.81
	机械费	机械费	元	67724	—	78316	—
		措施费分摊	元	1372	—	1613	—
		机械费小计	元	69095	11.79	79929	11.60
	直接费小计		元	483313	82.44	568224	82.44
综合费用			元	102946	17.56	121032	17.56
合计			元	586259	—	689255	—

工程内容： 场地整理，驳船挖泥，潜水员冲吸泥，打定位桩，河床抛石，管道陆上预制作，倒虹管铺设等。

单位：处

指标编号				3F-327		3F-328	
项目			单位	公称直径（mm）			
				DN 2000	占指标基价（%）	*DN* 2400	占指标基价（%）
指标基价			元	750014	100.00	794819	100.00
一、建筑安装工程费			元	750014	100.00	794819	100.00
二、设备购置费			元	—	—	—	—
建筑安装工程费							
直接费	人工费	人工	工日	7692	—	8373	—
		措施费分摊	元	2800	—	2983	—
		人工费小计	元	241483	32.20	262797	33.06
	材料费	钢板卷管	m	23.80	—	23.80	—
		商品混凝土 C20	m^3	118.80	—	129.60	—
		钢配件	t	9.72	—	9.72	—
		木材	m^3	20.52	—	20.52	—
		块石	m^3	56.16	—	64.80	—
		其他材料费	元	10022	—	10022	—
		措施费分摊	元	30535	—	32360	—
		材料费小计	元	291669	38.89	302181	38.02
	机械费	机械费	元	83407	—	88413	—
		措施费分摊	元	1755	—	1860	—
		机械费小计	元	85162	11.35	90273	11.36
	直接费小计		元	618314	82.44	655250	82.44
综合费用			元	131701	17.56	139568	17.56
合计			元	750014	—	794819	—

2.5.2 倒虹管土建安装（河宽25m以内）

工程内容：场地整理，驳船挖泥，潜水员冲吸泥，打定位桩，河床抛石，管道陆上预制作，倒虹管铺设等。

单位：处

指标编号				3F-329		3F-330	
项目			单位	公称直径（mm）			
				DN 800	占指标基价（%）	*DN* 1000	占指标基价（%）
指标基价			元	531229	100.00	602558	100.00
一、建筑安装工程费			元	531229	100.00	602558	100.00
二、设备购置费			元	—	—	—	—
建筑安装工程费							
直接费	人工费	人工	工日	4966	—	5347	—
		措施费分摊	元	1984	—	2259	—
		人工费小计	元	156079	29.38	168176	27.91
	材料费	钢板卷管	m	32.60	—	32.60	—
		商品混凝土 C20	m^3	121.50	—	129.60	—
		钢配件	t	11.88	—	11.88	—
		木材	m^3	21.60	—	21.60	—
		块石	m^3	47.52	—	54.00	—
		其他材料费	元	7437	—	8317	—
		措施费分摊	元	21628	—	24532	—
		材料费小计	元	206124	38.80	245466	40.74
	机械费	机械费	元	74500	—	81699	—
		措施费分摊	元	1243	—	1410	—
		机械费小计	元	75743	14.26	83109	13.79
	直接费小计		元	437946	82.44	496751	82.44
综合费用			元	93283	17.56	105808	17.56
合计			元	531229	—	602558	—

工程内容：场地整理，驳船挖泥，潜水员冲吸泥，打定位桩，河床抛石，管道陆上预制作，倒虹管铺设等。

单位：处

指标编号				3F-331		3F-332	
项目			单位	公称直径（mm）			
				DN 1200	占指标基价（%）	*DN* 1400	占指标基价（%）
指标基价			元	684668	100.00	772575	100.00
一、建筑安装工程费			元	684668	100.00	772575	100.00
二、设备购置费			元	—	—	—	—
建筑安装工程费							
直接费	人工费	人工	工日	6699	—	7359	—
		措施费分摊	元	2571	—	2896	—
		人工费小计	元	210441	30.74	231246	29.93
	材料费	钢板卷管	m	32.60	—	32.60	—
		商品混凝土 C20	m^3	137.70	—	143.10	—
		钢配件	t	11.88	—	11.88	—
		木材	m^3	21.60	—	21.60	—
		块石	m^3	54.00	—	56.16	—
		其他材料费	元	9146	—	12158	—
		措施费分摊	元	27875	—	31454	—
		材料费小计	元	262799	38.38	298539	38.64
	机械费	机械费	元	89601	—	105320	—
		措施费分摊	元	1602	—	1808	—
		机械费小计	元	91203	13.32	107128	13.87
	直接费小计		元	564442	82.44	636913	82.44
综合费用			元	120226	17.56	135662	17.56
合计			元	684668	—	772575	—

工程内容：场地整理，驳船挖泥，潜水员冲吸泥，打定位桩，河床抛石，管道陆上预制作，倒虹管铺设等。

单位：处

<table>
<tr><td colspan="3">指 标 编 号</td><td colspan="2">3F-333</td><td colspan="2">3F-334</td></tr>
<tr><td colspan="3" rowspan="2">项　目</td><td rowspan="2">单位</td><td colspan="4">公称直径（mm）</td></tr>
<tr><td>DN 1600</td><td>占指标基价（%）</td><td>DN 1800</td><td>占指标基价（%）</td></tr>
<tr><td colspan="3">指 标 基 价</td><td>元</td><td>788265</td><td>100.00</td><td>915305</td><td>100.00</td></tr>
<tr><td colspan="3">一、建筑安装工程费</td><td>元</td><td>788265</td><td>100.00</td><td>915305</td><td>100.00</td></tr>
<tr><td colspan="3">二、设备购置费</td><td>元</td><td>—</td><td>—</td><td>—</td><td>—</td></tr>
<tr><td colspan="8">建筑安装工程费</td></tr>
<tr><td rowspan="15">直接费</td><td rowspan="3">人工费</td><td>人工</td><td>工日</td><td>7832</td><td>—</td><td>9471</td><td>—</td></tr>
<tr><td>措施费分摊</td><td>元</td><td>3052</td><td>—</td><td>3519</td><td>—</td></tr>
<tr><td>人工费小计</td><td>元</td><td>246079</td><td>31.22</td><td>297404</td><td>32.49</td></tr>
<tr><td rowspan="8">材料费</td><td>钢板卷管</td><td>m</td><td>32.60</td><td>—</td><td>32.60</td><td>—</td></tr>
<tr><td>商品混凝土 C20</td><td>m^3</td><td>148.50</td><td>—</td><td>151.20</td><td>—</td></tr>
<tr><td>钢配件</td><td>t</td><td>11.88</td><td>—</td><td>11.88</td><td>—</td></tr>
<tr><td>木材</td><td>m^3</td><td>21.60</td><td>—</td><td>21.60</td><td>—</td></tr>
<tr><td>块石</td><td>m^3</td><td>61.56</td><td>—</td><td>64.80</td><td>—</td></tr>
<tr><td>其他材料费</td><td>元</td><td>12855</td><td>—</td><td>13520</td><td>—</td></tr>
<tr><td>措施费分摊</td><td>元</td><td>33133</td><td>—</td><td>38431</td><td>—</td></tr>
<tr><td>材料费小计</td><td>元</td><td>291570</td><td>36.99</td><td>327968</td><td>35.83</td></tr>
<tr><td rowspan="3">机械费</td><td>机械费</td><td>元</td><td>112199</td><td>—</td><td>129207</td><td>—</td></tr>
<tr><td>措施费分摊</td><td>元</td><td>1904</td><td>—</td><td>2209</td><td>—</td></tr>
<tr><td>机械费小计</td><td>元</td><td>112199</td><td>14.23</td><td>129207</td><td>14.12</td></tr>
<tr><td colspan="2">直接费小计</td><td>元</td><td>649847</td><td>82.44</td><td>754579</td><td>82.44</td></tr>
<tr><td colspan="3">综合费用</td><td>元</td><td>138417</td><td>17.56</td><td>160725</td><td>17.56</td></tr>
<tr><td colspan="3">合　计</td><td>元</td><td>788265</td><td>—</td><td>915305</td><td>—</td></tr>
</table>

工程内容：场地整理，驳船挖泥，潜水员冲吸泥，打定位桩，河床抛石，管道陆上预制作，倒虹管铺设等。

单位：处

<table>
<tr><td colspan="3">指 标 编 号</td><td colspan="2">3F-335</td><td colspan="2">3F-336</td></tr>
<tr><td colspan="3" rowspan="2">项 目</td><td rowspan="2">单位</td><td colspan="4">公称直径（mm）</td></tr>
<tr><td>*DN* 2000</td><td>占指标基价（%）</td><td>*DN* 2400</td><td>占指标基价（%）</td></tr>
<tr><td colspan="3">指 标 基 价</td><td>元</td><td>975258</td><td>100.00</td><td>1026844</td><td>100.00</td></tr>
<tr><td colspan="3">一、建筑安装工程费</td><td>元</td><td>975258</td><td>100.00</td><td>1026844</td><td>100.00</td></tr>
<tr><td colspan="3">二、设备购置费</td><td>元</td><td>—</td><td>—</td><td>—</td><td>—</td></tr>
<tr><td colspan="8">**建筑安装工程费**</td></tr>
<tr><td rowspan="15">直接费</td><td rowspan="3">人工费</td><td>人工</td><td>工日</td><td>10310</td><td>—</td><td>11337</td><td>—</td></tr>
<tr><td>措施费分摊</td><td>元</td><td>3755</td><td>—</td><td>3944</td><td>—</td></tr>
<tr><td>**人工费小计**</td><td>元</td><td>323674</td><td>33.19</td><td>355731</td><td>34.65</td></tr>
<tr><td rowspan="8">材料费</td><td>钢板卷管</td><td>m</td><td>32.60</td><td>—</td><td>32.60</td><td>—</td></tr>
<tr><td>商品混凝土 C20</td><td>m^3</td><td>156.60</td><td>—</td><td>172.80</td><td>—</td></tr>
<tr><td>钢配件</td><td>t</td><td>11.88</td><td>—</td><td>11.88</td><td>—</td></tr>
<tr><td>木材</td><td>m^3</td><td>21.60</td><td>—</td><td>21.60</td><td>—</td></tr>
<tr><td>块石</td><td>m^3</td><td>66.96</td><td>—</td><td>75.60</td><td>—</td></tr>
<tr><td>其他材料费</td><td>元</td><td>13807</td><td>—</td><td>14678</td><td>—</td></tr>
<tr><td>措施费分摊</td><td>元</td><td>40939</td><td>—</td><td>42976</td><td>—</td></tr>
<tr><td>**材料费小计**</td><td>元</td><td>346895</td><td>35.57</td><td>349416</td><td>34.03</td></tr>
<tr><td rowspan="3">机械费</td><td>机械费</td><td>元</td><td>133436</td><td>—</td><td>141385</td><td>—</td></tr>
<tr><td>措施费分摊</td><td>元</td><td>2353</td><td>—</td><td>2470</td><td>—</td></tr>
<tr><td>**机械费小计**</td><td>元</td><td>133436</td><td>13.68</td><td>141385</td><td>13.77</td></tr>
<tr><td colspan="2">**直接费小计**</td><td>元</td><td>804005</td><td>82.44</td><td>846532</td><td>82.44</td></tr>
<tr><td colspan="3">综合费用</td><td>元</td><td>171253</td><td>17.56</td><td>180311</td><td>17.56</td></tr>
<tr><td colspan="3">**合 计**</td><td>元</td><td>975258</td><td>—</td><td>1026844</td><td>—</td></tr>
</table>

2.5.3 倒虹管土建安装（河宽 40m 以内）

工程内容：场地整理，驳船挖泥，潜水员冲吸泥，打定位桩，河床抛石，管道陆上预制作，倒虹管铺设等。

单位：处

指标编号				3F-337		3F-338	
项目			单位	公称直径（mm）			
				DN 800	占指标基价（%）	*DN* 1000	占指标基价（%）
指标基价			元	619690	100.00	695561	100.00
一、建筑安装工程费			元	619690	100.00	695561	100.00
二、设备购置费			元	—	—	—	—
建筑安装工程费							
直接费	人工费	人工	工日	5958	—	6416	—
		措施费分摊	元	2410	—	2706	—
		人工费小计	元	187287	30.22	201794	29.01
	材料费	钢板卷管	m	52.20	—	52.20	—
		商品混凝土 C20	m^3	135.00	—	140.40	—
		钢配件	t	12.96	—	12.24	—
		木材	m^3	25.92	—	25.92	—
		块石	m^3	54.00	—	54.00	—
		其他材料费	元	9193	—	9674	—
		措施费分摊	元	26093	—	29327	—
		材料费小计	元	237588	38.34	277017	39.83
	机械费	机械费	元	85999	—	94611	—
		措施费分摊	元	1500	—	1685	—
		机械费小计	元	85999	13.88	94611	13.60
	直接费小计		元	510874	82.44	573422	82.44
综合费用			元	108816	17.56	122139	17.56
合　计			元	619690	—	695561	—

工程内容：场地整理，驳船挖泥，潜水员冲吸泥，打定位桩，河床抛石，管道陆上预制作，倒虹管铺设等。

单位：处

指标编号				3F-339		3F-340	
项目			单位	公称直径（mm）			
				DN 1200	占指标基价（%）	*DN* 1400	占指标基价（%）
指标基价			元	799392	100.00	905684	100.00
一、建筑安装工程费			元	799392	100.00	905684	100.00
二、设备购置费			元	—	—	—	—
建筑安装工程费							
直接费	人工费	人工	工日	8038	—	8831	—
		措施费分摊	元	3107	—	3511	—
		人工费小计	元	252526	31.59	277537	30.64
	材料费	钢板卷管	m	52.20	—	52.20	—
		商品混凝土 C20	m^3	145.80	—	151.20	—
		钢配件	t	12.96	—	12.96	—
		木材	m^3	25.92	—	25.92	—
		块石	m^3	58.32	—	58.32	—
		其他材料费	元	10470	—	11582	—
		措施费分摊	元	33641	—	38129	—
		材料费小计	元	302790	37.88	347585	38.38
	机械费	机械费	元	103704	—	121527	—
		措施费分摊	元	1933	—	2191	—
		机械费小计	元	103704	12.97	121527	13.42
	直接费小计		元	659020	82.44	746648	82.44
综合费用			元	140371	17.56	159036	17.56
合计			元	799392	—	905684	—

工程内容：场地整理，驳船挖泥，潜水员冲吸泥，打定位桩，河床抛石，管道陆上预制作，倒虹管铺设等。

单位：处

<table>
<tr><td colspan="3">指标编号</td><td colspan="2">3F-341</td><td colspan="2">3F-342</td></tr>
<tr><td colspan="3" rowspan="2">项目</td><td rowspan="2">单位</td><td colspan="4">公称直径（mm）</td></tr>
<tr><td>DN 1600</td><td>占指标基价（%）</td><td>DN 1800</td><td>占指标基价（%）</td></tr>
<tr><td colspan="3">指标基价</td><td>元</td><td>931954</td><td>100.00</td><td>1129926</td><td>100.00</td></tr>
<tr><td colspan="3">一、建筑安装工程费</td><td>元</td><td>931954</td><td>100.00</td><td>1129926</td><td>100.00</td></tr>
<tr><td colspan="3">二、设备购置费</td><td>元</td><td>—</td><td>—</td><td>—</td><td>—</td></tr>
<tr><td colspan="8">建筑安装工程费</td></tr>
<tr><td rowspan="17">直接费</td><td rowspan="3">人工费</td><td>人工</td><td>工日</td><td>9398</td><td>—</td><td>11365</td><td>—</td></tr>
<tr><td>措施费分摊</td><td>元</td><td>3602</td><td>—</td><td>4367</td><td>—</td></tr>
<tr><td>**人工费小计**</td><td>元</td><td>295222</td><td>31.68</td><td>357023</td><td>31.60</td></tr>
<tr><td rowspan="8">材料费</td><td>钢板卷管</td><td>m</td><td>52.20</td><td>—</td><td>52.20</td><td>—</td></tr>
<tr><td>商品混凝土 C20</td><td>m^3</td><td>156.60</td><td>—</td><td>162.00</td><td>—</td></tr>
<tr><td>钢配件</td><td>t</td><td>12.96</td><td>—</td><td>12.96</td><td>—</td></tr>
<tr><td>木材</td><td>m^3</td><td>25.92</td><td>—</td><td>25.92</td><td>—</td></tr>
<tr><td>块石</td><td>m^3</td><td>60.48</td><td>—</td><td>66.96</td><td>—</td></tr>
<tr><td>其他材料费</td><td>元</td><td>12627</td><td>—</td><td>13536</td><td>—</td></tr>
<tr><td>措施费分摊</td><td>元</td><td>39115</td><td>—</td><td>47543</td><td>—</td></tr>
<tr><td>**材料费小计**</td><td>元</td><td>346534</td><td>37.18</td><td>428352</td><td>37.91</td></tr>
<tr><td rowspan="3">机械费</td><td>机械费</td><td>元</td><td>126549</td><td>—</td><td>146138</td><td>—</td></tr>
<tr><td>措施费分摊</td><td>元</td><td>2248</td><td>—</td><td>2732</td><td>—</td></tr>
<tr><td>**机械费小计**</td><td>元</td><td>126549</td><td>13.58</td><td>146138</td><td>12.93</td></tr>
<tr><td colspan="2">**直接费小计**</td><td>元</td><td>768305</td><td>82.44</td><td>931513</td><td>82.44</td></tr>
<tr><td colspan="3">综合费用</td><td>元</td><td>163649</td><td>17.56</td><td>198412</td><td>17.56</td></tr>
<tr><td colspan="3">**合计**</td><td>元</td><td>931954</td><td>—</td><td>1129926</td><td>—</td></tr>
</table>

工程内容：场地整理，驳船挖泥，潜水员冲吸泥，打定位桩，河床抛石，管道陆上预制作，倒虹管铺设等。

单位：处

指标编号				3F-343		3F-344	
项目			单位	公称直径（mm）			
				DN 2000	占指标基价（%）	*DN* 2400	占指标基价（%）
指标基价			元	1194642	100.00	1251192	100.00
一、建筑安装工程费			元	1194642	100.00	1251192	100.00
二、设备购置费			元	—	—	—	—
建筑安装工程费							
直接费	人工费	人工	工日	11848	—	12999	—
		措施费分摊	元	4612	—	4917	—
		人工费小计	元	372255	31.16	408276	32.63
	材料费	钢板卷管	m	52.20	—	52.20	—
		商品混凝土 C20	m^3	172.80	—	183.60	—
		钢配件	t	12.96	—	12.96	—
		木材	m^3	25.92	—	25.92	—
		块石	m^3	71.28	—	75.60	—
		其他材料费	元	15256	—	17572	—
		措施费分摊	元	50285	—	53515	—
		材料费小计	元	459039	38.42	460463	36.80
	机械费	机械费	元	153572	—	162746	—
		措施费分摊	元	2890	—	3076	—
		机械费小计	元	153572	12.86	162746	13.01
	直接费小计		元	984866	82.44	1031486	82.44
综合费用			元	209776	17.56	219706	17.56
合计			元	1194642	—	1251192	—

2.6 管道防腐

2.6.1 管道内防腐

工程内容：除锈、除尘、清理管腔、搅拌砂浆、内涂、成品堆放。

单位：$10m^2$

指标编号				3F-345		3F-346	
项目			单位	机械内涂（水泥砂浆）	占指标基价（%）	人工内涂（水泥砂浆）	占指标基价（%）
指标基价			元	175	100.00	307	100.00
一、建筑安装工程费			元	175	100.00	307	100.00
二、设备购置费			元	—	—	—	—
建筑安装工程费							
直接费	人工费	人工	工日	2	—	5	—
		措施费分摊	元	1	—	1	—
		人工费小计	元	63	36.00	156	50.87
	材料费	水泥（综合）	t	0.09	—	0.13	—
		中砂	t	0.15	—	0.17	—
		水	m^3	0.28	—	0.39	—
		其他材料费	元	10	—	11	—
		措施费分摊	元	7	—	12	—
		材料费小计	元	51	28.86	70	22.96
	机械费	汽车式起重机 16t	台班	0.03	—	0.03	—
		灰浆搅拌机 200L	台班	0.05	—	0.05	—
		涂料机 中型	台班	0.07	—	—	—
		措施费分摊	元	0	—	1	—
		机械费小计	元	31	17.58	26	8.61
	直接费小计		元	144	82.44	253	82.44
综合费用			元	31	17.56	54	17.56
合　计			元	175	—	307	—

工程内容：除锈、除尘、清理管腔、搅拌砂浆、内涂、成品堆放。

单位：$10m^2$

<table>
<tr><td colspan="3">指 标 编 号</td><td colspan="2">3F-347</td><td colspan="2">3F-348</td></tr>
<tr><td colspan="3">项　　目</td><td>单位</td><td>机械喷涂（环氧树脂内涂两底两面）</td><td>占指标基价（%）</td><td>人工喷涂（环氧树脂内涂两底两面）</td><td>占指标基价（%）</td></tr>
<tr><td colspan="3">指 标 基 价</td><td>元</td><td>594</td><td>100.00</td><td>502</td><td>100.00</td></tr>
<tr><td colspan="3">一、建筑安装工程费</td><td>元</td><td>594</td><td>100.00</td><td>502</td><td>100.00</td></tr>
<tr><td colspan="3">二、设备购置费</td><td>元</td><td>—</td><td>—</td><td>—</td><td>—</td></tr>
<tr><td colspan="8">建筑安装工程费</td></tr>
<tr><td rowspan="18">直接费</td><td rowspan="3">人工费</td><td>人工</td><td>工日</td><td>2</td><td>—</td><td>3</td><td>—</td></tr>
<tr><td>措施费分摊</td><td>元</td><td>2</td><td>—</td><td>2</td><td>—</td></tr>
<tr><td>人工费小计</td><td>元</td><td>64</td><td>10.77</td><td>95</td><td>18.92</td></tr>
<tr><td rowspan="7">材料费</td><td>环氧面漆</td><td>kg</td><td>4.57</td><td>—</td><td>3.94</td><td>—</td></tr>
<tr><td>环氧酯底漆</td><td>kg</td><td>5.58</td><td>—</td><td>4.81</td><td>—</td></tr>
<tr><td>环氧树脂固化剂</td><td>kg</td><td>0.81</td><td>—</td><td>0.70</td><td>—</td></tr>
<tr><td>环氧树脂稀释剂</td><td>kg</td><td>2.00</td><td>—</td><td>—</td><td>—</td></tr>
<tr><td>其他材料费</td><td>元</td><td>34</td><td>—</td><td>30</td><td>—</td></tr>
<tr><td>措施费分摊</td><td>元</td><td>24</td><td>—</td><td>21</td><td>—</td></tr>
<tr><td>材料费小计</td><td>元</td><td>299</td><td>50.25</td><td>252</td><td>50.20</td></tr>
<tr><td rowspan="7">机械费</td><td>汽车式起重机 16t</td><td>台班</td><td>0.03</td><td>—</td><td>0.03</td><td>—</td></tr>
<tr><td>空气压缩机 $3m^3/min$</td><td>台班</td><td>0.37</td><td>—</td><td>—</td><td>—</td></tr>
<tr><td>高压无气喷涂机</td><td>台班</td><td>0.37</td><td>—</td><td>—</td><td>—</td></tr>
<tr><td>轴流通风机 7.5kW</td><td>台班</td><td>0.37</td><td>—</td><td>1.23</td><td>—</td></tr>
<tr><td>其他机械费</td><td>元</td><td>38</td><td>—</td><td>—</td><td>—</td></tr>
<tr><td>措施费分摊</td><td>元</td><td>1</td><td>—</td><td>1</td><td>—</td></tr>
<tr><td>机械费小计</td><td>元</td><td>127</td><td>21.42</td><td>67</td><td>13.32</td></tr>
<tr><td colspan="2">直接费小计</td><td>元</td><td>490</td><td>82.44</td><td>414</td><td>82.44</td></tr>
<tr><td colspan="3">综合费用</td><td>元</td><td>104</td><td>17.56</td><td>88</td><td>17.56</td></tr>
<tr><td colspan="3">合　　计</td><td>元</td><td>594</td><td>—</td><td>502</td><td>—</td></tr>
</table>

2.6.2 管道外防腐

工程内容：喷砂除锈、热熬沥青、缠绕玻璃布、涂刷、成品码垛。

单位：$10m^2$

指标编号				3F-349		3F-350	
项目			单位	石油沥青防腐三油两布	占指标基价（%）	石油沥青防腐四油三布	占指标基价（%）
指标基价			元	1165	100.00	1340	100.00
一、建筑安装工程费			元	1165	100.00	1340	100.00
二、设备购置费			元	—	—	—	—
建筑安装工程费							
直接费	人工费	人工	工日	5	—	5	—
		措施费分摊	元	4	—	5	—
		人工费小计	元	159	13.64	160	11.94
	材料费	石油沥青 10#	kg	72.95	—	97.27	—
		石英砂	m^3	0.52	—	0.52	—
		滑石粉	kg	12.59	—	16.79	—
		玻璃布	m^2	27.32	—	40.97	—
		砂布	张	11.72	—	11.74	—
		其他材料费	元	129	—	149	—
		措施费分摊	元	46	—	55	—
		材料费小计	元	652	55.91	738	55.03
	机械费	汽车式起重机 8t	台班	0.20	—	0.32	—
		电动空气压缩机 $10m^3/min$	台班	0.34	—	0.34	—
		鼓风机 $18m^3/min$	台班	0.28	—	0.28	—
		除锈喷砂机 $3m^3/min$	台班	0.34	—	0.34	—
		措施费分摊	元	3	—	3	—
		机械费小计	元	150	12.88	207	15.48
	直接费小计		元	961	82.44	1105	82.44
综合费用			元	205	17.56	235	17.56
合计			元	1165	—	1340	—

工程内容：喷砂除锈、热熬沥青、缠绕玻璃布、涂刷、成品码垛。

单位：10m²

指标编号				3F-351		3F-352	
项目			单位	环氧煤沥青(人工)一底一布三面	占指标基价（%）	环氧煤沥青(人工)一底二布四面	占指标基价（%）
指标基价			元	1032	100.00	1176	100.00
一、建筑安装工程费			元	1032	100.00	1176	100.00
二、设备购置费			元	—	—	—	—
建筑安装工程费							
直接费	人工费	人工	工日	4	—	5	—
		措施费分摊	元	4	—	4	—
		人工费小计	元	129	12.50	161	13.69
	材料费	环氧煤沥青底漆	kg	1.12	—	1.12	—
		环氧煤沥青面漆	kg	8.99	—	11.80	—
		石英砂	m^3	0.52	—	0.52	—
		稀释剂	kg	0.36	—	0.47	—
		滑石粉	kg	9.42	—	12.59	—
		玻璃布	m^2	13.66	—	27.32	—
		其他材料费	元	132	—	148	—
		措施费分摊	元	42	—	47	—
		材料费小计	元	650	63.01	737	62.65
	机械费	汽车式起重机 16t	台班	0.03	—	0.03	—
		电动空气压缩机 10m^3/min	台班	0.34	—	0.34	—
		鼓风机 18m^3/min	台班	0.28	—	0.28	—
		除锈喷砂机 3m^3/min	台班	0.34	—	0.34	—
		措施费分摊	元	2	—	3	—
		机械费小计	元	71	6.93	72	6.10
	直接费小计		元	850	82.44	970	82.44
综合费用			元	181	17.56	207	17.56
合计			元	1032	—	1176	—

工程内容：喷砂除锈、热熬沥青、缠绕玻璃布、涂刷、成品码垛。

单位：$10m^2$

指标编号				3F-353		3F-354	
项目			单位	环氧煤沥青(机械)一底一布三面	占指标基价(%)	环氧煤沥青(机械)一底二布四面	占指标基价(%)
指标基价			元	1087	100.00	1254	100.00
一、建筑安装工程费			元	1087	100.00	1254	100.00
二、设备购置费			元	—	—	—	—
建筑安装工程费							
直接费	人工费	人工	工日	3	—	4	—
		措施费分摊	元	4	—	5	—
		人工费小计	元	98	9.01	130	10.36
	材料费	环氧煤沥青底漆	kg	1.30	—	1.30	—
		环氧煤沥青面漆	kg	10.43	—	13.68	—
		石英砂	m^3	0.52	—	0.52	—
		稀释剂	kg	0.42	—	0.55	—
		滑石粉	kg	9.42	—	12.59	—
		玻璃布	m^2	13.66	—	27.32	—
		其他材料费	元	139	—	157	—
		措施费分摊	元	44	—	50	—
		材料费小计	元	680	62.52	774	61.72
	机械费	汽车式起重机 16t	台班	0.03	—	0.03	—
		电动空气压缩机 $6m^3/min$	台班	0.06	—	0.06	—
		电动空气压缩机 $10m^3/min$	台班	0.34	—	0.34	—
		鼓风机 $18m^3/min$	台班	0.28	—	0.28	—
		除锈喷砂机 $3m^3/min$	台班	0.34	—	0.34	—
		缠布机（综合）	台班	0.11	—	0.22	—
		高压无气喷涂机	台班	0.46	—	0.59	—
		措施费分摊	元	3	—	3	—
		机械费小计	元	119	10.90	130	10.36
	直接费小计		元	896	82.44	1034	82.44
综合费用			元	191	17.56	220	17.56
合计			元	1087	—	1254	—

工程内容：喷砂除锈、调配漆、涂刷。

单位：$10m^2$

<table>
<tr><td colspan="3">指 标 编 号</td><td></td><td colspan="2">3F-355</td></tr>
<tr><td colspan="3">项　　目</td><td>单位</td><td>氯磺化聚乙烯漆(底漆一遍、中间漆两遍、面漆一遍)</td><td>占指标基价（%）</td></tr>
<tr><td colspan="3">指 标 基 价</td><td>元</td><td>1418</td><td>100.00</td></tr>
<tr><td colspan="3">一、建筑安装工程费</td><td>元</td><td>1418</td><td>100.00</td></tr>
<tr><td colspan="3">二、设备购置费</td><td>元</td><td>—</td><td>—</td></tr>
<tr><td colspan="6">建筑安装工程费</td></tr>
<tr><td rowspan="16">直接费</td><td rowspan="3">人工费</td><td>人工</td><td>工日</td><td>7</td><td>—</td></tr>
<tr><td>措施费分摊</td><td>元</td><td>5</td><td>—</td></tr>
<tr><td>人工费小计</td><td>元</td><td>222</td><td>15.66</td></tr>
<tr><td rowspan="6">材料费</td><td>氯磺化聚乙烯底漆</td><td>kg</td><td>8.37</td><td>—</td></tr>
<tr><td>氯磺化聚乙烯稀释剂</td><td>kg</td><td>2.30</td><td>—</td></tr>
<tr><td>石英砂</td><td>m^3</td><td>0.50</td><td>—</td></tr>
<tr><td>其他材料费</td><td>元</td><td>85</td><td>—</td></tr>
<tr><td>措施费分摊</td><td>元</td><td>58</td><td>—</td></tr>
<tr><td>材料费小计</td><td>元</td><td>642</td><td>45.27</td></tr>
<tr><td rowspan="5">机械费</td><td>电动空气压缩机 $10m^3/min$</td><td>台班</td><td>0.32</td><td>—</td></tr>
<tr><td>轴流通风机 7.5kW</td><td>台班</td><td>3.89</td><td>—</td></tr>
<tr><td>其他机械费</td><td>元</td><td>14</td><td>—</td></tr>
<tr><td>措施费分摊</td><td>元</td><td>3</td><td>—</td></tr>
<tr><td>机械费小计</td><td>元</td><td>305</td><td>21.52</td></tr>
<tr><td colspan="2">直接费小计</td><td>元</td><td>1169</td><td>82.44</td></tr>
<tr><td colspan="3">综合费用</td><td>元</td><td>249</td><td>17.56</td></tr>
<tr><td colspan="3">合　　计</td><td>元</td><td>1418</td><td>—</td></tr>
</table>

3　给水厂站综合指标

说　明

一、本章给水厂站综合指标按枢纽工程分为取水工程综合指标与净水工程综合指标。

1. 取水工程综合指标按设计最高日供水量划分为：地面水简单取水工程与地面水复杂取水工程，规模分为20万m^3/d以下、20～40万m^3/d、40万m^3/d以上三类；地下水浅层取水工程与地下水深层取水工程，规模分为1～2万m^3/d、2～10万m^3/d、10万m^3/d以上三类。

2. 净水工程综合指标按沉淀净化与过滤净化工艺划分为两类，规模按设计最高日处理水量划分为2.5万m^3/d以下、5万m^3/d以下、10万m^3/d以下、20万m^3/d以下、20～40万m^3/d、40万m^3/d以上六类。

二、取水工程根据水源的不同分地面水、地下水两种取水工程。

地面水源（如江、河、湖、水库以及海水等）取水工程，根据取水结构类型和构筑物的复杂程度，分为复杂和简单两种。复杂取水工程指水位变化大、河床不稳定、结构复杂的取水构筑物，如深井式取水、江心取水、复杂岸边取水、桥墩式取水、斗槽取水等；简单取水工程系指水位变化不大、河床稳定、结构简单的取水构筑物，如简易岸边取水、浮动式取水。

地下水源：分深层和浅层两种。取水构筑物深度（管井）超过地面以下70m为深层水源，深度小于70m（包括大口井、渗渠、泉水等）为浅层取水。

三、净水工程按处理工艺划分为沉淀净化和过滤净化两种。沉淀净化指原水只经过一次或两次沉淀的生产用水；过滤净化指原水经过沉淀后过滤或不经过沉淀直接进行过滤和消毒的水。

四、本章每项综合指标的上限一般适用于工程地质和地形起伏变化比较复杂、技术要求较高、施工条件差等情况；下限适用于工程比较简单、地质和地形条件一般、技术要求不高、施工条件较好等情况。同一枢纽工程中有不同生产能力和不同水质要求时，如净水厂同时供应生产用沉淀水和生活用过滤水，且产水量不一，应分别计算。

五、本章综合指标未考虑湿陷性黄土地区、地震设防、永久性冻土地区和地质情况十分复杂等地区的特殊要求所增加的费用。

六、本章指标各类取水、净水工程所涉及的设备均按国产设备考虑。

七、取水工程、净水工程含义的划分：

1. 取水工程:包括水源地总图布置，各种取水构筑物、井间联络管、自流管或虹吸管、一级泵房、河岸整治工程、水源地其他构筑物或附属建筑物（不包括生活设施）等。取用水库水时，水库本身的工程及其造价不包括在内。

2. 净水工程：包括净水厂全部的构筑物和建筑物（但不包括设于净水厂内的一级泵房污泥处理费用、家属宿舍及其生活设施）。

八、工程量计算规则：

1. 取水工程综合指标按设计最高日供水量以“m^3/d”为单位计算。

2. 净水工程综合指标按设计最高日处理水量以“m^3/d”为单位计算。

3.1 取水工程综合指标

工程内容：水源地总图布置，各种取水构筑物、井间联络管、自流管或虹吸管、一级泵房、河岸整治工程、水源地其他构筑物或附属建筑物（不包括生活设施）等。

单位：m^3/d

指标编号				3Z-011		3Z-012		3Z-013	
项目			单位	地面水简单取水工程					
				20万m^3/d以下	占指标基价（%）	20～40万m^3/d	占指标基价（%）	40万m^3/d以上	占指标基价（%）
指标基价			元	108.30~131.04	—	95.26~104.46	—	80.04~94.55	—
一、建筑安装工程费			元	70.03~84.33	—	60.75~66.86	—	52.67~60.17	—
二、设备购置费			元	19.50~24.00	—	18.00~19.50	—	13.50~18.00	—
三、工程建设其他费用			元	10.74~13.00	—	9.45~10.36	—	7.94~9.38	—
四、基本预备费			元	8.01~9.71	—	7.06~7.74	—	5.93~7.00	—
建筑安装工程费									
直接费	人工费	人工	工日	0.42~0.523	—	0.385~0.42	—	0.325~0.383	—
		措施费分摊	元	0.26~0.31	—	0.22~0.25	—	0.18~0.20	—
		人工费小计	元	13.29~16.54	—	12.17~13.28	—	12.26~12.08	—
	材料费	钢材	kg	1.05~1.365	—	0.945~1.05	—	0.803~0.945	—
		商品混凝土	m^3	0.015~0.019	—	0.013~0.015	—	0.011~0.013	—
		铸铁管及管件	kg	1.20~1.50	—	1.10~1.20	—	0.935~1.10	—
		钢管及管配件	kg	0.35~0.40	—	0.20~0.25	—	0.17~0.20	—
		阀门	kg	0.35~0.45	—	0.30~0.35	—	0.255~0.30	—
		其他材料费	元	6.00~12.00	—	6.00~6.00	—	5.10~6.00	—
		措施费分摊	元	2.84~3.33	—	2.46~2.71	—	2.14~2.45	—
		材料费小计	元	39.04~47.48	—	34.32~38.14	—	30.06~34.32	—
	机械费	机械费	元	5.24~5.30	—	3.46~3.54	—	2.98~3.06	—
		措施费分摊	元	0.16~0.20	—	0.14~0.16	—	0.12~0.14	—
		机械费小计	元	5.40~5.50	—	3.60~3.70	—	3.10~3.20	—
	直接费小计		元	57.73~69.52	—	50.09~55.12	—	43.42~49.60	—
综合费用			元	12.30~14.81	—	10.67~11.74	—	9.25~10.57	—
合　计			元	70.03~84.33	—	60.75~66.86	—	52.67~60.17	—

工程内容：水源地总图布置，各种取水构筑物、井间联络管、自流管或虹吸管、一级泵房、河岸整治工程、水源地其他构筑物或附属建筑物（不包括生活设施）等。

单位：m^3/d

指标编号				3Z-014		3Z-015		3Z-016	
项目			单位	地面水复杂取水工程					
				20 万 m^3/d 以下	占指标基价（%）	20~40 万 m^3/d	占指标基价（%）	40 万 m^3/d 以上	占指标基价（%）
指标基价			元	185.27~209.55	—	145.57~185.27	—	122.27~159.19	—
一、建筑安装工程费			元	118.67~134.24	—	91.85~118.67	—	77.78~103.11	—
二、设备购置费			元	34.50~39.00	—	28.50~34.50	—	23.30~28.50	—
三、工程建设其他费用			元	18.38~20.79	—	14.44~18.38	—	12.13~15.79	—
四、基本预备费			元	13.72~15.52	—	10.78~13.72	—	9.06~11.79	—
建筑安装工程费									
直接费	人工费	人工	工日	0.554~0.585	—	0.49~0.554	—	0.42~0.485	—
		措施费分摊	元	0.45~0.49	—	0.37~0.45	—	0.20~0.39	—
		人工费小计	元	17.64~18.64	—	15.57~17.64	—	13.23~15.44	—
	材料费	钢材	kg	3.36~4.05	—	2.73~3.36	—	2.32~2.73	—
		商品混凝土	m^3	0.046~0.057	—	0.041~0.046	—	0.035~0.041	—
		铸铁管及管件	kg	0.60~0.65	—	0.50~0.60	—	0.425~0.50	—
		钢管及管配件	kg	1.45~1.55	—	1.35~1.45	—	1.15~1.35	—
		阀门	kg	0.50~0.55	—	0.45~0.50	—	0.38~0.45	—
		其他材料费	元	14.00~16.00	—	12.00~14.00	—	10.00~12.00	—
		措施费分摊	元	4.82~5.45	—	3.72~4.92	—	3.16~4.19	—
		材料费小计	元	71.19~81.23	—	52.94~71.19	—	44.79~62.36	—
	机械费	机械费	元	8.72~10.49	—	7.00~8.72	—	5.92~6.96	—
		措施费分摊	元	0.28~0.31	—	0.21~0.28	—	0.18~0.24	—
		机械费小计	元	9.00~10.80	—	7.21~9.00	—	6.10~7.20	—
直接费小计			元	97.83~110.67	—	75.72~97.83	—	64.12~85.00	—
综合费用			元	20.84~23.57	—	16.13~20.84	—	13.66~18.11	—
合计			元	118.67~134.24	—	91.85~118.67	—	77.78~103.11	—

工程内容：水源地总图布置，各种取水构筑物、井间联络管、自流管或虹吸管、一级泵房、河岸整治工程、水源地其他构筑物或附属建筑物（不包括生活设施）等。

单位：m^3/d

指标编号				3Z-017		3Z-018		3Z-019	
项目			单位	地下水深层取水工程					
				1~2 万 m^3/d	占指标基价（%）	2~10 万 m^3/d	占指标基价（%）	10 万 m^3/d 以上	占指标基价（%）
指标基价			元	495.42~608.02	—	417.65~496.29	—	334.95~415.00	—
一、建筑安装工程费			元	312.07~384.16	—	264.28~312.80	—	212.41~262.09	—
二、设备购置费			元	97.50~118.50	—	81.00~97.50	—	64.50~81.00	—
三、工程建设其他费用			元	49.15~60.32	—	41.43~49.24	—	33.23~41.17	—
四、基本预备费			元	36.70~45.04	—	30.94~36.76	—	24.81~30.74	—
建筑安装工程费									
直接费	人工费	人工	工日	0.96~1.16	—	0.75~0.96	—	0.61~0.75	—
		措施费分摊	元	1.16~1.43	—	0.99~1.17	—	0.92~0.99	—
		人工费小计	元	30.87~37.49	—	24.26~30.87	—	19.85~24.26	—
	材料费	钢材	kg	0.63~0.74	—	0.53~0.63	—	0.42~0.53	—
		商品混凝土	m^3	0.04~0.05	—	0.03~0.04	—	0.02~0.03	—
		铸铁管及管件	kg	5.00~6.50	—	4.00~5.00	—	3.00~4.00	—
		钢管及管配件	kg	3.00~3.70	—	2.50~3.00	—	2.00~2.50	—
		阀门	kg	2.80~3.50	—	2.50~2.80	—	2.20~2.50	—
		其他材料费	元	26.00~30.00	—	22.00~26.00	—	16.00~22.00	—
		措施费分摊	元	12.67~15.60	—	10.73~12.70	—	8.62~10.64	—
		材料费小计	元	198.20~246.81	—	168.41~198.20	—	137.26~168.41	—
	机械费	机械费	元	27.47~31.50	—	24.58~28.07	—	17.50~22.79	—
		措施费分摊	元	0.73~0.90	—	0.62~0.73	—	0.50~0.61	—
		机械费小计	元	28.20~32.40	—	25.20~28.80	—	18.00~23.40	—
直接费小计			元	257.27~316.70	—	217.87~257.87	—	175.11~216.07	—
综合费用			元	54.80~67.46	—	46.41~54.93	—	37.30~46.02	—
合计			元	312.07~384.16	—	264.28~312.80	—	212.41~262.09	—

工程内容：水源地总图布置，各种取水构筑物、井间联络管、自流管或虹吸管、一级泵房、河岸整治工程、水源地其他构筑物或附属建筑物（不包括生活设施）等。

单位：m^3/d

指标编号				3Z-020		3Z-021		3Z-022	
项目			单位	地下水浅层取水工程					
				1~ 2万 m^3/d	占指标 基价（%）	2~ 10万 m^3/d	占指标 基价（%）	10万 m^3/d 以上	占指标 基价（%）
指标基价			元	481.70~585.89	—	396.78~481.70	—	332.56~393.85	—
一、建筑安装工程费			元	305.23~370.37	—	253.03~305.23	—	211.94~250.61	—
二、设备购置费			元	93.00~114.00	—	75.00~93.00	—	63.00~75.00	—
三、工程建设其他费用			元	47.79~58.12	—	39.36~47.79	—	32.99~39.07	—
四、基本预备费			元	35.68~43.40	—	29.39~35.68	—	24.63~29.17	—
建筑安装工程费									
直接费	人工费	人工	工日	1.67~2.02	—	1.25~1.67	—	1.12~1.25	—
		措施费分摊	元	1.10~1.38	—	0.90~1.10	—	0.53~0.90	—
		人工费小计	元	52.92~63.95	—	39.69~52.92	—	35.28~39.69	—
	材料费	钢材	kg	2.63~3.78	—	2.10~2.63	—	1.89~2.10	—
		商品混凝土	m^3	0.03~0.03	—	0.02~0.03	—	0.02~0.02	—
		铸铁管及管件	kg	3.00~3.50	—	2.50~3.00	—	1.50~2.50	—
		钢管及管配件	kg	3.60~4.40	—	2.90~3.60	—	2.40~2.90	—
		阀门	kg	2.20~2.60	—	2.00~2.20	—	1.80~2.00	—
		其他材料费	元	26.00~32.00	—	22.00~26.00	—	18.00~20.00	—
		措施费分摊	元	12.39~15.04	—	10.27~12.39	—	8.60~10.17	—
		材料费小计	元	169.91~205.38	—	145.51~169.91	—	119.64~143.51	—
	机械费	机械费	元	28.09~35.14	—	22.81~28.09	—	19.31~22.82	—
		措施费分摊	元	0.71~0.86	—	0.59~0.71	—	0.49~0.58	—
		机械费小计	元	28.80~36.00	—	23.40~28.80	—	19.80~23.40	—
直接费小计			元	251.63~305.33	—	208.60~251.63	—	174.72~206.60	—
综合费用			元	53.60~65.04	—	44.43~53.60	—	37.22~44.01	—
合计			元	305.23~370.37	—	253.03~305.23	—	211.94~250.61	—

3.2 净水工程综合指标

工程内容： 采用沉淀净化的净水厂的全部构筑物和建筑物。

单位：m^3/d

指标编号				3Z-023		3Z-024		3Z-025	
项目			单位	地面水沉淀净化工程					
				2.5万m^3/d以下	占指标基价（%）	5万m^3/d以下	占指标基价（%）	10万m^3/d以下	占指标基价（%）
指标基价			元	554.40~635.27	—	499.44~572.32	—	445.94~511.00	—
一、建筑安装工程费			元	322.27~370.00	—	290.32~333.34	—	259.22~297.62	—
二、设备购置费			元	136.06~155.19	—	122.57~139.81	—	109.44~124.83	—
三、工程建设其他费用			元	55.00~63.03	—	49.55~56.78	—	44.24~50.70	—
四、基本预备费			元	41.07~47.05	—	37.00~42.39	—	33.04~37.85	—
建筑安装工程费									
直接费	人工费	人工	工日	1.18~1.365	—	1.05~1.23	—	0.94~1.10	—
		措施费分摊	元	0.88~1.39	—	1.20~1.25	—	0.99~1.06	—
		人工费小计	元	37.50~43.75	—	33.78~39.42	—	30.16~35.19	—
	材料费	钢材	kg	13.10~14.14	—	11.80~12.74	—	10.53~11.37	—
		商品混凝土	m^3	0.10~0.11	—	0.09~0.10	—	0.08~0.09	—
		铸铁管及管件	kg	4.11~4.96	—	3.70~4.47	—	3.31~3.99	—
		钢管及管配件	kg	3.54~4.25	—	3.19~3.83	—	2.85~3.42	—
		阀门	kg	0.85~0.92	—	0.76~0.83	—	0.68~0.74	—
		其他材料费	元	36.85~39.68	—	33.20~35.75	—	29.64~31.92	—
		措施费分摊	元	13.08~15.02	—	11.79~13.53	—	10.52~12.08	—
		材料费小计	元	205.22~233.22	—	184.88~210.11	—	165.07~187.60	—
	机械费	机械费	元	22.21~27.20	—	20.00~24.50	—	17.87~21.88	—
		措施费分摊	元	0.75~0.86	—	0.68~0.78	—	0.60~0.69	—
		机械费小计	元	22.96~28.06	—	20.68~25.28	—	18.47~22.57	—
直接费小计			元	265.68~305.03	—	239.34~274.81	—	213.70~245.36	—
综合费用			元	56.59~64.97	—	50.98~58.53	—	45.52~52.26	—
合计			元	322.27~370.00	—	290.32~333.34	—	259.22~297.62	—

工程内容：采用沉淀净化的净水厂的全部构筑物和建筑物。

单位：m^3/d

指标编号				3Z-026		3Z-027		3Z-028	
项目			单位	地面水沉淀净化工程					
				20万 m^3/d 以下	占指标基价（%）	20~40万 m^3/d	占指标基价（%）	40万 m^3/d 以上	占指标基价（%）
指标基价			元	391.18~448.24	—	334.41~388.24	—	275.40~327.22	—
一、建筑安装工程费			元	227.39~261.07	—	193.96~224.96	—	158.68~188.02	—
二、设备购置费			元	96.00~109.50	—	82.50~96.00	—	69.00~82.50	—
三、工程建设其他费用			元	38.81~44.47	—	33.18~38.52	—	27.32~32.46	—
四、基本预备费			元	28.98~33.20	—	24.77~28.76	—	20.40~24.24	—
建筑安装工程费									
直接费	人工费	人工	工日	0.825~0.964	—	0.69~0.826	—	0.38~0.475	—
		措施费分摊	元	0.86~0.96	—	0.72~0.84	—	0.56~0.70	—
		人工费小计	元	26.46~30.87	—	22.05~26.46	—	12.35~15.44	—
	材料费	钢材	kg	9.24~9.975	—	8.19~9.24	—	7.30~8.19	—
		商品混凝土	m^3	0.07~0.08	—	0.06~0.07	—	0.05~0.06	—
		铸铁管及管件	kg	2.90~3.50	—	2.50~2.90	—	2.00~2.50	—
		钢管及管配件	kg	2.50~3.00	—	2.00~2.50	—	1.50~2.00	—
		阀门	kg	0.60~0.65	—	0.50~0.60	—	0.425~0.50	—
		其他材料费	元	26.00~28.00	—	22.00~24.00	—	20.00~22.00	—
		措施费分摊	元	9.23~10.60	—	7.87~9.13	—	6.44~7.63	—
		材料费小计	元	144.80~164.56	—	123.45~142.80	—	106.77~125.16	—
	机械费	机械费	元	15.67~19.19	—	13.95~15.68	—	11.33~13.96	—
		措施费分摊	元	0.53~0.61	—	0.45~0.52	—	0.37~0.44	—
		机械费小计	元	16.20~19.80	—	14.40~16.20	—	11.70~14.40	—
直接费小计			元	187.46~215.23	—	159.90~185.46	—	130.82~155.00	—
综合费用			元	39.93~45.84	—	34.06~39.50	—	27.86~33.02	—
合计			元	227.39~261.07	—	193.96~224.96	—	158.68~188.02	—

工程内容：采用过滤净化的净水厂的全部构筑物和建筑物。

单位：m^3/d

指标编号				3Z-029		3Z-030		3Z-031	
项目			单位	地面水过滤净化工程					
				2.5万m^3/d以下	占指标基价（%）	5万m^3/d以下	占指标基价（%）	10万m^3/d以下	占指标基价（%）
指标基价			元	950.07~1062.71	—	855.77~957.32	—	764.23~854.80	—
一、建筑安装工程费			元	519.71~578.81	—	468.07~521.40	—	418.05~465.57	—
二、设备购置费			元	265.73~299.75	—	239.41~270.04	—	213.75~241.11	—
三、工程建设其他费用			元	94.25~105.43	—	84.90~94.97	—	75.82~84.80	—
四、基本预备费			元	70.38~78.72	—	63.39~70.91	—	56.61~63.32	—
建筑安装工程费									
直接费	人工费	人工	工日	1.35~1.542	—	1.21~1.39	—	1.08~1.24	—
		措施费分摊	元	1.86~2.15	—	1.75~1.86	—	1.68~1.73	—
		人工费小计	元	43.75~50.00	—	39.42~44.99	—	35.19~40.21	—
	材料费	钢材	kg	17.86~20.83	—	16.09~18.77	—	14.36~16.76	—
		商品混凝土	m^3	0.17~0.20	—	0.15~0.18	—	0.14~0.16	—
		铸铁管及管件	kg	3.26~3.54	—	2.94~3.19	—	2.62~2.86	—
		钢管及管配件	kg	9.07~9.64	—	8.17~8.68	—	7.30~7.75	—
		阀门	kg	1.69~1.84	—	1.53~1.66	—	1.34~1.48	—
		其他材料费	元	68.03~76.53	—	61.29~68.95	—	54.72~61.56	—
		措施费分摊	元	21.10~23.50	—	19.01~21.17	—	16.97~18.90	—
		材料费小计	元	338.78~376.15	—	305.21~338.88	—	272.51~302.57	—
	机械费	机械费	元	44.71~49.67	—	40.28~44.75	—	35.96~39.95	—
		措施费分摊	元	1.21~1.35	—	1.09~1.22	—	0.98~1.09	—
		机械费小计	元	45.92~51.02	—	41.37~45.97	—	36.94~41.04	—
直接费小计			元	428.45~477.17	—	385.88~429.84	—	344.64~383.82	—
综合费用			元	91.26~101.64	—	82.19~91.56	—	73.41~81.75	—
合计			元	519.71~578.81	—	468.07~521.40	—	418.05~465.57	—

工程内容：采用过滤净化的净水厂的全部构筑物和建筑物。

单位：m^3/d

指标编号				3Z-032		3Z-033		3Z-034	
项目			单位	地面水过滤净化工程					
				20万m^3/d以下	占指标基价（%）	20~40万m^3/d	占指标基价（%）	40万m^3/d以上	占指标基价（%）
指标基价			元	670.36~749.83	—	585.18~670.36	—	511.10~592.37	—
一、建筑安装工程费			元	366.70~408.40	—	318.78~366.70	—	280.74~324.72	—
二、设备购置费			元	187.50~211.50	—	165.00~187.50	—	141.80~165.00	—
三、工程建设其他费用			元	66.50~74.39	—	58.05~66.50	—	50.70~58.77	—
四、基本预备费			元	49.66~55.54	—	43.35~49.66	—	37.86~43.88	—
建筑安装工程费									
直接费	人工费	人工	工日	0.95~1.09	—	0.81~0.95	—	0.68~0.81	—
		措施费分摊	元	1.39~1.46	—	1.33~1.39	—	0.95~1.33	—
		人工费小计	元	30.87~35.28	—	26.46~30.87	—	22.05~26.46	—
	材料费	钢材	kg	12.60~14.70	—	11.025~12.60	—	9.187~11.025	—
		商品混凝土	m^3	0.12~0.14	—	0.11~0.12	—	0.09~0.11	—
		铸铁管及管件	kg	2.30~2.50	—	2.00~2.30	—	1.85~2.00	—
		钢管及管配件	kg	6.40~6.80	—	5.60~6.40	—	5.00~5.60	—
		阀门	kg	1.20~1.30	—	1.00~1.20	—	0.95~1.10	—
		其他材料费	元	48.00~54.00	—	42.00~48.00	—	36.00~42.00	—
		措施费分摊	元	14.89~16.58	—	12.94~14.40	—	11.40~13.18	—
		材料费小计	元	239.04~265.41	—	207.54~239.04	—	184.19~212.44	—
	机械费	机械费	元	31.54~35.05	—	28.06~31.54	—	24.54~28.04	—
		措施费分摊	元	0.86~0.95	—	0.74~0.86	—	0.66~0.76	—
		机械费小计	元	32.40~36.00	—	28.80~32.40	—	25.20~28.80	—
直接费小计			元	302.31~336.69	—	262.80~302.31	—	231.44~267.70	—
综合费用			元	64.39~71.71	—	55.98~64.39	—	49.35~57.02	—
合计			元	366.70~408.40	—	318.78~366.70	—	280.74~324.72	—

4　给水构筑物分项指标

说　　明

一、本章给水构筑物工程分项指标是依据各省市有代表性的典型工程，按给水工程输、配水及净水厂各类不同结构与功能的单项构筑物及建筑物，区别不同规模、工艺标准和结构特征测算编制而成。

二、本章给水构筑物工程分项指标内列有各类构筑物及建筑物的工程特征描述，当自然条件相差较大、设计标准不同时，可按工程实际情况进行调整换算。

三、本章指标相关问题说明：

1. 滤池的面积是指过滤工作面积。

2. 除沉砂池、沉淀池、吸水井、清水池，以设计容积计算外，其他生产性构筑物的容积指建筑容积，包括水池的超高及沉淀部分。

3. 本章指标中构筑物及附属建筑使用的混凝土均按商品混凝土考虑，以半成品按立方米在材料中体现。

4. 本章给水构筑物工程分项指标均按适用范围标明了设计水量，以方便实际工作中对比参照使用。

5. 本章指标中，材料费只列出了主要大宗材料、设备明细，其余材料合并列入其他材料费。

四、工程量计算规则：

1. 给水构筑物及附属建筑分项指标以“座”为单位计算。

2. 建筑面积计算规则：单层建筑物的建筑面积按外墙勒脚以上结构外围水平面积计算，多层建筑物首层应按其外墙勒脚以上结构外围水平面积计算，二层及以上楼层应按其外墙结构外围水平面积计算。

3. 建筑体积是建筑面积与房屋高度的乘积，房屋高度指室内地坪至天棚的高度，无天棚者至檐高，多层建筑物不扣除楼板厚度。

4.1 地表水一级泵房

工程特征： 设计水量 187000 m^3/d。矩形半地下式泵房(附配电值班室），泵房平面尺寸为 33.48 m×10.48 m,地下部分深 3.9 m,地上部分高 5 m，配电值班室平面尺寸 16.48 m×10.48 m,高 5m 和 6.3 m。6 台水泵并排并联布置，吸水管为 *DN*1000mm，两条共 59 m；地下部分为钢筋混凝土结构，壁厚 200 mm，底板厚 300 mm；地面部分一砖半外墙，预制钢筋混凝土屋面板，三毡四油防水，珍珠岩保温。

单位：座

指标编号				3F-356	
项目			单位	岸边半地下式一级泵房	
				建筑体积 4098m^3	占指标基价（%）
指标基价			元	4377292	100.00
一、建筑安装工程费			元	2082320	47.57
二、设备购置费			元	2294972	52.43
建筑安装工程费					
直接费	人工费	人工	工日	5303	—
		措施费分摊	元	6547	—
		人工费小计	元	171099	3.91
	材料费	商品混凝土 C15	m^3	28.69	—
		商品混凝土 C20	m^3	163.92	—
		抗渗商品混凝土 C25	m^3	409.80	—
		钢筋 ϕ10 以内	t	17.58	—
		钢筋 ϕ10 以外	t	74.42	—
		标准砖	千块	122.94	—
		水泥（综合）	t	81.96	—
		中砂	t	120.65	—
		碎石	t	42.46	—
		组合钢模板	kg	1065.48	—
		钢管	t	37.86	—
		钢管件	t	5.78	—
		球阀 *DN* 50	个	18.00	—
		球阀 *DN* 100	个	4.00	—
		蝶阀 *DN* 600	个	4.00	—
		蝶阀 *DN* 700	个	2.00	—
		其他材料费	元	258341	—
		措施费分摊	元	86531	—
		材料费小计	元	1433434	32.75
	机械费	履带式推土机 75kW	台班	9.95	—
		反铲挖掘机 1m^3	台班	11.06	—
		电动夯实机 20~62N·m	台班	187.96	—
		汽车式起重机 5t	台班	5.64	—
		自卸汽车 15t	台班	14.17	—
		交流弧焊机 32kV·A	台班	28.14	—
		直流弧焊机 32kW	台班	10.73	—
		其他机械费	元	71810	—
		措施费分摊	元	4092	—
		机械费小计	元	112136	2.56
	直接费小计		元	1716669	39.22
综合费用			元	365651	8.35
合计			元	2082320	—

工程特征：设计水量 50000m^3/d。矩形半地下室泵房，平面尺寸 25.44m×9.24m，地下部分深 8.35m，地面部分高 11.5m，设 3 台 24 SA-18 B 水泵。配电室平面尺寸 10.1m×13.8m，地下部分深 8.35m，地面部分高 5.42m，下部为水泵间、配电室，上部为值班室、休息室、会议室，地下部分为钢筋混凝土结构，井壁厚 700mm,底板厚 400mm，上部为混合结构，一砖外墙，塑钢窗，多孔预应力钢筋混凝土屋面板，指标不包括吸水井。

单位：座

指标编号				3F-357	
项目			单位	岸边半地下式一级泵房	
				建筑体积 6585.31m^3	占指标基价（%）
指标基价			元	3412857	100.00
一、建筑安装工程费			元	2970362	87.03
二、设备购置费			元	442495	12.97
建筑安装工程费					
直接费	人工费	人工	工日	7952	—
		措施费分摊	元	8713	—
		人工费小计	元	255464	7.49
	材料费	商品混凝土 C10	m^3	30.75	—
		商品混凝土 C15	m^3	12.64	—
		商品混凝土 C20	m^3	255.86	—
		抗渗商品混凝土 C30	m^3	661.49	—
		钢筋 ϕ10 以内	t	13.92	—
		钢筋 ϕ10 以外	t	58.93	—
		水泥（综合）	t	130.52	—
		碎石	t	35.05	—
		中砂	t	210.21	—
		标准砖	千块	110.29	—
		组合钢模板	kg	1629.15	—
		木模板	m^3	1.92	—
		钢管	t	62.69	—
		钢管件	t	14.48	—
		手动蝶阀 *DN* 600	个	6.00	—
		手动蝶阀 *DN* 700	个	6.00	—
		手动蝶阀 *DN* 800	个	2.00	—
		手动蝶阀 *DN* 100	个	2.00	—
		手动球阀 *DN* 50	个	22.00	—
		手动球阀 *DN* 125	个	4.00	—
		电动蝶阀 *DN* 600	个	6.00	—
		电动球阀 *DN* 125	个	4.00	—
		电磁阀 *DN* 50	个	6.00	—
		截止阀 *DN* 32	个	6.00	—
		螺纹截止阀 *DN* 15	个	12.00	—
		螺纹截止阀 *DN* 32	个	2.00	—
		螺纹截止阀 *DN* 40	个	2.00	—
		其他材料费	元	341476	—
		措施费分摊	元	130820	—
		材料费小计	元	2044091	59.89
	机械费	履带式推土机 75kW	台班	15.98	—
		反铲挖掘机 1m^3	台班	17.77	—
		电动夯实机 20～62N·m	台班	302.03	—
		汽车式起重机 5t	台班	9.06	—
		塔式起重机 起重力距 60kN·m	台班	11.78	—
		自卸汽车 15t	台班	22.77	—
		交流弧焊机 32kV·A	台班	45.21	—
		直流弧焊机 32kW	台班	17.25	—
		其他机械费	元	75330	—
		措施费分摊	元	5445	—
		机械费小计	元	149218	4.37
	直接费小计		元	2448773	71.75
综合费用			元	521589	15.28
合计			元	2970362	—

工程特征：设计水量 50000 m³/d。矩形岸边深井泵房，平面尺寸为 23.9 m×10.4 m,集水间与泵房合建，中间有钢筋混凝土墙分隔，设 4 台水泵，下部为钢筋混凝土结构，沉井施工，地下部分深 17.9 m,壁厚 900~700 mm，底板厚 700 mm，水下混凝土封闭。上部为钢筋混凝土框架结构，地面部分高 5 m,一砖外墙，预应力多孔板屋面，金属楼梯。

单位：座

指标编号				3F-358	
项目			单位	岸边深井式一级泵房	
				建筑体积 5521m³	占指标基价（%）
指标基价			元	4075070	100.00
一、建筑安装工程费			元	3366991	82.62
二、设备购置费			元	708079	17.38
建筑安装工程费					
直接费	人工费	人工	工日	8724	—
		措施费分摊	元	9790	—
		人工费小计	元	280496	6.88
	材料费	商品混凝土 C15	m³	110.42	—
		商品混凝土 C20	m³	496.89	—
		抗渗商品混凝土 C25	m³	1159.41	—
		钢筋 ϕ10 以内	t	31.65	—
		钢筋 ϕ10 以外	t	133.98	—
		水泥（综合）	t	220.84	—
		标准砖	千块	60.73	—
		中砂	t	49.67	—
		碎石	t	49.03	—
		组合钢模板	kg	2429.24	—
		木模板	m³	66.25	—
		钢管	t	9.52	—
		钢管件	t	2.75	—
		球阀 *DN* 15	个	10.00	—
		球阀 *DN* 25	个	25.00	—
		球阀 *DN* 50	个	18.00	—
		蝶阀 *DN* 600	个	4.00	—
		其他材料费	元	470253	—
		措施费分摊	元	12061	—
		材料费小计	元	2381097	58.43
	机械费	履带式推土机 75kW	台班	13.40	—
		反铲挖掘机 1m³	台班	14.90	—
		电动夯实机 20～62N·m	台班	253.23	—
		汽车式起重机 5t	台班	7.60	—
		自卸汽车 15t	台班	19.09	—
		交流弧焊机 32kV·A	台班	37.91	—
		直流弧焊机 32kW	台班	14.46	—
		其他机械费	元	59228	—
		措施费分摊	元	6118	—
		机械费小计	元	114162	2.80
	直接费小计		元	2775755	68.12
综合费用			元	591236	14.51
合　计			元	3366991	—

工程特征： 设计水量 170000 m^3/d。矩形深井泵房，进水间与泵房合建，中间设隔墙，平面尺寸为 33 m×24.5 m，地下部分净高，泵房机电间为 10 m，进水间为 10.9 m，进水间采用上下两排窗口进水，地下部分为钢筋混凝土框架结构，横框架 5 榀，纵框架 1 榀，井墙深 14.5 m，墙厚下部 4.6 m 为 1.5 m,中部 4 m 为 1.2 m,上部 4m 为 0.9 m,纵墙为 1 m,地上部分进水间高 8.5 m，水泵间 7.3 m,二砖外墙，预制钢筋混凝土平板及槽板屋面，三毡四油防水，珍珠岩保温。

单位：座

指标编号				3F-359	
项目			单位	岸边深井式一级泵房	
				建筑体积 15037m^3	占指标基价（%）
指标基价			元	16398567	100.00
一、建筑安装工程费			元	12729115	77.62
二、设备购置费			元	3669452	22.38
建筑安装工程费					
直接费	人工费	人工	工日	48419	—
		措施费分摊	元	42806	—
		人工费小计	元	1545248	9.42
	材料费	商品混凝土 C15	m^3	451.11	—
		商品混凝土 C20	m^3	1954.81	—
		抗渗商品混凝土 C25	m^3	3157.77	—
		钢筋 ϕ10 以内	t	143.66	—
		钢筋 ϕ10 以外	t	608.19	—
		水泥（综合）	t	751.85	—
		标准砖	千块	150.37	—
		中砂	t	384.95	—
		碎石	t	445.10	—
		组合钢模板	kg	4059.99	—
		木模板	m^3	16.39	—
		钢管	t	53.27	—
		钢管件	t	9.35	—
		球阀 *DN* 25	个	22.00	—
		球阀 *DN* 50	个	13.00	—
		蝶阀 *DN* 600	个	6.00	—
		蝶阀 *DN* 700	个	6.00	—
		其他材料费	元	1505688	—
		措施费分摊	元	519556	—
		材料费小计	元	8215516	50.10
	机械费	履带式推土机 75kW	台班	36.5	—
		反铲挖掘机 1m^3	台班	40.57	—
		电动夯实机 20～62N·m	台班	689.69	—
		汽车式起重机 5t	台班	20.69	—
		自卸汽车 15t	台班	51.99	—
		交流弧焊机 32kV·A	台班	103.24	—
		直流弧焊机 32kW	台班	39.39	—
		其他机械费	元	573440	—
		措施费分摊	元	26754	—
		机械费小计	元	733148	4.47
	直接费小计		元	10493912	63.99
综合费用			元	2235203	13.63
合计			元	12729115	—

工程特征： 设计水量 130000 m^3/d。圆形岸边深井式泵房，直径 21 m,地下部分深 11.46 m,沉井深 13.41 m,地面部分高 6.05 m,防冰措施有压石导凌木排,蒸汽格栅压缩空气,设有高压冲洗泵、排泥泵。地下部分为钢筋混凝土结构，沉井施工，井壁厚 1000~800 mm，底板厚 1400 mm，混凝土及砂石封底。地面部分为混合结构，一砖半外墙，木门，钢窗，钢筋混凝土肋形屋面，卷材防水，保温屋面。

单位：座

指标编号				3F-360	
项目			单位	岸边深井式一级泵房	
				建筑体积 6496m^3	占指标基价（%）
指标基价			元	8576132	100.00
一、建筑安装工程费			元	6598023	76.93
二、设备购置费			元	1978109	23.07
建筑安装工程费					
直接费	人工费	人工	工日	20072	—
		措施费分摊	元	19884	—
		人工费小计	元	642718	7.49
	材料费	商品混凝土 C15	m^3	129.92	—
		商品混凝土 C20	m^3	584.64	—
		抗渗商品混凝土 C25	m^3	1039.36	—
		钢筋 ϕ10 以内	t	42.99	—
		钢筋 ϕ10 以外	t	182.00	—
		水泥（综合）	t	389.76	—
		标准砖	千块	64.96	—
		中砂	t	498.89	—
		碎石	t	288.42	—
		组合钢模板	kg	2013.76	—
		木模板	m^3	25.98	—
		钢管	t	49.66	—
		钢管件	t	4.12	—
		球阀 *DN* 15	个	12.00	—
		球阀 *DN* 25	个	27.00	—
		球阀 *DN* 50	个	15.00	—
		蝶阀 *DN* 600	个	7.00	—
		蝶阀 *DN* 700	个	7.00	—
		其他材料费	元	823711	—
		措施费分摊	元	275581	—
		材料费小计	元	4456156	51.96
	机械费	履带式推土机 75kW	台班	15.77	—
		反铲挖掘机 1m^3	台班	17.53	—
		电动夯实机 20～62N·m	台班	297.94	—
		汽车式起重机 5t	台班	8.94	—
		自卸汽车 15t	台班	22.46	—
		交流弧焊机 32kV·A	台班	44.6	—
		直流弧焊机 32kW	台班	17.01	—
		其他机械费	元	270688	—
		措施费分摊	元	12427	—
		机械费小计	元	340551	3.97
	直接费小计		元	5439425	63.43
综合费用			元	1158598	13.51
合计			元	6598023	—

工程特征：设计水量 200000 m^3/d。圆形岸边深井泵房，泵房与吸水井合建，中间有隔墙，设 4 台水泵，直径 17.5m,地下部分深 24 m,地上部分高 7.7m,下部为钢筋混凝土结构，沉井施工，刃脚高 3.5m，厚 1.05m，中隔墙厚 1 m，底板厚 1.8m，上部为混合结构，一砖外墙，钢筋混凝土锥顶屋面，钢门窗。

单位：座

指标编号				3F-361	
项目			单位	岸边深井式一级泵房	
				建筑体积 9182m^3	占指标基价（%）
指标基价			元	10575436	100.00
一、建筑安装工程费			元	7440360	70.36
二、设备购置费			元	3135076	29.64
建筑安装工程费					
直接费	人工费	人工	工日	23600	—
		措施费分摊	元	26612	—
		人工费小计	元	758920	8.00
	材料费	商品混凝土 C10	m^3	316.27	—
		商品混凝土 C15	m^3	63.25	—
		商品混凝土 C20	m^3	1581.25	—
		抗渗商品混凝土 C25	m^3	2111.86	—
		钢筋 ϕ10 以内	t	70.18	—
		钢筋 ϕ10 以外	t	297.10	—
		水泥（综合）	t	790.67	—
		标准砖	千块	48.21	—
		中砂	t	306.82	—
		碎石	t	318.95	—
		组合钢模板	kg	3030.06	—
		木模板	m^3	18.36	—
		钢管	t	22.31	—
		钢管件	t	6.48	—
		球阀 *DN* 50	个	22.00	—
		螺纹截止阀 *DN* 15	个	12.00	—
		蝶阀 *DN* 600	个	7.00	—
		其他材料费	元	930002	—
		措施费分摊	元	308549	—
		材料费小计	元	5000310	52.73
	机械费	履带式推土机 75kW	台班	22.29	—
		反铲挖掘机 1m^3	台班	24.78	—
		电动夯实机 20～62N·m	台班	421.14	—
		汽车式起重机 5t	台班	12.64	—
		自卸汽车 15t	台班	31.75	—
		交流弧焊机 32kV·A	台班	63.04	—
		直流弧焊机 32kW	台班	24.05	—
		其他机械费	元	357970	—
		措施费分摊	元	16632	—
		机械费小计	元	374620	3.95
	直接费小计		元	6133850	58.00
综合费用			元	1306510	12.35
合计			元	7440360	—

4.2 沉 砂 池

工程特征：设计水量 50000 m^3/d。矩形钢筋混凝土沉砂池，平面尺寸为 22×10 m，深 4.75m，工作水深 1.1 m，设计水平流速 90 mm／s，底部设排砂斗，采用手动快开闸排砂，现浇钢筋混凝土池壁底配水槽及走道板，壁厚 350 mm，底板厚 450 mm，炉渣混凝土填斗底钢栏杆。

单位：座

指 标 编 号				3F-362	
项　　目			单位	沉砂池	
				容积 690m^3	占指标基价（%）
指 标 基 价			元	392357	100.00
一、建筑安装工程费			元	392357	100.00
二、设备购置费			元	—	—
建筑安装工程费					
直接费	人工费	人工	工日	938	—
		措施费分摊	元	1323	—
		人工费小计	元	30429	7.76
	材料费	商品混凝土 C10	m^3	27.60	—
		抗渗商品混凝土 C25	m^3	317.40	—
		钢筋 ϕ10 以内	t	1.65	—
		钢筋 ϕ10 以外	t	19.04	—
		组合钢模板	kg	358.80	—
		木模板	m^3	20.70	—
		钢管	t	8.62	—
		钢管件	t	3.14	—
		电磁四通阀	个	10.00	—
		截止阀 *DN* 25	个	10.00	—
		手动蝶阀 *DN* 500	个	3.00	—
		手动球阀 *DN* 700	个	3.00	—
		其他材料费	元	48026	—
		措施费分摊	元	16160	—
		材料费小计	元	274328	69.92
	机械费	履带式推土机 75kW	台班	1.41	—
		反铲挖掘机 1m^3	台班	1.56	—
		汽车式起重机 5t	台班	0.65	—
		自卸汽车 15t	台班	13.28	—
		直流弧焊机 32kW	台班	21.61	—
		其他机械费	元	1636	—
		措施费分摊	元	826	—
		机械费小计	元	18703	4.77
	直接费小计		元	323460	82.44
综合费用			元	68897	17.56
合　　计			元	392357	—

工程特征： 设计水量 30000 m^3/d。矩形钢筋混凝土沉砂池，平面尺寸为 17.2 m×6 m，池深 5 m，分 2 格，上升流速 4 mm/s,池底阀排泥、水力驱动，池内塑料斜管倾角 60°，池体为钢筋混凝土结构，壁厚 300mm，底厚 500 mm。

单位：座

指标编号				3F-363	
项目			单位	沉砂池	
				容积 918.65m^3	占指标基价（%）
指标基价			元	803568	100.00
一、建筑安装工程费			元	803568	100.00
二、设备购置费			元	—	—
建筑安装工程费					
直接费	人工费	人工	工日	1391	—
		措施费分摊	元	2114	—
		人工费小计	元	45277	5.63
	材料费	商品混凝土 C10	m^3	24.99	—
		抗渗商品混凝土 C25	m^3	298.21	—
		钢筋 ϕ10 以内	t	2.05	—
		钢筋 ϕ10 以外	t	23.56	—
		组合钢模板	kg	326.77	—
		木模板	m^3	3.72	—
		钢管	t	4.10	—
		钢管件	t	1.60	—
		电磁四通阀	个	6.00	—
		截止阀 *DN* 25	个	6.00	—
		手动蝶阀 *DN* 500	个	2.00	—
		水力池底阀 *DN* 200	个	18.00	—
		其他材料费	元	83980	—
		措施费分摊	元	26063	—
		材料费小计	元	587294	73.09
	机械费	履带式推土机 75kW	台班	1.87	—
		反铲挖掘机 1m^3	台班	2.08	—
		汽车式起重机 5t	台班	0.87	—
		自卸汽车 15t	台班	17.67	—
		直流弧焊机 32kW	台班	28.75	—
		其他机械费	元	6963	—
		措施费分摊	元	1321	—
		机械费小计	元	29892	3.72
	直接费小计		元	662463	82.44
综合费用			元	141105	17.56
合　计			元	803568	—

工程特征： 设计水量 100000 m^3/d。矩形钢筋混凝土沉砂池，平面尺寸为 15.5 m×6.5 m，高 3.3 m，分 2 格，工作水深 1.1 m，设计水平流速 100 mm/s，停留时间 2 min，斗底人工排砂，池体为钢筋混凝土结构，壁和底厚 200 mm。池子设在室内，房屋平面尺寸 18.5 m×9.5 m，高 6.54 m，一砖半外墙，预制钢筋混凝土薄腹梁，大型屋面板。

单位：座

指标编号				3F-364	
项目			单位	沉砂池	
				容积 264m^3	占指标基价（%）
指标基价			元	295837	100.00
一、建筑安装工程费			元	295837	100.00
二、设备购置费			元	—	0.00
建筑安装工程费					
直接费	人工费	人工	工日	682	—
		措施费分摊	元	941	—
		人工费小计	元	22103	7.47
	材料费	商品混凝土 C10	m^3	25.08	—
		抗渗商品混凝土 C25	m^3	267.52	—
		钢筋 ϕ10 以内	t	0.85	—
		钢筋 ϕ10 以外	t	9.72	—
		组合钢模板	kg	300.96	—
		木模板	m^3	0.45	—
		钢管	t	9.45	—
		钢管件	t	4.16	—
		截止阀 *DN* 25	个	5.00	—
		电磁四通阀	个	5.00	—
		其他材料费	元	34855	—
		措施费分摊	元	12276	—
		材料费小计	元	208480	70.47
	机械费	履带式推土机 75kW	台班	0.54	—
		反铲挖掘机 1m^3	台班	0.60	—
		汽车式起重机 5t	台班	0.25	—
		自卸汽车 15t	台班	5.08	—
		直流弧焊机 32kW	台班	8.27	—
		其他机械费	元	6504	—
		措施费分摊	元	588	—
		机械费小计	元	13306	4.50
	直接费小计		元	243889	82.44
综合费用			元	51948	17.56
合计			元	295837	—

4.3 沉 淀 池

工程特征： 设计水量25000m³/d。圆形钢筋混凝土斜管预沉池，直径20m，池深7.22m，共2座，上部设聚氯乙烯塑料管，清水区上升流速1.33m/s，机械刮泥，现浇钢筋混凝土池壁及底板，壁厚200mm，底板厚400mm，钢制辐射槽，现浇钢筋混凝土环形水槽及支柱，指标中包括配水井及排泥井。

单位：座

指标编号				3F-365	
项目			单位	斜管沉淀池	
				容积2142m³	占指标基价（%）
指标基价			元	1650378	100.00
一、建筑安装工程费			元	1108345	67.16
二、设备购置费			元	542033	32.84
建筑安装工程费					
直接费	人工费	人工	工日	2158	—
		措施费分摊	元	4034	—
		人工费小计	元	70997	4.30
	材料费	商品混凝土C15	m³	73.44	—
		商品混凝土C20	m³	0.61	—
		抗渗商品混凝土C25	m³	416.16	—
		钢筋ϕ10以内	t	14.42	—
		钢筋ϕ10以外	t	47.27	—
		组合钢模板	kg	1003.68	—
		木模板	m³	18.73	—
		钢管	t	7.98	—
		钢管件	t	2.49	—
		电磁阀*DN*15	个	9.00	—
		手动球阀*DN*15	个	2.00	—
		双法兰手动蝶阀*DN*200	个	9.00	—
		排泥阀*DN*200	个	12.00	—
		其他材料费	元	139415	—
		措施费分摊	元	45166	—
		材料费小计	元	757689	45.91
	机械费	履带式推土机75kW	台班	3.73	—
		反铲挖掘机 1m³	台班	4.14	—
		电动夯实机 20～62N·m	台班	20.03	—
		汽车式起重机 5t	台班	4.61	—
		自卸汽车 15t	台班	107.34	—
		交流弧焊机 32kV·A	台班	231.84	—
		直流弧焊机 32kW	台班	22.79	—
		其他机械费	元	45728	—
		措施费分摊	元	2520	—
		机械费小计	元	85036	5.15
	直接费小计		元	913722	55.36
综合费用			元	194623	11.79
合　计			元	1108345	—

工程特征：设计水量100000m³/d。矩形钢筋混凝土反应斜管预沉池，絮凝池采用回转絮凝，流速0.5~0.2m/s，絮凝时间20min，斜管沉淀池采用塑料斜板，上升流速3.6mm/s，机械刮泥，平面尺寸45m×22.8m，深5m，现浇钢筋混凝土池底、壁及梁、柱，预制钢筋混凝土板、钢集水槽，斜管沉淀池462m²，壁厚400mm，底板厚450mm，半砖穿孔墙及导流墙。

单位：座

<table>
<tr><td colspan="3">指 标 编 号</td><td colspan="3">3F-366</td></tr>
<tr><td colspan="3" rowspan="2">项　　目</td><td rowspan="2">单位</td><td colspan="2">斜管沉淀池</td></tr>
<tr><td>容积3895m³</td><td>占指标基价（%）</td></tr>
<tr><td colspan="3">指 标 基 价</td><td>元</td><td>3163969</td><td>100.00</td></tr>
<tr><td colspan="3">一、建筑安装工程费</td><td>元</td><td>2742109</td><td>86.67</td></tr>
<tr><td colspan="3">二、设备购置费</td><td>元</td><td>421860</td><td>13.33</td></tr>
<tr><td colspan="6">建筑安装工程费</td></tr>
<tr><td rowspan="29">直接费</td><td rowspan="3">人工费</td><td>人工</td><td>工日</td><td>4609</td><td>—</td></tr>
<tr><td>措施费分摊</td><td>元</td><td>9823</td><td>—</td></tr>
<tr><td>人工费小计</td><td>元</td><td>152840</td><td>4.83</td></tr>
<tr><td rowspan="14">材料费</td><td>商品混凝土C15</td><td>m³</td><td>317.76</td><td>—</td></tr>
<tr><td>商品混凝土C20</td><td>m³</td><td>2.64</td><td>—</td></tr>
<tr><td>抗渗商品混凝土C25</td><td>m³</td><td>1797.26</td><td>—</td></tr>
<tr><td>钢筋φ10以内</td><td>t</td><td>26.21</td><td>—</td></tr>
<tr><td>钢筋φ10以外</td><td>t</td><td>85.97</td><td>—</td></tr>
<tr><td>组合钢模板</td><td>kg</td><td>4334.58</td><td>—</td></tr>
<tr><td>木模板</td><td>m³</td><td>4.68</td><td>—</td></tr>
<tr><td>钢管</td><td>t</td><td>38.77</td><td>—</td></tr>
<tr><td>钢管件</td><td>t</td><td>10.02</td><td>—</td></tr>
<tr><td>双法兰手动蝶阀 DN 200</td><td>个</td><td>12.00</td><td>—</td></tr>
<tr><td>电磁阀 DN 15</td><td>个</td><td>28.00</td><td>—</td></tr>
<tr><td>其他材料费</td><td>元</td><td>343953</td><td>—</td></tr>
<tr><td>措施费分摊</td><td>元</td><td>111997</td><td>—</td></tr>
<tr><td>材料费小计</td><td>元</td><td>1900591</td><td>60.07</td></tr>
<tr><td rowspan="10">机械费</td><td>履带式推土机75kW</td><td>台班</td><td>6.78</td><td>—</td></tr>
<tr><td>反铲挖掘机1m³</td><td>台班</td><td>7.53</td><td>—</td></tr>
<tr><td>电动夯实机20~62N·m</td><td>台班</td><td>36.44</td><td>—</td></tr>
<tr><td>汽车式起重机5t</td><td>台班</td><td>8.38</td><td>—</td></tr>
<tr><td>自卸汽车15t</td><td>台班</td><td>195.18</td><td>—</td></tr>
<tr><td>交流弧焊机32kV·A</td><td>台班</td><td>421.57</td><td>—</td></tr>
<tr><td>直流弧焊机32kW</td><td>台班</td><td>41.44</td><td>—</td></tr>
<tr><td>其他机械费</td><td>元</td><td>32166</td><td>—</td></tr>
<tr><td>措施费分摊</td><td>元</td><td>6139</td><td>—</td></tr>
<tr><td>机械费小计</td><td>元</td><td>207170</td><td>6.55</td></tr>
<tr><td colspan="2">直接费小计</td><td>元</td><td>2260601</td><td>71.45</td></tr>
<tr><td colspan="3">综合费用</td><td>元</td><td>481508</td><td>15.22</td></tr>
<tr><td colspan="3">合　　计</td><td>元</td><td>2742109</td><td>—</td></tr>
</table>

工程特征：设计水量 100000m³/d。由机械混合池、折板絮凝池和斜管沉淀池组成，其中机械混合池 2 座，单池尺寸 7.1m × 2.0m，有效水深 2.4m；折板絮凝池两座，平面总尺寸 14.85m × 18m，单池处理水量 0.613m³/s，絮凝时间 25.6min；斜管沉淀池两座，平面尺寸 15.2m × 30m；现浇钢筋混凝土底板，现浇钢筋混凝土池壁，不锈钢集水槽，不锈钢折板，乙丙共聚斜管，现浇钢筋混凝土柱，总尺寸 46.25m × 19.0m，深 6.7m，池壁宽 0.55m，共 2 座，设在净化间内。

单位：座

<table>
<tr><td colspan="3">指 标 编 号</td><td colspan="3">3F-367</td></tr>
<tr><td colspan="3" rowspan="2">项　　目</td><td rowspan="2">单位</td><td colspan="2">斜管沉淀池</td></tr>
<tr><td>容积 10923m³</td><td>占指标基价（%）</td></tr>
<tr><td colspan="3">指 标 基 价</td><td>元</td><td>13176318</td><td>100.00</td></tr>
<tr><td colspan="3">一、建筑安装工程费</td><td>元</td><td>9651107</td><td>73.25</td></tr>
<tr><td colspan="3">二、设备购置费</td><td>元</td><td>3525211</td><td>26.75</td></tr>
<tr><td colspan="6">建筑安装工程费</td></tr>
<tr><td rowspan="32">直接费</td><td rowspan="3">人工费</td><td>人工</td><td>工日</td><td>32798</td><td>—</td></tr>
<tr><td>措施费分摊</td><td>元</td><td>35604</td><td>—</td></tr>
<tr><td>人工费小计</td><td>元</td><td>1053326</td><td>7.99</td></tr>
<tr><td rowspan="18">材料费</td><td>商品混凝土 C15</td><td>m³</td><td>657.76</td><td>—</td></tr>
<tr><td>商品混凝土 C20</td><td>m³</td><td>4.80</td><td>—</td></tr>
<tr><td>抗渗商品混凝土 C25</td><td>m³</td><td>3723.15</td><td>—</td></tr>
<tr><td>钢筋 ϕ10 以内</td><td>t</td><td>69.16</td><td>—</td></tr>
<tr><td>钢筋 ϕ10 以外</td><td>t</td><td>226.78</td><td>—</td></tr>
<tr><td>中厚钢板</td><td>kg</td><td>193.59</td><td>—</td></tr>
<tr><td>型钢</td><td>kg</td><td>39.98</td><td>—</td></tr>
<tr><td>木模板</td><td>m³</td><td>40.81</td><td>—</td></tr>
<tr><td>组合钢模板</td><td>kg</td><td>8958.67</td><td>—</td></tr>
<tr><td>钢管</td><td>t</td><td>39.92</td><td>—</td></tr>
<tr><td>钢管件</td><td>t</td><td>0.31</td><td>—</td></tr>
<tr><td>电磁阀 DN 15</td><td>个</td><td>56.00</td><td>—</td></tr>
<tr><td>手动球阀 DN 15</td><td>个</td><td>4.00</td><td>—</td></tr>
<tr><td>手动蝶阀 DN 200</td><td>个</td><td>56.00</td><td>—</td></tr>
<tr><td>手动蝶阀 DN 900</td><td>个</td><td>4.00</td><td>—</td></tr>
<tr><td>其他材料费</td><td>元</td><td>1143761</td><td>—</td></tr>
<tr><td>措施费分摊</td><td>元</td><td>392505</td><td>—</td></tr>
<tr><td>材料费小计</td><td>元</td><td>6152153</td><td>46.69</td></tr>
<tr><td rowspan="10">机械费</td><td>履带式推土机 75kW</td><td>台班</td><td>19.01</td><td>—</td></tr>
<tr><td>反铲挖掘机 1m³</td><td>台班</td><td>21.13</td><td>—</td></tr>
<tr><td>电动夯实机 20 ~ 62N · m</td><td>台班</td><td>102.18</td><td>—</td></tr>
<tr><td>汽车式起重机 5t</td><td>台班</td><td>23.49</td><td>—</td></tr>
<tr><td>自卸汽车 15t</td><td>台班</td><td>547.36</td><td>—</td></tr>
<tr><td>交流弧焊机 32kV · A</td><td>台班</td><td>1182.24</td><td>—</td></tr>
<tr><td>直流弧焊机 32kW</td><td>台班</td><td>116.21</td><td>—</td></tr>
<tr><td>其他机械费</td><td>元</td><td>74350</td><td>—</td></tr>
<tr><td>措施费分摊</td><td>元</td><td>22253</td><td>—</td></tr>
<tr><td>机械费小计</td><td>元</td><td>750916</td><td>5.70</td></tr>
<tr><td colspan="2">直接费小计</td><td>元</td><td>7956395</td><td>60.38</td></tr>
<tr><td colspan="3">综合费用</td><td>元</td><td>1694712</td><td>12.86</td></tr>
<tr><td colspan="3">合　　计</td><td>元</td><td>9651107</td><td>—</td></tr>
</table>

工程特征：设计水量 300000m^3/d。综合池由机械混合池、往复式上下翻腾隔板絮凝池和斜板沉淀池组成，共 2 组。混合池共 2 座，单池平面尺寸 3.4m×10.7m，有效水深 2.5m；絮凝池共 4 座，平面总尺寸 17.8m×26.8m，单池处理水量 0.91m^3/s，絮凝时间 36min；沉淀池共 4 座，平面尺寸 17.2m×39.3m，水平流速 12.8mm/s，混凝土预制斜板；现浇钢筋混凝土结构，设在净化间内。

单位：座

指标编号				3F-368	
项目			单位	斜管沉淀池	
				容积 21380m^3	占指标基价（%）
指标基价			元	31825768	100.00
一、建筑安装工程费			元	27871244	87.57
二、设备购置费			元	3954524	12.43
建筑安装工程费					
直接费	人工费	人工	工日	61681	—
		措施费分摊	元	104117	—
		人工费小计	元	2018078	6.34
	材料费	商品混凝土 C15	m^3	3693.29	—
		商品混凝土 C20	m^3	33.54	—
		抗渗商品混凝土 C25	m^3	9050.99	—
		钢筋 ϕ10 以内	t	238.70	—
		钢筋 ϕ10 以外	t	1004.34	—
		木模板	m^3	151.03	—
		组合钢模板	kg	32943.48	—
		钢管	t	28.10	—
		钢管件	t	1.00	—
		手动蝶阀 *DN* 200	个	2.00	—
		排泥阀 *DN* 200	个	72.00	—
		伸缩节 *DN* 1400	个	2.00	—
		其他材料费	元	3867822	—
		措施费分摊	元	1134136	—
		材料费小计	元	20456049	64.28
	机械费	履带式推土机 75kW	台班	11.27	—
		汽车式起重机 5t	台班	86.70	—
		自卸汽车 15t	台班	8.25	—
		反铲挖掘机 1m^3	台班	12.53	—
		直流弧焊机 32kW	台班	429.55	—
		其他机械费	元	331996	—
		措施费分摊	元	65073	—
		机械费小计	元	502991	1.58
	直接费小计		元	22977118	72.20
综合费用			元	4894126	15.38
合　计			元	27871244	—

工程特征： 设计水量 30000m³/d。钢筋混凝土结构，平面尺寸 52.9m×10.4m，池深 3.9m，有效水深 3.5m，水平流速 10mm/s，沉淀时间 100min，沉淀池进水采用穿孔花格墙配水，出水采用穿孔指形槽集水，预制混凝土折板，排泥采用机械排泥，现浇钢筋混凝土水池，池壁、池底均厚 250~350mm，埋深 0.65~0.75m。

单位：座

指标编号				3F-369	
项目			单位	折板反应水平沉淀池	
				容积 2000m³	占指标基价（%）
指标基价			元	1601852	100.00
一、建筑安装工程费			元	1349072	84.22
二、设备购置费			元	252780	15.78
建筑安装工程费					
直接费	人工费	人工	工日	4343	—
		措施费分摊	元	5002	—
		人工费小计	元	139765	8.73
	材料费	商品混凝土 C15	m³	180.00	—
		商品混凝土 C20	m³	1.50	—
		抗渗商品混凝土 C25	m³	1020.00	—
		钢筋 ϕ10 以内	t	20.19	—
		钢筋 ϕ10 以外	t	66.21	—
		组合钢模板	kg	2460.00	—
		木模板	m³	14.05	—
		钢管	t	1.79	—
		钢管件	t	0.01	—
		球阀 *DN* 15	个	4.00	—
		手动蝶阀 *DN* 200	个	16.00	—
		手动蝶阀 *DN* 250	个	12.00	—
		其他材料费	元	162055	—
		措施费分摊	元	54825	—
		材料费小计	元	866918	54.12
	机械费	履带式推土机 75kW	台班	3.48	—
		反铲挖掘机 1m³	台班	3.87	—
		电动夯实机 20~62N·m	台班	18.71	—
		汽车式起重机 5t	台班	4.30	—
		自卸汽车 15t	台班	100.22	—
		交流弧焊机 32kV·A	台班	216.47	—
		直流弧焊机 32kW	台班	21.28	—
		其他机械费	元	17373	—
		措施费分摊	元	3126	—
		机械费小计	元	105495	6.59
	直接费小计		元	1112178	69.43
综合费用			元	236894	14.79
合　计			元	1349072	—

工程特征：设计水量 150000m³/d。由网格絮凝池及斜管沉淀池组成。絮凝池共 4 座，单池平面尺寸 13.95m×11.10m，有效水深 4.4m，水力停留时间为 22min，网格采用不锈钢网格。沉淀池共 2 座，单池平面尺寸 22.35m×23.6m，有效水深 4.65m，乙丙共聚蜂窝斜管；清水区上升流速 1.6mm/s，穿孔管排泥，现浇钢筋混凝土水池，底板厚 500mm，壁厚 350~450mm，设在净化间内。

单位：座

指标编号				3F-370	
项目			单位	网格絮凝沉淀池	
				容积 6406.9m³	占指标基价（%）
指标基价			元	8329571	100.00
一、建筑安装工程费			元	5646971	67.79
二、设备购置费			元	2682600	32.21
建筑安装工程费					
直接费	人工费	人工	工日	11204	—
		措施费分摊	元	21020	—
		人工费小计	元	368680	4.43
	材料费	商品混凝土 C10	m³	220.22	—
		抗渗商品混凝土 C25	m³	1533.71	—
		钢筋 ϕ10 以内	t	22.37	—
		钢筋 ϕ10 以外	t	140.10	—
		木模板	m³	10.76	—
		组合钢模板	kg	3450.83	—
		钢管	t	3.40	—
		钢管件	t	2.00	—
		手动蝶阀 *DN* 200	个	60.00	—
		电磁阀 *DN* 8	个	18.00	—
		气动排泥阀 *DN* 200	个	18.00	—
		手动蝶阀 *DN* 900	个	2.00	—
		其他材料费	元	756169	—
		措施费分摊	元	229158	—
		材料费小计	元	4022860	48.30
	机械费	履带式推土机 75kW	台班	21.14	—
		反铲挖掘机 1m³	台班	23.45	—
		汽车式起重机 5t	台班	8.99	—
		自卸汽车 15t	台班	209.71	—
		直流弧焊机 32kW	台班	69.21	—
		其他机械费	元	26926	—
		措施费分摊	元	13137	—
		机械费小计	元	263836	3.17
	直接费小计		元	4655376	55.89
综合费用			元	991595	11.90
合计			元	5646971	—

工程特征：设计水量 400000m^3/d。矩形钢筋混凝土沉淀池，平面尺寸为 20.35m×10.2m，有效深 5.2m，池底板厚 450mm，池壁厚 250~350mm，集水槽、电缆沟和排泥沟均为现浇钢筋混凝土结构。

单位：座

指标编号				3F-371	
项目			单位	平流式沉淀池	
				容积 1081.2m^3	占指标基价（%）
指标基价			元	613653	100.00
一、建筑安装工程费			元	553248	90.16
二、设备购置费			元	60405	9.84
建筑安装工程费					
直接费	人工费	人工	工日	1613	—
		措施费分摊	元	1986	—
		人工费小计	元	52037	8.48
	材料费	商品混凝土 C10	m^3	29.59	—
		商品混凝土 C20	m^3	12.19	—
		抗渗商品混凝土 C25	m^3	287.66	—
		钢筋 ϕ10 以内	t	1.06	—
		钢筋 ϕ10 以外	t	44.68	—
		水泥（综合）	t	0.16	—
		中砂	t	0.60	—
		碎石	t	0.32	—
		组合钢模板	kg	408.47	—
		木模板	m^3	0.83	—
		钢管	t	1.06	—
		钢管件	t	0.65	—
		蝶阀 *DN* 800	个	2.00	—
		蝶阀 *DN* 1000	个	1.00	—
		蝶阀 *DN* 100	个	10.00	—
		蝶阀 *DN* 150	个	10.00	—
		蝶阀 *DN* 200	个	1.00	—
		其他材料费	元	64829	—
		措施费分摊	元	21779	—
		材料费小计	元	363247	59.19
	机械费	履带式推土机 75kW	台班	4.48	—
		反铲挖掘机 1m^3	台班	4.98	—
		汽车式起重机 5t	台班	1.02	—
		自卸汽车 15t	台班	29.79	—
		直流弧焊机 32kW	台班	18.81	—
		其他机械费	元	4874	—
		措施费分摊	元	1241	—
		机械费小计	元	40815	6.65
	直接费小计		元	456099	74.33
综合费用			元	97149	15.83
合计			元	553248	—

工程特征：设计水量 50000m³/d。矩形钢筋混凝土平流式沉淀池，隔板回转絮凝，流速 0.6~0.2m/s，絮凝时间 23min，沉淀池水平流速 15.4mm/s，停留时间 80min，采用机械吸泥，沉淀池平面尺寸 98.9m×13.2m，池深 3.5m，现浇钢筋混凝土池壁及底板，壁厚 200~250mm，底板厚 350mm，预制钢筋混凝土柱、板及梁，半砖导流墙，一砖穿孔墙和隔墙。

单位：座

<table>
<tr><td colspan="4">指 标 编 号</td><td colspan="2">3F-372</td></tr>
<tr><td colspan="3" rowspan="2">项 目</td><td rowspan="2">单位</td><td colspan="2">平流式沉淀池</td></tr>
<tr><td>容积 4682m³</td><td>占指标基价（%）</td></tr>
<tr><td colspan="3">指 标 基 价</td><td>元</td><td>1433691</td><td>100.00</td></tr>
<tr><td colspan="3">一、建筑安装工程费</td><td>元</td><td>1433691</td><td>100.00</td></tr>
<tr><td colspan="3">二、设备购置费</td><td>元</td><td>—</td><td>—</td></tr>
<tr><td colspan="6">建筑安装工程费</td></tr>
<tr><td rowspan="30">直接费</td><td rowspan="3">人工费</td><td>人工</td><td>工日</td><td>3567</td><td>—</td></tr>
<tr><td>措施费分摊</td><td>元</td><td>5316</td><td>—</td></tr>
<tr><td>人工费小计</td><td>元</td><td>116000</td><td>8.09</td></tr>
<tr><td rowspan="15">材料费</td><td>商品混凝土 C15</td><td>m³</td><td>220.72</td><td>—</td></tr>
<tr><td>商品混凝土 C20</td><td>m³</td><td>1.84</td><td>—</td></tr>
<tr><td>抗渗商品混凝土 C25</td><td>m³</td><td>1250.76</td><td>—</td></tr>
<tr><td>钢筋 ϕ10 以内</td><td>t</td><td>15.76</td><td>—</td></tr>
<tr><td>钢筋 ϕ10 以外</td><td>t</td><td>51.67</td><td>—</td></tr>
<tr><td>组合钢模板</td><td>kg</td><td>3016.55</td><td>—</td></tr>
<tr><td>木模板</td><td>m³</td><td>4.68</td><td>—</td></tr>
<tr><td>钢管</td><td>t</td><td>1.66</td><td>—</td></tr>
<tr><td>钢管件</td><td>t</td><td>0.25</td><td>—</td></tr>
<tr><td>球阀 *DN* 15</td><td>个</td><td>16.00</td><td>—</td></tr>
<tr><td>手动蝶阀 *DN* 200</td><td>个</td><td>13.00</td><td>—</td></tr>
<tr><td>手动蝶阀 *DN* 300</td><td>个</td><td>5.00</td><td>—</td></tr>
<tr><td>其他材料费</td><td>元</td><td>178630</td><td>—</td></tr>
<tr><td>措施费分摊</td><td>元</td><td>58265</td><td>—</td></tr>
<tr><td>材料费小计</td><td>元</td><td>953827</td><td>66.53</td></tr>
<tr><td rowspan="10">机械费</td><td>履带式推土机 75kW</td><td>台班</td><td>8.15</td><td>—</td></tr>
<tr><td>反铲挖掘机 1m³</td><td>台班</td><td>9.06</td><td>—</td></tr>
<tr><td>电动夯实机 20~62N·m</td><td>台班</td><td>43.80</td><td>—</td></tr>
<tr><td>汽车式起重机 5t</td><td>台班</td><td>10.07</td><td>—</td></tr>
<tr><td>自卸汽车 15t</td><td>台班</td><td>234.62</td><td>—</td></tr>
<tr><td>交流弧焊机 32kV·A</td><td>台班</td><td>506.75</td><td>—</td></tr>
<tr><td>直流弧焊机 32kW</td><td>台班</td><td>49.81</td><td>—</td></tr>
<tr><td>其他机械费</td><td>元</td><td>171527</td><td>—</td></tr>
<tr><td>措施费分摊</td><td>元</td><td>3322</td><td>—</td></tr>
<tr><td>机械费小计</td><td>元</td><td>112111</td><td>7.82</td></tr>
<tr><td colspan="2">直接费小计</td><td>元</td><td>1181938</td><td>82.44</td></tr>
<tr><td colspan="3">综合费用</td><td>元</td><td>251753</td><td>17.56</td></tr>
<tr><td colspan="3">合 计</td><td>元</td><td>1433691</td><td>—</td></tr>
</table>

工程特征： 设计水量 200000m³/d。矩形钢筋混凝土平流式沉淀池，隔板絮凝，絮凝流速 0.6~0.3m/s，絮凝时间 10.9min，沉淀池水平流速 28.6mm/s，停留时间 48min，采用机械吸泥，沉淀池平面尺寸 99.6m×27m，池深 3.6m，现浇钢筋混凝土池底、壁、楼板、梁及柱，壁厚 250mm，池底厚 300~400mm，一砖隔墙及穿孔墙，预制钢筋混凝土平板。

单位：座

指标编号				3F-373	
项目			单位	平流式沉淀池	
				容积 8763m³	占指标基价(%)
指标基价			元	2153619	100.00
一、建筑安装工程费			元	1821022	84.56
二、设备购置费			元	332597	15.44
建筑安装工程费					
直接费	人工费	人工	工日	2434	—
		措施费分摊	元	6533	—
		人工费小计	元	82060	3.81
	材料费	商品混凝土 C15	m³	180.59	—
		商品混凝土 C20	m³	1.50	—
		抗渗商品混凝土 C25	m³	1023.35	—
		钢筋 ϕ10 以内	t	7.87	—
		钢筋 ϕ10 以外	t	25.83	—
		组合钢模板	kg	2468.08	—
		木模板	m³	4.68	—
		球阀 *DN* 25	个	34.00	—
		蝶阀 *DN* 200	个	8.00	—
		蝶阀 *DN* 300	个	7.00	—
		钢管	t	10.22	—
		钢管件	t	3.15	—
		其他材料费	元	231654	—
		措施费分摊	元	73794	—
		材料费小计	元	1281402	59.50
	机械费	履带式推土机 75kW	台班	15.25	—
		反铲挖掘机 1m³	台班	16.95	—
		电动夯实机 20~62N·m	台班	81.98	—
		汽车式起重机 5t	台班	18.85	—
		自卸汽车 15t	台班	439.12	—
		交流弧焊机 32kV·A	台班	948.46	—
		直流弧焊机 32kW	台班	93.23	—
		其他机械费	元	390939	—
		措施费分摊	元	4083	—
		机械费小计	元	137793	6.40
	直接费小计		元	1501255	69.71
综合费用			元	319767	14.85
合计			元	1821022	—

工程特征：设计水量150000m³/d。钢筋混凝土矩形结构，采用双层平流式沉淀池+斜板沉淀池形式，平面尺寸64m×16.25m，沉淀池沿池宽方向分为2格，中间用格墙分开，每格宽8m，单池设计流量q=0.912m³/s，平流段沉淀时间t=1.0 h，水平流速v=12.4mm/s，有效水深上层H_1=2.40m，下层H_2=2.40m，预制钢筋混凝土斜板组，不锈钢淹没式穿孔集水管集水，管径DN450。

单位：座

指标编号				3F-374	
项目			单位	双层沉淀池	
				容积4992m³	占指标基价（%）
指标基价			元	6293405	100.00
一、建筑安装工程费			元	5282605	83.94
二、设备购置费			元	1010800	16.06
建筑安装工程费					
直接费	人工费	人工	工日	11006	—
		措施费分摊	元	20237	—
		人工费小计	元	361753	5.75
	材料费	商品混凝土C10	m³	129.79	—
		抗渗商品混凝土C25	m³	1680.89	—
		钢筋ϕ10以内	t	100.29	—
		钢筋ϕ10以外	t	280.80	—
		水泥（综合）	t	91.67	—
		中砂	t	2085.06	—
		木模板	m³	9.65	—
		组合钢模板	kg	3820.42	—
		钢材	t	30.52	—
		钢管件	t	2.26	—
		手动蝶阀DN300	个	2.00	—
		手动蝶阀DN400	个	2.00	—
		法兰伸缩接头DN300	个	2.00	—
		法兰伸缩接头DN400	个	2.00	—
		混凝土斜板	m³	380.00	—
		气动排泥阀DN300	个	2.00	—
		其他材料费	元	713014	—
		措施费分摊	元	222316	—
		材料费小计	元	3671149	58.33
	机械费	履带式推土机75kW	台班	4.93	—
		反铲挖掘机1m³	台班	4.45	—
		汽车式起重机5t	台班	9.13	—
		自卸汽车15t	台班	38.84	—
		交流弧焊机32kV·A	台班	23.36	—
		直流弧焊机32kW	台班	112.05	—
		其他机械费	元	250701	—
		措施费分摊	元	12648	—
		机械费小计	元	322090	5.12
	直接费小计		元	4354992	69.20
综合费用			元	927613	14.74
合计			元	5282605	—

工程特征:设计水量50000m^3/d。矩形钢筋混凝土结构,共2组,设混合池及絮凝池,每组平面尺寸为22.6m×8.3m,池深4.8m,设601蜂窝斜管,斜管孔径50mm,清水区上升流速35mm/s,采用穿孔排泥管排泥,池底板厚500~600mm,池壁厚400mm。

单位:座

指标编号				3F-375	
项目			单位	斜管预沉池	
				容积2292m^3	占指标基价(%)
指标基价			元	2274198	100.00
一、建筑安装工程费			元	2211807	97.26
二、设备购置费			元	62391	2.74
建筑安装工程费					
直接费	人工费	人工	工日	6566	—
		措施费分摊	元	8023	—
		人工费小计	元	211766	9.31
	材料费	商品混凝土C15	m^3	166.99	—
		商品混凝土C20	m^3	1.39	—
		抗渗商品混凝土C25	m^3	946.27	—
		钢筋ϕ10以内	t	19.53	—
		钢筋ϕ10以外	t	81.01	—
		组合钢模板	kg	2282.18	—
		木模板	m^3	13.75	—
		钢管	t	26.32	—
		钢管件	t	7.50	—
		球阀*DN*20	个	26.00	—
		手动蝶阀*DN*250	个	18.00	—
		手动蝶阀*DN*300	个	12.00	—
		其他材料费	元	266787	—
		措施费分摊	元	90175	—
		材料费小计	元	1472929	64.77
	机械费	履带式推土机75kW	台班	3.99	—
		反铲挖掘机1m^3	台班	4.43	—
		电动夯实机20~62N·m	台班	21.44	—
		汽车式起重机5t	台班	4.93	—
		自卸汽车15t	台班	114.85	—
		交流弧焊机32kV·A	台班	248.07	—
		直流弧焊机32kW	台班	24.39	—
		其他机械费	元	3514	—
		措施费分摊	元	5014	—
		机械费小计	元	138724	6.10
	直接费小计		元	1823419	80.18
综合费用			元	388388	17.08
合计			元	2211807	—

4.4 叠 合 池

工程特征： 设计水量 100000m³/d。虹吸式双阀滤池，平面尺寸 34.24m×45.73m，滤速 8m/h，池深 3.3m，滤池分 8 格双排布置，中间为管廊，单格池平面净尺寸为 8m×11m，滤池下部设有清水池，平面尺寸为 34.24m×45.73m，池深 3.55m，管廊平面尺寸为 9.48m×45.73m，管廊下部为钢筋混凝土结构，管廊上部为操作室，层高 3.8m，属一般砖混结构。

单位：座

指标编号				3F-376	
项目			单位	双阀滤池—清水池	
				容积 10000m³	占指标基价（%）
指标基价			元	9288743	100.00
一、建筑安装工程费			元	7045382	75.85
二、设备购置费			元	2243361	24.15
建筑安装工程费					
直接费	人工费	人工	工日	28070	—
		措施费分摊	元	23577	—
		人工费小计	元	894589	9.63
	材料费	商品混凝土 C15	m³	600.00	—
		商品混凝土 C20	m³	1100.00	—
		抗渗商品混凝土 C25	m³	2800.00	—
		钢筋 ϕ10 以内	t	35.19	—
		钢筋 ϕ10 以外	t	280.00	—
		木模板	m³	45.00	—
		组合钢模板	m³	9200.00	—
		钢管	t	115.63	—
		钢管件	t	26.48	—
		塑料阀门	个	20.00	—
		蝶阀 *DN* 100	个	12.00	—
		蝶阀 *DN* 150	个	8.00	—
		手动蝶阀 *DN* 500	个	6.00	—
		手动蝶阀 *DN* 600	个	6.00	—
		其他材料费	元	815050	—
		措施费分摊	元	290455	—
		材料费小计	元	4560777	49.10
	机械费	履带式推土机 75kW	台班	25.12	—
		反铲挖掘机 1m³	台班	27.92	—
		电动夯实机 20～62N·m	台班	180.83	—
		汽车式起重机 5t	台班	16.71	—
		自卸汽车 15t	台班	175.49	—
		直流弧焊机 32kW	台班	110.58	—
		其他机械费	元	127337	—
		措施费分摊	元	14736	—
		机械费小计	元	352863	3.80
	直接费小计		元	5808229	62.53
综合费用			元	1237153	13.32
合计			元	7045382	—

工程特征：设计水量300000m³/d。一座，双排布置，中间为管廊，单格平面尺寸52.3m×33.5m，池深4m，采用钢筋混凝土结构，每组滤池分成8格，单格过滤面积144m²，设计滤速：10.3m/h，滤池下部设有容量为6300m³清水池一座，尺寸为57.88m×37m×3.5m，管廊平面尺寸为7.0m×33.0m，上部操作室高3.4m。

单位：座

指标编号				3F-377	
项目			单位	V形滤池—清水池	
				容积15000m³	占指标基价（%）
指标基价			元	23636184	100.00
一、建筑安装工程费			元	23440078	99.17
二、设备购置费			元	206106	0.87
建筑安装工程费					
直接费	人工费	人工	工日	36234	—
		措施费分摊	元	31110	—
		人工费小计	元	1155451	4.89
	材料费	商品混凝土C15	m³	700.00	—
		商品混凝土C20	m³	1400.00	—
		抗渗商品混凝土C25	m³	3500.00	—
		钢筋ϕ10以内	t	42.78	—
		钢筋ϕ10以外	t	430.00	—
		木模板	m³	67.50	—
		组合钢模板	kg	11375.00	—
		钢管	t	89.78	—
		钢管件	t	22.44	—
		塑料阀门	个	12.00	—
		球阀 *DN* 25	个	12.00	—
		球阀 *DN* 50	个	10.00	—
		手动蝶阀 *DN* 100	个	8.00	—
		手动蝶阀 *DN* 150	个	8.00	—
		其他材料费	元	1066864	—
		措施费分摊	元	373161	—
		材料费小计	元	5864579	24.81
	机械费	履带式推土机75kW	台班	37.67	—
		反铲挖掘机1m³	台班	41.87	—
		电动夯实机20～62N·m	台班	271.25	—
		汽车式起重机5t	台班	25.07	—
		自卸汽车15t	台班	263.23	—
		直流弧焊机32kW	台班	165.87	—
		其他机械费	元	129979	—
		措施费分摊	元	19444	—
		机械费小计	元	475607	2.01
	直接费小计		元	7495637	31.71
综合费用			元	15944441	67.46
合　计			元	23440078	—

工程特征：设计水量 50000m^3/d。双层池结构形式，平面尺寸 13.8m×138.6m，埋深 3.4m，上部为反应沉淀池，下部为清水池，沉淀池中设砖混结构导流墙一条，清水池内设钢筋混凝土导流墙三道，墙厚 200mm，底板厚 400mm，池壁厚 400mm，池总深度为 4.15m，平面尺寸为 13.9m×13m，穿孔排泥管排泥口径 400mm，沉淀池平面尺寸为 12.3m×13.9m，池深为 3.7m，有效水深 3.4m，水平流速 14.5mm/s，沉淀时间 2 h，进水采用穿孔墙配水，出水采用指形槽集水。排泥采用虹吸式吸泥机，清水池容量为 6500m^3，有效深度为 4.5m。

单位：座

指标编号				3F-378	
项目			单位	沉淀池—清水池	
				容积 15684m^3	占指标基价（%）
指标基价			元	7309679	100.00
一、建筑安装工程费			元	6855054	93.78
二、设备购置费			元	454625	6.22
建筑安装工程费					
直接费	人工费	人工	工日	27415	—
		措施费分摊	元	25175	—
		人工费小计	元	875863	11.98
	材料费	商品混凝土 C15	m^3	784.20	—
		商品混凝土 C20	m^3	1568.40	—
		抗渗商品混凝土 C25	m^3	3921.00	—
		钢筋 ϕ10 以内	t	35.88	—
		钢筋 ϕ10 以外	t	293.68	—
		木模板	m^3	78.42	—
		组合钢模板	kg	12704.04	—
		钢管	t	10.82	—
		钢管件	t	2.60	—
		塑料阀门	个	10.00	—
		球阀 *DN* 25	个	15.00	—
		蝶阀 *DN* 1150	个	5.00	—
		蝶阀 *DN* 600	个	8.00	—
		蝶阀 *DN* 700	个	4.00	—
		其他材料费	元	803193	—
		措施费分摊	元	278977	—
		材料费小计	元	4313562	59.01
	机械费	履带式推土机 75kW	台班	39.39	—
		反铲挖掘机 1m^3	台班	43.78	—
		电动夯实机 20～62N·m	台班	283.62	—
		汽车式起重机 5t	台班	26.22	—
		自卸汽车 15t	台班	275.24	—
		直流弧焊机 32kW	台班	173.43	—
		其他机械费	元	115561	—
		措施费分摊	元	15734	—
		机械费小计	元	461897	6.32
	直接费小计		元	5651322	77.31
综合费用			元	1203732	16.47
合计			元	6855054	—

工程特征： 设计水量 100000m³/d。沉淀时间 1.5h，反应时间 15min，水平流速 20mm/s，反应形式为折板反应，沉淀形式为水平沉淀，池体平面为 22.2m×132.5m，下层清水池净高 2.5~3m，上层反应池净高 4.3m，下层反应池净高 3.3m，钢筋混凝土池底厚 400mm，池壁厚 300~400mm。

单位：座

指标编号				3F-379	
项目			单位	沉淀池—清水池	
				容积 19915m³	占指标基价（%）
指标基价			元	9680597	100.00
一、建筑安装工程费			元	8523473	88.05
二、设备购置费			元	1157124	11.95
建筑安装工程费					
直接费	人工费	人工	工日	36510	—
		措施费分摊	元	31236	—
		人工费小计	元	1164141	12.03
	材料费	商品混凝土 C15	m³	929.37	—
		商品混凝土 C20	m³	1858.73	—
		抗渗商品混凝土 C25	m³	4646.83	—
		钢筋 ϕ10 以内	t	42.69	—
		钢筋 ϕ10 以外	t	428.09	—
		木模板	m³	59.75	—
		组合钢模板	kg	15102.21	—
		钢管	t	12.08	—
		钢管件	t	3.02	—
		手动球阀 *DN* 15	个	20.00	—
		手动蝶阀 *DN* 150	个	7.00	—
		手动蝶阀 *DN* 100	个	9.00	—
		手动蝶阀 *DN* 600	个	1.00	—
		其他材料费	元	1006405	—
		措施费分摊	元	346983	—
		材料费小计	元	5395148	55.73
	机械费	履带式推土机 75kW	台班	50.02	—
		反铲挖掘机 1m³	台班	55.6	—
		电动夯实机 20 ~ 62N · m	台班	360.13	—
		汽车式起重机 5t	台班	33.29	—
		自卸汽车 15t	台班	349.49	—
		直流弧焊机 32kW	台班	220.22	—
		其他机械费	元	28173	—
		措施费分摊	元	19522	—
		机械费小计	元	467482	4.83
	直接费小计		元	7026771	72.59
综合费用			元	1496702	15.46
合计			元	8523473	—

工程特征： 设计水量 50000m³/d。矩形钢筋混凝土结构，钢筋混凝土底板及池壁，底板厚 500mm，壁厚 300mm，絮凝池采用孔室回转式絮凝，平面尺寸 14.9m×19.1m，沉淀池采用虹吸吸泥机机械排泥，平面尺寸 85.31m×19.1m，池总容积为 11990.34m³，其中：絮凝池 6370.78m³，沉淀池 4973.67m³，清水池 645.89m³。

单位：座

指标编号				3F-380	
项目			单位	絮凝—沉淀—清水	
				容积 11990.34m³	占指标基价（%）
指标基价			元	5216640	100.00
一、建筑安装工程费			元	4836640	92.72
二、设备购置费			元	380000	7.28
建筑安装工程费					
直接费	人工费	人工	工日	14820	—
		措施费分摊	元	17492	—
		人工费小计	元	477357	9.15
	材料费	商品混凝土 C15	m³	469.26	—
		商品混凝土 C20	m³	982.87	—
		抗渗商品混凝土 C30	m³	2435.56	—
		钢筋 ϕ10 以内	t	15.20	—
		钢筋 ϕ10 以外	t	285.08	—
		木模板	m³	36.28	—
		组合钢模板	kg	6532.69	—
		钢管	t	34.88	—
		钢管件	t	5.60	—
		手动球阀 *DN* 15	个	20.00	—
		手动蝶阀 *DN* 150	个	7.00	—
		手动蝶阀 *DN* 100	个	9.00	—
		手动蝶阀 *DN* 600	个	1.00	—
		其他材料费	元	594711	—
		措施费分摊	元	196499	—
		材料费小计	元	3235407	62.02
	机械费	履带式推土机 75kW	台班	30.11	—
		反铲挖掘机 1m³	台班	33.47	—
		电动夯实机 20～62N·m	台班	216.82	—
		汽车式起重机 5t	台班	20.04	—
		自卸汽车 15t	台班	210.41	—
		直流弧焊机 32kW	台班	132.58	—
		其他机械费	元	10903	—
		措施费分摊	元	10933	—
		机械费小计	元	274573	5.26
	直接费小计		元	3987337	76.43
综合费用			元	849303	16.28
合计			元	4836640	—

4.5 澄　清　池

工程特征： 设计水量 25000m^3/d。圆形钢筋混凝土机械搅拌澄清池，直径 21.8m，深直部高 1.85m，锥部高 4.2m，分离室上升流速 1m/s。现浇钢筋混凝土水池，池壁厚 200mm，池底厚 275mm，地基承载力 6 t/m^2。地下水位:地面下 0.5m。池体上部为操作室，混合结构，钢门窗。

单位：座

指标编号				3F-381	
项　目			单位	机械搅拌澄清池	
				容积 2176m^3	占指标基价（%）
指标基价			元	1712421	100.00
一、建筑安装工程费			元	1019002	59.51
二、设备购置费			元	693419	40.49
建筑安装工程费					
直接费	人工费	人工	工日	3447	—
		措施费分摊	元	3775	—
		人工费小计	元	110735	6.47
	材料费	商品混凝土 C15	m^3	126.00	—
		商品混凝土 C20	m^3	9.00	—
		抗渗商品混凝土 C20	m^3	426.00	—
		钢筋 ϕ10 以内	t	28.15	—
		钢筋 ϕ10 以外	t	65.26	—
		木模板	m^3	8.00	—
		组合钢模板	kg	1015.00	—
		钢管	t	3.80	—
		钢管件	t	0.78	—
		手动球阀 *DN* 15	个	15.00	—
		手动球阀 *DN* 25	个	2.00	—
		手动球阀 *DN* 50	个	2.00	—
		其他材料费	元	125057	—
		措施费分摊	元	41417	—
		材料费小计	元	672841	39.29
	机械费	履带式推土机 75kW	台班	3.79	—
		反铲挖掘机 1m^3	台班	4.21	—
		汽车式起重机 5t	台班	4.68	—
		自卸汽车 15t	台班	11.35	—
		直流弧焊机 32kW	台班	13.52	—
		其他机械费	元	35635	—
		措施费分摊	元	2359	—
		机械费小计	元	56492	3.30
	直接费小计		元	840068	49.06
综合费用			元	178934	10.45
合　计			元	1019002	—

工程特征： 设计水量 40000m^3/d。圆形钢筋混凝土机械搅拌澄清池，直径 28m，深 8.17m。采用机械提升搅拌、机械刮泥，排泥斗 4 只，分离室上升流速 1m/s。现浇钢筋混凝土水池，直壁厚 200mm，斜壁厚 500mm，池底厚 350mm，中央机械间为现浇钢筋混凝土柱及屋面板，钢制集水槽、出水槽及辐射槽，钢丝网水泥扇形板，上层一砖外墙，建筑面积为 63.62m^2。

单位：座

指标编号				3F-382	
项目			单位	机械搅拌澄清池	
				容积 3554m^3	占指标基价（%）
指标基价			元	4248012	100.00
一、建筑安装工程费			元	2416769	56.89
二、设备购置费			元	1831243	43.11
建筑安装工程费					
直接费	人工费	人工	工日	8207	—
		措施费分摊	元	8955	—
		人工费小计	元	263618	6.21
	材料费	商品混凝土 C15	m^3	289.00	—
		商品混凝土 C20	m^3	21.00	—
		抗渗商品混凝土 C25	m^3	974.00	—
		钢筋 ϕ10 以内	t	52.17	—
		钢筋 ϕ10 以外	t	252.84	—
		木模板	m^3	7.00	—
		组合钢模板	kg	2322.00	—
		钢管	t	8.00	—
		钢管件	t	2.00	—
		手动球阀 *DN* 15	个	54.00	—
		手动球阀 *DN* 25	个	6.00	—
		其他材料费	元	296505	—
		措施费分摊	元	98225	—
		材料费小计	元	1594750	37.54
	机械费	履带式推土机 75kW	台班	4.26	—
		反铲挖掘机 1m^3	台班	4.37	—
		汽车式起重机 5t	台班	5.67	—
		自卸汽车 15t	台班	15.64	—
		直流弧焊机 32kW	台班	27.65	—
		其他机械费	元	61430	—
		措施费分摊	元	5597	—
		机械费小计	元	134022	3.15
	直接费小计		元	1992390	46.90
综合费用			元	424379	9.99
合　　计			元	2416769	—

4.6 综 合 池

工程特征： 设计水量 450000m^3/d。钢筋混凝土矩形结构，由机械混合池、水平轴机械搅拌絮凝池和异向流斜管沉淀池组成。混合池共 8 座，单池平面尺寸 1.8m×5.4m，有效水深 4.25m，设计流速 0.67m^3/s，混合时间 1min；絮凝池共 8 座，单池平面尺寸 12.4m×20.2m，有效水深 4.2m，设计絮凝时间 25.3min；沉淀池共 8 座，单池平面尺寸 28m×20.2m，有效水深 4.7m，清水区上升流速度 1.2mm/s，乙丙共聚蜂窝斜管；壁厚 200~400mm，底板厚 300mm。

单位：座

指标编号				3F-383	
项目			单位	综合池	
				容积 36560m^3	占指标基价（%）
指标基价			元	46482676	100.00
一、建筑安装工程费			元	30853212	66.38
二、设备购置费			元	15629464	33.62
建筑安装工程费					
直接费	人工费	人工	工日	76228	—
		措施费分摊	元	114876	—
		人工费小计	元	2480231	5.34
	材料费	商品混凝土 C10	m^3	1442.20	—
		商品混凝土 C25	m^3	43.10	—
		抗渗商品混凝土 C30	m^3	9845.00	—
		钢筋 ϕ10 以内	t	222.39	—
		钢筋 ϕ10 以外	t	968.68	—
		水泥（综合）	t	222.60	—
		碎石	t	30044.20	—
		中砂	t	13288.50	—
		木模板	m^3	218.50	—
		组合钢模板	kg	35900.50	—
		钢管	t	33.13	—
		钢管件	t	10.00	—
		气动排泥阀 *DN* 200	个	64.00	—
		手动蝶阀 *DN* 200	个	128.00	—
		手动法兰蝶阀 *DN* 1000	个	8.00	—
		气路二位多通电磁阀	台	64.00	—
		其他材料费	元	4189762	—
		措施费分摊	元	1253069	—
		材料费小计	元	22265010	47.90
	机械费	电动夯实机 20～62N·m	台班	2060.39	—
		汽车式起重机 5t	台班	94.86	—
		直流弧焊机 32kW	台班	409.83	—
		电动单级离心清水泵 ϕ150	台班	88.48	—
		其他机械费	元	484204	—
		措施费分摊	元	71798	—
		机械费小计	元	690218	1.48
	直接费小计		元	25435459	54.72
综合费用			元	5417753	11.66
合计			元	30853212	—

4.7 滤 池

工程特征： 设计水量 86400m^3/d。矩形钢筋混凝土结构，双排 12 格布置，每格平面尺寸 6.3m×5m，总滤水面积 378m^2。滤速 10m/h，冲洗强度 15L/s·m^2，小阻力布水板配水。滤层结构：单层石英砂厚 700mm，支托层砾石厚 300mm，钢筋混凝土水池，壁厚 250mm，底厚 350mm。预制钢筋混凝土多孔滤板，上铺呢绒网，管廊上部为砖混结构操作室，一砖外墙，钢门窗，预制板屋面。

单位：座

指标编号				3F-384	
项目			单位	虹吸滤池	
				滤水面积 378m^2	占指标基价（%）
指标基价			元	2868740	100.00
一、建筑安装工程费			元	2853254	99.46
二、设备购置费			元	15486	0.54
建筑安装工程费					
直接费	人工费	人工	工日	8651	—
		措施费分摊	元	10510	—
		人工费小计	元	278951	9.72
	材料费	商品混凝土 C15	m^3	234.36	—
		商品混凝土 C20	m^3	11.34	—
		商品混凝土 C25	m^3	2.27	—
		抗渗商品混凝土 C25	m^3	782.46	—
		钢筋 ϕ10 以内	t	22.94	—
		钢筋 ϕ10 以外	t	234.10	—
		木模板	m^3	14.54	—
		组合钢模板	kg	1867.46	—
		钢管	t	20.70	—
		钢管件	t	5.18	—
		滤料砂	m^3	265.00	—
		球阀 *DN* 25	个	2.00	—
		球阀 *DN* 40	个	1.00	—
		电动球阀 *DN* 50	个	4.00	—
		电动蝶阀 *DN* 600	个	4.00	—
		手动闸阀 *DN* 150	个	4.00	—
		其他材料费	元	365538	—
		措施费分摊	元	116066	—
		材料费小计	元	1979994	69.02
	机械费	履带式推土机 75kW	台班	8.41	—
		反铲挖掘机 1m^3	台班	8.41	—
		电动夯实机 20～62N·m	台班	54.92	—
		汽车式起重机 5t	台班	6.5	—
		自卸汽车 15t	台班	59.75	—
		直流弧焊机 32kW	台班	108.76	—
		其他机械费	元	7610	—
		措施费分摊	元	6569	—
		机械费小计	元	93284	3.25
	直接费小计		元	2352229	82.00
综合费用			元	501025	17.46
合 计			元	2853254	—

工程特征：设计水量 100000m^3/d。矩形钢筋混凝土结构，双排 12 格布置，每格过滤面积 40m^2，滤速 10m/h；滤料层结构：上层无烟煤厚 400mm，中层石英砂厚 400mm，下层砾石厚 200mm。钢筋混凝土结构，底板厚 300mm，池壁厚 250mm，管廊有预制钢筋混凝土走道板，池上无其他建筑。

单位：座

指标编号				3F-385	
项目			单位	虹吸滤池	
				滤水面积 480m^2	占指标基价（%）
指标基价			元	6101495	100.00
一、建筑安装工程费			元	5949174	97.50
二、设备购置费			元	152321	2.50
建筑安装工程费					
直接费	人工费	人工	工日	12693	—
		措施费分摊	元	21211	—
		人工费小计	元	415075	6.80
	材料费	商品混凝土 C15	m^3	554.63	—
		商品混凝土 C20	m^3	30.81	—
		商品混凝土 C25	m^3	5.14	—
		抗渗商品混凝土 C25	m^3	1869.32	—
		钢筋 ϕ10 以内	t	53.16	—
		钢筋 ϕ10 以外	t	542.49	—
		木模板	m^3	350.77	—
		组合钢模板	kg	4475.60	—
		钢管	t	41.40	—
		钢管件	t	10.35	—
		滤料砂	m^3	202.00	—
		手动球阀 *DN* 15	个	45.00	—
		手动球阀 *DN* 25	个	5.00	—
		电动球阀 *DN* 50	个	6.00	—
		其他材料费	元	798840	—
		措施费分摊	元	234524	—
		材料费小计	元	4301176	70.49
	机械费	履带式推土机 75kW	台班	10.68	—
		反铲挖掘机 1m^3	台班	10.70	—
		电动夯实机 20～62N·m	台班	69.74	—
		汽车式起重机 5t	台班	8.26	—
		自卸汽车 15t	台班	75.87	—
		直流弧焊机 32kW	台班	138.10	—
		其他机械费	元	74554	—
		措施费分摊	元	13257	—
		机械费小计	元	188262	3.09
	直接费小计		元	4904513	80.38
综合费用			元	1044661	17.12
合　计			元	5949174	—

工程特征：设计水量 50000m³/d。管廊部分按 10 万 t/d 设计，平面尺寸为 40.5m×21.9m，池深 4.3m，采用钢筋混凝土结构，滤池分成 5 格，单格尺寸 9.5m×7.6m，滤池反冲洗采用气水反冲，滤速 8m/s；冲洗强度：水冲 15~30m³/m²h，气冲 55m³/m²h，底板厚 400mm，池壁厚 300~400mm，滤池埋深 0.75m，管廊埋深 2.15m。滤层结构：单层石英砂厚 800mm，支托层砾石厚 300mm。

单位：座

指标编号				3F-386	
项目			单位	四阀滤池	
				滤水面积 361m²	占指标基价（%）
指标基价			元	6421542	100.00
一、建筑安装工程费			元	5485643	85.43
二、设备购置费			元	935899	14.57
建筑安装工程费					
直接费	人工费	人工	工日	13256	—
		措施费分摊	元	20329	—
		人工费小计	元	431663	6.72
	材料费	商品混凝土 C15	m³	494.69	—
		商品混凝土 C20	m³	27.48	—
		商品混凝土 C25	m³	4.58	—
		抗渗商品混凝土 C25	m³	1667.28	—
		钢筋 ϕ10 以内	t	44.80	—
		钢筋 ϕ10 以外	t	457.23	—
		木模板	m³	25.69	—
		组合钢模板	kg	3975.81	—
		钢管	t	34.00	—
		钢管件	t	8.50	—
		滤料砂	m³	367.20	—
		球阀 *DN* 25	个	22.00	—
		球阀 *DN* 40	个	11.00	—
		手动球阀 *DN* 25	个	32.00	—
		其他材料费	元	725565	—
		措施费分摊	元	222949	—
		材料费小计	元	3910274	60.89
	机械费	履带式推土机 75kW	台班	8.03	—
		反铲挖掘机 1m³	台班	8.05	—
		电动夯实机 20~62N·m	台班	52.45	—
		汽车式起重机 5t	台班	6.21	—
		自卸汽车 15t	台班	57.06	—
		直流弧焊机 32kW	台班	103.86	—
		其他机械费	元	92187	—
		措施费分摊	元	12706	—
		机械费小计	元	180440	2.81
	直接费小计		元	4522377	70.43
综合费用			元	963266	15.00
合计			元	5485643	—

工程特征：设计水量 5000m^3/d。矩形钢筋混凝土结构，共 2 格，单格平面尺寸 3.7m×3.7m，滤速 8m/h，冲洗强度 14L/s·m^2，冲洗时间 4min，反冲洗时采用“联锁器”装置；滤料结构，石英砂厚 700mm，砾石厚 600mm。现浇钢筋混凝土水池，底板、池壁均厚 200mm，预制钢筋混凝土滤板，池上无建筑。

单位：座

指标编号				3F-387	
项目			单位	重力式双阀滤池	
				滤水面积 27.4m^2	占指标基价（%）
指标基价			元	235058	100.00
一、建筑安装工程费			元	235058	100.00
二、设备购置费			元	—	—
建筑安装工程费					
直接费	人工费	人工	工日	592	—
		措施费分摊	元	826	—
		人工费小计	元	19196	8.17
	材料费	商品混凝土 C15	m^3	12.09	—
		商品混凝土 C20	m^3	0.67	—
		商品混凝土 C25	m^3	0.11	—
		抗渗商品混凝土 C25	m^3	40.75	—
		钢筋 ϕ10 以内	t	2.20	—
		钢筋 ϕ10 以外	t	22.42	—
		木模板	m^3	1.16	—
		组合钢模板	kg	97.18	—
		钢管	t	7.36	—
		钢管件	t	1.84	—
		滤料砂	m^3	20.00	—
		球阀 *DN* 25	个	1.00	—
		球阀 *DN* 40	个	1.00	—
		手动球阀 *DN* 15	个	15.00	—
		手动球阀 *DN* 25	个	2.00	—
		其他材料费	元	28950	—
		措施费分摊	元	9627	—
		材料费小计	元	167259	71.16
	机械费	履带式推土机 75kW	台班	0.61	—
		反铲挖掘机 1m^3	台班	0.61	—
		电动夯实机 20~62N·m	台班	3.98	—
		汽车式起重机 5t	台班	0.47	—
		自卸汽车 15t	台班	4.33	—
		直流弧焊机 32kW	台班	7.88	—
		其他机械费	元	1077	—
		措施费分摊	元	516	—
		机械费小计	元	7327	3.12
	直接费小计		元	193782	82.44
综合费用			元	41276	17.56
合计			元	235058	—

工程特征：设计水量 20000m³/d。矩形钢筋混凝土结构：共分 8 格，每 2 格 1 组，滤水面积 104m²，滤速 9m/h，反冲洗强度 20L/s · m²，冲洗时间 6min，单格滤池平面尺寸 3.6m×3.6m，滤料为锰砂，厚 800mm，砾石支托层厚 200mm。钢筋混凝土水池，池壁、底板均厚为 200mm，预制钢筋混凝土盖板，指标未包含房屋建筑。

单位：座

指标编号			3F-388	
项目		单位	无阀滤池	
			滤水面积 104m²	占指标基价（%）
指标基价		元	863226	100.00
一、建筑安装工程费		元	847265	98.15
二、设备购置费		元	15961	1.85
建筑安装工程费				
直接费	人工费	人工	工日	2008	—
		措施费分摊	元	2921	—
		人工费小计	元	65229	7.56
	材料费	商品混凝土 C15	m³	47.71	—
		商品混凝土 C20	m³	2.65	—
		商品混凝土 C25	m³	0.44	—
		抗渗商品混凝土 C25	m³	160.79	—
		钢筋 ϕ10 以内	t	3.38	—
		钢筋 ϕ10 以外	t	34.45	—
		木模板	m³	3.40	—
		组合钢模板	kg	383.41	—
		钢管	t	31.53	—
		钢管件	t	9.41	—
		锰砂	m³	83.00	—
		球阀 *DN* 25	个	2.00	—
		球阀 *DN* 40	个	1.00	—
		手动球阀 *DN* 15	个	25.00	—
		手动球阀 *DN* 25	个	3.00	—
		其他材料费	元	102556	—
		措施费分摊	元	34790	—
		材料费小计	元	607329	70.36
	机械费	履带式推土机 75kW	台班	2.31	—
		反铲挖掘机 1m³	台班	2.31	—
		电动夯实机 20～62N · m	台班	15.11	—
		汽车式起重机 5t	台班	1.79	—
		自卸汽车 15t	台班	16.44	—
		直流弧焊机 32kW	台班	29.92	—
		其他机械费	元	2339	—
		措施费分摊	元	1826	—
		机械费小计	元	25929	3.00
	直接费小计		元	698487	80.92
综合费用			元	148778	17.24
合计			元	847265	—

工程特征：设计水量 100000m³/d。矩形钢筋混凝土结构，双排 8 格布置，滤水总面积 712m²，大阻力配水。冲洗强度 15L/s · m²，冲洗时间 5min，单格滤池平面尺寸 8.9m×10m。滤层结构：石英砂厚 700mm，砾石支托层厚 500mm。钢筋混凝土水池，池壁厚 300mm，池底厚 400mm，下部为钢筋混凝土结构，上部为混合结构，管廊及操作室外，一砖外墙，钢门窗。

单位：座

指标编号				3F-389	
项目			单位	双阀滤池	
				滤水总面积 712m²	占指标基价（%）
指标基价			元	7503549	100.00
一、建筑安装工程费			元	5712778	76.13
二、设备购置费			元	1790771	23.87
建筑安装工程费					
直接费	人工费	人工	工日	19059	—
		措施费分摊	元	21368	—
		人工费小计	元	612769	8.17
	材料费	商品混凝土 C15	m³	574.65	—
		商品混凝土 C20	m³	31.93	—
		商品混凝土 C25	m³	5.32	—
		抗渗商品混凝土 C25	m³	1936.79	—
		钢筋 ϕ10 以内	t	43.51	—
		钢筋 ϕ10 以外	t	443.96	—
		木模板	m³	30.12	—
		组合钢模板	kg	4618.51	—
		钢管	t	26.10	—
		钢管件	t	3.30	—
		滤料砂	m³	498.00	—
		球阀 *DN* 25	个	25.00	—
		球阀 *DN* 40	个	13.00	—
		手动球阀 *DN* 25	个	38.00	—
		其他材料费	元	727868	—
		措施费分摊	元	231860	—
		材料费小计	元	3907200	52.07
	机械费	履带式推土机 75kW	台班	15.85	—
		反铲挖掘机 1m³	台班	15.88	—
		电动夯实机 20 ~ 62N · m	台班	103.45	—
		汽车式起重机 5t	台班	12.25	—
		自卸汽车 15t	台班	112.54	—
		直流弧焊机 32kW	台班	204.85	—
		其他机械费	元	27301	—
		措施费分摊	元	13355	—
		机械费小计	元	189658	2.53
	直接费小计		元	4709627	62.77
综合费用			元	1003151	13.37
合　计			元	5712778	—

工程特征：设计水量 157500m^3/d。矩形钢筋混凝土结构，双排 12 格布置，中间为管廊，滤水总面积 605.52m^2，滤速 10m/h；双层滤料结构：无烟煤厚 300mm，石英砂厚 500mm，砾石厚 300mm，单格滤池平面尺寸 5.8m×8.7m。钢筋混凝土水池，池壁厚 250mm，池底厚 350mm，池上房屋为砖混结构，一砖半外墙，钢筋混凝土柱及连续梁，预制钢筋混凝土薄腹梁及预应力大型屋面板，三毡四油防水，珍珠岩保温屋面，滤池外半砖保温墙。

单位：座

指标编号				3F-390	
项目			单位	双阀滤池	
				滤水总面积 605.52m^2	占指标基价（%）
指标基价			元	7780763	100.00
一、建筑安装工程费			元	7439158	95.61
二、设备购置费			元	341605	4.39
建筑安装工程费					
直接费	人工费	人工	工日	36993	—
		措施费分摊	元	27238	—
		人工费小计	元	1175131	15.10
	材料费	商品混凝土 C15	m^3	640.41	—
		商品混凝土 C20	m^3	35.58	—
		商品混凝土 C25	m^3	5.93	—
		抗渗商品混凝土 C25	m^3	2158.40	—
		钢筋 ϕ10 以内	t	52.08	—
		钢筋 ϕ10 以外	t	531.37	—
		木模板	m^3	36.13	—
		组合钢模板	kg	5146.96	—
		钢管	t	98.37	—
		钢管件	t	20.14	—
		滤料砂	m^3	485.00	—
		滤料无烟煤	m^3	182.00	—
		球阀 *DN* 25	个	5.00	—
		球阀 *DN* 40	个	2.00	—
		手动球阀 *DN* 25	个	7.00	—
		双法兰电动蝶阀 *DN* 600	个	9.00	—
		其他材料费	元	850859	—
		措施费分摊	元	302881	—
		材料费小计	元	4715965	60.61
	机械费	履带式推土机 75kW	台班	13.49	—
		反铲挖掘机 1m^3	台班	13.51	—
		电动夯实机 20～62N·m	台班	88.05	—
		汽车式起重机 5t	台班	10.42	—
		自卸汽车 15t	台班	95.79	—
		直流弧焊机 32kW	台班	174.35	—
		其他机械费	元	97920	—
		措施费分摊	元	17024	—
		机械费小计	元	241763	3.11
	直接费小计		元	6132859	78.82
综合费用			元	1306299	16.79
合计			元	7439158	—

工程特征：设计水量 300000m³/d。钢筋混凝土结构，单排 8 格布置，平面尺寸 25.55m×20.5m,池深 4.4m,滤水总面积 547.05m²,滤速 10m/h，反冲洗强度 15L/s·m²,单格滤池平面尺寸 68.38m²，滤层结构：石英砂厚 875mm,砾石厚 250mm。现浇钢筋混凝土水池，壁厚为 250mm，底板厚为 400mm，框架结构操作室面积 153.7m²，一砖外墙。

单位：座

指标编号				3F-391	
项目			单位	双阀滤池	
				滤水总面积 547.05m²	占指标基价（%）
指标基价			元	6428010	100.00
一、建筑安装工程费			元	6226010	96.86
二、设备购置费			元	202000	3.14
建筑安装工程费					
直接费	人工费	人工	工日	40318	—
		措施费分摊	元	23379	—
		人工费小计	元	1274447	19.83
	材料费	商品混凝土 C10	m³	60.36	—
		商品混凝土 C20	m³	65.64	—
		抗渗商品混凝土 C25	m³	1358.75	—
		钢筋 ϕ10 以内	t	10.57	—
		钢筋 ϕ10 以外	t	87.70	—
		水泥（综合）	t	38.04	—
		中砂	t	40.30	—
		标准砖	千块	23.64	—
		木模板	m³	2.61	—
		组合钢模板	kg	1500.18	—
		钢管	t	44.23	—
		钢管件	t	8.87	—
		滤料砂	m³	395.00	—
		衬夹式蝶阀 *DN* 400	个	8.00	—
		对夹式手动蝶阀 *DN* 400	个	8.00	—
		衬夹式蝶阀 *DN* 500	个	8.00	—
		电动蝶阀 *DN* 500	个	24.00	—
		对夹式手动蝶阀 *DN* 500	个	1.00	—

续表

指标编号				3F-391	
项目			单位	双阀滤池	
				滤水总面积547.05m^2	占指标基价（%）
直接费	材料费	衬胶蝶阀 *DN* 100	个	8.00	—
		对夹式手动蝶阀 *DN* 100	个	9.00	—
		电磁阀 *DN* 25	个	33.00	—
		电磁阀 *DN* 50	个	2.00	—
		电磁阀	个	32.00	—
		进水虹吸破坏阀	个	8.00	—
		进水虹吸形成阀	个	8.00	—
		开启出水阀	个	1.00	—
		排水虹吸破坏阀	个	8.00	—
		排水虹吸形成阀	个	8.00	—
		闸阀 *DN* 25	个	84.00	—
		闸阀 *DN* 50	个	6.00	—
		闸阀 *DN* 200	个	3.00	—
		单向阀 *DN* 50	个	2.00	—
		其他材料费	元	581172	—
		措施费分摊	元	252541	—
		材料费小计	元	3229237	50.24
	机械费	履带式推土机 75kW	台班	2.59	—
		反铲挖掘机 1m^3	台班	2.88	—
		汽车式起重机 5t	台班	3.87	—
		自卸汽车 15t	台班	401.02	—
		交流弧焊机 32kV·A	台班	25.75	—
		其他机械费	元	255507	—
		措施费分摊	元	14612	—
		机械费小计	元	629053	9.79
	直接费小计		元	5132737	79.85
综合费用			元	1093273	17.01
合　　计			元	6226010	—

工程特征：设计水量500000m³/d。矩形钢筋混凝土结构，两组单排布置，共24格，单格过滤面积85.5m²，进水渠2条，两根*DN* 1800出水管，管廊在水池外侧，设计滤速10m/h，工作周期12~24h，冲洗全过程约25~26min，大阻力配水系统。两组滤池中，下部设冲洗泵、真空泵及排水泵，上部设操作室，屋顶为300m³冲洗水箱。钢筋混凝土满堂基础及梁、板、柱，预制钢筋混凝土水箱、水槽及大型屋面板，预应力钢筋混凝土双T板，一砖半面墙，钢门窗，红缸砖楼面。无烟煤厚300mm，石英砂厚500m,砾石厚300mm。

单位：座

指标编号				3F-392	
项目			单位	双阀滤池	
				滤水面积2051m²	占指标基价（%）
指标基价			元	25839726	100.00
一、建筑安装工程费			元	19277776	74.61
二、设备购置费			元	6561950	25.39
建筑安装工程费					
直接费	人工费	人工	工日	62630	—
		措施费分摊	元	70682	—
		人工费小计	元	2014091	7.79
	材料费	商品混凝土C15	m³	2215.08	—
		商品混凝土C20	m³	123.06	—
		商品混凝土C25	m³	20.51	—
		抗渗商品混凝土C25	m³	7465.64	—
		钢筋ϕ10以内	t	172.33	—
		钢筋ϕ10以外	t	1758.47	—
		木模板	m³	67.05	—
		组合钢模板	kg	17802.68	—
		钢管	t	226.52	—
		钢管件	t	42.65	—
		滤料砂	m³	1026.00	—
		滤料无烟煤	m³	615.00	—
		球阀*DN* 25	个	10.00	—
		球阀*DN* 40	个	5.00	—
		双法兰电动蝶阀*DN* 600	个	20.00	—
		手动球阀*DN* 25	个	15.00	—
		其他材料费	元	2422399	—
		措施费分摊	元	784725	—
		材料费小计	元	13251191	51.28
	机械费	履带式推土机75kW	台班	45.65	—
		反铲挖掘机1m³	台班	45.73	—
		电动夯实机20~62N·m	台班	298.01	—
		汽车式起重机5t	台班	35.28	—
		自卸汽车15t	台班	324.19	—
		直流弧焊机32kW	台班	590.10	—
		其他机械费	元	153968	—
		措施费分摊	元	44176	—
		机械费小计	元	627361	2.43
	直接费小计		元	15892643	61.50
综合费用			元	3385133	13.10
合计			元	19277776	—

工程特征： 设计水量 25000m³/d。矩形钢筋混凝土结构，共 2 组，每组 26 格，单格平面尺寸 1.55m×1.55m。滤速 8.7m/h 反冲洗强度 15L/s·m²，冲洗时间 5min，气浮刮沫周期 12h，滤池和气浮工作由 CHK-2 程序制仪自动控制。滤料结构：石英砂厚 700mm，砾石厚 300mm。钢筋混凝土水池，壁厚为 200mm，底板厚 300mm，池上建筑为砖混结构，毛石基础，二砖外墙，钢筋混凝土梁柱，预制钢筋混凝土空心板楼面及大型屋面板，三毡四油防水，沥青珍珠岩保温。

单位：座

指 标 编 号				3F-393	
项 目			单位	气浮移动钟罩滤池	
				滤水面积 125m²	占指标基价（%）
指 标 基 价			元	2434785	100.00
一、建筑安装工程费			元	2106903	86.53
二、设备购置费			元	327855	13.47
建筑安装工程费					
直接费	人工费	人工	工日	5016	—
		措施费分摊	元	6380	—
		人工费小计	元	162027	6.65
	材料费	商品混凝土 C15	m³	146.61	—
		商品混凝土 C20	m³	8.15	—
		商品混凝土 C25	m³	1.36	—
		抗渗商品混凝 C25	m³	494.14	—
		钢筋 ϕ10 以内	t	10.98	—
		钢筋 ϕ10 以外	t	112.04	—
		木模板	m³	10.58	—
		组合钢模板	kg	1178.33	—
		钢管	t	2.76	—
		钢管件	t	0.36	—
		滤料砂	m³	88.00	—
		球阀 *DN* 25	个	1.00	—
		球阀 *DN* 40	个	1.00	—
		双法兰电动蝶阀 *DN* 600	个	3.00	—
		手动球阀 *DN* 25	个	2.00	—
		其他材料费	元	289010	—
		措施费分摊	元	69391	—
		材料费小计	元	1518279	62.36
	机械费	履带式推土机 75kW	台班	2.78	—
		反铲挖掘机 1m³	台班	2.19	—
		电动夯实机 20～62N·m	台班	18.16	—
		汽车式起重机 5t	台班	2.15	—
		自卸汽车 15t	台班	19.76	—
		直流弧焊机 32kW	台班	35.96	—
		其他机械费	元	26483	—
		措施费分摊	元	3988	—
		机械费小计	元	56630	2.33
	直接费小计		元	1736936	71.34
综合费用			元	369967	15.20
合 计			元	2106903	—

工程特征： 设计水量75000m³/d。矩形钢筋混凝土结构，共144格，单格平面尺寸1.44m×1.44m，滤速11.0m/h，冲洗强度15L/s·m²，冲洗时间5min，小阻力混凝土穿孔滤水板配水。滤料结构：石英砂厚700mm，砾石厚200mm。钢筋混凝土水池，壁厚为250mm，底板厚300mm，预制钢筋混凝土滤水板，板上铺呢绒网。

单位：座

指标编号				3F-394	
项目			单位	移动钟罩滤池	
				滤水面积300m²	占指标基价（%）
指标基价			元	2312550	100.00
一、建筑安装工程费			元	1883970	81.47
二、设备购置费			元	428580	18.53
建筑安装工程费					
直接费	人工费	人工	工日	5858	—
		措施费分摊	元	6957	—
		人工费小计	元	188731	8.16
	材料费	商品混凝土C15	m³	196.84	—
		商品混凝土C20	m³	193.19	—
		商品混凝土C25	m³	1.82	—
		抗渗商品混凝土C25	m³	663.42	—
		钢筋 ϕ10以内	t	17.76	—
		钢筋 ϕ10以外	t	181.22	—
		木模板	m³	15.58	—
		组合钢模板	kg	1911.58	—
		钢管	t	15.36	—
		钢管件	t	3.14	—
		滤料砂	m³	216.00	—
		球阀 *DN* 25	个	3.00	—
		球阀 *DN* 40	个	1.00	—
		双法兰电动蝶阀 *DN* 600	个	5.00	—
		手动球阀 *DN* 25	个	4.00	—
		其他材料费	元	240255	—
		措施费分摊	元	76609	—
		材料费小计	元	1302665	56.33
	机械费	履带式推土机75kW	台班	6.68	—
		反铲挖掘机1m³	台班	6.69	—
		电动夯实机20～62N·m	台班	43.59	—
		汽车式起重机5t	台班	5.16	—
		自卸汽车15t	台班	47.42	—
		直流弧焊机32kW	台班	86.31	—
		其他机械费	元	5377	—
		措施费分摊	元	4348	—
		机械费小计	元	61753	2.67
	直接费小计		元	1553149	67.16
综合费用			元	330821	14.31
合计			元	1883970	—

工程特征：设计水量 100000m³/d。矩形钢筋混凝土结构，分 4 组共 96 格，单格平面尺寸 3m×2m，采取移动虹吸钟罩进行反冲洗，冲洗强度 15L /s · m²，滤料结构：无烟煤厚 350mm，石英砂厚 350mm，砾石厚 300mm。清水池为虹吸式出水系统，钢筋混凝土结构，壁厚为 250mm，底板厚 350mm，移动钟罩机房为钢骨架玻璃屋面。

单位：座

指标编号				3F-395	
项目			单位	移动钟罩滤池	
				滤水面积 576m²	占指标基价（%）
指标基价			元	4748202	100.00
一、建筑安装工程费			元	4267339	89.87
二、设备购置费			元	480863	10.13
建筑安装工程费					
直接费	人工费	人工	工日	10346	—
		措施费分摊	元	15449	—
		人工费小计	元	336485	7.09
	材料费	商品混凝土 C15	m³	381.27	—
		商品混凝土 C20	m³	21.18	—
		商品混凝土 C25	m³	3.53	—
		抗渗商品混凝土 C25	m³	1285.04	—
		钢筋 ϕ10 以内	t	37.4	—
		钢筋 ϕ10 以外	t	381.61	—
		木模板	m³	37.66	—
		组合钢模板	kg	3064.32	—
		钢管	t	85.24	—
		钢管件	t	13.31	—
		滤料砂	m³	404.00	—
		滤料无烟煤	m³	404.00	—
		球阀 *DN* 25	个	4.00	—
		球阀 *DN* 40	个	2.00	—
		双法兰电动蝶阀 *DN* 600	个	7.00	—
		手动球阀 *DN* 25	个	5.00	—
		其他材料费	元	549040	—
		措施费分摊	元	174027	—
		材料费小计	元	3044396	64.12
	机械费	履带式推土机 75kW	台班	12.82	—
		反铲挖掘机 1m³	台班	12.84	—
		电动夯实机 20～62N · m	台班	83.69	—
		汽车式起重机 5t	台班	9.91	—
		自卸汽车 15t	台班	91.05	—
		直流弧焊机 32kW	台班	165.72	—
		其他机械费	元	6926	—
		措施费分摊	元	9656	—
		机械费小计	元	137123	2.89
	直接费小计		元	3518004	74.09
综合费用			元	749335	15.78
合　计			元	4267339	—

工程特征：设计水量 200000m^3/d。矩形钢筋混凝土结构，双排布置，每排 6 格，滤水总面积 1123m^2，单格平面尺寸 8.9m×13m，设计滤速 8m/h，冲洗强度：气冲强度 1.5L /s · m^2，水冲强度 4~8L/s · m^2，气水水冲 5min，水冲 4min，滤料结构：石英砂厚 700mm，支承层厚 100mm，钢筋混凝土水池壁厚为 300mm，底板厚 350mm，管廊及控制室为框架结构。

单位：座

指标编号				3F-396	
项目			单位	普通气水反冲滤池	
				滤水总面积 1123m^2	占指标基价（%）
指标基价			元	14154082	100.00
一、建筑安装工程费			元	10676336	75.43
二、设备购置费			元	3477746	24.57
建筑安装工程费					
直接费	人工费	人工	工日	39015	—
		措施费分摊	元	39309	—
		人工费小计	元	1249944	8.83
	材料费	商品混凝土 C15	m^3	1095.47	—
		商品混凝土 C20	m^3	60.86	—
		商品混凝土 C25	m^3	10.14	—
		抗渗商品混凝土 C25	m^3	3692.13	—
		钢筋 ϕ10 以内	t	100.79	—
		钢筋 ϕ10 以外	t	1028.48	—
		木模板	m^3	66.95	—
		组合钢模板	kg	8804.32	—
		钢管	t	114.54	—
		钢管件	t	15.26	—
		滤料砂	m^3	786.00	—
		球阀 *DN* 25	个	3.00	—
		球阀 *DN* 40	个	2.00	—
		双法兰电动蝶阀 *DN* 600	个	7.00	—
		手动球阀 *DN* 25	个	5.00	—
		其他材料费	元	1321621	—
		措施费分摊	元	434326	—
		材料费小计	元	7202751	50.89
	机械费	履带式推土机 75kW	台班	24.99	—
		反铲挖掘机 1m^3	台班	25.04	—
		电动夯实机 20 ~ 62N · m	台班	163.17	—
		汽车式起重机 5t	台班	19.32	—
		自卸汽车 15t	台班	177.51	—
		直流弧焊机 32kW	台班	323.10	—
		其他机械费	元	89321	—
		措施费分摊	元	24568	—
		机械费小计	元	348901	2.47
	直接费小计		元	8801596	62.18
综合费用			元	1874740	13.25
合　计			元	10676336	—

工程特征：设计水量 75000m^3/d。矩形钢筋混凝土结构，分为 6 格，滤水面积 510m^2，单格平面尺寸 10m×8.5m，设计滤速 8m/h，冲洗强度 1.5L/s · m^2，冲洗时间为 6min，滤料上水深 1.7m，滤池出水及冲洗蝶阀均采用电动，进水及排水采用虹吸，冲水方式为水冲洗，采用集中控制操作，管廊平面尺寸 54.05m×6.50m。滤层结构：石英砂厚 750mm，承托层砾石厚 300mm。

单位：座

指标编号			3F-397	
项目		单位	普通快滤池	
			滤水面积 510m^2	占指标基价（%）
指标基价		元	8453506	100.00
一、建筑安装工程费		元	6982309	82.60
二、设备购置费		元	1471197	17.40
建筑安装工程费				
直接费	人工费	人工	工日	16955	—
		措施费分摊	元	25711	—
		人工费小计	元	551825	6.53
	材料费	商品混凝土 C15	m^3	556.72	—
		商品混凝土 C20	m^3	30.93	—
		抗渗商品混凝土 C25	m^3	1876.36	—
		钢筋 ϕ10 以内	t	47.72	—
		钢筋 ϕ10 以外	t	486.95	—
		木模板	m^3	30.40	—
		组合钢模板	kg	4474.40	—
		钢管	t	68.17	—
		钢管件	t	19.86	—
		滤料砂	m^3	385.00	—
		球阀 *DN* 25	个	3.00	—
		球阀 *DN* 40	个	1.00	—
		双法兰电动蝶阀 *DN* 600	个	5.00	—
		手动球阀 *DN* 25	个	4.00	—
		其他材料费	元	912972	—
		措施费分摊	元	284044	—
		材料费小计	元	4976204	58.87
	机械费	履带式推土机 75kW	台班	11.35	—
		反铲挖掘机 1m^3	台班	11.37	—
		电动夯实机 20～62N · m	台班	74.10	—
		汽车式起重机 5t	台班	8.77	—
		自卸汽车 15t	台班	80.61	—
		直流弧焊机 32kW	台班	146.73	—
		其他机械费	元	105405	—
		措施费分摊	元	16069	—
		机械费小计	元	228203	2.70
	直接费小计		元	5756232	68.09
综合费用			元	1226077	14.50
合计			元	6982309	—

工程特征： 设计水量 120000m^3/d。矩形钢筋混凝土结构，双排布置，每排 6 格，滤水总面积 882m^2，单格平面尺寸 8.63m×10.5m，设计滤速 8m/h，冲洗强度 15L/s·m^2，冲洗时间 6min，冲洗水箱容量 450m^3，滤层结构：石英砂厚 750mm，砾石厚 300mm，钢筋混凝土水池壁厚为 150~350mm，底板厚 400mm，管廊及控制室为框架结构，钢筋混凝土框架梁及水箱，一砖外墙，钢门窗。

单位：座

指标编号				3F-398	
项目			单位	普通快滤池	
				滤水总面积 882m^2	占指标基价（%）
指标基价			元	12394036	100.00
一、建筑安装工程费			元	9018269	72.76
二、设备购置费			元	3375767	27.24
建筑安装工程费					
直接费	人工费	人工	工日	25174	—
		措施费分摊	元	33456	—
		人工费小计	元	814605	6.57
	材料费	商品混凝土 C15	m^3	834.77	—
		商品混凝土 C20	m^3	46.38	—
		商品混凝土 C25	m^3	7.73	—
		抗渗商品混凝土 C25	m^3	2813.49	—
		钢筋 ϕ10 以内	t	62.32	—
		钢筋 ϕ10 以外	t	635.90	—
		木模板	m^3	50.88	—
		组合钢模板	kg	6252.68	—
		钢管	t	50.11	—
		钢管件	t	18.21	—
		滤料砂	m^3	662.00	—
		球阀 *DN* 25	个	3.00	—
		球阀 *DN* 40	个	2.00	—
		双法兰电动蝶阀 *DN* 600	个	6.00	—
		手动球阀 *DN* 25	个	5.00	—
		其他材料费	元	1170385	—
		措施费分摊	元	366465	—
		材料费小计	元	6323128	51.02
	机械费	履带式推土机 75kW	台班	19.63	—
		反铲挖掘机 1m^3	台班	19.67	—
		电动夯实机 20~62N·m	台班	128.15	—
		汽车式起重机 5t	台班	15.17	—
		自卸汽车 15t	台班	139.41	—
		直流弧焊机 32kW	台班	253.76	—
		其他机械费	元	91461	—
		措施费分摊	元	20910	—
		机械费小计	元	296949	2.40
	直接费小计		元	7434682	59.99
综合费用			元	1583587	12.78
合计			元	9018269	—

工程特征：设计水量 300000m³/d。矩形钢筋混凝土结构，平面尺寸 43.98m×43m，池深 4.5m，2 座池子，中间由管廊相连，单池平面尺寸 43.98m×18m，池深 4.5m，分 20 格滤池，单池过滤面积 96.6m²，设计滤速 7.0m/h，气冲强度 15L/s·m²，水冲强度 5L/s·m²，扫洗强度 5L/s·m²，滤层结构：石英砂 1.2m，承托层 0.1m，钢筋混凝土壁厚 200~300mm，底板厚 500mm，管廊及控制室为框架结构。

单位：座

指 标 编 号				3F-399	
项　　目			单位	V 型滤池	
				滤水面积 3864m²	占指标基价（%）
指 标 基 价			元	18978744	100.00
一、建筑安装工程费			元	15879304	83.67
二、设备购置费			元	3099440	16.33
建筑安装工程费					
直接费	人工费	人工	工日	42051	—
		措施费分摊	元	58872	—
		人工费小计	元	1363715	7.19
	材料费	商品混凝土 C15	m³	877.34	—
		商品混凝土 C20	m³	326.24	—
		抗渗商品混凝土 C25	m³	5630.30	—
		钢筋 ϕ10 以内	t	192.76	—
		钢筋 ϕ10 以外	t	629.45	—
		木模板	m³	135.53	—
		组合钢模板	kg	17577.73	—
		钢管	t	46.03	—
		钢管件	t	11.50	—
		滤料砂	m³	2391.00	—
		电动法兰阀 *DN* 100	个	20.00	—
		低压法兰阀 *DN* 200	个	24.00	—
		双法兰电动通风蝶阀 *DN* 400	个	20.00	—
		双法兰伸缩器 *DN* 400	个	40.00	—
		双法兰伸缩器 *DN* 500	个	20.00	—
		双法兰电动调节蝶阀 *DN* 500	个	20.00	—
		双法兰电动蝶阀 *DN* 600	个	20.00	—
		其他材料费	元	2150895	—
		措施费分摊	元	645329	—
		材料费小计	元	11484720	60.51
	机械费	履带式推土机 75kW	台班	11.27	—
		汽车式起重机 5t	台班	46.02	—
		反铲挖掘机 1m³	台班	12.53	—
		直流弧焊机 32kW	台班	270.94	—
		自卸汽车 15t	台班	118.25	—
		其他机械费	元	134060	—
		措施费分摊	元	36795	—
		机械费小计	元	242500	1.28
	直接费小计		元	13090935	68.98
综合费用			元	2788369	14.69
合　　计			元	15879304	—

工程特征： 设计水量 100000m^3/d。钢筋混凝土结构，平面尺寸 35.45m×42.0m，深 5.1m，池厚 0.4m，共设 8 格，单池过滤面积 87.5m^2,单池设计水量 0.15m^3/h，正常过滤速度 6.5m/h，气水反冲洗总历时 12min，承托层厚度 0.15m，均质石英砂滤料层厚度 1.2m，设在净化间内。

单位：座

指标编号				3F-400	
项目			单位	V 型滤池	
				滤水面积 700m^2	占指标基价（%）
指标基价			元	8095157	100.00
一、建筑安装工程费			元	7383775	91.21
二、设备购置费			元	711382	8.79
建筑安装工程费					
直接费	人工费	人工	工日	19997	—
		措施费分摊	元	27556	—
		人工费小计	元	648063	8.01
	材料费	商品混凝土 C15	m^3	758.75	—
		商品混凝土 C20	m^3	42.98	—
		商品混凝土 C25	m^3	9.81	—
		商品混凝土 C30	m^3	9.68	—
		抗渗商品混凝土 C30	m^3	2549.87	—
		钢筋 ϕ10 以内	t	49.37	
		钢筋 ϕ10 以外	t	502.60	—
		木模板	m^3	38.00	—
		组合钢模板	kg	6074.32	—
		钢管	t	25.38	—
		钢管件	t	5.21	—
		滤料砂	m^3	880.00	—
		ABS 球阀 *DN* 25	个	4.00	—
		ABS 球阀 *DN* 40	个	2.00	—
		电动球阀 *DN* 50	只	8.00	—
		静音式止回阀 *DN* 100	只	2.00	—
		双法兰电动调节蝶阀 *DN* 400	只	8.00	—
		双法兰电动蝶阀 *DN* 600	只	8.00	—
		双法兰电动通风蝶阀 *DN* 450	只	8.00	—
		双法兰手动闸阀 *DN* 100	只	2.00	—
		双法兰手动闸阀 *DN* 150	只	8.00	—
		手动球阀 *DN* 15	个	56.00	—
		手动球阀 *DN* 25	个	6.00	—
		其他材料费	元	970754	—
		措施费分摊	元	299779	—
		材料费小计	元	5194554	64.17
	机械费	履带式推土机 75kW	台班	15.58	—
		电动夯实机 20～62N · m	台班	101.71	—
		汽车式起重机 5t	台班	12.04	—
		自卸汽车 15t	台班	110.65	—
		直流弧焊机 32kW	台班	201.40	—
		反铲挖掘机 1m^3	台班	15.61	—
		其他机械费	元	80848	—
		措施费分摊	元	17223	—
		机械费小计	元	244584	3.02
	直接费小计		元	6087201	75.20
综合费用			元	1296574	16.02
合　计			元	7383775	—

工程特征：设计水量150000m³/d。矩形钢筋混凝土结构，双排5格布置，中间设管廊，单座滤池有效面积93.10m²，滤池高度4.8m，设计滤速7.0m/h，强制滤速7.7m/h，滤池采用长柄滤头气水冲洗加表面扫洗，气洗强度50m³/h·m²，水洗强度16m³/h·m²，滤料结构为单层石英砂，滤料厚度1.2m，现浇钢筋混凝土水池底板、壁，底板厚450mm，壁厚400mm，设在净化间内。

单位：座

指标编号				3F-401	
项目			单位	气水反冲V型滤池	
				滤水面积931m²	占指标基价（%）
指标基价			元	8556958	100.00
一、建筑安装工程费			元	6782826	79.27
二、设备购置费			元	1774132	20.73
建筑安装工程费					
直接费	人工费	人工	工日	20993	—
		措施费分摊	元	24813	—
		人工费小计	元	676226	7.90
	材料费	商品混凝土C10	m³	668.36	—
		抗渗商品混凝土C25	m³	2245.55	—
		钢筋ϕ10以内	t	27.22	—
		钢筋ϕ10以外	t	230.18	—
		木模板	m³	71.43	—
		组合钢模板	kg	3192.01	—
		钢管	t	33.41	—
		钢管件	t	20.00	—
		滤料砂	m³	1117.00	—
		伸缩器	个	67.00	—
		钢管防腐	m²	685.44	—
		电磁阀*DN*10	个	50.00	—
		手动蝶阀*DN*200	个	10.00	—
		手动蝶阀*DN*300	个	5.00	—
		气动蝶阀*DN*350	个	10.00	—
		气动蝶阀*DN*400	个	10.00	—
		手动蝶阀*DN*400	个	10.00	—
		气动蝶阀*DN*100	个	10.00	—
		气动蝶阀*DN*700	个	20.00	—
		手动蝶阀*DN*700	个	10.00	—
		手动蝶阀*DN*900	个	2.00	—
		其他材料费	元	855848	—
		措施费分摊	元	276195	—
		材料费小计	元	4656195	54.41
	机械费	履带式推土机75kW	台班	30.77	—
		汽车式起重机 5t	台班	15.71	—
		自卸汽车 15t	台班	129.46	—
		直流弧焊机 32kW	台班	112.76	—
		反铲挖掘机 1m³	台班	34.13	—
		其他机械费	元	69644	—
		措施费分摊	元	15508	—
		机械费小计	元	259356	3.03
	直接费小计		元	5591777	65.35
综合费用			元	1191049	13.92
合　计			元	6782826	—

工程特征：设计水量450000m³/d。钢筋混凝土矩形结构,平面尺寸为41.95m×21.4m,设4组24格滤池,每组6格,分2排布置，管廊设在两排滤池中间，单格滤池面积116m²,滤池高度4.2m，设计滤速7.0m/h，强制滤速7.3m/h,滤料层上层无烟煤层700mm，下层石英砂层800mm，承托层粗砂厚450mm，壁厚400mm，设在净化间内。

单位：座

指标编号				3F-402	
项目			单位	翻板滤池	
				滤水面积2784m²	占指标基价（%）
指标基价			元	27953726	100.00
一、建筑安装工程费			元	19962616	71.41
二、设备购置费			元	7991110	28.59
建筑安装工程费					
直接费	人工费	人工	工日	35991	—
		措施费分摊	元	83507	—
		人工费小计	元	1200306	4.29
	材料费	商品混凝土C10	m³	544.59	—
		商品混凝土C20	m³	66.78	—
		抗渗商品混凝土C30	m³	5750.36	—
		钢筋ϕ10以内	t	189.54	—
		钢筋ϕ10以外	t	618.26	—
		木模板	m³	369.99	—
		组合钢模板	kg	23435.70	—
		钢管	t	119.75	—
		钢管件	t	24.00	—
		滤料砂	m³	2300.00	—
		滤料无烟煤	m³	1950.00	—
		气路二位多通电磁阀	个	96.00	—
		调节阀*DN*15	个	96.00	—
		旋塞阀*DN*15	个	96.00	—
		气动蝶阀*DN*400	个	24.00	—
		手动蝶阀*DN*400	个	24.00	—
		气动蝶阀*DN*80	个	24.00	—
		手动蝶阀*DN*150	个	24.00	—
		电动调节阀*DN*500	个	24.00	—
		气动蝶阀*DN*800	个	24.00	—
		手动蝶阀*DN*800	个	30.00	—
		气动双泥水阀2×3200×150	对	24.00	—
		其他材料费	元	3176931	—
		措施费分摊	元	795843	—
		材料费小计	元	14808996	52.98
	机械费	电动夯实机 20~62N·m	台班	1345.40	—
		汽车式起重机 5t	台班	62.23	—
		电动单级离心清水泵 ϕ150	台班	31.20	—
		交流弧焊机 32kV·A	台班	306.21	—
		直流弧焊机 32kW	台班	260.77	—
		其他机械费	元	278587	—
		措施费分摊	元	52192	—
		机械费小计	元	447925	1.60
	直接费小计		元	16457227	58.87
综合费用			元	3505389	12.54
合计			元	19962616	—

工程特征： 设计水量 150000m³/d。由砂滤池和碳滤池组成，砂滤池和碳滤池均为单排 6 格布置，中间用管廊连接；其中砂滤池为 V 型滤池，碳滤池为普通快滤池，设计流量 6563m³/h。砂滤池共 6 个，单池过滤面积 121m²，设计流速 9.0m/h，反冲洗方式为气水反冲加水平扫洗，气冲强度 55m³/h · m²，水冲强度 15m³/h ·m²，表洗强度 7m³/h ·m²。碳滤池共 6 个，单池过滤面积 112m²，设计滤速 9.8m/h，采用气水反冲，气冲强度 30m³/h · m²，水冲强度 30m³/h · m²。碳滤池采用单层均粒石英砂滤料，厚度 1.2m，碳滤料采用活性炭滤料，厚度 1.6m。配水系统均采用滤板加长柄滤头，滤站平面尺寸 83.56m×50.80m，为两层建筑，上层为操作层，下层为管廊层。

单位：座

指标编号				3F-403	
项目			单位	滤池	
				滤水面积 1398m²	占指标基价（%）
指标基价			元	14088692	100.00
一、建筑安装工程费			元	11769062	83.54
二、设备购置费			元	2319630	16.46
建筑安装工程费					
直接费	人工费	人工	工日	42230	—
		措施费分摊	元	43284	—
		人工费小计	元	1353681	9.61
	材料费	商品混凝土 C15	m³	360.08	—
		商品混凝土 C25	m³	1767.45	—
		抗渗商品混凝土 C25	m³	2699.33	—
		钢筋 ϕ10 以内	t	155.14	—
		钢筋 ϕ10 以外	t	354.31	—
		碎石	t	1663.42	—
		中砂	t	1167.94	—
		加气混凝土砌块	m³	859.57	—
		陶瓷地面砖	m²	4487.45	—
		瓷砖	m²	2713.77	—
		木模板	m³	73.33	—
		组合钢模板	kg	12548.23	—
		钢管	t	12.88	—
		钢管件	t	2.58	—
		滤料砂	m³	950.00	—

续表

指标编号				3F-403	
项目			单位	滤池	
				滤水面积 1398m^2	占指标基价（%）
直接费	材料费	滤料活性炭	m^3	1080.00	—
		电动蝶阀 *DN* 400	个	3.00	—
		截止阀 J41H-16 *DN* 20	个	11.00	—
		对夹蝶式止回阀 *DN* 400	个	3.00	—
		手动蝶阀 *DN* 250	个	4.00	—
		手动蝶阀 *DN* 500	个	12.00	—
		手动蝶阀 *DN* 150	个	12.00	—
		法兰止回阀 *DN* 200	个	3.00	—
		气动调节蝶阀 *DN* 450	个	12.00	—
		气动蝶阀 *DN* 1200	个	1.00	—
		气动蝶阀 *DN* 250	个	12.00	—
		气动蝶阀 *DN* 500	个	6.00	—
		气动蝶阀 *DN* 600	个	6.00	—
		对夹蝶式止回阀 *DN* 500	个	3.00	—
		手动蝶阀 *DN* 800	个	2.00	—
		减压阀	个	1.00	—
		其他材料费	元	1514931	—
		措施费分摊	元	478858	—
		材料费小计	元	8189159	58.13
	机械费	履带式推土机 75kW	台班	15.22	—
		电动夯实机 20～62N·m	台班	122.39	—
		汽车式起重机 5t	台班	32.14	—
		反铲挖掘机 1m^3	台班	13.68	—
		其他机械费	元	96781	—
		措施费分摊	元	27053	—
		机械费小计	元	159602	1.13
	直接费小计		元	9702442	68.87
综合费用			元	2066620	14.67
合计			元	11769062	—

4.8 污泥处理间

工程特征：设计水量 450000m³/d。滤池反冲洗废水回收池与污泥贮池合建，共 2 座。废水回收池容积 1609.38m³，污泥池容积 1320m³，两池合建平面总尺寸 30.9m×26.3m，有效池深 4m，底板厚 400mm，池壁厚 300mm，池盖厚 250mm，上部覆土 700mm；进泥量 110m³/h，含水率 99.3%，浓缩含水率为 99%，间歇进泥。污泥处理间平面尺寸 30m×12m，高 10.5m，分上、下两层，一层由设备间、药库、污泥装运间、低压配电室及值班室组成，二层为污泥脱水机构的设备间。

单位：座

指标编号				3F-404	
项目			单位	废水回收池-污泥贮池-污泥处理间	
				进泥量 110m³/h	占指标基价（%）
指标基价			元	10423689	100.00
一、建筑安装工程费			元	3244821	31.13
二、设备购置费			元	7178868	68.87
建筑安装工程费					
直接费	人工费	人工	工日	10497	—
		措施费分摊	元	12070	—
		人工费小计	元	337792	3.24
	材料费	商品混凝土 C15	m³	220.80	—
		商品混凝土 C25	m³	346.88	—
		抗渗商品混凝土 C30	m³	1118.25	—
		商品混凝土 C30	m³	44.30	—
		水泥（综合）	t	82.12	—
		碎石	t	83.95	—
		中砂	t	404.25	—
		标准砖	千块	316.82	—
		钢筋 ϕ10 以内	t	29.20	—
		钢筋 ϕ10 以外	t	103.47	—
		木模板	m³	6.16	—
		组合钢模板	kg	2926.13	—
		钢管	t	24.61	—
		钢管件	t	0.94	—
		法兰阀门 *DN* 50	个	18.00	—
		法兰阀门 *DN* 100	个	6.00	—
		法兰阀门 *DN* 150	个	8.00	—
		法兰阀门 *DN* 200	个	2.00	—
		电动蝶阀 *DN* 400	个	4.00	—
		电动蝶阀 *DN* 500	个	4.00	—
		电动蝶阀 *DN* 1000	个	2.00	—
		管道伸缩器 *DN* 100	个	7.00	—
		管道伸缩器 *DN* 400	个	2.00	—
		电动蝶阀 *DN* 40	个	4.00	—
		电动蝶阀 *DN* 50	个	2.00	—
		电动蝶阀 *DN* 100	个	2.00	—
		其他材料费	元	355692	—
		措施费分摊	元	131804	—
		材料费小计	元	1919403	18.41
	机械费	履带式推土机 75kW	台班	1.97	—
		反铲挖掘机 1m³	台班	12.67	—
		自卸汽车 15t	台班	20.06	—
		直流弧焊机 32kW	台班	39.35	—
		交流弧焊机 32kV·A	台班	38.89	—
		其他机械费	元	373837	—
		措施费分摊	元	7543	—
		机械费小计	元	417843	4.01
	直接费小计		元	2675038	25.66
综合费用			元	569783	5.47
合计			元	3244821	—

工程特征：设计水量 150000m³/d。污泥处理间 1 座，内设污泥浓缩池和污泥脱水系统，平面尺寸为 30m×12m，高为 5.5m。浓缩池进泥量为 910m³/d，含水率均为 99.2%，浓缩池 2 座，平面尺寸 4m×4m，深 5.5m，有效泥位 3.0m，采用静压式排泥。离心脱水机 1 台，单机最大处理能力 20m³/h，工作周期为 24h，设计脱水后泥饼量为 1.4m，其含水率为 80%。

单位：座

指 标 编 号				3F-405	
项　　目			单位	污泥处理间	
				进泥量 910m³/h	占指标基价（%）
指 标 基 价			元	6671534	100.00
一、建筑安装工程费			元	3774972	56.58
二、设备购置费			元	2896562	43.42
建筑安装工程费					
直接费	人工费	人工	工日	5383	—
		措施费分摊	元	13943	—
		人工费小计	元	180978	2.71
	材料费	商品混凝土 C15	m³	92.32	—
		商品混凝土 C25	m³	200.08	—
		抗渗商品混凝土 C30	m³	491.44	—
		钢筋 ϕ10 以内	t	27.43	—
		钢筋 ϕ10 以外	t	52.68	—
		木模板	m³	6.76	—
		组合钢模板	kg	1417.83	—
		钢材	t	14.96	—
		钢管	t	11.13	—
		钢管件	t	2.32	—
		法兰阀门 *DN* 40	个	3.00	—
		法兰阀门 *DN* 50	个	1.00	—
		法兰阀门 *DN* 150	个	2.00	—
		法兰阀门 *DN* 200	个	2.00	—
		电力电缆	m	595.90	—
		控制电缆	m	507.50	—
		屏蔽电缆	m	816.00	—
		其他材料费	元	534387	—
		措施费分摊	元	153500	—
		材料费小计	元	2856642	42.82
	机械费	履带式推土机 75kW	台班	5.90	—
		反铲挖掘机 1m³	台班	2.61	—
		自卸汽车 15t	台班	28.36	—
		直流弧焊机 32kW	台班	16.60	—
		交流弧焊机 32kV·A	台班	24.60	—
		电动夯实机 20～62N·m	台班	48.71	—
		其他机械费	元	35440	—
		措施费分摊	元	8714	—
		机械费小计	元	74476	1.12
	直接费小计		元	3112096	46.65
综合费用			元	662876	9.94
合　　计			元	3774972	—

工程特征： 设计水量 150000m³/d。由污泥调节池、污泥浓缩池、储泥池、回流井、污泥脱水机房组成。污泥调节池平面尺寸 18m×9m，有效水深 2.2m，有效容积 3.50m³。污泥浓缩池平面尺寸 15×15m，有效水深 4.0m，设计流量 71m³/h，水力停留时间 10.2h。储泥池平面尺寸 6.0m×9.0m，有效容积 216m³。回流井平面尺寸 4.0m×4.0m，有效水深 3.7m。污泥脱水机房平面尺寸 30m×12m，脱水的污泥量为 179m³/d，脱水及工作时间一周 5d，每天 16h,采用 2 台带式压滤机，1 用 1 备，单台带式压滤机的能力为 470kgDS/h,带宽 2m，所处理的湿污泥量为 18.0m³/h。

单位：座

指标编号				3F-406	
项目			单位	污泥处理间	
				进泥量 1692m³/h	占指标基价（%）
指标基价			元	6271935	100.00
一、建筑安装工程费			元	1911135	30.47
二、设备购置费			元	4360800	69.53
建筑安装工程费					
直接费	人工费	人工	工日	6355	—
		措施费分摊	元	7068	—
		人工费小计	元	204264	3.26
	材料费	商品混凝土 C15	m³	77.04	—
		商品混凝土 C25	m³	142.35	—
		抗渗商品混凝土 C25	m³	643.81	—
		钢筋 ϕ10 以内	t	34.24	—
		钢筋 ϕ10 以外	t	66.78	—
		水泥（综合）	t	81.54	—
		碎石	t	94.64	—
		中砂	t	210.78	—
		木模板	m³	7.61	—
		组合钢模板	kg	2378.24	—
		钢管	t	5.22	—
		钢管件	t	2.57	—
		手动蝶阀 *DN* 40	个	2.00	—
		手动蝶阀 *DN* 65	个	2.00	—
		手动蝶阀 *DN* 80	个	2.00	—
		气动蝶阀 *DN* 200	个	4.00	—
		不锈钢手动球阀 *DN* 20	个	4.00	—
		不锈钢手动球阀 *DN* 25	个	4.00	—
		焊钢法兰 *DN* 40	个	4.00	—
		平焊法兰 *DN* 50	个	4.00	—
		平焊钢法兰 *DN* 65	个	4.00	—
		平焊钢法兰 *DN* 80	个	4.00	—
		其他材料费	元	239463	—
		措施费分摊	元	77696	—
		材料费小计	元	1288849	20.55
	机械费	履带式推土机 75kW	台班	7.52	—
		电动夯实机 20～62N·m	台班	22.58	—
		反铲挖掘机 1m³	台班	4.42	—
		自卸汽车 15t	台班	25.56	—
		交流弧焊机 32kV·A	台班	12.83	—
		直流弧焊机 32kW	台班	21.60	—
		其他机械费	元	44036	—
		措施费分摊	元	4418	—
		机械费小计	元	82431	1.31
	直接费小计		元	1575544	25.12
综合费用			元	335591	5.35
合　计			元	1911135	—

4.9 吸 水 井

工程特征：设计水量 10000m³/d。矩形钢筋混凝土结构，平面尺寸为 9.4m×2.4m，净深 5.05m。现浇钢筋混凝土底板厚 350mm，壁厚 300mm，池盖板厚 100mm。

单位：座

指标编号				3F-407	
项目			单位	容积 114m³	
				构筑物	占指标基价（%）
指标基价			元	116320	100.00
一、建筑安装工程费			元	116320	100.00
二、设备购置费			元	—	—
建筑安装工程费					
直接费	人工费	人工	工日	385	—
		措施费分摊	元	467	—
		人工费小计	元	12401	10.66
	材料费	商品混凝土 C15	m³	4.41	—
		商品混凝土 C20	m³	3.10	—
		抗渗商品混凝土 C25	m³	50.93	—
		钢筋 ϕ10 以外	t	4.06	—
		钢筋 ϕ10 以内	t	3.92	—
		木模板	m³	0.63	—
		组合钢模板	kg	160.20	—
		钢管	t	2.25	—
		钢管件	t	0.63	—
		其他材料费	元	9237	—
		措施费分摊	元	5084	—
		材料费小计	元	83494	71.78
	机械费	履带式推土机 75kW	台班	1.09	—
		拖式铲运机 3m³	台班	2.55	—
		反铲挖掘机 1m³	台班	0.93	—
		电动夯实机 20～62N·m	台班	16.78	—
		直流弧焊机 32kW	台班	1.71	—
		自卸汽车 15t	台班	0.26	—
		交流电焊机 21kV·A	台班	8.16	—
		电焊机（综合）	台班	7.28	—
		其他机械费	元	3362	—
		措施费分摊	元	292	—
		机械费小计	元	7337	6.31
	直接费小计		元	95895	82.44
综合费用			元	20426	17.56
合计			元	116320	—

工程特征：设计水量40000m^3/d。矩形钢筋混凝土结构，平面尺寸为9.6m×5.0m，净深4.3m。钢筋混凝土壁厚300mm，底板厚350mm，无梁池盖板厚100mm。

单位：座

指标编号				3F-408	
项目			单位	容积206m^3	
				构筑物	占指标基价（%）
指标基价			元	218621	100.00
一、建筑安装工程费			元	218621	100.00
二、设备购置费			元	—	—
建筑安装工程费					
直接费	人工费	人工	工日	699	—
		措施费分摊	元	816	—
		人工费小计	元	22511	10.30
	材料费	商品混凝土C15	m^3	8.41	—
		商品混凝土C20	m^3	5.91	—
		抗渗商品混凝土C25	m^3	89.47	—
		钢筋ϕ10以外	t	5.47	—
		钢筋ϕ10以内	t	6.72	—
		木模板	m^3	1.08	—
		组合钢模板	kg	249.33	—
		钢管	t	4.75	—
		钢管件	t	1.43	—
		其他材料费	元	29151	—
		措施费分摊	元	8876	—
		材料费小计	元	141767	64.85
	机械费	履带式推土机 75kW	台班	2.05	—
		拖式铲运机 3m^3	台班	4.60	—
		电动夯实机 20～62N·m	台班	30.32	—
		汽车式起重机 5t	台班	0.71	—
		直流弧焊机 32kW	台班	2.30	—
		反铲挖掘机 1m^3	台班	1.77	—
		汽车式起重机 8t	台班	0.65	—
		交流电焊机 21kV·A	台班	20.88	—
		电焊机（综合）	台班	35.09	—
		其他机械费	元	6757	—
		措施费分摊	元	510	—
		机械费小计	元	15955	7.30
	直接费小计		元	180232	82.44
综合费用			元	38389	17.56
合　计			元	218621	—

工程特征：设计水量40000m^3/d。矩形钢筋混凝土结构，平面尺寸为22.5m×3m，净深5.9m。钢筋混凝土壁厚400mm，底板厚450mm，池盖板厚200mm。

单位：座

<table>
<tr><td colspan="4">指 标 编 号</td><td colspan="2">3F-409</td></tr>
<tr><td colspan="3" rowspan="2">项　　目</td><td rowspan="2">单位</td><td colspan="2">容积398m^3</td></tr>
<tr><td>构筑物</td><td>占指标基价（%）</td></tr>
<tr><td colspan="3">指 标 基 价</td><td>元</td><td>315920</td><td>100.00</td></tr>
<tr><td colspan="3">一、建筑安装工程费</td><td>元</td><td>315920</td><td>100.00</td></tr>
<tr><td colspan="3">二、设备购置费</td><td>元</td><td>—</td><td>—</td></tr>
<tr><td colspan="6">建筑安装工程费</td></tr>
<tr><td rowspan="28">直接费</td><td rowspan="3">人工费</td><td>人工</td><td>工日</td><td>1408</td><td>—</td></tr>
<tr><td>措施费分摊</td><td>元</td><td>1179</td><td>—</td></tr>
<tr><td>人工费小计</td><td>元</td><td>44883</td><td>14.21</td></tr>
<tr><td rowspan="14">材料费</td><td>商品混凝土C10</td><td>m^3</td><td>11.70</td><td>—</td></tr>
<tr><td>商品混凝土C25</td><td>m^3</td><td>18.46</td><td>—</td></tr>
<tr><td>抗渗商品混凝土C25</td><td>m^3</td><td>161.10</td><td>—</td></tr>
<tr><td>水泥（综合）</td><td>t</td><td>9.06</td><td>—</td></tr>
<tr><td>中砂</td><td>t</td><td>28.03</td><td>—</td></tr>
<tr><td>碎石</td><td>t</td><td>7.65</td><td>—</td></tr>
<tr><td>钢筋ϕ10以外</td><td>t</td><td>12.30</td><td>—</td></tr>
<tr><td>钢筋ϕ10以内</td><td>t</td><td>12.04</td><td>—</td></tr>
<tr><td>标准砖</td><td>千块</td><td>13.21</td><td>—</td></tr>
<tr><td>木模板</td><td>m^3</td><td>1.94</td><td>—</td></tr>
<tr><td>组合钢模板</td><td>kg</td><td>414.56</td><td>—</td></tr>
<tr><td>其他材料费</td><td>元</td><td>14337</td><td>—</td></tr>
<tr><td>措施费分摊</td><td>元</td><td>12826</td><td>—</td></tr>
<tr><td>材料费小计</td><td>元</td><td>196247</td><td>62.12</td></tr>
<tr><td rowspan="9">机械费</td><td>履带式推土机 75kW</td><td>台班</td><td>3.06</td><td>—</td></tr>
<tr><td>汽车式起重机 5t</td><td>台班</td><td>3.79</td><td>—</td></tr>
<tr><td>载重汽车 6t</td><td>台班</td><td>1.89</td><td>—</td></tr>
<tr><td>自卸汽车 15t</td><td>台班</td><td>11.77</td><td>—</td></tr>
<tr><td>直流弧焊机 32kW</td><td>台班</td><td>6.48</td><td>—</td></tr>
<tr><td>反铲挖掘机 1m^3</td><td>台班</td><td>3.40</td><td>—</td></tr>
<tr><td>其他机械费</td><td>元</td><td>1196</td><td>—</td></tr>
<tr><td>措施费分摊</td><td>元</td><td>737</td><td>—</td></tr>
<tr><td>机械费小计</td><td>元</td><td>19315</td><td>6.11</td></tr>
<tr><td colspan="2">直接费小计</td><td>元</td><td>260445</td><td>82.44</td></tr>
<tr><td colspan="3">综合费用</td><td>元</td><td>55475</td><td>17.56</td></tr>
<tr><td colspan="3">合　　计</td><td>元</td><td>315920</td><td>—</td></tr>
</table>

工程特征： 设计水量 50000m³/d。矩形钢筋混凝土结构，平面尺寸为 23.8m×4.0m，净深 5.1m。钢筋混凝土壁厚 400mm，底板厚 450mm，池盖板厚 200mm。

单位：座

指标编号				3F-410	
项目			单位	容积 486m³	
				构筑物	占指标基价（%）
指标基价			元	643755	100.00
一、建筑安装工程费			元	515942	80.15
二、设备购置费			元	127813	19.85
建筑安装工程费					
直接费	人工费	人工	工日	1537	—
		措施费分摊	元	1926	—
		人工费小计	元	49634	7.71
	材料费	商品混凝土 C15	m³	15.00	—
		商品混凝土 C30	m³	19.16	—
		抗渗商品混凝土 C30	m³	201.11	—
		钢筋 ϕ10 以外	t	38.48	—
		焊接钢管	kg	614.04	—
		木模板	m³	3.01	—
		组合钢模板	kg	654.03	—
		钢管	t	6.87	—
		钢管件	t	2.06	—
		其他材料费	元	29956	—
		措施费分摊	元	20946	—
		材料费小计	元	338526	52.59
	机械费	履带式推土机 75kW	台班	5.34	—
		电动夯实机 20～62N·m	台班	109.86	—
		自卸汽车 15t	台班	16.20	—
		直流弧焊机 32kW	台班	16.28	—
		反铲挖掘机 1m³	台班	5.94	—
		汽车式起重机 8t	台班	1.39	—
		载重汽车 8t	台班	1.18	—
		交流电焊机 21kV·A	台班	24.73	—
		电焊机（综合）	台班	17.11	—
		吊装机械（综合）	台班	3.64	—
		其他机械费	元	4987	—
		措施费分摊	元	1204	—
		机械费小计	元	37183	5.78
	直接费小计		元	425344	66.07
综合费用			元	90598	14.07
合计			元	515942	—

工程特征： 设计水量 100000m^3/d。矩形钢筋混凝土结构，平面尺寸为 32.3m×4m，净深 4.6m。钢筋混凝土壁厚 400mm，底板厚 400mm，池盖板厚 400mm。

单位：座

指标编号				3F-411	
项目			单位	容积 594m^3	
				构筑物	占指标基价（%）
指标基价			元	689720	100.00
一、建筑安装工程费			元	556030	80.62
二、设备购置费			元	133690	19.38
建筑安装工程费					
直接费	人工费	人工	工日	1772	—
		措施费分摊	元	2076	—
		人工费小计	元	57075	8.28
	材料费	商品混凝土 C15	m^3	22.20	—
		商品混凝土 C20	m^3	66.38	—
		抗渗商品混凝土 C25	m^3	216.89	—
		钢筋 ϕ10 以外	t	18.38	—
		钢筋 ϕ10 以内	t	20.15	—
		木模板	m^3	3.03	—
		组合钢模板	kg	669.87	—
		钢管	t	8.82	—
		钢管件	t	2.47	—
		其他材料费	元	48145	—
		措施费分摊	元	22574	—
		材料费小计	元	361387	52.40
	机械费	履带式推土机 75kW	台班	4.88	—
		电动夯实机 20～62N·m	台班	100.34	—
		自卸汽车 15t	台班	19.79	—
		直流弧焊机 32kW	台班	7.71	—
		反铲挖掘机 1m^3	台班	5.42	—
		汽车式起重机 8t	台班	1.60	—
		载重汽车 8t	台班	1.34	—
		交流电焊机 21kV·A	台班	27.30	—
		电焊机（综合）	台班	24.78	—
		吊装机械（综合）	台班	3.95	—
		其他机械费	元	5317	—
		措施费分摊	元	1297	—
		机械费小计	元	39930	5.79
	直接费小计		元	458392	66.46
综合费用			元	97638	14.16
合计			元	556030	—

工程特征： 设计水量 100000m^3/d。矩形钢筋混凝土结构，平面尺寸 31m×3.5m，净深 5.65m。现浇钢筋混凝土壁厚 400mm，底板厚 500mm，无梁池盖板厚 201mm。

单位：座

指标编号				3F-412	
项目			单位	容积 613m^3	
				构筑物	占指标基价（%）
指标基价			元	515180	100.00
一、建筑安装工程费			元	515180	100.00
二、设备购置费			元	—	—
建筑安装工程费					
直接费	人工费	人工	工日	1514	—
		措施费分摊	元	1923	—
		人工费小计	元	48935	9.50
	材料费	商品混凝土 C15	m^3	17.43	—
		商品混凝土 C30	m^3	21.38	—
		抗渗商品混凝土 C30	m^3	250.79	—
		钢筋 ϕ10 以外	t	42.75	—
		钢筋 ϕ10 以内	t	0.51	—
		焊接钢管	kg	714.00	—
		木模板	m^3	3.71	—
		组合钢模板	kg	798.44	—
		其他材料费	元	37416	—
		措施费分摊	元	20915	—
		材料费小计	元	337973	65.60
	机械费	履带式推土机 75kW	台班	7.48	—
		电动夯实机 20～62N·m	台班	138.54	—
		自卸汽车 15t	台班	20.42	—
		直流弧焊机 32kW	台班	18.09	—
		反铲挖掘机 1m^3	台班	8.32	—
		其他机械费	元	3625	—
		措施费分摊	元	1202	—
		机械费小计	元	37808	7.34
	直接费小计		元	424716	82.44
综合费用			元	90464	17.56
合　计			元	515180	—

工程特征：设计水量 400000m^3/d。矩形钢筋混凝土结构，平面尺寸为 33.5m×3.5m，净深 8.35m。钢筋混凝土壁厚 600mm，底板厚 700mm，池盖板厚 150mm。

单位：座

指标编号				3F-413	
项目			单位	容积 979m^3	
				构筑物	占指标基价（%）
指标基价			元	819050	100.00
一、建筑安装工程费			元	819050	100.00
二、设备购置费			元	—	—
建筑安装工程费					
直接费	人工费	人工	工日	2270	—
		措施费分摊	元	3058	—
		人工费小计	元	73502	8.97
	材料费	商品混凝土 C15	m^3	23.56	—
		商品混凝土 C25	m^3	56.56	—
		抗渗商品混凝土 C25	m^3	572.34	—
		钢筋 ϕ10 以外	t	38.48	—
		钢筋 ϕ10 以内	t	12.40	—
		木模板	m^3	3.71	—
		组合钢模板	kg	982.87	—
		钢管	t	7.46	—
		钢管件	t	2.31	—
		其他材料费	元	22573	—
		措施费分摊	元	33252	—
		材料费小计	元	545649	66.62
	机械费	履带式推土机 75kW	台班	7.47	—
		电动夯实机 20~62N·m	台班	129.61	—
		自卸汽车 15t	台班	34.07	—
		直流弧焊机 32kW	台班	16.03	—
		反铲挖掘机 1m^3	台班	8.30	—
		汽车式起重机 8t	台班	1.08	—
		载重汽车 8t	台班	0.39	—
		交流电焊机 21kV·A	台班	15.15	—
		电焊机（综合）	台班	20.93	—
		吊装机械（综合）	台班	0.89	—
		其他机械费	元	6280	—
		措施费分摊	元	1911	—
		机械费小计	元	56075	6.85
	直接费小计		元	675226	82.44
综合费用			元	143823	17.56
合计			元	819050	—

4.10 二级泵房

工程特征：设计水量40000m^3/d。矩形半地下式钢筋混凝土结构，泵房平面尺寸27.5m×8.9m，地下部分深3.0m，地上建筑高6.3m。变电室平面尺寸12.44m×22.34m，建筑高3.9m。泵房内设4台水泵，泵房下部为钢筋混凝土箱式结构，壁厚300mm，底板厚650mm；上部为钢筋混凝土框架结构，现浇钢筋混凝土梁、板、柱，一砖外墙，木门、塑钢窗。

单位：座

指标编号				3F-414	
项目			单位	建筑体积3360m^3	
				构筑物	占指标基价（%）
指标基价			元	4436868	100.00
一、建筑安装工程费			元	1877063	42.31
二、设备购置费			元	2559805	57.69
建筑安装工程费					
直接费	人工费	人工	工日	7201	—
		措施费分摊	元	7007	—
		人工费小计	元	252174	5.68
	材料费	商品混凝土C15	m^3	68.13	—
		商品混凝土C20	m^3	111.08	—
		商品混凝土C25	m^3	31.30	—
		商品混凝土C30	m^3	259.54	—
		水泥（综合）	t	83.41	—
		钢筋ϕ10以外	t	26.06	—
		钢筋ϕ10以内	t	20.69	—
		钢板	t	1.41	—
		中砂	t	392.77	—
		粉煤灰砌块	m^3	505.17	—
		花岗岩板	m^2	165.61	—
		面砖	m^2	645.79	—
		瓷砖	m^2	735.11	—
		石油沥青30#	t	0.30	—
		三元乙丙橡胶卷材	m^2	1234.13	—
		木模板	m^3	2.74	—
		组合钢模板	kg	1290.89	—
		塑钢窗	m^2	106.87	—

续表

指标编号				3F-414	
项目			单位	建筑体积 3360m^3	
				构筑物	占指标基价（%）
直接费	材料费	不锈钢管	m	660.39	—
		钢管	t	26.25	—
		钢管件	t	2.43	—
		电力电缆	m	449.00	—
		控制电缆	m	731.00	—
		桥架	m	133.00	—
		电线	m	1205.00	—
		其他材料费	元	170406	—
		措施费分摊	元	76205	—
		材料费小计	元	1190568	26.83
	机械费	履带式推土机 75kW	台班	4.15	—
		塔式起重机 起重力矩 60kN·m	台班	15.24	—
		自卸汽车 15t	台班	21.08	—
		交流弧焊机 32kV·A	台班	18.52	—
		反铲挖掘机 1m^3	台班	4.50	—
		载重汽车	台班	9.02	—
		慢速卷扬机（带塔）	台班	45.73	—
		汽车式起重机 8t	台班	4.46	—
		载重汽车 8t	台班	2.06	—
		交流电焊机 21kV·A	台班	22.76	—
		电焊机（综合）	台班	169.48	—
		吊装机械（综合）	台班	6.19	—
		其他机械费	元	33826	—
		措施费分摊	元	4380	—
		机械费小计	元	104712	2.36
	直接费小计		元	1547455	34.88
综合费用			元	329608	7.43
合　计			元	1877063	—

工程特征： 设计水量 10000m³/d。矩形半地下钢筋混凝土砖混结构，平面尺寸 10.24m×27.24m，地下部分深 3.5m，地上建筑高 8.1m。泵房内设 7 台水泵，双排布置。配电室平面尺寸为 7.44m×18.34m，建筑高 4.4m。泵房下部为钢筋混凝土结构，壁厚 350mm，底板厚 500mm；上部建筑为钢筋混凝土框架结构，粉煤灰砌块外墙，现浇钢筋混凝土梁、板、柱，塑钢窗、钢窗。

单位：座

指标编号				3F-415	
项目			单位	建筑体积 3836m³	
				构筑物	占指标基价（%）
指标基价			元	2280635	100.00
一、建筑安装工程费			元	1615764	70.85
二、设备购置费			元	664871	29.15
建筑安装工程费					
直接费	人工费	人工	工日	7000	—
		措施费分摊	元	6032	—
		人工费小计	元	223239	9.79
	材料费	商品混凝土 C10	m³	55.24	—
		商品混凝土 C15	m³	12.54	—
		商品混凝土 C20	m³	243.02	—
		商品混凝土 C30	m³	245.84	—
		水泥（综合）	t	55.78	—
		钢筋 ϕ10 以外	t	36.62	—
		钢筋 ϕ10 以内	t	16.19	—
		钢板	t	5.50	—
		型钢	t	1.68	—
		中砂	t	177.04	—
		碎石	t	120.35	—
		粉煤灰砌块	m³	167.21	—
		聚氯乙烯泡沫塑料板厚 110	m³	33.74	—
		SBS 防水卷材	m²	773.64	—
		组合钢模板	kg	2883.18	—
		塑钢窗	m²	188.10	—
		塑钢门	m²	103.20	—
		铝合金窗	m²	50.87	—
		铝合金卷帘门	m²	11.88	—
		钢管	t	13.42	—
		钢管件	t	4.70	—
		电缆	m	751.00	—
		电线	m	114.00	—
		其他材料费	元	212577	—
		措施费分摊	元	65597	—
		材料费小计	元	1028659	45.10
	机械费	履带式推土机 75kW	台班	6.07	—
		电动夯实机 20～62N·m	台班	120.82	—
		汽车式起重机 5t	台班	7.72	—
		自卸汽车 15t	台班	21.88	—
		交流弧焊机 32kV·A	台班	83.81	—
		反铲挖掘机 1m³	台班	6.75	—
		载重汽车	台班	13.40	—
		汽车式起重机 10t	台班	3.48	—
		其他机械费	元	28550	—
		措施费分摊	元	3770	—
		机械费小计	元	80142	3.51
	直接费小计		元	1332039	58.41
综合费用			元	283724	12.44
合计			元	1615764	—

工程特征：设计水量 150000m³/d。矩形半地下钢筋混凝土结构，泵房平面尺寸 48m×12m，地下部分深 4.15m，地上建筑高 5.8m。泵房内设 4 台水泵，泵房地下部分为钢筋混凝土箱式结构，壁厚 300mm，底板厚 600mm；上部为排架结构，预制钢筋混凝土柱、薄腹梁、吊车梁、大型屋面板，塑钢门窗。

单位：座

指标编号				3F-416	
项目			单位	建筑体积 5731m³	
				构筑物	占指标基价（%）
指标基价			元	7289766	100.00
一、建筑安装工程费			元	2524341	34.63
二、设备购置费			元	4765425	65.37
建筑安装工程费					
直接费	人工费	人工	工日	9221	—
		措施费分摊	元	9424	—
		人工费小计	元	295536	4.05
	材料费	商品混凝土 C10	m³	68.30	—
		商品混凝土 C20	m³	714.10	—
		商品混凝土 C30	m³	651.74	—
		水泥（综合）	t	46.50	—
		钢筋 ϕ10 以外	t	43.12	—
		钢筋 ϕ10 以内	t	56.09	—
		木模板	m³	7.45	—
		中砂	t	124.97	—
		标准砖	千块	8.12	—
		粉煤灰砌块	m³	240.92	—
		SBS 防水卷材	m²	806.40	—
		组合钢模板	kg	1029.59	—
		塑钢窗	m²	212.80	—
		塑钢门	m²	2.88	—
		不锈钢管	m	855.00	—
		钢管	t	18.40	—
		钢管件	t	3.46	—
		其他材料费	元	396074	—
		措施费分摊	元	102483	—
		材料费小计	元	1592943	21.85
	机械费	履带式推土机 75kW	台班	14.20	—
		电动夯实机 20～62N·m	台班	144.20	—
		汽车式起重机 5t	台班	9.54	—
		载重汽车 8t	台班	15.18	—
		自卸汽车 15t	台班	89.52	—
		反铲挖掘机 1m³	台班	15.78	—
		载重汽车	台班	7.16	—
		汽车式起重机 8t	台班	5.51	—
		轴流通风机 7.5kW	台班	146.97	—
		电焊机（综合）	台班	152.96	—
		吊装机械（综合）	台班	13.90	—
		其他机械费	元	48890	—
		措施费分摊	元	5890	—
		机械费小计	元	192593	2.64
	直接费小计		元	2081072	28.55
综合费用			元	443268	6.08
合计			元	2524341	—

工程特征：设计水量100000m^3/d。矩形半地下钢筋混凝土结构，泵房平面尺寸42.37m×11.24m，下部分深3.6m，上部建筑高8.5m。地下部分为钢筋混凝土箱式结构，墙厚450mm,底板厚600mm；上部建筑为框架结构,现浇钢筋混凝土梁、板、柱，双层塑钢窗，铝合金门窗；泵房内设5台水泵，单排布置。

单位：座

<table>
<tr><td colspan="3">指 标 编 号</td><td colspan="2">3F-417</td></tr>
<tr><td colspan="3" rowspan="2">项　　目</td><td rowspan="2">单位</td><td colspan="2">建筑体积5762m³</td></tr>
<tr><td>构筑物</td><td>占指标基价（%）</td></tr>
<tr><td colspan="3">指 标 基 价</td><td>元</td><td>2823043</td><td>100.00</td></tr>
<tr><td colspan="3">一、建筑安装工程费</td><td>元</td><td>1857583</td><td>65.80</td></tr>
<tr><td colspan="3">二、设备购置费</td><td>元</td><td>965460</td><td>34.20</td></tr>
<tr><td colspan="6">建筑安装工程费</td></tr>
<tr><td rowspan="42">直接费</td><td rowspan="3">人工费</td><td>人工</td><td>工日</td><td>6932</td><td>—</td></tr>
<tr><td>措施费分摊</td><td>元</td><td>6935</td><td>—</td></tr>
<tr><td>人工费小计</td><td>元</td><td>222023</td><td>7.86</td></tr>
<tr><td rowspan="23">材料费</td><td>商品混凝土C10</td><td>m³</td><td>47.13</td><td>—</td></tr>
<tr><td>商品混凝土C15</td><td>m³</td><td>2.89</td><td>—</td></tr>
<tr><td>商品混凝土C20</td><td>m³</td><td>648.76</td><td>—</td></tr>
<tr><td>水泥（综合）</td><td>t</td><td>69.32</td><td>—</td></tr>
<tr><td>钢筋ϕ10以外</td><td>t</td><td>81.42</td><td>—</td></tr>
<tr><td>钢筋ϕ10以内</td><td>t</td><td>3.26</td><td>—</td></tr>
<tr><td>钢板</td><td>t</td><td>3.15</td><td>—</td></tr>
<tr><td>型钢</td><td>t</td><td>6.89</td><td>—</td></tr>
<tr><td>中砂</td><td>t</td><td>214.47</td><td>—</td></tr>
<tr><td>碎石</td><td>t</td><td>193.12</td><td>—</td></tr>
<tr><td>粉煤灰砌块</td><td>m³</td><td>113.00</td><td>—</td></tr>
<tr><td>面砖</td><td>m²</td><td>467.74</td><td>—</td></tr>
<tr><td>木模板</td><td>m³</td><td>3.69</td><td>—</td></tr>
<tr><td>组合钢模板</td><td>kg</td><td>1910.88</td><td>—</td></tr>
<tr><td>铝合金卷帘门</td><td>m²</td><td>12.60</td><td>—</td></tr>
<tr><td>铝合金窗</td><td>m²</td><td>60.35</td><td>—</td></tr>
<tr><td>塑钢门窗 平开</td><td>m²</td><td>158.37</td><td>—</td></tr>
<tr><td>塑钢门窗 推拉</td><td>m²</td><td>71.82</td><td>—</td></tr>
<tr><td>钢管</td><td>t</td><td>14.58</td><td>—</td></tr>
<tr><td>钢管件</td><td>t</td><td>4.38</td><td>—</td></tr>
<tr><td>其他材料费</td><td>元</td><td>269644</td><td>—</td></tr>
<tr><td>措施费分摊</td><td>元</td><td>75414</td><td>—</td></tr>
<tr><td>材料费小计</td><td>元</td><td>1182292</td><td>41.88</td></tr>
<tr><td rowspan="15">机械费</td><td>履带式推土机 75kW</td><td>台班</td><td>5.40</td><td>—</td></tr>
<tr><td>汽车式起重机 5t</td><td>台班</td><td>12.25</td><td>—</td></tr>
<tr><td>塔式起重机 起重力矩60kN·m</td><td>台班</td><td>20.28</td><td>—</td></tr>
<tr><td>自卸汽车 15t</td><td>台班</td><td>35.89</td><td>—</td></tr>
<tr><td>交流弧焊机 32kV·A</td><td>台班</td><td>57.01</td><td>—</td></tr>
<tr><td>反铲挖掘机 1m³</td><td>台班</td><td>6.00</td><td>—</td></tr>
<tr><td>载重汽车</td><td>台班</td><td>11.05</td><td>—</td></tr>
<tr><td>慢速卷扬机（带塔）</td><td>台班</td><td>40.43</td><td>—</td></tr>
<tr><td>汽车式起重机 8t</td><td>台班</td><td>8.96</td><td>—</td></tr>
<tr><td>交流电焊机 21kV·A</td><td>台班</td><td>52.55</td><td>—</td></tr>
<tr><td>电焊机（综合）</td><td>台班</td><td>98.67</td><td>—</td></tr>
<tr><td>吊装机械（综合）</td><td>台班</td><td>14.87</td><td>—</td></tr>
<tr><td>其他机械费</td><td>元</td><td>26107</td><td>—</td></tr>
<tr><td>措施费分摊</td><td>元</td><td>4334</td><td>—</td></tr>
<tr><td>机械费小计</td><td>元</td><td>127082</td><td>4.50</td></tr>
<tr><td colspan="2">直接费小计</td><td>元</td><td>1531396</td><td>54.25</td></tr>
<tr><td colspan="3">综合费用</td><td>元</td><td>326187</td><td>11.55</td></tr>
<tr><td colspan="3">合　　计</td><td>元</td><td>1857583</td><td>—</td></tr>
</table>

工程特征：设计水量 100000m^3/d。矩形半地下钢筋混凝土结构，泵房平面尺寸 40.5m×10.04m，地下深 3.7m，地上建筑高 6.7m。配电间平面尺寸 13.84m×29.44m，建筑高 4.5m。泵房内设 6 台水泵，泵房下部为钢筋混凝土箱式结构，壁厚 400mm，底板厚 400mm；上部建筑为钢筋混凝土框架结构，现浇钢筋混凝土梁、板、柱，粉煤灰砌块外墙，塑钢门窗。

单位：座

指 标 编 号				3F-418	
项　　目			单位	建筑体积 6062m^3	
				构筑物	占指标基价（%）
指 标 基 价			元	3995334	100.00
一、建筑安装工程费			元	2232823	55.89
二、设备购置费			元	1762511	44.11
建筑安装工程费					
直接费	人工费	人工	工日	9105	—
		措施费分摊	元	8335	—
		人工费小计	元	290870	7.28
	材料费	商品混凝土 C15	m^3	241.66	—
		商品混凝土 C20	m^3	100.12	—
		商品混凝土 C30	m^3	608.59	—
		水泥（综合）	t	62.68	—
		钢筋 ϕ10 以外	t	82.69	—
		钢筋 ϕ10 以内	t	38.42	—
		钢板	t	2.09	—
		型钢	t	4.00	—
		中砂	t	283.68	—
		碎石	t	24.79	—
		粉煤灰砌块	m^3	396.99	—
		地砖	m^2	472.53	—
		铝制防静电地板	m^2	57.12	—
		聚氯乙烯泡沫塑料板	m^3	136.27	—
		石油沥青 10#	t	6.12	—
		石油沥青 30#	t	6.47	—
		石油沥青油毡 350g/m^2	m^2	2384.05	—
		三元乙丙橡胶卷材	m^2	994.60	—

续表

项目			单位	建筑体积 $6062m^3$	
指标编号				3F-418	
				构筑物	占指标基价（%）
直接费	材料费	木模板	m^3	13.63	—
		组合钢模板	kg	2216.25	—
		塑钢窗	m^2	105.45	—
		塑钢门	m^2	15.36	—
		防火门	m^2	15.00	—
		不锈钢管	m	1060.20	—
		钢管	t	12.19	—
		钢管件	t	4.56	—
		其他材料费	元	219956	—
		措施费分摊	元	90648	—
		材料费小计	元	1448563	36.26
	机械费	履带式推土机 75kW	台班	6.64	—
		电动夯实机 20～62N·m	台班	133.01	—
		汽车式起重机 5t	台班	6.17	—
		塔式起重机 起重力矩 60kN·m	台班	10.91	—
		自卸汽车 15t	台班	26.58	—
		反铲挖掘机 $1m^3$	台班	7.38	—
		载重汽车	台班	13.51	—
		慢速卷扬机（带塔）	台班	32.26	—
		汽车式起重机 8t	台班	5.53	—
		电焊机（综合）	台班	151.57	—
		吊装机械（综合）	台班	9.08	—
		其他机械费	元	23796	—
		措施费分摊	元	5210	—
		机械费小计	元	101312	2.54
	直接费小计		元	1840744	46.07
综合费用			元	392079	9.81
合　　计			元	2232823	—

工程特征：设计水量 300000m³/d。矩形半地下钢筋混凝土结构，泵房平面尺寸 54m×15m，地下部分深 3.0m，地上部分建筑高 9.2m。泵房内设 10 台水泵，地下部分为钢筋混凝土箱式结构，壁厚 350mm，底板厚 450mm；上部为排架结构，预制钢筋混凝土薄腹梁、大型屋面板，铝合金门、塑钢窗。

单位：座

指标编号			3F-419	
项目		单位	建筑体积 7224m³	
			构筑物	占指标基价（%）
指标基价		元	4324823	100.00
一、建筑安装工程费		元	2942548	68.04
二、设备购置费		元	1382275	31.96
建筑安装工程费				
直接费	人工费	人工	工日	11258	—
		措施费分摊	元	10985	—
		人工费小计	元	360313	8.33
	材料费	商品混凝土 C10	m³	34.30	—
		商品混凝土 C15	m³	88.47	—
		商品混凝土 C20	m³	223.33	—
		商品混凝土 C30	m³	625.08	—
		水泥（综合）	t	118.83	—
		钢筋 ϕ10 以外	t	74.91	—
		钢筋 ϕ10 以内	t	61.88	—
		钢板	t	1.72	—
		中砂	t	417.41	—
		碎石	t	126.24	—
		标准砖	千块	65.04	—
		粉煤灰砌块	m³	1206.88	—
		SBS 防水卷材	m²	1136.80	—
		聚氯乙烯泡沫塑料板 厚 110	m³	82.82	—
		木模板	m³	19.76	—
		组合钢模板	kg	1783.88	—
		塑钢窗	m²	70.30	—
		钢管	t	61.54	—
		钢管件	t	8.38	—
		其他材料费	元	280689	—
		措施费分摊	元	119461	—
		材料费小计	元	1851422	42.81
	机械费	履带式推土机 75kW	台班	8.95	—
		汽车式起重机 5t	台班	24.32	—
		载重汽车 6t	台班	11.67	—
		载重汽车 8t	台班	27.97	—
		自卸汽车 15t	台班	77.39	—
		交流弧焊机 32kV·A	台班	46.09	—
		反铲挖掘机 1m³	台班	9.95	—
		载重汽车	台班	12.65	—
		吊装机械	台班	30.09	—
		汽车式起重机 8t	台班	11.57	—
		汽车式起重机 10t	台班	9.00	—
		电焊机（综合）	台班	323.86	—
		其他机械费	元	45923	—
		措施费分摊	元	6866	—
		机械费小计	元	214108	4.95
	直接费小计		元	2425843	56.09
综合费用			元	516705	11.95
合计			元	2942548	—

工程特征： 设计水量 400000m³/d。矩形半地下钢筋混凝土结构，泵房平面尺寸为 42.4m×12.5m，地下部分深 7.1m，地上部分建筑高 8.7m。配电室平面尺寸为 9.5m×18.2m，建筑高 5.1m。变压器室平面尺寸为 18m×4.5m，建筑高 7.55m。泵房内设 5 台水泵，单排布置。泵房地下部分为钢筋混凝土箱式结构，壁厚 500mm，底板厚 700mm；上部结构形式为钢筋混凝土框架结构，铝合金门窗；吸水井平面尺寸为 33.5m×3.5，净深 8.35m，现浇钢筋混凝土壁厚 600mm，底厚 700mm，池盖板厚 150mm。

单位：座

指标编号				3F-420	
项目			单位	建筑体积 9868m³	
				构筑物	占指标基价（%）
指标基价			元	4090714	100.00
一、建筑安装工程费			元	2764373	67.58
二、设备购置费			元	1326341	32.42
建筑安装工程费					
直接费	人工费	人工	工日	11416	—
		措施费分摊	元	10320	—
		人工费小计	元	364553	8.91
	材料费	商品混凝土 C10	m³	77.71	—
		商品混凝土 C25	m³	1313.07	—
		水泥（综合）	t	84.46	—
		钢筋 ϕ10 以外	t	31.85	—
		钢筋 ϕ10 以内	t	18.49	—
		钢板	t	2.39	—
		中砂	t	303.04	—
		碎石	t	11.35	—
		砾石	t	220.15	—
		粉煤灰砌块	m³	236.63	—
		面砖	m²	1203.58	—
		石油沥青 10#	t	7.98	—
		石油沥青 30#	t	2.92	—
		石油沥青油毡 350g/m²	m²	4142.59	—
		木模板	m³	7.12	—
		组合钢模板	kg	3300.62	—
		铝合金平开门	m²	32.59	—
		铝合金推拉门	m²	10.37	—

续表

指标编号				3F-420	
项目			单位	建筑体积 9868m³	
				构筑物	占指标基价（%）
直接费	材料费	铝合金卷帘门	m^2	14.04	—
		铝合金窗	m^2	184.02	—
		不锈钢管	m	567.54	—
		钢管	t	21.20	—
		钢管件	t	5.30	—
		电力电缆	m	4235.00	—
		电线	m	1984.00	—
		控制电缆	m	1078.00	—
		其他材料费	元	389443	—
		措施费分摊	元	112228	—
		材料费小计	元	1674218	40.93
	机械费	履带式推土机 75kW	台班	15.81	—
		电动夯实机 20～62N·m	台班	191.13	—
		汽车式起重机 5t	台班	20.33	—
		塔式起重机 起重力距 60kN·m	台班	42.56	—
		自卸汽车 15t	台班	108.74	—
		交流弧焊机 32kV·A	台班	26.28	—
		反铲挖掘机 $1m^3$	台班	17.58	—
		载重汽车	台班	19.75	—
		慢速卷扬机（带塔）	台班	127.68	—
		其他机械费	元	42221	—
		措施费分摊	元	6450	—
		机械费小计	元	240184	5.87
	直接费小计		元	2278955	55.71
综合费用			元	485417	11.87
合计			元	2764373	—

工程特征： 设计水量 400000m^3/d。矩形半地下钢筋混凝土结构，泵房平面尺寸 72m×24m,地下部分 4.8m，地上建筑高 6.5m，泵房内设双吸离心泵 4 台。泵房下部分为钢筋混凝土箱式结构，壁厚 500mm，底板厚 600mm；上部框架结构，现浇钢筋混凝土柱，预制钢筋混凝土薄腹梁、大型屋面板，塑钢门窗。调速装置室 302m^2，高低压变配电间 972m^2，建筑高度 3.9m。

单位：座

指标编号				3F-421	
项目			单位	建筑体积 24495m^3	
				构筑物	占指标基价（%）
指标基价			元	12761481	100.00
一、建筑安装工程费			元	8007841	62.75
二、设备购置费			元	4753640	37.25
建筑安装工程费					
直接费	人工费	人工	工日	36241	—
		措施费分摊	元	29894	—
		人工费小计	元	1154455	9.05
	材料费	商品混凝土 C10	m^3	344.77	—
		商品混凝土 C15	m^3	11.58	—
		商品混凝土 C20	m^3	3130.28	—
		商品混凝土 C30	m^3	256.59	—
		水泥（综合）	t	257.63	—
		钢筋 ϕ10 以外	t	190.62	—
		钢筋 ϕ10 以内	t	180.64	—
		钢板	t	16.65	—
		型钢	t	12.74	—
		烘干木材	m^3	44.47	—
		木模板	m^3	52.02	—
		中砂	t	973.11	—
		标准砖	千块	82.00	—
		粉煤灰砌块	m^3	2496.09	—
		组合钢模板	kg	11869.63	—
		SBS 防水卷材	m^2	4198.60	—
		塑钢门	m^2	47.04	—
		塑钢窗	m^2	510.15	—

续表

指标编号				3F-421	
项目			单位	建筑体积24495m³	
				构筑物	占指标基价（%）
直接费	材料费	UPVC排水管 φ110	m	1968.20	—
		钢管	t	19.81	—
		钢管件	t	6.53	—
		电力电缆	m	768.00	—
		控制电缆	m	2806.00	—
		桥架	m	302.00	—
		其他材料费	元	1227038	—
		措施费分摊	元	325102	—
		材料费小计	元	4954950	38.83
	机械费	履带式推土机 75kW	台班	27.02	—
		汽车式起重机 5t	台班	58.98	—
		汽车式起重机 12t	台班	25.20	—
		载重汽车 8t	台班	52.96	—
		自卸汽车 15t	台班	176.63	—
		平板拖车组 20t	台班	37.92	—
		交流弧焊机 32kV·A	台班	176.82	—
		反铲挖掘机 1m³	台班	29.21	—
		载重汽车	台班	31.23	—
		吊装机械	台班	33.05	—
		交流电焊机 21kV·A	台班	127.96	—
		电焊机（综合）	台班	128.62	—
		其他机械费	元	124140	—
		措施费分摊	元	18684	—
		机械费小计	元	492278	3.86
	直接费小计		元	6601683	51.73
综合费用			元	1406158	11.02
合计			元	8007841	—

工程特征： 设计水量 450000m³/d。矩形半地下式钢筋混凝土混合结构，泵房平面尺寸为 132m×12m，地下深 5.75m，地上建筑高 8.6m。控制室及配电室平面尺寸 33m×24m，建筑高 5.1m。泵房内设 9 台水泵，单排布置。下部为钢筋混凝土箱式结构，底板厚 400mm，壁厚 350mm；上部为框架结构，一砖半外墙，塑钢门窗，预制钢筋混凝土槽型屋面板、薄腹梁，现浇钢筋混凝土柱、梁及走道板，卷材防水，珍珠岩保温；吸水井，平面尺寸 51m×6m，净深 7.92m，壁厚 350mm，底板厚 400mm，顶板厚 200mm。

单位：座

指标编号				3F-422	
项目			单位	建筑体积 26770m³	
				构筑物	占指标基价（%）
指标基价			元	18252574	100.00
一、建筑安装工程费			元	11256281	61.67
二、设备购置费			元	6996293	38.33
建筑安装工程费					
直接费	人工费	人工	工日	37386	—
		措施费分摊	元	42021	—
		人工费小计	元	1202100	6.59
	材料费	商品混凝土 C10	m³	207.42	—
		商品混凝土 C15	m³	192.98	—
		商品混凝土 C25	m³	653.17	—
		商品混凝土 C30	m³	3543.41	—
		水泥（综合）	t	153.21	—
		钢筋 ϕ10 以外	t	423.53	—
		钢筋 ϕ10 以内	t	117.65	—
		钢板	t	12.15	—
		中砂	t	1181.30	—
		粉煤灰砌块	m³	1432.34	—
		白色瓷砖	m²	2967.35	—
		聚氯乙烯泡沫塑料板	m³	130.05	—
		石油沥青 10#	t	14.08	—
		石油沥青油毡 350g/m²	m²	6269.55	—
		三元乙丙丁基橡胶卷材	m²	2817.92	—
		木模板	m³	84.76	—
		组合钢模板	kg	15818.94	—

续表

指标编号				3F-422	
项目			单位	建筑体积 26770m³	
				构筑物	占指标基价（%）
直接费	材料费	塑钢窗	m²	1688.15	—
		钢管	t	116.46	—
		钢管件	t	44.26	—
		电力电缆	m	1000.00	—
		其他材料费	元	1608288	—
		措施费分摊	元	456982	—
		材料费小计	元	7281129	39.89
	机械费	电动夯实机 20～62N·m	台班	591.77	—
		塔式起重机 起重力矩 60kN·m	台班	87.57	—
		灰浆搅拌机 200L	台班	118.40	—
		挖掘机（综合）	台班	20.39	—
		载重汽车（综合）	台班	23.55	—
		慢速卷扬机（带塔）	台班	255.13	—
		履带式推土机 75kW	台班	66.13	—
		汽车式起重机 5t	台班	35.93	—
		自卸汽车 15t	台班	392.06	—
		反铲挖掘机 1m³	台班	73.51	—
		汽车式起重机 8t	台班	17.72	—
		载重汽车 8t	台班	9.24	—
		刨边机 12000	台班	12.60	—
		电焊机（综合）	台班	470.54	—
		吊装机械（综合）	台班	26.64	—
		电动双梁动机 5t	台班	19.52	—
		其他机械费	元	107462	—
		措施费分摊	元	26263	—
		机械费小计	元	796475	4.36
	直接费小计		元	9279704	50.84
综合费用			元	1976577	10.83
合计			元	11256281	—

工程特征：设计水量 100000m³/d。矩形钢筋混凝土地下结构,设于净水间内，平面尺寸 4m×13.4m，深 3.4m，现浇钢筋混凝土壁厚 300mm，底板厚 400mm。泵房内设置：反冲洗泵 3 台，加氯泵 3 台，排污泵 1 台。

单位：座

指标编号				3F-423	
项目			单位	反冲洗泵房	
				建筑体积 182m³	占指标基价（%）
指标基价			元	563772	100.00
一、建筑安装工程费			元	233708	41.45
二、设备购置费			元	330064	58.55
建筑安装工程费					
直接费	人工费	人工	工日	735	—
		措施费分摊	元	872	—
		人工费小计	元	23686	4.20
	材料费	商品混凝土 C15	m³	6.62	—
		商品混凝土 C30	m³	0.78	—
		抗渗商品混凝土 C30	m³	55.95	—
		碎石	t	26.10	—
		钢筋 ϕ10 以外	t	6.06	—
		钢筋 ϕ10 以内	t	0.03	—
		木模板	m³	0.43	—
		组合钢模板	kg	157.95	—
		钢管	t	14.64	—
		钢管件	t	12.00	—
		其他材料费	元	26701	—
		措施费分摊	元	9488	—
		材料费小计	元	153803	27.28
	机械费	履带式推土机 75kW	台班	1.19	—
		自卸汽车 15t	台班	4.57	—
		直流弧焊机 32kW	台班	2.57	—
		反铲挖掘机 1m³	台班	1.32	—
		电焊机（综合）	台班	53.37	—
		吊装机械（综合）	台班	2.48	—
		其他机械费	元	4093	—
		措施费分摊	元	545	—
		机械费小计	元	15180	2.69
	直接费小计		元	192669	34.18
综合费用			元	41039	7.28
合计			元	233708	—

工程特征： 设计水量 10000m^3/d。矩形钢筋混凝土地下结构，平面尺寸 8.6m×9.6m，深 4.53m，现浇钢筋混凝土壁厚 300mm，底板厚 350mm，池盖板厚 180mm，池顶覆盖炉渣 400mm，粘土 300mm。内设反冲洗泵 2 台。

单位：座

指标编号				3F-424	
项目			单位	反冲洗泵房	
				建筑体积 374m^3	占指标基价（%）
指标基价			元	413124	100.00
一、建筑安装工程费			元	250444	60.62
二、设备购置费			元	162680	39.38
建筑安装工程费					
直接费	人工费	人工	工日	971	—
		措施费分摊	元	935	—
		人工费小计	元	31051	7.52
	材料费	商品混凝土 C10	m^3	10.53	—
		商品混凝土 C20	m^3	2.62	—
		商品混凝土 C30	m^3	16.36	—
		抗渗商品混凝土 C30	m^3	77.79	—
		水泥（综合）	t	11.47	—
		中砂	t	50.84	—
		标准砖	千块	44.05	—
		碎石	t	12.16	—
		钢筋 ϕ10 以外	t	0.55	—
		钢筋 ϕ10 以内	t	14.09	—
		组合钢模板	kg	139.56	—
		钢管	t	1.20	—
		钢管件	t	1.25	—
		电力电缆	m	120.00	—
		防水电缆	m	25.00	—
		其他材料费	元	18008	—
		措施费分摊	元	10168	—
		材料费小计	元	166612	40.33
	机械费	履带式推土机 75kW	台班	1.39	—
		汽车式起重机 5t	台班	0.38	—
		载重汽车 6t	台班	0.49	—
		电动卷扬机 单筒慢速 50kN	台班	4.66	—
		反铲挖掘机 1m^3	台班	1.55	—
		电焊机（综合）	台班	39.92	—
		其他机械费	元	3003	—
		措施费分摊	元	584	—
		机械费小计	元	8804	2.13
	直接费小计		元	206467	49.98
综合费用			元	43977	10.65
合计			元	250444	—

工程特征： 设计水量 450000m³/d。反冲洗泵房与鼓风机房合建，其中反冲洗泵房设计为半地下式钢筋混凝土结构，平面尺寸 27.62m×9.74m；鼓风机房设计为地面式，平面尺寸为 12.25m×9.74m；反冲洗泵房地面以下深为 3m，反冲洗泵房及地面以上部分分成上下两层，底层高度为 5.4m，顶层高度为 4.2m。另设有走廊，平面尺寸 3m×9.74m；变压器室，平面尺寸 5.35m×9.74m；顶层布置净水间的低压配电间、控制室等，平面尺寸 43.29m×9.74m。反冲洗泵房选用 5 台单级双吸中开式离心泵，4 用 1 备；气洗用 2 台三叶罗茨鼓风机，1 用 1 备。

单位：座

指 标 编 号				3F-425	
项　　目			单位	反冲洗泵房	
				建筑体积 4662m³	占指标基价（%）
指 标 基 价			元	8814562	100.00
一、建筑安装工程费			元	2194519	24.90
二、设备购置费			元	6620043	75.10
建筑安装工程费					
直接费	人工费	人工	工日	8715	—
		措施费分摊	元	8192	—
		人工费小计	元	278620	3.16
	材料费	商品混凝土 C10	m³	27.08	—
		商品混凝土 C15	m³	24.78	—
		商品混凝土 C25	m³	18.12	—
		抗渗商品混凝土 C25	m³	127.94	—
		商品混凝土 C30	m³	209.35	—
		中砂	t	441.50	—
		砾石	t	149.23	—
		毛石	m³	125.10	—
		水泥（综合）	t	85.44	—
		钢筋 ϕ10 以外	t	28.14	—
		钢筋 ϕ10 以内	t	18.33	—
		标准砖	千块	27.88	—
		粉煤灰砌块	m³	930.30	—
		面砖 240×60	m²	959.04	—
		陶瓷地面砖 200×200	m²	478.38	—
		沥青防水卷材	m²	658.00	—
		烘干木材	m³	2.31	—

续表

指标编号				3F-425	
项目			单位	反冲洗泵房	
				建筑体积 4662m³	占指标基价（%）
直接费	材料费	木模板	m³	3.33	—
		组合钢模板	kg	1504.68	—
		铝制防静电地板	m²	232.56	—
		空腹钢门	m²	12.00	—
		塑钢窗	m²	139.65	—
		铸铁支架	套	1105.34	—
		钢管	t	8.63	—
		钢管件	t	3.24	—
		其他材料费	元	221224	—
		措施费分摊	元	89093	—
		材料费小计	元	1473524	16.72
	机械费	履带式推土机 75kW	台班	2.28	—
		汽车式起重机 5t	台班	4.78	—
		自卸汽车 15t	台班	20.22	—
		灰浆搅拌机 200L	台班	38.57	—
		交流弧焊机 32kV·A	台班	10.59	—
		反铲挖掘机 1m³	台班	2.54	—
		载重汽车	台班	14.51	—
		汽车式起重机 8t	台班	2.78	—
		电焊机（综合）	台班	28.05	—
		吊装机械（综合）	台班	8.16	—
		其他机械费	元	14833	—
		措施费分摊	元	5120	—
		机械费小计	元	57024	0.65
	直接费小计		元	1809167	20.52
综合费用			元	385353	4.37
合　计			元	2194519	—

工程特征： 设计水量 350000m^3/d。稳压配水井及反冲洗水塔合建，为方形钢筋混凝土结构，设于室内，其维护结构平面尺寸 21.74m×18.74m，地上建筑物高 16.75m，球形网架屋面，压型钢板屋面，钢筋混凝土梁、板、柱，塑钢窗。稳压井平面尺寸为 9.2m× 11.2m，井深 11.4m，有效水深 9.7m，地下深 2.2m，钢筋混凝土底板厚 800mm，壁厚 600mm。反冲洗水箱设于稳压井上部，平面尺寸 13m×10.7m，有效水深 2.6m，钢筋混凝土底板厚 250mm，壁厚 250mm，顶板 120mm，内设电动旋转式格栅除污机 1 台。

单位：座

指标编号				3F-426	
项目			单位	反冲洗泵房	
				建筑体积 7133m^3	占指标基价（%）
指标基价			元	3495849	100.00
一、建筑安装工程费			元	2518166	72.03
二、设备购置费			元	977683	27.97
建筑安装工程费					
直接费	人工费	人工	工日	10591	—
		措施费分摊	元	9401	—
		人工费小计	元	338046	9.67
	材料费	商品混凝土 C10	m^3	33.58	—
		商品混凝土 C20	m^3	24.18	—
		商品混凝土 C30	m^3	449.82	—
		抗渗商品混凝土 C30	m^3	524.04	—
		碎石	t	69.09	—
		中砂	t	441.74	—
		钢筋 ϕ10 以外	t	68.97	—
		钢筋 ϕ10 以内	t	55.17	—
		钢板	t	1.83	—
		彩钢板	m^2	520.04	—
		水泥（综合）	t	104.44	—
		烘干木材	m^3	0.42	—
		花岗岩板	m^2	122.37	—
		面砖	m^2	120.69	—
		标准砖	千块	68.95	—
		加气混凝土砌块	m^3	2381.18	—

续表

指标编号				3F-426	
项目			单位	反冲洗泵房	
				建筑体积 7133m³	占指标基价（%）
直接费	材料费	外墙涂料	kg	1475.80	—
		不锈钢扶手	m	83.67	—
		塑钢窗	m^2	231.23	—
		木模板	m^3	11.64	—
		不锈钢管	m	507.25	—
		组合钢模板	kg	3522.00	—
		钢管	t	18.31	—
		钢管件	t	3.50	—
		其他材料费	元	193538	—
		措施费分摊	元	102232	—
		材料费小计	元	1625351	46.49
	机械费	汽车式起重机 5t	台班	17.11	—
		塔式起重机 起重力距 60kN·m	台班	23.06	—
		自卸汽车 15t	台班	9.25	—
		电动卷扬机（单筒快速）牵引力 10kN	台班	51.32	—
		灰浆搅拌机 200L	台班	40.30	—
		泥浆运输车 4000L	台班	43.09	—
		反铲挖掘机 1m³	台班	2.62	—
		载重汽车	台班	14.04	—
		慢速卷扬机（带塔）	台班	69.18	—
		汽车式起重机 8t	台班	2.17	—
		电焊机（综合）	台班	67.65	—
		吊装机械（综合）	台班	8.11	—
		其他机械费	元	27653	—
		措施费分摊	元	5875	—
		机械费小计	元	112585	3.22
	直接费小计		元	2075982	59.38
综合费用			元	442184	12.65
合　计			元	2518166	—

4.11 清 水 池

工程特征： 设计水量 10000m³/d。矩形现浇钢筋混凝土自防水半地下结构，平面尺寸为 24.8m×17.5m，有效水深 3.8m，池深 4.1m。池体顶板、底板采用无梁板结构形式，底板厚 350mm，壁厚 300mm，池盖板厚 180mm。一砖导流墙，池顶覆土 700mm。清水池设置水位信号，信号送至中心控制室。

单位：座

指标编号				3F-427	
项目			单位	容积 1649m³	
				构筑物	占指标基价（%）
指标基价			元	808641	100.00
一、建筑安装工程费			元	808641	100.00
二、设备购置费			元	—	—
建筑安装工程费					
直接费	人工费	人工	工日	3035	—
		措施费分摊	元	3019	—
		人工费小计	元	97197	12.02
	材料费	商品混凝土 C10	m³	54.86	—
		商品混凝土 C25	m³	128.37	—
		抗渗商品混凝土 C25	m³	308.29	—
		水泥（综合）	t	26.37	—
		中砂	t	169.99	—
		钢筋 ϕ10 以外	t	38.00	—
		钢筋 ϕ10 以内	t	17.74	—
		标准砖	千块	130.67	—
		组合钢模板	kg	679.72	—
		钢管	t	2.20	—
		钢管件	t	0.37	—
		其他材料费	元	77047	—
		措施费分摊	元	32829	—
		材料费小计	元	547525	67.71
	机械费	履带式推土机 75kW	台班	4.22	—
		载重汽车 6t	台班	4.35	—
		自卸汽车 15t	台班	3.50	—
		机动翻斗车 1t	台班	11.54	—
		直流弧焊机 32kW	台班	16.08	—
		反铲挖掘机 1m³	台班	4.69	—
		电焊机（综合）	台班	19.79	—
		其他机械费	元	5285	—
		措施费分摊	元	1887	—
		机械费小计	元	21923	2.71
	直接费小计		元	666645	82.44
综合费用			元	141995	17.56
合 计			元	808641	—

工程特征：设计水量 50000m^3/d。矩形钢筋混凝土结构，平面尺寸 28.6m×25.8m，有效水深 4.2m。*DN*1000mm 进水管、溢水管和出水管，*DN*300mm 放水管。现浇钢筋混凝土壁厚 300mm，底板厚 350mm，池盖板厚 200mm。一砖导流墙，池顶覆土 1000mm。

单位：座

<table>
<tr><td colspan="4">指 标 编 号</td><td colspan="2">3F-428</td></tr>
<tr><td colspan="3" rowspan="2">项　目</td><td rowspan="2">单位</td><td colspan="2">容积 3099m^3</td></tr>
<tr><td>构筑物</td><td>占指标基价（%）</td></tr>
<tr><td colspan="3">指 标 基 价</td><td>元</td><td>1352585</td><td>100.00</td></tr>
<tr><td colspan="3">一、建筑安装工程费</td><td>元</td><td>1259185</td><td>93.09</td></tr>
<tr><td colspan="3">二、设备购置费</td><td>元</td><td>93400</td><td>6.91</td></tr>
<tr><td colspan="6">建筑安装工程费</td></tr>
<tr><td rowspan="32">直接费</td><td rowspan="3">人工费</td><td>人工</td><td>工日</td><td>4473</td><td>—</td></tr>
<tr><td>措施费分摊</td><td>元</td><td>4701</td><td>—</td></tr>
<tr><td>人工费小计</td><td>元</td><td>143495</td><td>10.61</td></tr>
<tr><td rowspan="16">材料费</td><td>商品混凝土 C10</td><td>m^3</td><td>93.11</td><td>—</td></tr>
<tr><td>商品混凝土 C25</td><td>m^3</td><td>203.05</td><td>—</td></tr>
<tr><td>抗渗商品混凝土 C25</td><td>m^3</td><td>485.88</td><td>—</td></tr>
<tr><td>水泥（综合）</td><td>t</td><td>36.56</td><td>—</td></tr>
<tr><td>中砂</td><td>t</td><td>226.02</td><td>—</td></tr>
<tr><td>钢筋 ϕ10 以外</td><td>t</td><td>57.00</td><td>—</td></tr>
<tr><td>钢筋 ϕ10 以内</td><td>t</td><td>26.61</td><td>—</td></tr>
<tr><td>组合钢模板</td><td>kg</td><td>917.94</td><td>—</td></tr>
<tr><td>标准砖</td><td>千块</td><td>185.62</td><td>—</td></tr>
<tr><td>石油沥青 30#</td><td>kg</td><td>4314.54</td><td>—</td></tr>
<tr><td>铸铁爬梯</td><td>kg</td><td>2831.87</td><td>—</td></tr>
<tr><td>钢管</td><td>t</td><td>5.19</td><td>—</td></tr>
<tr><td>钢管件</td><td>t</td><td>1.04</td><td>—</td></tr>
<tr><td>其他材料费</td><td>元</td><td>70924</td><td>—</td></tr>
<tr><td>措施费分摊</td><td>元</td><td>51120</td><td>—</td></tr>
<tr><td>材料费小计</td><td>元</td><td>842790</td><td>62.31</td></tr>
<tr><td rowspan="11">机械费</td><td>履带式推土机 75kW</td><td>台班</td><td>7.80</td><td>—</td></tr>
<tr><td>载重汽车 6t</td><td>台班</td><td>6.00</td><td>—</td></tr>
<tr><td>自卸汽车 15t</td><td>台班</td><td>23.56</td><td>—</td></tr>
<tr><td>机动翻斗车 1t</td><td>台班</td><td>16.48</td><td>—</td></tr>
<tr><td>电动卷扬机 单筒慢速 50kN</td><td>台班</td><td>19.57</td><td>—</td></tr>
<tr><td>直流弧焊机 32kW</td><td>台班</td><td>24.12</td><td>—</td></tr>
<tr><td>反铲挖掘机 1m^3</td><td>台班</td><td>8.67</td><td>—</td></tr>
<tr><td>电焊机（综合）</td><td>台班</td><td>15.14</td><td>—</td></tr>
<tr><td>其他机械费</td><td>元</td><td>8486</td><td>—</td></tr>
<tr><td>措施费分摊</td><td>元</td><td>2938</td><td>—</td></tr>
<tr><td>机械费小计</td><td>元</td><td>51791</td><td>3.83</td></tr>
<tr><td colspan="2">直接费小计</td><td>元</td><td>1038075</td><td>76.75</td></tr>
<tr><td colspan="3">综合费用</td><td>元</td><td>221110</td><td>16.35</td></tr>
<tr><td colspan="3">合　计</td><td>元</td><td>1259185</td><td>—</td></tr>
</table>

工程特征：设计水量 40000m³/d。矩形钢筋混凝土结构，平面尺寸 31.5m×31.5m，池深 4.5m，有效水深 4.0m。现浇钢筋混凝土壁厚 300mm，池底厚 400mm，池盖厚 200mm，池顶覆土 700mm。清水池设置水位信号，信号送至中心控制室。

单位：座

指标编号				3F-429	
项目			单位	容积 3969m³	
				构筑物	占指标基价（%）
指标基价			元	1698404	100.00
一、建筑安装工程费			元	1698404	100.00
二、设备购置费			元	—	—
建筑安装工程费					
直接费	人工费	人工	工日	5602	—
		措施费分摊	元	6340	—
		人工费小计	元	180161	10.61
	材料费	商品混凝土 C10	m³	113.74	—
		商品混凝土 C25	m³	488.09	—
		抗渗商品混凝土 C25	m³	682.51	—
		水泥（综合）	t	78.33	—
		钢筋 ϕ10 以外	t	101.64	—
		钢筋 ϕ10 以内	t	7.97	—
		组合钢模板	kg	1193.26	—
		石油沥青 30#	t	7.16	—
		钢管	t	2.17	—
		钢管件	t	0.57	—
		其他材料费	元	182565	—
		措施费分摊	元	68952	—
		材料费小计	元	1141760	67.23
	机械费	履带式推土机 75kW	台班	11.55	—
		电动夯实机 20～62N·m	台班	142.63	—
		汽车式起重机 16t	台班	2.27	—
		载重汽车 6t	台班	9.97	—
		自卸汽车 15t	台班	39.14	—
		直流弧焊机 32kW	台班	43.53	—
		反铲挖掘机 1m³	台班	11.92	—
		电焊机（综合）	台班	30.37	—
		其他机械费	元	9647	—
		措施费分摊	元	3963	—
		机械费小计	元	78247	4.61
	直接费小计		元	1400168	82.44
综合费用			元	298236	17.56
合计			元	1698404	—

工程特征：设计水量150000m³/d。矩形钢筋混凝土结构，平面尺寸36.4m×28m，池深5.0m，有效水深4.5m。*DN*1200mm进水管、溢水管各1根，*DN*200mm放水管，*DN*300mm出水管1根。现浇钢筋混凝土壁厚350mm，底板厚450mm，池顶盖板厚250mm，外墙一砖厚保温墙，池顶覆土800mm。

单位：座

<table>
<tr><td colspan="4">指 标 编 号</td><td colspan="2">3F-430</td></tr>
<tr><td colspan="3" rowspan="2">项　　目</td><td rowspan="2">单位</td><td colspan="2">容积4586m³</td></tr>
<tr><td>构筑物</td><td>占指标基价（%）</td></tr>
<tr><td colspan="3">指 标 基 价</td><td>元</td><td>1975924</td><td>100.00</td></tr>
<tr><td colspan="3">一、建筑安装工程费</td><td>元</td><td>1845024</td><td>93.38</td></tr>
<tr><td colspan="3">二、设备购置费</td><td>元</td><td>130900</td><td>6.62</td></tr>
<tr><td colspan="6">建筑安装工程费</td></tr>
<tr><td rowspan="27">直接费</td><td rowspan="3">人工费</td><td>人工</td><td>工日</td><td>5994</td><td>—</td></tr>
<tr><td>措施费分摊</td><td>元</td><td>6888</td><td>—</td></tr>
<tr><td>人工费小计</td><td>元</td><td>192883</td><td>9.76</td></tr>
<tr><td rowspan="13">材料费</td><td>商品混凝土C15</td><td>m³</td><td>111.43</td><td>—</td></tr>
<tr><td>商品混凝土C30</td><td>m³</td><td>350.05</td><td>—</td></tr>
<tr><td>抗渗商品混凝土C30</td><td>m³</td><td>697.05</td><td>—</td></tr>
<tr><td>水泥（综合）</td><td>t</td><td>15.87</td><td>—</td></tr>
<tr><td>钢筋ϕ10以外</td><td>t</td><td>72.80</td><td>—</td></tr>
<tr><td>钢筋ϕ10以内</td><td>t</td><td>54.06</td><td>—</td></tr>
<tr><td>木模板</td><td>m³</td><td>33.25</td><td>—</td></tr>
<tr><td>组合钢模板</td><td>kg</td><td>1576.26</td><td>—</td></tr>
<tr><td>钢管</td><td>t</td><td>5.00</td><td>—</td></tr>
<tr><td>钢管件</td><td>t</td><td>1.90</td><td>—</td></tr>
<tr><td>其他材料费</td><td>元</td><td>183325</td><td>—</td></tr>
<tr><td>措施费分摊</td><td>元</td><td>74904</td><td>—</td></tr>
<tr><td>材料费小计</td><td>元</td><td>1249831</td><td>63.25</td></tr>
<tr><td rowspan="10">机械费</td><td>履带式推土机 75kW</td><td>台班</td><td>8.45</td><td>—</td></tr>
<tr><td>载重汽车 6t</td><td>台班</td><td>9.40</td><td>—</td></tr>
<tr><td>自卸汽车 15t</td><td>台班</td><td>47.86</td><td>—</td></tr>
<tr><td>电动卷扬机 单筒慢速 50kN</td><td>台班</td><td>31.49</td><td>—</td></tr>
<tr><td>直流弧焊机 32kW</td><td>台班</td><td>30.80</td><td>—</td></tr>
<tr><td>反铲挖掘机 1m³</td><td>台班</td><td>9.39</td><td>—</td></tr>
<tr><td>电焊机（综合）</td><td>台班</td><td>20.93</td><td>—</td></tr>
<tr><td>其他机械费</td><td>元</td><td>10123</td><td>—</td></tr>
<tr><td>措施费分摊</td><td>元</td><td>4305</td><td>—</td></tr>
<tr><td>机械费小计</td><td>元</td><td>78327</td><td>3.96</td></tr>
<tr><td colspan="2">直接费小计</td><td>元</td><td>1521042</td><td>76.98</td></tr>
<tr><td colspan="3">综合费用</td><td>元</td><td>323982</td><td>16.40</td></tr>
<tr><td colspan="3">合　　计</td><td>元</td><td>1845024</td><td>—</td></tr>
</table>

工程特征： 设计水量 80000m³/d。矩形钢筋混凝土结构，平面尺寸 33.5m×36m，有效水深 4.2m。*DN*1200mm 进水管、溢水管各 1 根，*DN*400mm 出水管，*DN*300mm 放水管 1 根。现浇钢筋混凝土壁厚 300mm，底板厚 400mm，池顶盖板厚 200mm，一砖导流墙。

单位：座

指标编号				3F-431	
项目			单位	容积 5065m³	
				构筑物	占指标基价（%）
指标基价			元	2156904	100.00
一、建筑安装工程费			元	2032140	94.22
二、设备购置费			元	124764	5.78
建筑安装工程费					
直接费	人工费	人工	工日	6412	—
		措施费分摊	元	7586	—
		人工费小计	元	206564	9.58
	材料费	商品混凝土 C10	m³	165.95	—
		商品混凝土 C25	m³	572.05	—
		抗渗商品混凝土 C25	m³	798.52	—
		水泥（综合）	t	77.91	—
		钢筋 ϕ10 以外	t	121.97	—
		钢筋 ϕ10 以内	t	9.55	—
		组合钢模板	kg	1160.54	—
		石油沥青 30#	t	6.01	—
		钢管	t	6.22	—
		钢管件	t	1.18	—
		其他材料费	元	213118	—
		措施费分摊	元	82501	—
		材料费小计	元	1366912	63.37
	机械费	履带式推土机 75kW	台班	14.88	—
		电动夯实机 20～62N·m	台班	181.99	—
		汽车式起重机 16t	台班	2.89	—
		载重汽车 6t	台班	10.13	—
		自卸汽车 15t	台班	49.93	—
		直流弧焊机 32kW	台班	52.27	—
		反铲挖掘机 1m³	台班	15.21	—
		交流电焊机 21kV·A	台班	29.17	—
		电焊机（综合）	台班	32.07	—
		吊装机械（综合）	台班	3.68	—
		其他机械费	元	12947	—
		措施费分摊	元	4741	—
		机械费小计	元	101825	4.72
	直接费小计		元	1675301	77.67
综合费用			元	356839	16.54
合　计			元	2032140	—

工程特征：设计水量 100000m³/d。矩形钢筋混凝土结构，平面尺寸 43m×40m，有效水深 3.9m。*DN*1200mm 进水管、溢水管各 1 根，*DN*600mm 出水管，*DN*600mm 放水管 1 根。现浇钢筋混凝土壁厚 300mm，底板厚 350mm，池顶盖板厚 200mm，一砖导流墙，池顶覆土 800mm。

单位：座

指标编号				3F-432	
项目			单位	容积 6708m³	
				构筑物	占指标基价（%）
指标基价			元	2717779	100.00
一、建筑安装工程费			元	2571365	94.61
二、设备购置费			元	146414	5.39
建筑安装工程费					
直接费	人工费	人工	工日	7875	—
		措施费分摊	元	9599	—
		人工费小计	元	253981	9.35
	材料费	商品混凝土 C15	m³	172.52	—
		商品混凝土 C30	m³	434.23	—
		抗渗商品混凝土 C30	m³	248.48	—
		抗渗商品混凝土 C35	m³	712.72	—
		水泥（综合）	t	11.63	—
		钢筋 ϕ10 以外	t	198.72	—
		木模板	m³	44.16	—
		组合钢模板	kg	1403.19	—
		钢管	t	9.60	—
		钢管件	t	2.02	—
		其他材料费	元	395834	—
		措施费分摊	元	104392	—
		材料费小计	元	1755450	64.59
	机械费	履带式推土机 75kW	台班	22.98	—
		载重汽车 6t	台班	11.63	—
		自卸汽车 15t	台班	44.29	—
		电动卷扬机 单筒慢速 50kN	台班	38.22	—
		直流弧焊机 32kW	台班	84.08	—
		反铲挖掘机 1m³	台班	25.55	—
		交流电焊机 21kV·A	台班	32.23	—
		电焊机（综合）	台班	29.86	—
		吊装机械（综合）	台班	4.55	—
		其他机械费	元	12093	—
		措施费分摊	元	6000	—
		机械费小计	元	110408	4.06
	直接费小计		元	2119840	78.00
综合费用			元	451526	16.61
合计			元	2571365	—

工程特征：设计水量100000m³/d。矩形钢筋混凝土结构，平面尺寸42.6m×45.2m，有效水深4.4m。*DN*1200mm进水管、溢水管各1根，*DN*1000mm溢水管，*DN*900mm放水管1根。现浇钢筋混凝土壁厚350mm，底板厚400mm，池顶盖板厚250mm。

单位：座

指标编号				3F-433	
项目			单位	容积8472m³	
				构筑物	占指标基价（%）
指标基价			元	3497721	100.00
一、建筑安装工程费			元	3346981	95.69
二、设备购置费			元	150740	4.31
建筑安装工程费					
直接费	人工费	人工	工日	7477	—
		措施费分摊	元	12495	—
		人工费小计	元	247305	7.07
	材料费	商品混凝土 C15	m³	231.75	—
		商品混凝土 C30	m³	872.16	—
		抗渗商品混凝土 C30	m³	1255.03	—
		水泥（综合）	t	3.75	—
		钢筋 ϕ10 以外	t	237.37	—
		钢筋 ϕ10 以内	t	24.03	—
		组合钢模板	kg	1077.01	—
		焊接钢管	kg	787.44	—
		钢管	t	9.73	—
		钢管件	t	3.30	—
		其他材料费	元	264399	—
		措施费分摊	元	135881	—
		材料费小计	元	2250329	64.34
	机械费	履带式推土机 75kW	台班	32.39	—
		电动夯实机 20～62N·m	台班	250.34	—
		载重汽车 6t	台班	9.24	—
		自卸汽车 15t	台班	189.78	—
		电动卷扬机 单筒慢速 50kN	台班	52.80	—
		直流弧焊机 32kW	台班	100.64	—
		反铲挖掘机 1m³	台班	34.54	—
		电焊机（综合）	台班	76.09	—
		吊装机械（综合）	台班	5.12	—
		其他机械费	元	13625	—
		措施费分摊	元	7809	—
		机械费小计	元	261625	7.48
	直接费小计		元	2759259	78.89
综合费用			元	587722	16.80
合计			元	3346981	—

工程特征：设计水量 100000m^3/d。矩形钢筋混凝土结构，平面尺寸 60.5m×45m，池深 4.0m，有效水深 3.7m。*DN*900mm 进水管、 溢水管各 1 根，*DN*900mm 出水管，*DN*500mm 放水管。现浇钢筋混凝土壁厚 300mm，底板厚 350mm，池盖板 200mm。钢筋混凝土导流墙，池顶覆土 800mm。

单位：座

指 标 编 号				3F-434	
项　　目			单位	容积10073m^3	
				构筑物	占指标基价（%）
指 标 基 价			元	4241394	100.00
一、建筑安装工程费			元	4075669	96.09
二、设备购置费			元	165725	3.91
建筑安装工程费					
直接费	人工费	人工	工日	9189	—
		措施费分摊	元	15215	—
		人工费小计	元	300372	7.08
	材料费	商品混凝土C15	m^3	345.80	—
		商品混凝土C30	m^3	876.65	—
		抗渗商品混凝土C30	m^3	1288.27	—
		水泥（综合）	t	4.78	—
		中砂	t	52.17	—
		钢筋 ϕ10以外	t	296.71	—
		钢筋 ϕ10以内	t	29.98	—
		粉煤灰砌块	m^3	40.42	—
		组合钢模板	kg	1538.59	—
		WG复合高效防水剂	kg	11396.08	—
		钢管	t	11.47	—
		钢管件	t	4.13	—
		其他材料费	元	192033	—
		措施费分摊	元	165464	—
		材料费小计	元	2728557	64.33
	机械费	履带式推土机 75kW	台班	85.07	—
		电动夯实机 20～62N・m	台班	625.85	—
		载重汽车 6t	台班	26.41	—
		自卸汽车 15t	台班	474.45	—
		电动卷扬机 单筒慢速 50kN	台班	132.01	—
		电动单级离心清水泵 ϕ150	台班	44.32	—
		直流弧焊机 32kW	台班	251.59	—
		对焊机 75kV・A	台班	50.83	—
		反铲挖掘机 1m^3	台班	90.89	—
		电焊机（综合）	台班	110.57	—
		吊装机械（综合）	台班	5.57	—
		其他机械费	元	13857	—
		措施费分摊	元	9509	—
		机械费小计	元	331062	7.81
	直接费小计		元	3359991	79.22
综合费用			元	715678	16.87
合　　计			元	4075669	—

工程特征：设计水量100000m³/d。矩形钢筋混凝土结构，平面尺寸50.6m×65.2m，有效水深4.0m。*DN*1600mm进水管、溢水管各1根，*DN*1000mm出水管，*DN*600mm放水管1根。现浇钢筋混凝土壁厚300mm，底板厚400mm，池顶盖板厚200mm，一砖厚导流墙。

单位：座

指标编号				3F-435	
项目			单位	容积13196m³	
				构筑物	占指标基价（%）
指标基价			元	4908436	100.00
一、建筑安装工程费			元	4551436	92.73
二、设备购置费			元	357000	7.27
建筑安装工程费					
直接费	人工费	人工	工日	20156	—
		措施费分摊	元	16991	—
		人工费小计	元	642444	13.09
	材料费	商品混凝土C15	m³	348.14	—
		商品混凝土C30	m³	724.16	—
		抗渗商品混凝土C30	m³	369.69	—
		抗渗商品混凝土C35	m³	1432.19	—
		水泥（综合）	t	46.35	—
		钢筋ϕ10以外	t	164.94	—
		木模板	m³	73.99	—
		组合钢模板	kg	2393.84	—
		锚具 JM15-4	个	427.78	—
		钢绞线	t	38.40	—
		波纹管	m	9028.99	—
		垫板 20mm	kg	4087.68	—
		钢塑管*DN*600	m	8.00	—
		钢塑管*DN*1000	m	14.00	—
		钢塑管*DN*1600	m	19.00	—
		塑料管*DN*32	m	18.00	—
		塑料管*DN*50	m	15.00	—
		其他材料费	元	459514	—
		措施费分摊	元	184778	—
		材料费小计	元	2915051	59.39
	机械费	履带式推土机 75kW	台班	36.88	—
		载重汽车 6t	台班	20.61	—
		自卸汽车 15t	台班	72.39	—
		挤压式灰浆输送泵 3m³/h	台班	60.67	—
		高压油泵 压力 50MPa	台班	182.02	—
		直流弧焊机 32kW	台班	106.26	—
		反铲挖掘机 1m³	台班	41.00	—
		汽车式起重机 8t	台班	3.16	—
		载重汽车 8t	台班	3.16	—
		吊装机械（综合）	台班	10.88	—
		其他机械费	元	15897	—
		措施费分摊	元	10619	—
		机械费小计	元	194719	3.97
	直接费小计		元	3752214	76.44
综合费用			元	799222	16.28
合计			元	4551436	—

工程特征：设计水量300000m³/d。无缝无粘接预应力混凝土结构，平面尺寸为53.6m×72.2m，有效水深为4.2m，池深4.5m。*DN*1400mm进水管、*DN*1600mm溢水管各1根，*DN*1000mm出水管，*DN*600mm放水管。现浇钢筋混凝土池底厚400mm，壁厚300mm，无梁池盖板厚240mm，一砖厚导流墙。

单位：座

指标编号				3F-436	
项目			单位	容积16254m³	
				构筑物	占指标基价（%）
指标基价			元	7891943	100.00
一、建筑安装工程费			元	7405243	93.83
二、设备购置费			元	486700	6.17
建筑安装工程费					
直接费	人工费	人工	工日	25270	—
		措施费分摊	元	27645	—
		人工费小计	元	829680	10.51
	材料费	商品混凝土C15	m³	408.62	—
		商品混凝土C30	m³	1001.74	—
		抗渗商品混凝土C30	m³	339.67	—
		抗渗商品混凝土C35	m³	1629.47	—
		水泥（综合）	t	53.29	—
		中砂	t	108.93	—
		钢筋ϕ10以外	t	208.39	—
		粉煤灰砌块	m³	235.11	—
		木模板	m³	85.90	—
		组合钢模板	kg	2543.00	—
		锚具 JM15-4	个	534.72	—
		波纹管	m	11286.24	—
		木支撑	m³	19.76	—
		抗渗剂	t	11.68	—
		塑钢管*DN*600	m	7.00	—
		塑钢管*DN*1000	m	53.00	—
		塑钢管*DN*1400	m	68.00	—
		塑钢管*DN*1600	m	186.00	—
		塑料管*DN*600	m	9.00	—
		其他材料费	元	809814	—
		措施费分摊	元	300637	—
		材料费小计	元	4997876	63.33
	机械费	履带式推土机 75kW	台班	45.37	—
		载重汽车 6t	台班	22.77	—
		自卸汽车 15t	台班	89.04	—
		挤压式灰浆输送泵 3m³/h	台班	75.84	—
		高压油泵 压力 50MPa	台班	227.52	—
		直流弧焊机 32kW	台班	132.83	—
		汽车式起重机 8t	台班	9.30	—
		载重汽车 8t	台班	9.30	—
		离心水泵ϕ200	台班	121.51	—
		电焊机（综合）	台班	116.27	—
		吊装机械（综合）	台班	24.42	—
		其他机械费	元	62229	—
		措施费分摊	元	17278	—
		机械费小计	元	277343	3.51
	直接费小计		元	6104899	77.36
综合费用			元	1300343	16.48
合计			元	7405243	—

工程特征：设计水量150000m³/d。矩形地下式钢筋混凝土结构，平面尺寸80m×65m，池深4.3m，有效水深4.0m。现浇钢筋混凝土壁厚600mm，池底厚400mm，池盖厚180mm。

单位：座

指标编号				3F-437	
项目			单位	容积20800m³	
				构筑物	占指标基价（%）
指标基价			元	7347127	100.00
一、建筑安装工程费			元	7347127	100.00
二、设备购置费			元	—	—
建筑安装工程费					
直接费	人工费	人工	工日	20875	—
		措施费分摊	元	27428	—
		人工费小计	元	675182	9.19
	材料费	商品混凝土C10	m³	554.04	—
		商品混凝土C30	m³	1031.25	—
		抗渗商品混凝土C30	m³	2915.00	—
		钢筋ϕ10以外	t	254.79	—
		钢筋ϕ10以内	t	486.46	—
		木模板	m³	59.72	—
		组合钢模板	kg	2246.72	—
		钢管	t	6.95	—
		钢管件	t	1.24	—
		其他材料费	元	526096	—
		措施费分摊	元	298278	—
		材料费小计	元	5208287	70.89
	机械费	履带式推土机 75kW	台班	65.25	—
		载重汽车 6t	台班	11.61	—
		电动卷扬机 单筒慢速 50kN	台班	203.61	—
		电动单级离心清水泵 ϕ150	台班	45.76	—
		直流弧焊机 32kW	台班	106.53	—
		反铲挖掘机 1m³	台班	72.53	—
		电焊机（综合）	台班	51.35	—
		其他机械费	元	26243	—
		措施费分摊	元	17142	—
		机械费小计	元	173519	2.36
	直接费小计		元	6056989	82.44
综合费用			元	1290139	17.56
合计			元	7347127	—

工程特征： 设计水量 450000m³/d。无缝无粘接预应力混凝土结构，平面尺寸 121m×90m，池深 4.6m，有效水深 4.0m。*DN*2200mm 进水管、溢水管，*DN*1200mm 出水管、*DN*1600mm 放水管。预应力混凝土池壁厚 300mm，底板厚 250mm，池盖厚 230mm。一砖导流墙。顶板设不吸水保温顶板，池顶覆土 640mm。

单位：座

指标编号			3F-438	
项目		单位	容积43560m³	
			构筑物	占指标基价（%）
指标基价		元	19749201	100.00
一、建筑安装工程费		元	19040849	96.41
二、设备购置费		元	708352	3.59
建筑安装工程费				
直接费	人工费	人工	工日	66703	—
		措施费分摊	元	71082	—
		人工费小计	元	2944074	14.91
	材料费	商品混凝土C10	m³	1356.86	—
		商品混凝土C40	m³	3773.80	—
		抗渗商品混凝土C40	m³	3531.85	—
		水泥（综合）	t	228.43	—
		中砂	t	518.56	—
		碎石	t	6954.05	—
		钢筋 ϕ10以外	t	365.92	—
		钢筋 ϕ10以内	t	339.01	—
		标准砖	千块	413.06	—
		木模板	m³	396.95	—
		组合钢模板	kg	12692.38	—
		锚具 JM15-4	个	1942.37	—
		钢绞线	t	174.36	—
		波纹管	m	40997.27	—
		垫板 20mm	kg	18560.62	—
		钢管	t	14.64	—
		钢管件	t	12.00	—
		其他材料费	元	1322377	—
		措施费分摊	元	773019	—
		材料费小计	元	10646488	53.91
	机械费	履带式推土机 75kW	台班	257.44	—
		电动夯实机 20～62N·m	台班	262.22	—
		汽车式起重机 5t	台班	34.22	—
		载重汽车 6t	台班	77.67	—
		自卸汽车 15t	台班	1636.62	—
		电动卷扬机 单筒慢速 50kN	台班	180.05	—
		高压油泵 压力50MPa	台班	826.47	—
		直流弧焊机 32kW	台班	324.14	—
		反铲挖掘机 1m³	台班	286.16	—
		挤压式灰浆输送泵 3m³/h	台班	275.49	—
		其他机械费	元	57626	—
		措施费分摊	元	44426	—
		机械费小计	元	2106758	10.67
	直接费小计		元	15697320	79.48
综合费用			元	3343529	16.93
合计			元	19040849	—

工程特征： 设计水量400000m³/d。矩形钢筋混凝土结构，平面尺寸146.15m×67.5m，分2格布置，池深5.3m，有效水深5.0m。*DN*1800mm进水管、*DN*1200溢水管各2根，*DN*2000mm出水管2根，*DN*600mm放空管2根。现浇钢筋混凝土壁厚350mm，底板厚450mm，池盖板厚200mm，池内设一砖导流墙，池顶覆土500mm厚。

单位：座

指标编号				3F-439	
项目			单位	容积49326m³	
				构筑物	占指标基价（%）
指标基价			元	16006098	100.00
一、建筑安装工程费			元	15507724	96.89
二、设备购置费			元	498374	3.11
建筑安装工程费					
直接费	人工费	人工	工日	43314	—
		措施费分摊	元	57893	—
		人工费小计	元	1401939	8.76
	材料费	商品混凝土C10	m³	1178.89	—
		商品混凝土C25	m³	2571.51	—
		抗渗商品混凝土C25	m³	6328.09	—
		水泥（综合）	t	257.00	—
		中砂	t	890.50	—
		钢筋 ϕ10以外	t	919.87	—
		钢筋 ϕ10以内	t	380.91	—
		组合钢模板	kg	6445.07	—
		钢管	t	19.52	—
		钢管件	t	6.83	—
		其他材料费	元	688736	—
		措施费分摊	元	629582	—
		材料费小计	元	9816941	61.33
	机械费	履带式推土机 75kW	台班	182.94	—
		电动夯实机 20～62N·m	台班	845.04	—
		载重汽车 6t	台班	27.29	—
		自卸汽车 15t	台班	594.86	—
		电动卷扬机 单筒慢速 50kN	台班	300.13	—
		电动单级离心清水泵 ϕ150	台班	113.45	—
		直流弧焊机 32kW	台班	389.18	—
		反铲挖掘机 1m³	台班	203.34	—
		其他机械费	元	658130	—
		措施费分摊	元	36183	—
		机械费小计	元	1565724	9.78
	直接费小计		元	12784603	79.87
综合费用			元	2723120	17.01
合计			元	15507724	—

工程特征：设计水量 10000m^3/d。圆形钢筋混凝土结构，直径 17.8m，有效水深 4.2m。进水管、出水管各 1 根。现浇钢筋混凝土水池，壁厚 250mm，池底厚 200mm，池盖厚 150mm。

单位：座

指标编号				3F-440	
项目			单位	容积1045m^3	
				构筑物	占指标基价（%）
指标基价			元	543922	100.00
一、建筑安装工程费			元	506298	93.08
二、设备购置费			元	37624	6.92
建筑安装工程费					
直接费	人工费	人工	工日	2047	—
		措施费分摊	元	1890	—
		人工费小计	元	65404	12.02
	材料费	商品混凝土C10	m^3	11.51	—
		商品混凝土C25	m^3	66.28	—
		抗渗商品混凝土C25	m^3	128.68	—
		水泥（综合）	t	19.48	—
		中砂	t	129.13	—
		钢筋 ϕ10以外	t	26.60	—
		钢筋 ϕ10以内	t	12.42	—
		标准砖	千块	74.63	—
		木模板	m^3	4.57	—
		组合钢模板	kg	501.87	—
		石油沥青30#	kg	2288.00	—
		铸铁爬梯	kg	1194.21	—
		钢管	t	2.60	—
		钢管件	t	0.83	—
		其他材料费	元	28998	—
		措施费分摊	元	20555	—
		材料费小计	元	336426	61.85
	机械费	履带式推土机 75kW	台班	2.99	—
		载重汽车 6t	台班	3.01	—
		自卸汽车 15t	台班	2.09	—
		机动翻斗车 1t	台班	9.04	—
		电动卷扬机 单筒慢速 50kN	台班	9.13	—
		直流弧焊机 32kW	台班	11.25	—
		反铲挖掘机 1m^3	台班	3.32	—
		其他机械费	元	4476	—
		措施费分摊	元	1181	—
		机械费小计	元	15563	2.86
	直接费小计		元	417393	76.74
综合费用			元	88905	16.35
合计			元	506298	—

4.12 附属建筑

4.12.1 锅炉房

工程特征：单层砖混结构，建筑面积 285.2m²，檐高 6.03m。现浇钢筋混凝土带形基础、毛石基础，现浇钢筋混凝土梁、板、柱。标准砖墙体,水泥砂浆地面,内外墙抹灰刷涂料。屋面 SBS 卷材防水，1:6 水泥炉渣及现浇水泥珍珠岩保温。木门、铝合金门窗，水、暖、电及快装 2t/h 锅炉设备安装。

单位：座

指标编号				3F-441	
项目			单位	建筑面积 285.20m²	
				建筑物	占指标基价（%）
指标基价			元	858122	100.00
一、建筑安装工程费			元	662622	77.22
二、设备购置费			元	195500	22.78
建筑安装工程费					
直接费	人工费	人工	工日	3936	—
		措施费分摊	元	2474	—
		人工费小计	元	124608	14.52
	材料费	商品混凝土 C20	m³	120.05	—
		水泥（综合）	t	77.84	—
		钢材 ϕ10 以内	t	3.97	—
		钢材 ϕ20 以内	t	3.14	—
		木模板	m³	2.37	—
		二等方木	m³	1.93	—
		标准砖	千块	107.97	—
		中砂	t	296.32	—
		碎石	t	77.00	—
		毛石	m³	141.88	—
		钢管	t	1.96	—
		钢管件	t	0.84	—
		阀门	个	71.00	—
		排水塑料管	m	38.00	—
		给水 PPR 管	m	306.00	—
		电缆	m	483.00	—
		电线	m	712.00	—
		电线塑料管	m	206.00	—
		其他材料费	元	61038	—
		措施费分摊	元	26901	—
		材料费小计	元	366002	42.65
	机械费	起重机	台班	15.92	—
		自卸汽车	台班	8.31	—
		电焊机	台班	63.51	—
		搅拌机	台班	30.60	—
		清水泵	台班	203.73	—
		卷扬机	台班	30.20	—
		振捣器	台班	19.71	—
		其他机械费	元	13675	—
		措施费分摊	元	1546	—
		机械费小计	元	55657	6.49
	直接费小计		元	546267	63.66
综合费用			元	116355	13.56
合计			元	662622	—

工程特征： 单层砖混结构，建筑面积 300m²，檐高 6.15m，毛石基础，现浇钢筋混凝土梁、板、柱，标准砖墙体，水磨石地面，内墙抹灰刷涂料部分墙面贴瓷砖，屋面 SBS 卷材防水、现浇水泥珍珠岩保温，木制门窗，水、暖、电及快装 1t/h 锅炉设备安装。

单位：座

<table>
<tr><td colspan="3">指 标 编 号</td><td colspan="3">3F-442</td></tr>
<tr><td colspan="3" rowspan="2">项　　目</td><td rowspan="2">单位</td><td colspan="2">建筑面积 300.00m²</td></tr>
<tr><td>建筑物</td><td>占指标基价（%）</td></tr>
<tr><td colspan="3">指 标 基 价</td><td>元</td><td>960787</td><td>100.00</td></tr>
<tr><td colspan="3">一、建筑安装工程费</td><td>元</td><td>674616</td><td>70.21</td></tr>
<tr><td colspan="3">二、设备购置费</td><td>元</td><td>286171</td><td>29.79</td></tr>
<tr><td colspan="6">**建筑安装工程费**</td></tr>
<tr><td rowspan="33">直接费</td><td rowspan="3">人工费</td><td>人工</td><td>工日</td><td>3784</td><td>—</td></tr>
<tr><td>措施费分摊</td><td>元</td><td>2518</td><td>—</td></tr>
<tr><td>**人工费小计**</td><td>元</td><td>119936</td><td>12.48</td></tr>
<tr><td rowspan="17">材料费</td><td>商品混凝土 C20</td><td>m³</td><td>33.63</td><td>—</td></tr>
<tr><td>商品混凝土 C25</td><td>m³</td><td>60.50</td><td>—</td></tr>
<tr><td>水泥（综合）</td><td>t</td><td>70.86</td><td>—</td></tr>
<tr><td>钢材 ϕ10 以内</td><td>t</td><td>2.85</td><td>—</td></tr>
<tr><td>钢材 ϕ20 以内</td><td>t</td><td>4.02</td><td>—</td></tr>
<tr><td>木模板</td><td>m³</td><td>0.87</td><td>—</td></tr>
<tr><td>二等方木</td><td>m³</td><td>2.00</td><td>—</td></tr>
<tr><td>标准砖</td><td>千块</td><td>185.48</td><td>—</td></tr>
<tr><td>中砂</td><td>t</td><td>389.18</td><td>—</td></tr>
<tr><td>碎石</td><td>t</td><td>19.46</td><td>—</td></tr>
<tr><td>毛石</td><td>m³</td><td>1.17</td><td>—</td></tr>
<tr><td>钢管</td><td>t</td><td>1.75</td><td>—</td></tr>
<tr><td>钢管件</td><td>t</td><td>0.75</td><td>—</td></tr>
<tr><td>阀门</td><td>个</td><td>75.00</td><td>—</td></tr>
<tr><td>其他材料费</td><td>元</td><td>66924</td><td>—</td></tr>
<tr><td>措施费分摊</td><td>元</td><td>27391</td><td>—</td></tr>
<tr><td>**材料费小计**</td><td>元</td><td>399192</td><td>41.55</td></tr>
<tr><td rowspan="7">机械费</td><td>起重机</td><td>台班</td><td>6.75</td><td>—</td></tr>
<tr><td>自卸汽车</td><td>台班</td><td>2.891</td><td>—</td></tr>
<tr><td>电焊机</td><td>台班</td><td>43.07</td><td>—</td></tr>
<tr><td>搅拌机</td><td>台班</td><td>39.32</td><td>—</td></tr>
<tr><td>其他机械费</td><td>元</td><td>24508</td><td>—</td></tr>
<tr><td>措施费分摊</td><td>元</td><td>1574</td><td>—</td></tr>
<tr><td>**机械费小计**</td><td>元</td><td>37027</td><td>3.85</td></tr>
<tr><td colspan="2">**直接费小计**</td><td>元</td><td>556155</td><td>57.89</td></tr>
<tr><td colspan="3">综合费用</td><td>元</td><td>118461</td><td>12.32</td></tr>
<tr><td colspan="3">**合　　计**</td><td>元</td><td>674616</td><td>—</td></tr>
</table>

工程特征： 单层框架结构，建筑面积 330m²，檐高 8.18m，基础为长螺旋钻孔灌注桩，现浇混凝土梁、板、柱，标准砖墙体，水泥砂浆地面，内外墙及天棚抹灰刷涂料，屋面三元乙丙橡胶卷材防水、现浇水泥珍珠岩及聚苯乙烯泡沫塑料板保温，全镶板门、塑钢门窗,水、暖、电及快装 1t/h 锅炉设备安装。

单位：座

<table>
<tr><td colspan="4">指 标 编 号</td><td colspan="2">3F-443</td></tr>
<tr><td colspan="3" rowspan="2">项　　目</td><td rowspan="2">单位</td><td colspan="2">建筑面积 330.00m²</td></tr>
<tr><td>建筑物</td><td>占指标基价（%）</td></tr>
<tr><td colspan="3">指 标 基 价</td><td>元</td><td>1241342</td><td>100.00</td></tr>
<tr><td colspan="3">一、建筑安装工程费</td><td>元</td><td>691442</td><td>55.70</td></tr>
<tr><td colspan="3">二、设备购置费</td><td>元</td><td>549900</td><td>44.30</td></tr>
<tr><td colspan="6">建筑安装工程费</td></tr>
<tr><td rowspan="31">直接费</td><td rowspan="3">人工费</td><td>人工</td><td>工日</td><td>3687</td><td>—</td></tr>
<tr><td>措施费分摊</td><td>元</td><td>2581</td><td>—</td></tr>
<tr><td>人工费小计</td><td>元</td><td>116989</td><td>9.42</td></tr>
<tr><td rowspan="19">材料费</td><td>商品混凝土 C20</td><td>m³</td><td>14.65</td><td>—</td></tr>
<tr><td>商品混凝土 C30</td><td>m³</td><td>210.69</td><td>—</td></tr>
<tr><td>水泥（综合）</td><td>t</td><td>40.01</td><td>—</td></tr>
<tr><td>钢材 ϕ10 以内</td><td>t</td><td>11.08</td><td>—</td></tr>
<tr><td>钢材 ϕ20 以内</td><td>t</td><td>9.12</td><td>—</td></tr>
<tr><td>钢材 ϕ20 以外</td><td>t</td><td>5.38</td><td>—</td></tr>
<tr><td>木模板</td><td>m³</td><td>2.51</td><td>—</td></tr>
<tr><td>二等方木</td><td>m³</td><td>2.32</td><td>—</td></tr>
<tr><td>标准砖</td><td>千块</td><td>123.20</td><td>—</td></tr>
<tr><td>中砂</td><td>t</td><td>232.08</td><td>—</td></tr>
<tr><td>碎石</td><td>t</td><td>74.69</td><td>—</td></tr>
<tr><td>钢管</td><td>t</td><td>1.34</td><td>—</td></tr>
<tr><td>钢管件</td><td>t</td><td>0.57</td><td>—</td></tr>
<tr><td>阀门</td><td>个</td><td>34.00</td><td>—</td></tr>
<tr><td>绝缘铜线</td><td>m</td><td>508.00</td><td>—</td></tr>
<tr><td>其他材料费</td><td>元</td><td>72353</td><td>—</td></tr>
<tr><td>措施费分摊</td><td>元</td><td>28071</td><td>—</td></tr>
<tr><td>材料费小计</td><td>元</td><td>430031</td><td>34.64</td></tr>
<tr><td rowspan="8">机械费</td><td>起重机</td><td>台班</td><td>8.49</td><td>—</td></tr>
<tr><td>自卸汽车</td><td>台班</td><td>6.89</td><td>—</td></tr>
<tr><td>电焊机</td><td>台班</td><td>35.80</td><td>—</td></tr>
<tr><td>搅拌机</td><td>台班</td><td>18.03</td><td>—</td></tr>
<tr><td>卷扬机</td><td>台班</td><td>19.47</td><td>—</td></tr>
<tr><td>其他机械费</td><td>元</td><td>15499</td><td>—</td></tr>
<tr><td>措施费分摊</td><td>元</td><td>1613</td><td>—</td></tr>
<tr><td>机械费小计</td><td>元</td><td>23006</td><td>1.85</td></tr>
<tr><td colspan="2">直接费小计</td><td>元</td><td>570026</td><td>45.92</td></tr>
<tr><td colspan="3">综合费用</td><td>元</td><td>121416</td><td>9.78</td></tr>
<tr><td colspan="3">合　　计</td><td>元</td><td>691442</td><td>—</td></tr>
</table>

4.12.2 配 电 室

工程特征： 单层混合结构，建筑面积 133.5m^2，檐高 7.04m,毛石基础,现浇钢筋混凝土梁、板、柱，标准砖墙体，水泥砂浆地面，内外墙抹灰刷涂料，屋面 SBS 卷材防水、现浇水泥珍珠岩保温，防盗门、塑钢窗。

单位：座

指标编号				3F-444	
项目			单位	建筑面积 133.5m^2	
				建筑物	占指标基价（%）
指标基价			元	386663	100.00
一、建筑安装工程费			元	217163	56.16
二、设备购置费			元	169500	43.84
建筑安装工程费					
直接费	人工费	人工	工日	1627	—
		措施费分摊	元	811	—
		人工费小计	元	51297	13.27
	材料费	商品混凝土 C20	m^3	58.88	—
		水泥（综合）	t	21.74	—
		钢材 ϕ10 以内	t	2.61	—
		钢材 ϕ20 以内	t	2.07	—
		木模板	m^3	0.23	—
		二等方木	m^3	0.70	—
		标准砖	千块	37.99	—
		中砂	t	103.64	—
		碎石	t	12.60	—
		毛石	m^3	48.92	—
		其他材料费	元	18007	—
		措施费分摊	元	8817	—
		材料费小计	元	108856	28.15
	机械费	起重机	台班	3.47	—
		自卸汽车	台班	1.80	—
		电焊机	台班	4.82	—
		搅拌机	台班	10.08	—
		卷扬机	台班	14.38	—
		清水泵	台班	20.66	—
		其他机械费	元	11247	—
		措施费分摊	元	507	—
		机械费小计	元	18877	4.88
	直接费小计		元	179030	46.30
综合费用			元	38133	9.86
合 计			元	217163	—

工程特征： 单层框架结构，建筑面积 124m²，檐高 7.45m，现浇钢筋混凝土独立基础、钢筋混凝土带型基础，现浇钢筋混凝土梁、板、柱，填充墙体陶粒空心砖砌块，地板砖地面，内外墙水泥砂浆刷涂料、天棚抹灰刷涂料,屋面 SBS 卷材防水、聚苯乙烯泡沫塑料板保温，铝塑隔热保温窗、钢制防火门，电气及设备安装。

单位：座

<table>
<tr><td colspan="4">指 标 编 号</td><td colspan="2">3F-445</td></tr>
<tr><td colspan="3" rowspan="2">项　　目</td><td rowspan="2">单位</td><td colspan="2">建筑面积 124m²</td></tr>
<tr><td>建筑物</td><td>占指标基价（%）</td></tr>
<tr><td colspan="3">指 标 基 价</td><td>元</td><td>420768</td><td>100.00</td></tr>
<tr><td colspan="3">一、建筑安装工程费</td><td>元</td><td>287768</td><td>68.39</td></tr>
<tr><td colspan="3">二、设备购置费</td><td>元</td><td>133000</td><td>31.61</td></tr>
<tr><td colspan="6">建筑安装工程费</td></tr>
<tr><td rowspan="35">直接费</td><td rowspan="3">人工费</td><td>人工</td><td>工日</td><td>1508</td><td>—</td></tr>
<tr><td>措施费分摊</td><td>元</td><td>1074</td><td>—</td></tr>
<tr><td>人工费小计</td><td>元</td><td>47867</td><td>11.38</td></tr>
<tr><td rowspan="21">材料费</td><td>商品混凝土 C10</td><td>m³</td><td>11.53</td><td>—</td></tr>
<tr><td>商品混凝土 C20</td><td>m³</td><td>19.46</td><td>—</td></tr>
<tr><td>商品混凝土 C25</td><td>m³</td><td>26.85</td><td>—</td></tr>
<tr><td>商品混凝土 C30</td><td>m³</td><td>34.53</td><td>—</td></tr>
<tr><td>水泥（综合）</td><td>t</td><td>13.12</td><td>—</td></tr>
<tr><td>钢材 ϕ10 以内</td><td>t</td><td>0.83</td><td>—</td></tr>
<tr><td>钢材 ϕ20 以内</td><td>t</td><td>1.05</td><td>—</td></tr>
<tr><td>钢材 ϕ20 以外</td><td>t</td><td>1.53</td><td>—</td></tr>
<tr><td>木模板</td><td>m³</td><td>0.57</td><td>—</td></tr>
<tr><td>二等方木</td><td>m³</td><td>1.30</td><td>—</td></tr>
<tr><td>标准砖</td><td>千块</td><td>12.12</td><td>—</td></tr>
<tr><td>陶粒混凝土砌块</td><td>千块</td><td>24.04</td><td>—</td></tr>
<tr><td>中砂</td><td>t</td><td>71.43</td><td>—</td></tr>
<tr><td>碎石</td><td>t</td><td>5.81</td><td>—</td></tr>
<tr><td>钢管</td><td>t</td><td>0.16</td><td>—</td></tr>
<tr><td>钢管件</td><td>t</td><td>0.06</td><td>—</td></tr>
<tr><td>电缆</td><td>m</td><td>96.00</td><td>—</td></tr>
<tr><td>电线</td><td>m</td><td>101.00</td><td>—</td></tr>
<tr><td>其他材料费</td><td>元</td><td>27709</td><td>—</td></tr>
<tr><td>措施费分摊</td><td>元</td><td>11682</td><td>—</td></tr>
<tr><td>材料费小计</td><td>元</td><td>165620</td><td>39.36</td></tr>
<tr><td rowspan="8">机械费</td><td>起重机</td><td>台班</td><td>6.50</td><td>—</td></tr>
<tr><td>自卸汽车</td><td>台班</td><td>9.12</td><td>—</td></tr>
<tr><td>电焊机</td><td>台班</td><td>1.47</td><td>—</td></tr>
<tr><td>搅拌机</td><td>台班</td><td>4.00</td><td>—</td></tr>
<tr><td>卷扬机</td><td>台班</td><td>10.75</td><td>—</td></tr>
<tr><td>其他机械费</td><td>元</td><td>12062</td><td>—</td></tr>
<tr><td>措施费分摊</td><td>元</td><td>671</td><td>—</td></tr>
<tr><td>机械费小计</td><td>元</td><td>23750</td><td>5.64</td></tr>
<tr><td colspan="2">直接费小计</td><td>元</td><td>237237</td><td>56.38</td></tr>
<tr><td colspan="3">综合费用</td><td>元</td><td>50531</td><td>12.01</td></tr>
<tr><td colspan="3">合　　计</td><td>元</td><td>287768</td><td>—</td></tr>
</table>

工程特征：单层砖混结构，建筑面积430.7m^2，檐高7.15m，现浇钢筋混凝土带型基础、钢筋混凝土独立基础，现浇钢筋混凝土梁、板、柱，全瓷地板砖地面，标准砖墙体，内墙及天棚抹灰刷涂料，外墙抹灰刷涂料部分墙面砖，屋面SBS卷材防水、1: 6水泥炉渣、干铺蛭石保温，木门、塑钢窗、平开式钢防火门、特种钢门，电气及设备安装。

单位：座

指 标 编 号				3F-446	
项　　目			单位	建筑面积430.70m^2	
				建筑物	占指标基价（%）
指 标 基 价			元	1731214	100.00
一、建筑安装工程费			元	990214	57.20
二、设备购置费			元	741000	42.80
建筑安装工程费					
直接费	人工费	人工	工日	6270	—
		措施费分摊	元	3697	—
		人工费小计	元	198253	11.45
	材料费	商品混凝土C20	m^3	196.21	—
		水泥（综合）	t	86.09	—
		钢材ϕ10以内	t	6.48	—
		钢材ϕ20以内	t	2.42	—
		钢材ϕ20以外	t	1.19	—
		木模板	m^3	2.40	—
		二等方木	m^3	3.02	—
		标准砖	千块	155.10	—
		中砂	t	553.09	—
		碎石	t	76.14	—
		钢管	t	0.35	—
		钢管件	t	0.15	—
		电缆	m	1224.00	—
		电线	m	203.00	—
		其他材料费	元	91267	—
		措施费分摊	元	40201	—
		材料费小计	元	547242	31.61
	机械费	起重机	台班	20.49	—
		自卸汽车	台班	32.35	—
		电焊机	台班	5.85	—
		搅拌机	台班	28.86	—
		卷扬机	台班	45.96	—
		其他机械费	元	34370	—
		措施费分摊	元	2310	—
		机械费小计	元	70840	4.09
	直接费小计		元	816335	47.15
综合费用			元	173879	10.04
合　　计			元	990214	—

4.12.3 投 剂 室

工程特征：单层框架结构，建筑面积 1126.89m²，檐高 6.4m，包括药库及值班室、钢筋混凝土溶解池、溶液及储液池。现浇钢筋混凝土独立基础、条型基础及砖基础，现浇钢筋混凝土梁、板、柱，加气混凝土填充墙、部分标准砖墙体，地面及池砌耐酸防腐瓷板，瓷砖墙裙、抹灰内墙面及顶棚耐酸防腐过氯乙烯漆两遍，外墙贴面砖，屋面 SBS 卷材防水、聚苯乙烯泡沫塑料板保温，防火卷帘门、铝合金门窗及水、暖、电设备安装。

单位：座

指标编号				3F-447	
项目			单位	建筑面积 1126.89m²	
				建筑物	占指标基价（%）
指标基价			元	3663519	100.00
一、建筑安装工程费			元	2560409	69.89
二、设备购置费			元	1103110	30.11
建筑安装工程费					
直接费	人工费	人工	工日	12615	—
		措施费分摊	元	9558	—
		人工费小计	元	401001	10.95
	材料费	商品混凝土 C20	m³	349.71	—
		水泥（综合）	t	161.41	—
		钢材 ϕ10 以内	t	24.12	—
		钢材 ϕ20 以内	t	32.07	—
		钢材 ϕ20 以外	t	6.38	—
		木模板	m³	8.29	—
		二等方木	m³	8.82	—
		标准砖	千块	122.92	—
		中砂	t	520.17	—
		碎石	t	441.68	—
		加气混凝土砌块	m³	404.29	—
		钢管	t	5.22	—
		钢管件	t	2.23	—
		阀门	个	132.00	—
		排水塑料管	m	51.00	—
		ABS 管	m	449.58	—
		电缆	m	1625.36	—
		电线	m	1334.00	—
		ABS 管件	个	100.00	—
		其他材料费	元	270291	—
		措施费分摊	元	103948	—
		材料费小计	元	1605563	43.83
	机械费	起重机	台班	20.24	—
		自卸汽车	台班	6.00	—
		电焊机	台班	193.82	—
		搅拌机	台班	47.54	—
		卷扬机	台班	204.31	—
		其他机械费	元	37091	—
		措施费分摊	元	5974	—
		机械费小计	元	104243	2.85
	直接费小计		元	2110807	57.62
综合费用			元	449602	12.27
合　计			元	2560409	—

工程特征：单层框架结构，建筑面积 507m²，其中：投药间 370m²，加氯间 137m²，包括溶液及储液池，投加硫酸铝和水玻璃。檐高 6.3m，毛石基础，现浇钢筋混凝土梁、板、柱，标准砖墙体，地面水玻璃耐酸砂浆整体面层，内墙面抹水泥砂浆刷涂料，部分墙面贴防腐瓷砖，天棚抹灰刷涂料，外墙面抹灰刷涂料，屋面三元乙丙丁基橡胶卷材防水，聚苯乙烯泡沫塑料板保温，普通木门、塑钢窗，水、暖、电及设备安装。

单位：座

指标编号				3F-448	
项目			单位	建筑面积 507m²	
				建筑物	占指标基价（%）
指标基价			元	1821959	100.00
一、建筑安装工程费			元	925247	50.78
二、设备购置费			元	896712	49.22
建筑安装工程费					
直接费	人工费	人工	工日	3717	—
		措施费分摊	元	3454	—
		人工费小计	元	118793	6.52
	材料费	商品混凝土 C20	m³	20.43	—
		商品混凝土 C25	m³	93.20	—
		水泥（综合）	t	80.92	—
		钢材 ϕ10 以内	t	16.41	—
		木模板	m³	0.37	—
		二等方木	m³	5.41	—
		标准砖	千块	193.29	—
		中砂	t	441.86	—
		碎石	t	78.16	—
		钢管	t	0.52	—
		钢管件	t	0.21	—
		阀门	个	48.00	—
		排水塑料管	m	7.00	—
		给水 PPR 管	m	18.00	—
		电缆	m	778.00	—
		电线	m	801.00	—
		电线塑料管	m	584.00	—
		其他材料费	元	104272	—
		措施费分摊	元	37563	—
		材料费小计	元	616853	33.86
	机械费	起重机	台班	4.62	—
		自卸汽车	台班	11.50	—
		电焊机	台班	10.78	—
		搅拌机	台班	48.30	—
		卷扬机	台班	88.39	—
		其他机械费	元	16058	—
		措施费分摊	元	2159	—
		机械费小计	元	27130	1.49
	直接费小计		元	762776	41.87
综合费用			元	162471	8.92
合计			元	925247	—

4.12.4 综 合 楼

工程特征： 五层框架结构，建筑面积 3356m²，檐高 16.2m，现浇钢筋混凝土独立基础、毛石基础、现浇钢筋混凝土梁、板、柱，墙体陶粒空心砖砌块，全瓷地面砖楼地面，内外墙抹灰乳胶漆、部分内墙瓷砖面层，天棚混合砂浆、部分天棚轻钢龙骨石膏板面层及铝合金龙骨吸音板面层，屋面 SBS 卷材防水、聚苯乙烯泡沫塑料板保温，塑钢门窗、铝合金卷闸门、内木门，水、暖、电及设备安装。

单位：座

指标编号				3F-449	
项目			单位	建筑面积 3356m²	
				建筑物	占指标基价（%）
指标基价			元	4081081	100.00
一、建筑安装工程费			元	4061681	99.53
二、设备购置费			元	19400	0.47
建筑安装工程费					
直接费	人工费	人工	工日	19463	—
		措施费分摊	元	15163	—
		人工费小计	元	619099	15.17
	材料费	商品混凝土 C20	m^3	1066.33	—
		水泥（综合）	t	192.40	—
		钢材 ϕ10 以内	t	64.89	—
		钢材 ϕ20 以内	t	58.74	—
		钢材 ϕ20 以外	t	20.14	—
		木模板	m^3	10.24	—
		二等方木	m^3	30.69	—
		标准砖	千块	771.88	—
		中砂	t	1013.62	—
		碎石	t	255.75	—
		毛石	m^3	167.57	—
		钢管	t	3.97	—
		钢管件	t	1.69	—
		阀门	个	148.00	—
		排水塑料管	m	290.00	—
		给水 PPR 管	m	616.00	—
		电线	m	15030.90	—
		电线塑料管	m	5344.00	—
		其他材料费	元	429810	—
		措施费分摊	元	164895	—
		材料费小计	元	2552727	62.55
	机械费	起重机	台班	119.48	—
		自卸汽车	台班	33.84	—
		电焊机	台班	48.77	—
		搅拌机	台班	78.37	—
		卷扬机	台班	322.13	—
		其他机械费	元	50917	—
		措施费分摊	元	9477	—
		机械费小计	元	176633	4.33
	直接费小计		元	3348459	82.05
综合费用			元	713222	17.48
合　计			元	4061681	—

工程特征： 三层砖混结构，建筑面积 1287.8m²，檐高 9.98m，毛石基础、砖基础、现浇钢筋混凝土独立基础，现浇钢筋混凝土圈梁、单梁、过梁，构造柱、平板，钢筋混凝土整体楼梯，标准砖墙体，屋面水泥珍珠岩保温，SBS 卷材防水、内墙抹灰乳胶漆，外墙抹灰涂料，全瓷地板砖楼地面，塑钢门窗，不锈钢地弹门，水、暖、电及设备安装。

单位：座

<table>
<tr><td colspan="4">指 标 编 号</td><td colspan="2">3F-450</td></tr>
<tr><td colspan="3" rowspan="2">项　　目</td><td rowspan="2">单位</td><td colspan="2">建筑面积 1287.8m²</td></tr>
<tr><td>建筑物</td><td>占指标基价（%）</td></tr>
<tr><td colspan="3">指 标 基 价</td><td>元</td><td>1701934</td><td>100.00</td></tr>
<tr><td colspan="3">一、建筑安装工程费</td><td>元</td><td>1694934</td><td>99.58</td></tr>
<tr><td colspan="3">二、设备购置费</td><td>元</td><td>7000</td><td>0.42</td></tr>
<tr><td colspan="6">**建筑安装工程费**</td></tr>
<tr><td rowspan="33">直接费</td><td rowspan="3">人工费</td><td>人工</td><td>工日</td><td>9017</td><td>—</td></tr>
<tr><td>措施费分摊</td><td>元</td><td>6327</td><td>—</td></tr>
<tr><td>**人工费小计**</td><td>元</td><td>286125</td><td>16.81</td></tr>
<tr><td rowspan="20">材料费</td><td>商品混凝土 C20</td><td>m³</td><td>324.47</td><td>—</td></tr>
<tr><td>水泥（综合）</td><td>t</td><td>217.82</td><td>—</td></tr>
<tr><td>钢材 ϕ10 以内</td><td>t</td><td>13.25</td><td>—</td></tr>
<tr><td>钢材 ϕ20 以内</td><td>t</td><td>14.13</td><td>—</td></tr>
<tr><td>钢材 ϕ20 以外</td><td>t</td><td>5.36</td><td>—</td></tr>
<tr><td>木模板</td><td>m³</td><td>1.09</td><td>—</td></tr>
<tr><td>二等方木</td><td>m³</td><td>5.86</td><td>—</td></tr>
<tr><td>标准砖</td><td>千块</td><td>352.76</td><td>—</td></tr>
<tr><td>中砂</td><td>t</td><td>904.50</td><td>—</td></tr>
<tr><td>碎石</td><td>t</td><td>227.58</td><td>—</td></tr>
<tr><td>钢管</td><td>t</td><td>0.91</td><td>—</td></tr>
<tr><td>钢管件</td><td>t</td><td>0.39</td><td>—</td></tr>
<tr><td>阀门</td><td>个</td><td>83.81</td><td>—</td></tr>
<tr><td>电线</td><td>m</td><td>3457.00</td><td>—</td></tr>
<tr><td>给水 PPR 管</td><td>m</td><td>66.00</td><td>—</td></tr>
<tr><td>排水塑料管</td><td>m</td><td>42.00</td><td>—</td></tr>
<tr><td>电线塑料管</td><td>m</td><td>1318.00</td><td>—</td></tr>
<tr><td>其他材料费</td><td>元</td><td>167557</td><td>—</td></tr>
<tr><td>措施费分摊</td><td>元</td><td>68811</td><td>—</td></tr>
<tr><td>**材料费小计**</td><td>元</td><td>999683</td><td>58.74</td></tr>
<tr><td rowspan="8">机械费</td><td>起重机</td><td>台班</td><td>34.04</td><td>—</td></tr>
<tr><td>自卸汽车</td><td>台班</td><td>9.11</td><td>—</td></tr>
<tr><td>电焊机</td><td>台班</td><td>1.04</td><td>—</td></tr>
<tr><td>搅拌机</td><td>台班</td><td>99.27</td><td>—</td></tr>
<tr><td>卷扬机</td><td>台班</td><td>92.94</td><td>—</td></tr>
<tr><td>其他机械费</td><td>元</td><td>53732</td><td>—</td></tr>
<tr><td>措施费分摊</td><td>元</td><td>3955</td><td>—</td></tr>
<tr><td>**机械费小计**</td><td>元</td><td>111500</td><td>6.55</td></tr>
<tr><td colspan="2">**直接费小计**</td><td>元</td><td>1397308</td><td>82.10</td></tr>
<tr><td colspan="3">综合费用</td><td>元</td><td>297626</td><td>17.49</td></tr>
<tr><td colspan="3">**合　　计**</td><td>元</td><td>1694934</td><td>—</td></tr>
</table>

工程特征： 四层框架结构，建筑面积 2069m²，檐高 12.65m，现浇钢筋混凝土独立基础、钢筋混凝土基础梁，现浇钢筋混凝土梁、板、柱，墙体陶粒空心砖砌块，全瓷地面砖楼地面、部分水磨石楼地面、内墙水泥砂浆刷内墙涂料、部分内墙瓷砖，天棚水泥砂浆刷涂料、部分天棚轻钢龙骨石膏板面层及轻钢龙骨铝塑板面层，外墙抹灰刷涂料，屋面 SBS 卷材防水、聚苯乙烯泡沫塑料板保温，塑钢窗、塑钢地弹门、不锈钢门、内木门，水、暖、电及设备安装。

单位：座

指标编号				3F-451	
项目			单位	建筑面积 2069m²	
				建筑物	占指标基价（%）
指标基价			元	3159644	100.00
一、建筑安装工程费			元	2990344	94.64
二、设备购置费			元	169300	5.36
建筑安装工程费					
直接费	人工费	人工	工日	14898	—
		措施费分摊	元	11163	—
		人工费小计	元	473448	14.98
	材料费	商品混凝土 C20	m^3	850.43	—
		水泥（综合）	t	177.34	—
		钢材 ϕ10 以内	t	42.28	—
		钢材 ϕ20 以内	t	52.26	—
		钢材 ϕ20 以外	t	30.02	—
		木模板	m^3	6.05	—
		二等方木	m^3	16.50	—
		标准砖	千块	88.33	—
		中砂	t	689.26	—
		碎石	t	315.72	—
		陶粒空心砖	千块	443.16	—
		钢管	t	5.07	—
		钢管件	t	2.17	—
		阀门	个	174.00	—
		排水塑料管	m	185.00	—
		电缆	m	762.00	—
		电线	m	6953.00	—
		电线塑料管	m	2260.00	—
		其他材料费	元	310448	—
		措施费分摊	元	121402	—
		材料费小计	元	1846115	58.43
	机械费	起重机	台班	72.37	—
		自卸汽车	台班	25.50	—
		电焊机	台班	34.49	—
		搅拌机	台班	52.57	—
		卷扬机	台班	188.53	—
		其他机械费	元	35469	—
		措施费分摊	元	6977	—
		机械费小计	元	145684	4.61
	直接费小计		元	2465247	78.02
综合费用			元	525097	16.62
合计			元	2990344	—

工程特征： 五层框架结构，建筑面积 6234m²，一层 4.2m，其他层 3.7m，檐高 19.45m，现浇钢筋混凝土独立基础、基础梁，矩形框架柱、有梁板，墙体为加气混凝土砌块，部分砖墙，全瓷地面砖，内墙及天棚抹灰刷乳胶漆、部分天棚轻钢龙骨石膏板面层，外墙面砖，屋面 SBS 防水、水泥珍珠岩保温，普通木门、铝合金自由门、塑钢窗，四柱散热器采暖，普通日光灯、吸顶灯，蹲式大便器、挂式小便器，水、暖、电及设备安装。

单位：座

指标编号				3F-452	
项目			单位	建筑面积 6234m²	
				建筑物	占指标基价（%）
指标基价			元	7641937	100.00
一、建筑安装工程费			元	7598937	99.44
二、设备购置费			元	43000	0.56
建筑安装工程费					
直接费	人工费	人工	工日	29691	—
		措施费分摊	元	28368	—
		人工费小计	元	949680	12.43
	材料费	商品混凝土 C30	m³	1956.90	—
		水泥（综合）	t	355.95	—
		钢材 ϕ10 以内	t	146.65	—
		钢材 ϕ20 以内	t	148.61	—
		钢材 ϕ20 以外	t	73.89	—
		木模板	m³	0.08	—
		二等方木	m³	17.59	—
		标准砖	千块	340.56	—
		中砂	t	2699.36	—
		碎石	t	128.15	—
		加气混凝土砌块	m³	866.84	—
		钢管	t	6.12	—
		钢管件	t	2.61	—
		阀门	个	91.91	—
		电缆	m	1655.00	—
		电线	m	27240.00	—
		排水塑料管	m	987.00	—
		电线塑料管	m	8493.00	—
		其他材料费	元	834351	—
		措施费分摊	元	308501	—
		材料费小计	元	4943786	64.69
	机械费	起重机	台班	178.37	—
		自卸汽车	台班	11.55	—
		电焊机	台班	39.88	—
		搅拌机	台班	140.29	—
		卷扬机	台班	551.76	—
		其他机械费	元	89563	—
		措施费分摊	元	17730	—
		机械费小计	元	371115	4.86
	直接费小计		元	6264581	81.98
综合费用			元	1334356	17.46
合　计			元	7598937	—

工程特征：三层框架结构，建筑面积 960m²，檐高 11.85m，毛石基础、现浇钢筋混凝土独立基础，现浇钢筋混凝土梁、板、柱，标准砖砌墙，全瓷地板砖楼地面，内外墙及天棚抹灰乳胶漆，外墙抹灰刷涂料，屋面三元乙丙丁基橡胶卷材防水、珍珠岩保温，普通木门、铝合金推拉窗、铝合金地弹门，水、暖、电及设备安装。

单位：座

指标编号				3F-453	
项目			单位	建筑面积 960m²	
				建筑物	占指标基价（%）
指标基价			元	1692494	100.00
一、建筑安装工程费			元	1379550	81.51
二、设备购置费			元	312944	18.49
建筑安装工程费					
直接费	人工费	人工	工日	6963	—
		措施费分摊	元	5150	—
		人工费小计	元	221212	13.07
	材料费	商品混凝土 C20	m³	235.97	—
		水泥（综合）	t	177.89	—
		钢材混凝土 10 以内	t	14.47	—
		钢材混凝土 20 以内	t	22.01	—
		木模板	m³	1.11	—
		二等方木	m³	7.79	—
		标准砖	千块	352.18	—
		中砂	t	959.15	—
		碎石	t	123.02	—
		钢管	t	1.40	—
		钢管件	t	0.60	—
		阀门	个	65.00	—
		排水塑料管	m	102.00	—
		给水 PPR 管	m	168.00	—
		电线	m	5080.00	—
		电线塑料管	m	1784.00	—
		其他材料费	元	140596	—
		措施费分摊	元	56007	—
		材料费小计	元	837097	49.46
	机械费	起重机	台班	31.44	—
		自卸汽车	台班	8.46	—
		电焊机	台班	6.34	—
		搅拌机	台班	94.17	—
		卷扬机	台班	84.26	—
		其他机械费	元	26601	—
		措施费分摊	元	3219	—
		机械费小计	元	78995	4.67
	直接费小计		元	1137304	67.20
综合费用			元	242246	14.31
合计			元	1379550	—

4.12.5 机 修 车 间

工程特征：单层砖混结构，建筑面积110.71m²，檐高4.2m，毛石基础，现浇钢筋混凝土过梁、圈梁、构造柱、平板，标准砖砌内外墙，现浇混凝土地面，内外墙抹灰刷涂料，天棚混浆刷涂料，屋面SBS改性沥青防水卷材、现浇水泥珍珠岩保温，铝合金自由门、内木门。水、暖、电及设备安装。

单位：座

指标编号				3F-454	
项目			单位	建筑面积110.71m²	
				建筑物	占指标基价（%）
指标基价			元	134611	100.00
一、建筑安装工程费			元	132511	98.44
二、设备购置费			元	2100	1.56
建筑安装工程费					
直接费	人工费	人工	工日	1045	—
		措施费分摊	元	495	—
		人工费小计	元	32921	24.46
	材料费	商品混凝土C20	m³	42.73	—
		水泥（综合）	t	18.94	—
		钢材 ϕ10以内	t	1.34	—
		钢材 ϕ20以内	t	0.85	—
		木模板	m³	0.54	—
		二等方木	m³	0.52	—
		标准砖	千块	36.54	—
		中砂	t	105.28	—
		碎石	t	16.78	—
		钢管	t	0.44	—
		钢管件	t	0.18	—
		电缆	m	21.21	—
		电线	m	8.00	—
		其他材料费	元	12010	—
		措施费分摊	元	5380	—
		材料费小计	元	72101	53.56
	机械费	起重机	台班	0.52	—
		自卸汽车	台班	1.52	—
		电焊机	台班	3.70	—
		搅拌机	台班	7.58	—
		卷扬机	台班	11.86	—
		其他机械费	元	751	—
		措施费分摊	元	309	—
		机械费小计	元	4220	3.13
	直接费小计		元	109242	81.15
综合费用			元	23269	17.29
合计			元	132511	—

工程特征： 三跨单层排架结构，建筑面积 1247m^2，檐高 13.19m、15.69m，现浇钢筋混凝土杯型基础、基础梁，预制钢筋混凝土工型柱，钢屋架，预应力钢筋混凝土大型屋面板，标准砖外墙，水泥砂浆地面，内外墙抹灰刷涂料，屋面 SBS 卷材防水、珍珠岩保温，平开式铁栅门，塑钢窗，四柱散热器采暖，双管日光灯，铁壳照明配电箱，防雷接地。

单位：座

<table>
<tr><td colspan="4">指 标 编 号</td><td colspan="2">3F-455</td></tr>
<tr><td colspan="3" rowspan="2">项　　目</td><td rowspan="2">单位</td><td colspan="2">建筑面积 1247m^2</td></tr>
<tr><td>建筑物</td><td>占指标基价（%）</td></tr>
<tr><td colspan="3">指 标 基 价</td><td>元</td><td>1458443</td><td>100.00</td></tr>
<tr><td colspan="3">一、建筑安装工程费</td><td>元</td><td>1457943</td><td>99.96</td></tr>
<tr><td colspan="3">二、设备购置费</td><td>元</td><td>500</td><td>0.04</td></tr>
<tr><td colspan="6">建筑安装工程费</td></tr>
<tr><td rowspan="32">直接费</td><td rowspan="3">人工费</td><td>人工</td><td>工日</td><td>6900</td><td>—</td></tr>
<tr><td>措施费分摊</td><td>元</td><td>5443</td><td>—</td></tr>
<tr><td>人工费小计</td><td>元</td><td>219550</td><td>15.05</td></tr>
<tr><td rowspan="18">材料费</td><td>商品混凝土 C20</td><td>m^3</td><td>314.20</td><td>—</td></tr>
<tr><td>水泥（综合）</td><td>t</td><td>184.27</td><td>—</td></tr>
<tr><td>钢材 ϕ10 以内</td><td>t</td><td>11.28</td><td>—</td></tr>
<tr><td>钢材 ϕ20 以内</td><td>t</td><td>14.80</td><td>—</td></tr>
<tr><td>钢材 ϕ20 以外</td><td>t</td><td>12.17</td><td>—</td></tr>
<tr><td>木模板</td><td>m^3</td><td>0.05</td><td>—</td></tr>
<tr><td>二等方木</td><td>m^3</td><td>2.47</td><td>—</td></tr>
<tr><td>标准砖</td><td>千块</td><td>145.64</td><td>—</td></tr>
<tr><td>中砂</td><td>t</td><td>464.56</td><td>—</td></tr>
<tr><td>碎石</td><td>t</td><td>326.12</td><td>—</td></tr>
<tr><td>钢管</td><td>t</td><td>4.79</td><td>—</td></tr>
<tr><td>钢管件</td><td>t</td><td>2.05</td><td>—</td></tr>
<tr><td>阀门</td><td>个</td><td>16.16</td><td>—</td></tr>
<tr><td>电线</td><td>m</td><td>1751.00</td><td>—</td></tr>
<tr><td>电线塑料管</td><td>m</td><td>713.00</td><td>—</td></tr>
<tr><td>其他材料费</td><td>元</td><td>148466</td><td>—</td></tr>
<tr><td>措施费分摊</td><td>元</td><td>59190</td><td>—</td></tr>
<tr><td>材料费小计</td><td>元</td><td>883998</td><td>60.61</td></tr>
<tr><td rowspan="8">机械费</td><td>起重机</td><td>台班</td><td>29.72</td><td>—</td></tr>
<tr><td>自卸汽车</td><td>台班</td><td>7.91</td><td>—</td></tr>
<tr><td>电焊机</td><td>台班</td><td>0.60</td><td>—</td></tr>
<tr><td>搅拌机</td><td>台班</td><td>44.40</td><td>—</td></tr>
<tr><td>卷扬机</td><td>台班</td><td>179.10</td><td>—</td></tr>
<tr><td>其他机械费</td><td>元</td><td>54039</td><td>—</td></tr>
<tr><td>措施费分摊</td><td>元</td><td>3402</td><td>—</td></tr>
<tr><td>机械费小计</td><td>元</td><td>98384</td><td>6.75</td></tr>
<tr><td colspan="2">直接费小计</td><td>元</td><td>1201932</td><td>82.41</td></tr>
<tr><td colspan="3">综合费用</td><td>元</td><td>256011</td><td>17.55</td></tr>
<tr><td colspan="3">合　　计</td><td>元</td><td>1457943</td><td>—</td></tr>
</table>

工程特征：单层排架结构，建筑面积 3514m^2，檐高 4.9m，现浇钢筋混凝土独立基础、砖基础、基础梁、矩形柱，预制钢筋混凝土 T 型吊车梁、钢屋架、大型屋面板，水泥砂浆地面，屋面 SBS 卷材防水，天棚板底勾缝涂料，内外墙抹灰涂料，推拉式全钢板门、塑钢窗，吸顶灯，配电箱，电缆钢管。

单位：座

指标编号				3F-456	
项目			单位	建筑面积 3514m^2	
				建筑物	占指标基价（%）
指标基价			元	3763249	100.00
一、建筑安装工程费			元	3759649	99.90
二、设备购置费			元	3600	0.10
建筑安装工程费					
直接费	人工费	人工	工日	19720	—
		措施费分摊	元	14035	—
		人工费小计	元	625947	16.63
	材料费	商品混凝土 C20	m^3	792.75	—
		水泥（综合）	t	472.37	—
		钢材 ϕ10 以内	t	16.04	—
		钢材 ϕ20 以内	t	26.74	—
		钢材 ϕ20 以外	t	36.47	—
		木模板	m^3	0.02	—
		二等方木	m^3	2.22	—
		标准砖	千块	469.14	—
		中砂	t	1564.28	—
		碎石	t	933.11	—
		钢管	t	12.93	—
		钢管件	t	5.53	—
		阀门	个	45.54	—
		电缆	m	284.00	—
		电线	m	4919.00	—
		电线塑料管	m	1968.00	—
		其他材料费	元	377382	—
		措施费分摊	元	152634	—
		材料费小计	元	2249202	59.77
	机械费	起重机	台班	63.16	—
		自卸汽车	台班	30.66	—
		电焊机	台班	1.39	—
		搅拌机	台班	116.53	—
		卷扬机	台班	500.40	—
		其他机械费	元	98974	—
		措施费分摊	元	8772	—
		机械费小计	元	224314	5.96
	直接费小计		元	3099463	82.36
综合费用			元	660186	17.54
合　计			元	3759649	—

工程特征：一层排架结构，建筑面积 1777m^2，檐高 6m，砖基础、毛石基础、混凝土带型基础，现浇钢筋混凝土矩形柱、单梁，钢屋架、空腹钢柱、钢支撑、V125 型彩色压型钢板，部分钢筋混凝土平板，混凝土地面，墙面抹灰涂料，推拉式全钢板门、铝合金窗，接地防雷。

单位：座

指标编号				3F-457	
项目			单位	建筑面积 1777m^2	
				建筑物	占指标基价（%）
指标基价			元	1811113	100.00
一、建筑安装工程费			元	1809313	99.90
二、设备购置费			元	1800	0.10
建筑安装工程费					
直接费	人工费	人工	工日	10304	—
		措施费分摊	元	6754	—
		人工费小计	元	326487	18.03
	材料费	商品混凝土 C20	m^3	249.96	—
		水泥（综合）	t	239.55	—
		型钢	t	46.34	—
		钢材 ϕ10 以内	t	0.38	—
		二等方木	m^3	1.05	—
		标准砖	千块	246.40	—
		中砂	t	1386.35	—
		碎石	t	198.97	—
		钢管	t	6.52	—
		钢管件	t	2.80	—
		阀门	个	23.03	—
		电线	m	2506.00	—
		电线塑料管	m	1013.00	—
		其他材料费	元	149347	—
		措施费分摊	元	73454	—
		材料费小计	元	903159	49.87
	机械费	起重机	台班	25.42	—
		自卸汽车	台班	5.69	—
		电焊机	台班	177.77	—
		搅拌机	台班	136.68	—
		卷扬机	台班	249.31	—
		其他机械费	元	183329	—
		措施费分摊	元	4222	—
		机械费小计	元	261956	14.46
	直接费小计		元	1491602	82.36
综合费用			元	317711	17.54
合计			元	1809313	—

4.12.6 库　　房

工程特征：单层排架结构，建筑面积 1080m²，檐高 5.6m，现浇钢筋混凝土独立基础、砖基础、毛石基础，实腹钢柱，钢屋架、钢檩条、钢支撑、玻璃钢瓦屋面，标准砖砌体，水泥砂浆地面，内外墙抹灰刷涂料，推拉式全钢板门、塑钢门窗。

单位：座

指标编号				3F-458	
项　目			单位	建筑面积 1080m²	
				建筑物	占指标基价（%）
指标基价			元	954777	100.00
一、建筑安装工程费			元	954777	100.00
二、设备购置费			元	—	—
建筑安装工程费					
直接费	人工费	人工	工日	5302	—
		措施费分摊	元	3564	—
		人工费小计	元	168085	17.60
	材料费	商品混凝土 C20	m^3	31.57	—
		水泥（综合）	t	94.57	—
		型钢	t	34.06	—
		钢材 ϕ10 以内	t	0.10	—
		木模板	m^3	0.39	—
		二等方木	m^3	2.72	—
		标准砖	千块	132.15	—
		中砂	t	456.58	—
		碎石	t	29.08	—
		其他材料费	元	87790	—
		措施费分摊	元	38762	—
		材料费小计	元	526484	55.14
	机械费	起重机	台班	20.38	—
		自卸汽车	台班	8.84	—
		电焊机	台班	200.32	—
		搅拌机	台班	32.78	—
		其他机械费	元	55825	—
		措施费分摊	元	2228	—
		机械费小计	元	92551	9.69
	直接费小计		元	787120	82.44
综合费用			元	167657	17.56
合　计			元	954777	—

工程特征： 单层混合结构，建筑面积 383m²，檐高 6.3m，毛石基础，现浇钢筋混凝土圈梁、过梁、构造柱、平板，标准砖砌墙，墙面及天棚抹灰涂料，内墙裙贴瓷砖，屋面二毡三油卷材防水、珍珠岩保温，木门、平开塑钢窗，水、暖、电及设备安装。

单位：座

指标编号				3F-459	
项目			单位	建筑面积 383m²	
				建筑物	占指标基价（%）
指标基价			元	429652	100.00
一、建筑安装工程费			元	414517	96.48
二、设备购置费			元	15135	3.52
建筑安装工程费					
直接费	人工费	人工	工日	2952	—
		措施费分摊	元	1547	—
		人工费小计	元	93148	21.68
	材料费	商品混凝土 C20	m³	88.19	—
		水泥（综合）	t	69.24	—
		钢材 ϕ10 以内	t	2.02	—
		钢材 ϕ20 以内	t	4.40	—
		木模板	m³	0.37	—
		二等方木	m³	2.04	—
		标准砖	千块	119.15	—
		中砂	t	354.97	—
		碎石	t	55.08	—
		钢管	t	0.69	—
		钢管件	t	0.30	—
		阀门	个	27.00	—
		排水塑料管	m	10.00	—
		给水 PPR 管	m	9.00	—
		电缆	m	303.00	—
		电线	m	348.00	—
		电线塑料管	m	578.00	—
		其他材料费	元	40346	—
		措施费分摊	元	16828	—
		材料费小计	元	240973	56.09
	机械费	起重机	台班	1.60	—
		自卸汽车	台班	3.51	—
		电焊机	台班	2.36	—
		搅拌机	台班	32.92	—
		卷扬机	台班	0.59	—
		其他机械费	元	2585	—
		措施费分摊	元	967	—
		机械费小计	元	7608	1.77
	直接费小计		元	341729	79.54
综合费用			元	72788	16.94
合计			元	414517	—

4.12.7 宿　舍

工程特征：五层砖混结构，建筑面积 1900m²，檐高 15.45m，现浇钢筋混凝土带型及独立基础、部分毛石基础，现浇混凝土圈梁、单梁、过梁、矩形柱、构造柱、平板，钢筋混凝土整体楼梯，标准砖砌内外墙，全瓷地板砖楼地面，内外墙及天棚抹灰刷涂料，屋面改性沥青油毡防水、珍珠岩保温，内木门、塑钢窗，水、暖、电及设备安装。

单位：座

指标编号				3F-460	
项目			单位	建筑面积 1900m²	
				建筑物	占指标基价（%）
指标基价			元	2084700	100.00
一、建筑安装工程费			元	2081200	99.83
二、设备购置费			元	3500	0.17
建筑安装工程费					
直接费	人工费	人工	工日	14346	—
		措施费分摊	元	7769	—
		人工费小计	元	452925	21.73
	材料费	商品混凝土 C20	m³	780.42	—
		水泥（综合）	t	196.17	—
		钢材 ϕ10 以内	t	17.35	—
		钢材 ϕ20 以内	t	12.54	—
		钢材 ϕ20 以外	t	4.04	—
		木模板	m³	25.99	—
		二等方木	m³	13.96	—
		标准砖	千块	660.81	—
		中砂	t	928.66	—
		碎石	t	192.83	—
		钢管	t	1.82	—
		钢管件	t	0.78	—
		阀门	个	107.03	—
		电线	m	4967.00	—
		给水 PPR 管	m	1640.00	—
		排水塑料管	m	375.00	—
		电线塑料管	m	694.00	—
		其他材料费	元	187933	—
		措施费分摊	元	84493	—
		材料费小计	元	1128565	54.14
	机械费	起重机	台班	72.16	—
		自卸汽车	台班	40.60	—
		电焊机	台班	9.28	—
		搅拌机	台班	84.89	—
		卷扬机	台班	135.77	—
		其他机械费	元	36449	—
		措施费分摊	元	4856	—
		机械费小计	元	134256	6.44
	直接费小计		元	1715746	82.30
综合费用			元	365454	17.53
合　计			元	2081200	—

工程特征： 五层混合结构，建筑面积 4489m^2，檐高 15.20m，现浇混凝土带型基础及独立基础，现浇钢筋混凝土圈梁、单梁、柱、构造柱、平板，现浇钢筋混凝土整体楼梯，标准砖砌内外墙，全瓷地板砖楼地面，内墙及天棚抹灰刷乳胶漆，外墙抹灰刷涂料，屋面聚氨酯卷材防水、珍珠岩保温，内木门、塑钢窗，水、暖、电及设备安装。

单位：座

<table>
<tr><td colspan="3">指 标 编 号</td><td></td><td colspan="2">3F-461</td></tr>
<tr><td colspan="3" rowspan="2">项 目</td><td rowspan="2">单位</td><td colspan="2">建筑面积 4489m^2</td></tr>
<tr><td>建筑物</td><td>占指标基价（%）</td></tr>
<tr><td colspan="3">指 标 基 价</td><td>元</td><td>5160467</td><td>100.00</td></tr>
<tr><td colspan="3">一、建筑安装工程费</td><td>元</td><td>5154867</td><td>99.89</td></tr>
<tr><td colspan="3">二、设备购置费</td><td>元</td><td>5600</td><td>0.11</td></tr>
<tr><td colspan="6">建筑安装工程费</td></tr>
<tr><td rowspan="34">直接费</td><td rowspan="3">人工费</td><td>人工</td><td>工日</td><td>24830</td><td>—</td></tr>
<tr><td>措施费分摊</td><td>元</td><td>19244</td><td>—</td></tr>
<tr><td>人工费小计</td><td>元</td><td>789719</td><td>15.30</td></tr>
<tr><td rowspan="21">材料费</td><td>商品混凝土 C20</td><td>m^3</td><td>1549.41</td><td>—</td></tr>
<tr><td>水泥（综合）</td><td>t</td><td>436.40</td><td>—</td></tr>
<tr><td>钢材 ϕ10 以内</td><td>t</td><td>63.42</td><td>—</td></tr>
<tr><td>钢材 ϕ20 以内</td><td>t</td><td>52.70</td><td>—</td></tr>
<tr><td>钢材 ϕ20 以外</td><td>t</td><td>0.67</td><td>—</td></tr>
<tr><td>木模板</td><td>m^3</td><td>12.25</td><td>—</td></tr>
<tr><td>二等方木</td><td>m^3</td><td>38.03</td><td>—</td></tr>
<tr><td>标准砖</td><td>千块</td><td>721.61</td><td>—</td></tr>
<tr><td>中砂</td><td>t</td><td>1651.16</td><td>—</td></tr>
<tr><td>碎石</td><td>t</td><td>376.63</td><td>—</td></tr>
<tr><td>钢管</td><td>t</td><td>4.69</td><td>—</td></tr>
<tr><td>钢管件</td><td>t</td><td>2.01</td><td>—</td></tr>
<tr><td>阀门</td><td>个</td><td>172.00</td><td>—</td></tr>
<tr><td>电缆</td><td>m</td><td>522.00</td><td>—</td></tr>
<tr><td>电线</td><td>m</td><td>20325.00</td><td>—</td></tr>
<tr><td>给水 PPR 管</td><td>m</td><td>474.00</td><td>—</td></tr>
<tr><td>排水塑料管</td><td>m</td><td>177.00</td><td>—</td></tr>
<tr><td>电线塑料管</td><td>m</td><td>10837.00</td><td>—</td></tr>
<tr><td>其他材料费</td><td>元</td><td>524738</td><td>—</td></tr>
<tr><td>措施费分摊</td><td>元</td><td>209277</td><td>—</td></tr>
<tr><td>材料费小计</td><td>元</td><td>3124490</td><td>60.55</td></tr>
<tr><td rowspan="8">机械费</td><td>起重机</td><td>台班</td><td>124.89</td><td>—</td></tr>
<tr><td>自卸汽车</td><td>台班</td><td>89.08</td><td>—</td></tr>
<tr><td>电焊机</td><td>台班</td><td>97.86</td><td>—</td></tr>
<tr><td>搅拌机</td><td>台班</td><td>144.58</td><td>—</td></tr>
<tr><td>卷扬机</td><td>台班</td><td>363.41</td><td>—</td></tr>
<tr><td>其他机械费</td><td>元</td><td>97882</td><td>—</td></tr>
<tr><td>措施费分摊</td><td>元</td><td>12027</td><td>—</td></tr>
<tr><td>机械费小计</td><td>元</td><td>335475</td><td>6.50</td></tr>
<tr><td colspan="2">直接费小计</td><td>元</td><td>4249684</td><td>82.35</td></tr>
<tr><td colspan="3">综合费用</td><td>元</td><td>905183</td><td>17.54</td></tr>
<tr><td colspan="3">合 计</td><td>元</td><td>5154867</td><td>—</td></tr>
</table>

工程特征：二层混合结构，建筑面积495.9m²，檐高6.45m，现浇钢筋混凝土带型基础，现浇钢筋混凝土过梁、圈梁、构造柱、平板，整体楼梯，标准砖砌内外墙，地面抹水泥砂浆，内墙抹灰刷涂料，卫生间内墙面镶瓷砖，外墙抹灰刷涂料，天棚混浆刷涂料，屋面SBS改性油毡防水、珍珠岩保温，外铝合金门窗、内木门，水、暖、电及设备安装。

单位：座

指标编号				3F-462	
项目			单位	建筑面积495.9m²	
				建筑物	占指标基价（%）
指标基价			元	610870	100.00
一、建筑安装工程费			元	609870	99.84
二、设备购置费			元	1000	0.16
建筑安装工程费					
直接费	人工费	人工	工日	3664	—
		措施费分摊	元	2277	—
		人工费小计	元	115971	18.98
	材料费	商品混凝土C20	m³	199.83	—
		水泥（综合）	t	72.23	—
		钢材ϕ10以内	t	1.07	—
		钢材ϕ20以内	t	17.39	—
		钢材ϕ20以外	t	0.34	—
		木模板	m³	1.05	—
		二等方木	m³	3.75	—
		标准砖	千块	109.35	—
		中砂	t	408.47	—
		碎石	t	467.30	—
		钢管	t	0.38	—
		钢管件	t	0.16	—
		阀门	个	23.23	—
		排水塑料管	m	26.00	—
		电线	m	715.00	—
		电线塑料管	m	252.00	—
		其他材料费	元	62032	—
		措施费分摊	元	24759	—
		材料费小计	元	369381	60.47
	机械费	起重机	台班	1.69	—
		自卸汽车	台班	5.10	—
		电焊机	台班	4.18	—
		搅拌机	台班	26.72	—
		卷扬机	台班	54.63	—
		其他机械费	元	3598	—
		措施费分摊	元	1423	—
		机械费小计	元	17426	2.86
	直接费小计		元	502778	82.31
综合费用			元	107092	17.53
合计			元	609870	—

4.12.8 警　卫　室

工程特征：单层混合结构，建筑面积 38.78m²，檐高 4.15m，现浇钢筋混凝土带型基础，现浇钢筋混凝土梁、板、柱，标准砖墙体，全瓷地板砖地面，内墙瓷砖面层，天棚抹灰刷乳胶漆，外墙抹灰刷涂料，屋面 SBS 卷材防水、聚苯乙烯泡沫塑料板保温，铝合金门窗、木门及水、暖、电安装。

单位：座

指标编号			单位	3F-463	
项目				建筑面积 38.78m²	
				建筑物	占指标基价（%）
指标基价			元	70853	100.00
一、建筑安装工程费			元	70253	99.15
二、设备购置费			元	600	0.85
建筑安装工程费					
直接费	人工费	人工	工日	560	—
		措施费分摊	元	262	—
		人工费小计	元	17639	24.90
	材料费	商品混凝土 C20	m³	13.11	—
		水泥（综合）	t	5.47	—
		钢材 ϕ20 以内	t	0.59	—
		木模板	m³	1.17	—
		二等方木	m³	0.47	—
		标准砖	千块	5.51	—
		中砂	t	23.87	—
		碎石	t	10.57	—
		钢管	t	0.14	—
		钢管件	t	0.06	—
		阀门	个	2.02	—
		排水塑料管	m	12.00	—
		电线	m	249.00	—
		其他材料费	元	6485	—
		措施费分摊	元	2852	—
		材料费小计	元	38880	54.87
	机械费	起重机	台班	0.34	—
		自卸汽车	台班	0.81	—
		电焊机	台班	0.54	—
		搅拌机	台班	1.96	—
		卷扬机	台班	0.08	—
		其他机械费	元	639	—
		措施费分摊	元	164	—
		机械费小计	元	1398	1.97
	直接费小计		元	57917	81.74
综合费用			元	12336	17.41
合　计			元	70253	—

工程特征： 单层混合结构，建筑面积 $50m^2$，檐高 4.3m，毛石基础，现浇钢筋混凝土梁、板、柱，标准砖墙体，水泥砂浆地面，内外墙抹灰刷涂料，屋面二毡三油防水、珍珠岩保温，铝合金门窗及水、暖、电安装。

单位：座

指标编号				3F-464	
项目			单位	建筑面积 $50m^2$	
				建筑物	占指标基价（%）
指标基价			元	80539	100.00
一、建筑安装工程费			元	80039	99.38
二、设备购置费			元	500	0.62
建筑安装工程费					
直接费	人工费	人工	工日	641	—
		措施费分摊	元	299	—
		人工费小计	元	20189	25.07
	材料费	商品混凝土 C20	m^3	20.99	—
		水泥（综合）	t	7.76	—
		钢材 ϕ10 以内	t	0.19	—
		钢材 ϕ20 以内	t	0.79	—
		木模板	m^3	0.14	—
		二等方木	m^3	0.20	—
		标准砖	千块	25.62	—
		中砂	t	35.25	—
		碎石	t	9.81	—
		钢管	t	0.17	—
		钢管件	t	0.07	—
		阀门	个	3.00	—
		排水塑料管	m	11.00	—
		给水 PPR 管	m	10.00	—
		电线	m	348.00	—
		电线塑料管	m	113.00	—
		其他材料费	元	7231	—
		措施费分摊	元	3249	—
		材料费小计	元	43420	53.91
	机械费	起重机	台班	0.16	—
		自卸汽车	台班	0.81	—
		电焊机	台班	0.72	—
		搅拌机	台班	3.47	—
		卷扬机	台班	5.45	—
		其他机械费	元	793	—
		措施费分摊	元	187	—
		机械费小计	元	2375	2.95
	直接费小计		元	65984	81.93
综合费用			元	14055	17.45
合计			元	80039	—

4.12.9 药 剂 楼

工程特征：二层框架结构，建筑面积 817m²（含混凝剂、碱剂两个系统），檐高 7.65m，基础为长螺旋钻孔灌注桩、带型桩承台，现浇混凝土梁、板、柱，室内钢楼梯，空心砖墙体，全瓷地板砖楼地面，内外墙及天棚抹灰刷涂料，屋面三元乙丙橡胶卷材防水、聚苯乙烯泡沫塑料板保温，玻璃镶板门、彩板门、镶板门、防火门、塑钢窗及水、暖、电安装。

单位：座

指标编号				3F-465	
项目			单位	建筑面积 817m²	
				建筑物	占指标基价（%）
指标基价			元	1484932	100.00
一、建筑安装工程费			元	1461532	98.42
二、设备购置费			元	23400	1.58
建筑安装工程费					
直接费	人工费	人工	工日	8054	—
		措施费分摊	元	5456	—
		人工费小计	元	255372	17.20
	材料费	商品混凝土 C30	m^3	525.43	—
		水泥（综合）	t	116.59	—
		钢材 ϕ10 以内	t	17.81	—
		钢材 ϕ20 以内	t	14.49	—
		钢材 ϕ20 以外	t	4.69	—
		木模板	m^3	9.32	—
		二等方木	m^3	6.03	—
		标准砖	千块	307.71	—
		中砂	t	680.45	—
		碎石	t	139.72	—
		钢管	t	1.13	—
		钢管件	t	0.48	—
		阀门	个	62.00	—
		聚丙烯给水管	m	38.00	—
		绝缘线	m	954.00	—
		排水塑料管	m	22.00	—
		电线管	m	427.00	—
		其他材料费	元	154321	—
		措施费分摊	元	59335	—
		材料费小计	元	916671	61.73
	机械费	起重机	台班	12.66	—
		自卸汽车	台班	16.66	—
		电焊机	台班	67.77	—
		搅拌机	台班	41.84	—
		卷扬机	台班	3.15	—
		其他机械费	元	13096	—
		措施费分摊	元	3410	—
		机械费小计	元	32847	2.21
	直接费小计		元	1204890	81.14
综合费用			元	256642	17.28
合计			元	1461532	—

4.12.10 鼓风机房

工程特征：框架结构，建筑面积 892m²，鼓风机房及反冲洗泵房合建。其中：反冲洗泵房为半地下式，平面尺寸 27m×9m，高 2.8m；鼓风机房为地面式，平面尺寸 12m×9m，分上下两层，底层高 5.4m，顶层高 4.2m，墙体为砖墙，现浇梁、板、柱，木门、塑钢窗，珍珠岩保温，附有变压器间、低压配电间、控制室、水质分析室。反冲洗泵房池壁厚 200mm，底厚 300mm，并设有安装设备。

单位：座

指标编号				3F-466	
项目			单位	建筑面积 892m²	
				建筑物	占指标基价（%）
指标基价			元	4448262	100.00
一、建筑安装工程费			元	1049162	23.59
二、设备购置费			元	3399100	76.41
建筑安装工程费					
直接费	人工费	人工	工日	6617	—
		措施费分摊	元	3917	—
		人工费小计	元	209243	4.70
	材料费	商品混凝土 C25	m³	217.45	—
		水泥（综合）	t	118.51	—
		钢材 ϕ10 以内	t	19.40	—
		钢材 ϕ20 以内	t	7.00	—
		钢材 ϕ20 以外	t	0.70	—
		木模板	m³	1.19	—
		二等方木	m³	5.63	—
		标准砖	千块	539.90	—
		中砂	t	691.64	—
		碎石	t	45.11	—
		钢管	t	9.52	—
		钢管件	t	4.08	—
		阀门	个	40.00	—
		塑料管	m	30.00	—
		其他材料费	元	104892	—
		措施费分摊	元	42593	—
		材料费小计	元	625325	14.06
	机械费	起重机	台班	7.97	—
		自卸汽车	台班	7.86	—
		电焊机	台班	31.16	—
		搅拌机	台班	66.88	—
		卷扬机	台班	4.16	—
		其他机械费	元	14598	—
		措施费分摊	元	2448	—
		机械费小计	元	30363	0.68
	直接费小计		元	864931	19.44
综合费用			元	184231	4.14
合计			元	1049162	—

4.12.11 空 压 机 房

工程特征：一层框架结构，建筑面积293m²，毛石基础，现浇混凝土梁、板、柱，标准砖墙体，水泥砂浆地面，墙面抹灰涂料，铝合金门窗，水、暖、电及设备安装。

单位：座

指标编号				3F-467	
项目			单位	建筑面积293m²	
				建筑物	占指标基价（%）
指标基价			元	587404	100.00
一、建筑安装工程费			元	397404	67.65
二、设备购置费			元	190000	32.35
建筑安装工程费					
直接费	人工费	人工	工日	3339	—
		措施费分摊	元	1484	—
		人工费小计	元	105078	17.89
	材料费	商品混凝土C20	m^3	110.04	—
		水泥（综合）	t	61.53	—
		钢材ϕ10以内	t	15.82	—
		二等方木	m^3	3.22	—
		标准砖	千块	138.88	—
		中砂	t	322.01	—
		碎石	t	56.84	—
		钢管	t	10.25	—
		钢管件	t	4.40	—
		阀门	个	40.00	—
		塑料管	m	30.00	—
		其他材料费	元	33636	—
		措施费分摊	元	16134	—
		材料费小计	元	203001	34.56
	机械费	机械费	元	18615	—
		措施费分摊	元	927	—
		机械费小计	元	19542	3.33
	直接费小计		元	327621	55.77
综合费用			元	69783	11.88
合计			元	397404	—

附　　录

附录一　主要材料、机械台班、设备单价取定表

序号	名　　称	规格型号	单位	单价（元）
1	钢筋	ϕ10 以内	t	3450.00
2	钢筋	ϕ10 以外	t	3550.00
3	商品混凝土	C15	m^3	277.24
4	商品混凝土	C20	m^3	292.24
5	商品混凝土	C25	m^3	307.24
6	商品混凝土	C30	m^3	327.24
7	商品混凝土	C35	m^3	347.24
8	商品混凝土	C40	m^3	367.24
9	商品混凝土	C50	m^3	407.24
10	抗渗商品混凝土	C25	m^3	392.24
11	抗渗商品混凝土	C30	m^3	412.24
12	抗渗商品混凝土	C35	m^3	427.24
13	抗渗商品混凝土	C40	m^3	477.24
14	型钢	综合	t	3400.00
15	标准砖		千块	290.00
16	板方材		m^3	1452.00
17	中砂		t	29.63
18	中砂		m^3	43.26
19	块石		m^3	57.80
20	水泥	（综合）	t	350.00
21	木模板		m^3	1144.00
22	平焊法兰	*PN* 1.6 MPa　*DN* 40	片	25.71
23	平焊法兰	*PN* 1.6 MPa　*DN* 50	片	33.56
24	平焊法兰	*PN* 1.6 MPa　*DN* 80	片	46.31
25	平焊法兰	*PN* 1.6 MPa　*DN* 100	片	59.26
26	平焊法兰	*PN* 1.6 MPa　*DN* 125	片	79.76
27	平焊法兰	*PN* 1.6 MPa　*DN* 150	片	104.04
28	平焊法兰	*PN* 1.6 MPa　*DN* 200	片	137.80
29	平焊法兰	*PN* 1.6 MPa　*DN* 250	片	214.40
30	平焊法兰	*PN* 1.6 MPa　*DN* 300	片	247.25
31	平焊法兰	*PN* 1.6 MPa　*DN* 350	片	324.16
32	平焊法兰	*PN* 1.6 MPa　*DN* 400	片	431.36
33	平焊法兰	*PN* 1.6 MPa　*DN* 450	片	528.00
34	平焊法兰	*PN* 1.6 MPa　*DN* 500	片	725.00
35	平焊法兰	*PN* 1.6 MPa　*DN* 600	片	968.00
36	平焊法兰	*PN* 1.6 MPa　*DN* 700	片	1047.00
37	碎石		t	39.05
38	组合钢模板		kg	4.30

续表

序号	名　　称	规格型号	单位	单价（元）
39	平焊法兰	*PN* 1.0 MPa　*DN* 800	片	1286.05
40	平焊法兰	*PN* 1.0 MPa　*DN* 900	片	1568.25
41	平焊法兰	*PN* 1.0 MPa　*DN* 1000	片	2281.40
42	平焊法兰	*PN* 1.0 MPa　*DN* 1200	片	3836.90
43	平焊法兰	*PN* 1.0 MPa　*DN* 1400	片	5263.00
44	平焊法兰	*PN* 1.0 MPa　*DN* 1600	片	8712.50
45	平焊法兰	*PN* 1.0 MPa　*DN* 1800	片	11322.00
46	平焊法兰	*PN* 1.0 MPa　*DN* 2020	片	13586.00
47	平焊法兰	*PN* 1.0 MPa　*DN* 2420	片	16303.00
48	平焊法兰	*PN* 1.0 MPa　*DN* 2620	片	19564.00
49	平焊法兰	*PN* 1.0 MPa　*DN* 2820	片	23476.00
50	平焊法兰	*PN* 1.0 MPa　*DN* 3020	片	28171.00
51	平焊法兰	*PN* 1.6 MPa　*DN* 65	片	42.84
52	平焊法兰	*PN* 1.6 MPa　*DN* 800	片	1244.00
53	平焊法兰	*PN* 1.6 MPa　*DN* 900	片	1615.00
54	平焊法兰	*PN* 1.6 MPa　*DN* 1000	片	2042.00
55	平焊法兰	*PN* 1.6 MPa　*DN* 1200	片	3108.00
56	无粘结预应力钢绞线		kg	8.60
57	焊接钢管		t	4500.00
58	钢板卷管		t	4500.00
59	钢管件		t	8200.00
60	钢骨架塑料复合管	*DN* 100	m	79.42
61	钢骨架塑料复合管	*DN* 150	m	134.20
62	钢骨架塑料复合管	*DN* 200	m	358.02
63	钢骨架塑料复合管	*DN* 250	m	529.38
64	钢骨架塑料复合管	*DN* 400	m	1167.90
65	钢骨架塑料复合管	*DN* 500	m	1257.66
66	PE 塑料管	*D* 90	m	27.00
67	PE 塑料管	*D* 125	m	51.00
68	PE 塑料管	*D* 160	m	81.00
69	PE 塑料管	*D* 250	m	201.00
70	PE 塑料管	*D* 315	m	319.00
71	PE 塑料管	*D* 355	m	404.00
72	PE 塑料管	*D* 400	m	513.00
73	PE 塑料管	*D* 500	m	891.00
74	球墨铸铁管	*DN* 100	m	99.73
75	球墨铸铁管	*DN* 150	m	120.00
76	球墨铸铁管	*DN* 200	m	161.65

续表

序号	名　称	规格型号	单位	单价（元）
77	球墨铸铁管	*DN* 300	m	319.00
78	球墨铸铁管	*DN* 400	m	411.00
79	球墨铸铁管	*DN* 500	m	542.00
80	球墨铸铁管	*DN* 600	m	712.00
81	球墨铸铁管	*DN* 700	m	887.00
82	球墨铸铁管	*DN* 800	m	1095.00
83	球墨铸铁管	*DN* 900	m	1322.00
84	球墨铸铁管	*DN* 1000	m	1545.00
85	球墨铸铁管	*DN* 1200	m	2117.00
86	球墨铸铁管	*DN* 1400	m	2412.00
87	球墨铸铁管	*DN* 1600	m	2650.00
88	预应力混凝土管	*DN* 300	m	140.00
89	预应力混凝土管	*DN* 400	m	186.00
90	预应力混凝土管	*DN* 500	m	232.00
91	预应力混凝土管	*DN* 600	m	278.00
92	预应力混凝土管	*DN* 700	m	313.00
93	预应力混凝土管	*DN* 800	m	383.00
94	预应力混凝土管	*DN* 900	m	442.00
95	预应力混凝土管	*DN* 1000	m	545.00
96	预应力混凝土管	*DN* 1200	m	733.00
97	预应力混凝土管	*DN* 1400	m	988.00
98	预应力混凝土管	*DN* 1600	m	1326.00
99	预应力混凝土管	*DN* 1800	m	1861.00
100	法兰阀门(蝶阀)	*DN* 100	个	185.00
101	法兰阀门(蝶阀)	*DN* 150	个	285.00
102	法兰阀门(蝶阀)	*DN* 200	个	470.00
103	法兰阀门(蝶阀)	*DN* 300	个	780.00
104	法兰阀门(蝶阀)	*DN* 400	个	1065.00
105	法兰阀门(蝶阀)	*DN* 500	个	1770.00
106	法兰阀门(蝶阀)	*DN* 600	个	12420.00
107	法兰阀门(蝶阀)	*DN* 700	个	16008.00
108	法兰阀门(蝶阀)	*DN* 800	个	19596.00
109	法兰阀门(蝶阀)	*DN* 900	个	26680.00
110	法兰阀门(蝶阀)	*DN* 1000	个	33120.00
111	法兰阀门(蝶阀)	*DN* 1200	个	47840.00
112	法兰阀门(蝶阀)	*DN* 1400	个	86940.00
113	法兰阀门(蝶阀)	*DN* 1600	个	123280.00

续表

序号	名　称	规格型号	单位	单价（元）
114	法兰阀门(蝶阀)	*DN* 1800	个	125800.00
115	法兰阀门(蝶阀)	*DN* 2000	个	135608.00
116	法兰阀门(蝶阀)	*DN* 2400	个	149169.00
117	法兰阀门(蝶阀)	*DN* 2600	个	164085.00
118	法兰阀门(蝶阀)	*DN* 2800	个	180494.00
119	法兰阀门(蝶阀)	*DN* 3000	个	198544.00
120	汽车起重机	5t	台班	402.49
121	汽车起重机	8t	台班	509.61
122	汽车起重机	10t	台班	589.78
123	汽车起重机	16t	台班	848.49
124	汽车起重机	20t	台班	983.23
125	汽车起重机	40t	台班	1588.60
126	汽车起重机	75t	台班	4672.64
127	载重汽车	5t	台班	352.20
128	载重汽车	6t	台班	352.20
129	载重汽车	8t	台班	461.63
130	载重汽车	10t	台班	539.19
131	自卸汽车	15t	台班	875.63
132	电动夯实机	20~62 N · m	台班	20.80
133	电焊机	（综合）	台班	66.38
134	空压机	0.6 m^3/min	台班	62.68
135	交流电焊机	21kV·A	台班	58.17
136	交流电焊机	32kV·A	台班	59.90
137	直流电焊机	20kW	台班	66.94
138	氩弧焊机	500A	台班	95.78
139	钢筋切断机	ϕ40mm 以内	台班	18.91
140	钢筋弯曲机	ϕ40mm 以外	台班	15.29
141	卷扬机(单筒快速)	1t 以内	台班	57.02
142	卷板机	20×2500	台班	132.73
143	试压泵	60MPa	台班	63.03
144	履带式推土机	75kW	台班	545.44
145	履带式推土机	60kW	台班	397.19
146	吊装机械	（综合）	台班	440.68
147	电焊机	（综合）	台班	66.38
148	反铲挖掘机	1m^3	台班	732.86
149	电动双梁起重机	5t	台班	221.28
150	平板拖车组	20t	台班	850.49
151	机动翻斗车	1t	台班	111.82
152	电动单梁桥式起重机	LD-10	台	130000.00

续表

序号	名　　称	规格型号	单位	单价（元）
153	电动单梁悬挂起重机	DX5-5.5-20 *T*=5t	台	53600.00
154	电动单梁悬挂起重机	DX2	套	22000.00
155	电动单梁悬挂起重机	*T*=5t	台	201700.00
156	电动单梁悬挂起重机	（2t 以内）	台	25600.00
157	电动单梁悬挂起重机	*T*=2t	台	31500.00
158	电动单梁悬挂起重机	*T*=3t	台	42600.00
159	电动单梁悬挂起重机	DX	台	29400.00
160	电动单梁悬挂起重机	*LK*=7m	台	112300.00
161	电动单梁悬挂起重机	*T*=10t *LK*=13.5m	台	55000.00
162	电动单梁悬挂起重机起重量	（1t 以内）*LK*=12m	台	22800.00
163	电动调节阀	*DN* 500	个	15617.00
164	电动蝶阀	*DN* 100	个	3750.00
165	电动蝶阀	*DN* 80	个	2450.00
166	电动蝶阀	D71J-6 *DN* 500	个	1182.00
167	电动蝶阀	D941X-10 *DN* 500	个	14460.00
168	电动蝶阀	D941X-10 *DN* 600	个	13000.00
169	电动蝶阀	D941X-10 *DN* 700	个	18750.00
170	电动蝶阀	*DN* 500 *PN* =1.0MPa	个	18000.00
171	电动蝶阀	*DN* 700 *PN* =1.0MPa	个	22000.00
172	电动蝶阀	Z940H-16C *DN* 300	个	8600.00
173	电动蝶阀	Z944T-10 *DN* 150	个	5320.00
174	电动蝶阀	Z944T-10 *DN* 250	个	6120.00
175	电动蝶阀	Z944T-10 *DN* 400	个	7500.00
176	电动法兰阀门	*DN* 100	个	3750.00
177	电动葫芦	CD15-12D　*T*=5t	台	16500.00
178	电动葫芦	MD1	台	8000.00
179	电动葫芦	（2t 以内）	台	6310.00
180	电动葫芦	MD15-12D	台	7000.00
181	电动葫芦	*T*=2.0t	台	12000.00
182	电动葫芦	*T*=3t	台	21200.00
183	电动机	Y200L2-6　*P*=22kW *n*=970 转/min	台	7000.00
184	电动机	Y355M-8　*P*=160kW　*n*=750　转/min	台	5000.00
185	电动球阀	*DN* 100	个	5500.00
186	电动球阀	*DN* 50	个	4370.00
187	电动球阀	*DN* 125	个	7190.00
188	电动旋转式格删除污机	*B*=2m　*N*=3.0kW	台	191578.00
189	电度表屏	PK-1C 型	台	30000.00

续表

序号	名　　称	规格型号	单位	单价（元）
190	电力变压器	S10-M-400kV·A	台	92580.00
191	电力变压器	S9-250　10/0.4kV	台	10000.00
192	电力变压器	800kV·A 10kV/0.4kV	台	54230.00
193	电力变压器	S9-400/35/0.4	台	63520.00
194	电力变压器	S9-800/10/0.4	台	56800.00
195	电流互感器		台	5000.00
196	电热淋浴器		台	1500.00
197	电容补偿屏	PGJ-1	台	2400.00
198	电容器屏		台	4500.00
199	电台专用电源		套	3526.00
200	电源模块		块	7850.00
201	吊车	T=3t LK=9m	台	109000.00
202	调节阀	DN 15	个	3783.00
203	调速电机	N=1000kW	台	199200.00
204	定速电机	N=1000kW 10kV	台	132800.00
205	动力配电箱		台	14250.00
206	断路器柜单母线柜		台	20000.00
207	多功能水泵控制阀	DN 400	只	6700.00
208	多功能水泵控制阀	DN 450	只	7100.00
209	反冲洗泵		台	42000.00
210	反冲洗泵	Q=1720m^3/h　H=14m	台	110000.00
211	反冲洗泵	Q=820m^3/h　H=10m　N=37kW	台	39600.00
212	反冲洗水泵	Q=1680m^3/h　H=8.5m	台	180000.00
213	反冲洗水泵	Q=910m^3/h　H=10m	台	81000.00
214	非金属链条刮泥机		套	300580.00
215	废水回收泵	Q=400 m^3/h　H=16m　N=30kW	台	67500.00
216	分体柜式空调器	RF-71W	台	8000.00
217	风机控制箱	XRM3-06 改	台	3200.00
218	干式变压器安装容量	1000kV·A 以下	台	165000.00
219	高压成套配电柜		台	98573.00
220	高压电容器柜	GR-1 型	台	80000.00
221	高压开关柜	JYN2-10 型	台	80000.00
222	高压配电柜		台	12300.00
223	鼓风机	Q=27m^3/min	台	136050.00
224	鼓风机	Q=55m^3/min	台	260500.00
225	鼓风机	Q=8.5m^3/min	台	58765.00
226	鼓风机	N=150kW	台	675000.00

续表

序号	名　称	规格型号	单位	单价（元）
227	刮泥机	直径 15m	套	747000.00
228	刮泥机	N =7.5kW	台	292000.00
229	刮泥机	N =0.75kW	台	150000.00
230	往复式刮泥机	45×8m　刮泥板长 45m	台	167800.00
231	往复式刮泥机	64×8m　刮泥板长 64m	台	205600.00
232	柜式空调机	（制冷量 6730kW）	台	15000.00
233	锅炉水处理设备钠离子交换器	2t/h	台	13000.00
234	回流潜水泵	Q =150 m^3/h　H =15m	台	30000.00
235	混合池搅拌机	N =3.7~7.5 kW	套	230000.00
236	混合器		套	20000.00
237	机组重 5t 以内回转式螺杆压缩机		台	65000.00
238	集中控制台	2~4m	台	5000.00
239	加氯泵	Q =15m^3/h　H =55m　N =11kW	台	15280.00
240	加氯升压泵	Q =7.2m^3/h　H =40m	台	3800.00
241	加氯水泵就地箱		台	3240.00
242	加药装置一体机		台	454806.00
243	浆式搅拌机	N =1.1kW	套	40000.00
244	浆式搅拌器（二级混合）	D1800　N=7.5kW	台	35000.00
245	浆式搅拌器（一级混合）	D1800　N=22kW	台	51000.00
246	浆式搅拌器安装（二级混合）	N =3.0kW	台	35000.00
247	浆式搅拌器安装（一级混合）	N =7.5kW	台	45280.00
248	降压启动柜	JJ1B-315/380-2	台	4500.00
249	聚合物投加泵	100L/h　H=30m	台	12000.00
250	聚合物投加泵	1500L/h　H=30m	台	15000.00
251	空气干燥器	FD16	台	22000.00
252	空气压缩机	SF4-8-250	台	180000.00
253	空压机		台	925000.00
254	离心泵	Q =110m^3/ h	台	8750.00
255	离心泵	Q =1806m^3/ h	台	16000.00
256	离心泵	Q =84.6m^3/ h	台	6980.00
257	离心式水泵	Q =1736.1m^3/h　H =25m	台	23000.00
258	离心式水泵	Q =2000m^3/h　H =46m	台	41000.00
259	离心式水泵	Q =3255.2m^3/h　H =30m	台	32400.00
260	离心式水泵	Q =3472.2m^3/h　H =25m	台	26700.00
261	离心式水泵	Q =3600m^3/h　H =46m	台	76500.00
262	离心水泵	350S-44	台	44000.00
263	离心水泵	500S-59	台	64800.00

续表

序号	名　　称	规格型号	单位	单价（元）
264	离心脱水机	Q =40m³/h　N=55kW	台	1480000.00
265	立式补水泵		台	2500.00
266	立式储气罐		个	15000.00
267	立式锅炉本体安装		台	85000.00
268	立式热水循环泵		台	3800.00
269	链条式非金属刮泥机（引进）		套	375600.00
270	链条式刮泥机	LK=5.5m	台	245784.00
271	漏氯中和装置		套	185000.00
272	滤板安装密封件		套	15000.00
273	滤板及滤头		套	1200.00
274	螺杆泵	Q =40m³/h　H =10m　N =7.5kW	台	35561.00
275	螺旋输送机	N =2.2kW	台	68200.00
276	模拟量输入模块		块	32600.00
277	浓缩脱水一体机		台	1744820.00
278	排水泵	Q =10m³/h　H=15m　N=0.75kW	台	2100.00
279	配电(电源)屏低压开关柜		台	20000.00
280	启闭机		台	3000.00
281	启闭机	0.5t	台	6955.00
282	起重量 2t 以内电动葫芦		台	6310.00
283	潜水泵	AS30-2CB　Q=33.7m³/h　H=12m	台	38000.00
284	潜水泵	50QW42-9-2.2	台	3000.00
285	潜水泵	Q =36~108m³/h　H =8m	台	56000.00
286	潜水泵	Q =460m³/h　H =17m	台	110952.00
287	潜水泵	WQZ10-10-1.1	台	3000.00
288	潜水泵	WQZ10-10-11　Q=10m³/h　H=10m	台	1600.00
289	潜水泵	YQS-11	台	3450.00
290	潜水回流泵	Q =108m³/h	台	56000.00
291	潜水搅拌机	Q =1944m³/h	套	95000.00
292	潜水排污泵		台	1960.00
293	潜水排污泵	Q =25m³/ h	台	7980.00
294	潜水排污泵	Q =36m³/ h	台	11200.00
295	潜水排污泵	Q =50m³/ h	台	14500.00
296	潜水排污泵	Q =7m³/h　H =8m	台	9800.00
297	潜污泵	AS16-2CB	台	1500.00
298	潜污泵	N =5.5kW	台	12000.00
299	潜污泵	N =7.5kW	台	14500.00
300	潜污泵	Q =480m³/h　H =15m	台	110324.00

续表

序号	名　　称	规格型号	单位	单价（元）
301	桥式吊车	N=12.1kW	台	201700.00
302	倾斜螺旋输送机	Q=4m^3/h　L=7500mm　N=3.0kW	台	130000.00
303	清水离心泵	Q=722.22m^3/h　H=41m	台	69000.00
304	取样泵	Q=1500m^3/h　H=8m　N=0.25kW	台	2500.00
305	取样泵	Q=5500m^3/h　H=26.8m　N=2.5kW	台	6200.00
306	取样泵	Q=7500m^3/h　H=34.3m　N=4kW	台	7800.00
307	热水锅炉	S-1W1.4-0.7/95/70-AI13	台	200000.00
308	容量 2t 立式储气罐		台	15000.00
309	上清液回流泵	Q=110m^3/h　H=10m　N=5.5kW	台	16500.00
310	手电两动启闭机	T=2t	台	4368.00
311	手电两用启闭机械		台	14352.00
312	手动启闭机	T=2t	台	4368.00
313	数字显示调节仪		台	2518.00
314	双级离心泵	Q=1330m^3/h　H=55m　N=250kW	台	258000.00
315	双级离心泵	Q=875m^3/h　H=55m　N=200kW	台	212000.00
316	双吸离心泵	Q=3200m^3/h	台	132800.00
317	水泵	N=90kW	台	52000.00
318	水泵	24SA-18B　Q=2292m^3/h　H=18m	台	41500.00
319	水泵	200S95A	台	8960.00
320	水泵	300S90	台	10200.00
321	水泵	N=90kW	台	260000.00
322	送水泵	N=132kW	台	34580.00
323	送水泵	N=220kW	台	125600.00
324	送水泵	N=355kW	台	198000.00
325	送水泵	N=630kW	台	251000.00
326	通讯模块		块	3670.00
327	投药泵	N=0.75kW	台	65384.00
328	投药一体机	4.45kg/h　N=3.4kW	台	125000.00
329	脱水机给料泵	Q=2～15 m^3/h	台	25400.00
330	污泥抽吸泵	NM053L	台	28500.00
331	污泥输送泵	Q=12m^3/h　H=15m　N=1.5kW	台	5500.00
332	污泥输送泵	Q=45m^3/h　H=20m　N=5.5kW	台	12000.00
333	洗涤塔,XT-90 小型制氧机械		台	78000.00
334	带式压滤机	DYN 2000-N　B=2m	台	1350000.00

附录二　编制给水工程投资估算应用案例

1　给水管道综合指标应用案例

东北某城市拟建一地面配水工程，规划设计配水规模 15 万 m^3/d，配水管道长 12km。地质勘探部门提供资料。该施工段管顶覆土厚 2m（开槽放坡），市场人工工日 、材料价格、机械台班价格如下：

序号	项　目	费　用	序号	项　目	费　用
1	人工	40元/工日	2	钢板卷管D1220×12	1900元/m
3	预应力混凝土管d1200	780元/m	4	球墨铸铁管DN1200	2100元/m
5	卷板机20×2500	1900元/台班	6	反铲挖掘机1m^3	516元/台班
7	电动夯实机20～62N·m	26.77元/台班	8	汽车式起重机5t	382.85元/台班
9	电动双梁起重机5t	185元/台班	10	自卸汽车15t	522.64元/台班

工程名称： 东北某城市拟建地面配水工程,规划设计配水规模 15 万 m^3/d。

工程特征： 管顶覆土厚 2m（开槽放坡）。

工程内容： 管道挖土、余土外运 10km、回填砂砾和土方，管道、阀门、管件安装，管道防腐，阀门井试压、消毒、冲洗等。

单位:100m^3/d · km

指 标 编 号				3Z-009 换	
项　目			单位	10~20 万 m^3/d	占指标基价（%）
指 标 基 价			元	4351	100.00
一、建筑安装工程费			元	3597	82.67
二、设备购置费			元	—	—
三、工程建设其他费用			元	432	9.92
四、基本预备费			元	322	7.41
建筑安装工程费					
直接费	人工费	人工	工日	4	—
		措施费分摊	元	13	0.29
		人工费小计	元	156	3.58
	材料费	钢板卷管	m	0.09	—
		预应力混凝土管	m	0.09	—
		球墨铸铁管	m	0.69	—
		其他材料费	元	669	15.37
		措施费分摊	元	137	3.16
		材料费小计	元	2496	57.37
	机械费	卷板机 20×2500	台班	0.0003	—
		反铲挖掘机 1m^3	台班	0.0075	—
		电动夯实机 20～62N · m	台班	0.1974	—
		汽车式起重机 5t	台班	0.0002	—
		电动双梁起重机 5t	台班	0.0005	—
		自卸汽车 15t	台班	0.0213	—
		其他机械费	元	108	2.47
		措施费分摊	元	8	0.18
		机械费小计	元	137	3.14
	直接费小计		元	2789	64.09
综合费用			元	809	18.59
合　计			元	3597	—

一、综合指标建筑安装工程费计算：

（一）查本分册综合指标 3Z-009。

（二）综合指标按每 100m^3/d·km 直接费中人工费、材料费、机械费单价换价。

1. 人工费换价：

人工费=综合工日×（采用当时当地的）工日单价

=3.58（工日）×40（元/工日）=143.20（元）

2. 材料费换价：

序号	规格型号	单位	单价（元）	耗用量	合价（元）
1	钢板卷管 $D1220\times12$	m	1900.00	0.09	171.00
2	预应力混凝土管 $d1200$	m	780.00	0.09	70.00
3	球墨铸铁管 $DN1200$	m	2100.00	0.69	1449.00
4	合　计	—	—	—	1690.00

$$其他材料费=指标其他材料费\times\frac{调整后的主要材料费}{指标（材料费小计-其他材料费-材料费中措施费分摊）}$$

其他材料费换价

$$3Z\text{-}009\quad 其他材料费=663\times\frac{1690}{2480-663-143}=669（元）$$

3. 机械费换价：

序号	规格型号	单位	单价（元）	耗用量	合价（元）
1	卷板机 20×2500	台班	1900.00	0.0003	0.57
2	反铲挖掘机 1m^3	台班	516.00	0.0075	3.87
3	电动夯实机 20～62N·m	台班	26.77	0.1974	5.28
4	汽车式起重机 5t	台班	382.85	0.0002	0.08
5	电动双梁起重机 5t	台班	185.00	0.0005	0.09
6	自卸汽车 15t	台班	522.64	0.0213	11.13
7	合　计	—	—	—	21.02

$$其他机械费调整系数=\frac{调整后的主要机械费}{指标（机械费小计-其他机械费-机械费中措施费分摊）}$$

$$3Z\text{-}009\quad 其他机械费调整系数=\frac{21.02}{128-95-8}=0.841$$

3Z-009　其他机械费调整=128×0.841=107.64(元)

（三）措施费计算，按综合考虑其费率为 6%，则：

措施费 = 调整后的（人工费+主材费+其他材料费+机械费）× 费率

(其中分摊比例：人工费占 8%，材料费占 87%，机械费占 5%）

3Z-009 措施费计算：

调整后的（人工费+主材费+其他材料费+机械费）=143.20+1690+669+128.66=2630.86(元)

措施费 = 2630.86×6%=157.85(元)

其中：人工费中措施费分摊=157.85×8%=12.63(元)

材料费中措施费分摊=157.85×87%=137.33(元)

机械费中措施费分摊=157.85×5%=7.89(元)

（四）建筑安装工程直接费小计：

建筑安装工程直接费小计=调整后的（人工费+材料费+机械费）

其中：人工费小计=调整后的（人工费+人工费中措施费分摊）

材料费小计=调整后的（主材费+其他材料费+材料费中措施费分摊）

机械费小计=调整后的（机械费+机械费中措施费分摊）

3Z-009　建筑安装工程直接费小计：

建筑安装工程直接费小计=155.84+2496.33+136.56=2788.73(元)

其中：人工费小计=155.84(元)

材料费小计=1690+669+137.33=2496.33(元)

机械费小计=136.56(元)

（五）综合费用计算，采用综合费用费率为 29%，则：

综合费用=建筑安装工程直接费小计 × 综合费用费率

3Z-009　综合费用=2788.73×29%=808.73(元)

（六）建筑安装工程直接费合计：

建筑安装工程直接费合计= 建筑安装工程直接费小计+综合费用

3Z-009　建筑安装工程直接费合计=2788.73+808.73=3597.46(元)

二、设备购置费：

三、指标基价计算：

（一）工程建设其他费用，工程建设其他费用费率为 12%，则：

工程建设其他费用 = 调整后的（建筑安装工程费+设备购置费 ）×费率

3Z-009 工程建设其他费用 = 3597.46×12% =431.70（元）

（二）预备费，基本预备费费率取定为 8%，则：

基本预备费=调整后的（建筑安装工程费+设备购置费 +工程建设其他费用）× 基本预备费费率

基本预备费=(3597.46+431.70)×8%=322.33（元）

（三）调整后的每 100m^3/d · km 的指标基价：

100m^3/d · km 的指标基价=调整后的（建筑安装工程费+设备购置费 +工程建设其他费用+ 基本预备费）

调整后的指标基价=3597.46+431.70+322.33=4351.49(元)

（四）建设项目总造价：

建设项目总造价=100m^3/d · km 指标 × 总配水量 × 管道总长度

=4351.49×150000÷100×12=78326820(元)

2 给水管道分项指标应用案例

西北某城市拟敷设一条 d1800 预应力钢筋混凝土给水管道，管道长 1500m。地质勘探部门提供资料,该施工段有 50m 需预应力混凝土管顶管施工，其余施工段管顶覆土厚 2m（开槽放坡）。管沟弃土运距 10km。市场人工工日 、材料价格、机械价格台班如下：

序号	项 目	费 用	序号	项 目	费 用
1	人工	40 元/工日	18	履带式推土机 90kW	571.24 元/台班
2	预应力钢筋混凝土管 d1800	2000 元/m	19	履带式单斗液压挖掘机 1m^3	737.22 元/台班
3	加强预应力钢筋混凝土管 DN1800	2400 元/m	20	电动夯实机 20~62N · m	26.77 元/台班
4	钢板 4.5~10	4.2 元/kg	21	汽车式起重机 5t	382.85 元/台班
5	钢板	4200 元/t	22	汽车式起重机 16t	891.04 元/台班
6	砂砾	30 元/m^3	23	载重汽车 6t	360.11 元/台班
7	橡胶圈 DN1800	150 元/个	24	自卸汽车 15t	522.64 元/台班
8	商品混凝土 C15	170 元/m^3	25	电动卷扬机 双筒慢速 50kN	80 元/台班
9	商品混凝土 C25	200 元/m^3	26	电动卷扬机 单筒慢速 50kN	60 元/台班
10	蝶阀 DN1800	110000 元/个	27	试压泵 25MPa	46 元/台班
11	泄水管	30 元/个	28	反铲挖掘机 1m^3	516 元/台班
12	铸铁井盖 ϕ700	210 元/个	29	汽车式起重机 20t	1000 元/台班
13	钢配件	8500 元/t	30	自卸汽车 10t	465.11 元/台班
14	工字钢	3.8 元/kg	31	自卸汽车 12t	510.67 元/台班
15	碎石	45 元/m^3	32	钢筋切断机 ϕ40	19.15 元/台班
16	重轨	4 元/kg	33	钢筋弯曲机 ϕ40	18.2 元/台班
17	履带式推土机 75kW	562.15 元/台班	34	光轮压路机 15t	297.14 元/台班

工程名称：西北某城市拟敷设一条 d1800 预应力钢筋混凝土给水管道，其中顶管 50m。管道长 1500m。

工程特征：管沟弃土运距 10km，管顶覆土厚 2m（开槽放坡）。

工程内容：管道挖土、运土、回填、管道安装、阀门管件安装、试压、消毒冲洗。开挖顶管坑、接收坑土方，筑钢筋混凝土基础、管坑钢桩支撑、顶管设备安装和拆除，钢筋混凝土管顶进，轻型井点抽水、覆土等。

单位:100m

指标编号				3F-204 换	
项目			单位	ϕ1800	占指标基价（%）
指标基价			元	476433	100.00
一、建筑安装工程费			元	476433	100.00
二、设备购置费			元	—	—
建筑安装工程费					
直接费	人工费	人工	工日	722	—
		措施费分摊	元	1676	—
		人工费小计	元	30556	6.41
	材料费	预应力钢筋混凝土管	m	100.00	—
		钢板 4.5~10	kg	20.35	—
		砂砾	m^3	971.16	—
		橡胶圈	个	22.25	—
		商品混凝土 C15	m^3	18.45	—
		商品混凝土 C25	m^3	1.89	—
		阀门	个	0.10	—
		泄水管	个	0.05	—
		井盖	个	0.11	—
		钢配件	t	2.68	—
		其他材料费	元	13899	—
		措施费分摊	元	18229	—
		材料费小计	元	302005	63.39
	机械费	履带式推土机 75kW	台班	3.16	—
		履带式推土机 90kW	台班	0.03	—
		履带式单斗液压挖掘机 $1m^3$	台班	0.03	—
		电动夯实机 20~62N·m	台班	18.45	—
		光轮压路机 15t	台班	16.94	—
		汽车式起重机 5t	台班	0.12	—
		汽车式起重机 16t	台班	0.10	—
		载重汽车 6t	台班	0.02	—
		自卸汽车 15t	台班	1.62	—
		电动卷扬机 双筒慢速 50kN	台班	4.54	—
		试压泵 25MPa	台班	1.30	—
		反铲挖掘机 $1m^3$	台班	6.92	—
		其他机械费	元	23396	—
		措施费分摊	元	1045	—
		机械费小计	元	36767	7.72
	直接费小计		元	369328	77.52
综合费用			元	107105	22.48
合　计			元	476433	—

单位:100m

指 标 编 号				3F-244 换	
项 目			单位	*DN*1800	占指标基价（%）
指 标 基 价			元	1869777	100.00
一、建筑安装工程费			元	1869777	100.00
二、设备购置费			元	—	—
建筑安装工程费					
直接费	人工费	人工	工日	6269	—
		措施费分摊	元	6718	—
		人工费小计	元	257478	13.77
	材料费	加强钢筋混凝土管	m	109.04	—
		钢板	t	4.91	—
		工字钢	kg	4535.62	—
		碎石	t	339.47	—
		重轨	kg	1444.69	—
		其他材料费	元	140425	—
		措施费分摊	元	73066	—
		材料费小计	元	529317	28.31
	机械费	履带式推土机 75kW	台班	0.21	—
		电动夯实机 20~62N·m	台班	61.74	—
		汽车式起重机 16t	台班	118.10	—
		汽车式起重机 20t	台班	21.18	—
		载重汽车 6t	台班	23.57	—
		自卸汽车 10t	台班	3.16	—
		自卸汽车 12t	台班	0.13	—
		电动卷扬机 单筒慢速 50kN	台班	0.64	—
		钢筋切断机 ϕ40	台班	3.72	—
		钢筋弯曲机 ϕ40	台班	0.43	—
		反铲挖掘机 1m^3	台班	2.05	—
		其他机械费	元	519166	—
		措施费分摊	元	4097	—
		机械费小计	元	662645	35.44
	直接费小计		元	1449440	77.52
综合费用			元	420337	22.48
合 计			元	1869777	—

一、建筑安装工程费的计算：

（一）查本分册分项指标 3F-204、3F-244。

（二）人工费、材料费、机械费单价换价。

1. 人工费换价：

人工费=综合工日×（采用当时当地的）工日单价

3F-204 输配管（预应力混凝土管）埋设深度 2m 以内：722(工日）×40（元/工日）=28880（元）

3F-244 给水输配管（钢筋混凝土顶管）：6269(工日）×40（元/工日）=250760（元）

2. 材料费换价。给水输配管（预应力混凝土管、钢筋混凝土顶管）主材费换价（采用当时当地的主材价）如下：

序号	规格型号	单位	单价（元）	3F-204		3F-244	
				耗用量	合价（元）	耗用量	合价（元）
1	预应力钢筋混凝土管 *d*1800	m	2000.00	100.00	200000.00	—	—
2	钢板 4.5~10	kg	4.20	20.35	85.47	—	—
3	砂砾	m^3	30.00	971.16	29134.80	—	—
4	橡胶圈 *DN* 1800	个	150.00	22.25	3337.50	—	—
5	商品混凝土 C15	m^3	170.00	18.45	3136.50	—	—
6	商品混凝土 C25	m^3	200.00	1.89	378.00	—	—
7	阀门 *DN* 1800	个	110000.00	0.10	11000.00	—	—
8	泄水管	个	30.00	0.05	1.50	—	—
9	井盖	个	210.00	0.11	23.10	—	—
10	钢配件	t	8500.00	2.68	22780.00	—	—
11	加强钢筋混凝土管 *DN* 1800	m	2400.00	—	—	109.04	261696.00
12	钢板	t	4200.00	—	—	4.91	20622.00
13	工字钢	kg	3.80	—	—	4535.62	17235.36
14	碎石	m^3	45.00	—	—	233.19	10493.55
15	重轨	kg	4.00	—	—	1444.69	5778.76
合　计		—	—	—	269877.00	—	315826.00

$$其他材料费=指标其他材料费\times\frac{调整后的主要材料费}{指标（材料费小计-其他材料费-材料费中措施费分摊）}$$

$$3F\text{-}204\ 其他材料费=14458\times\frac{269877}{314556-14458-19368}=13899（元）$$

$$3F\text{-}244\ 其他材料费=140769\times\frac{315826}{524964-140769-67596}=140425（元）$$

3. 机械费换价。给水输配管（预应力混凝土管、钢筋混凝土顶管）机械费换价（采用当时当地的机械台班价）如下：

序号	规格型号	单位	单价(元)	3F-204		3F-244	
				埋设深度 2m 以内		耗用量	合价（元）
				耗用量	合价（元）		
1	履带式推土机 75kW	台班	562.15	3.16	1776.39	0.21	118.05
2	履带式推土机 90kW	台班	571.24	0.03	17.14	—	—
3	履带式单斗液压挖掘机 $1m^3$	台班	737.22	0.03	22.12	—	—
4	电动夯实机 20~62N·m	台班	26.77	18.45	493.91	61.74	1652.78
5	汽车式起重机 5t	台班	382.85	0.12	45.94	—	—
6	汽车式起重机 16t	台班	891.04	0.10	89.10	118.10	105231.82
7	汽车式起重机 20t	台班	1000.00	—	—	21.18	21180.00
8	载重汽车 6t	台班	360.11	0.02	7.20	23.57	8487.79
9	自卸汽车 10t	台班	465.11	—	—	3.16	1469.75
10	自卸汽车 12t	台班	510.67	—	—	0.13	66.39
11	自卸汽车 15t	台班	522.64	1.62	846.68	—	—
12	钢筋切断机 ϕ40	台班	19.15	—	—	3.72	71.24
13	钢筋弯曲机 ϕ40	台班	18.20	—	—	0.43	7.83
14	电动卷扬机 单筒慢速 50kN	台班	60.00	—	—	0.64	38.40
15	电动卷扬机 双筒慢速 50kN	台班	80.00	4.54	363.20	—	—
16	试压泵 25MPa	台班	46.00	1.30	59.80	—	—
17	反铲挖掘机 $1m^3$	台班	516.00	6.92	3570.72	2.05	1057.80
18	光轮压路机 15t	台班	297.14	16.94	5033.55	—	—
合　计（元）		—	—	—	12326.00	—	139382.00

$$其他机械调整系数=\frac{调整后的主要机械费}{指标（机械费小计-其他机械费-机械费中措施费分摊）}$$

$$3F\text{-}204 其他机械费调整系数=\frac{12326}{38669-24601-1113}=0.951（元）$$

$$3F\text{-}244 其他机械费调整系数=\frac{139382}{650813-509986-3885}=1.018（元）$$

3F-204 其他机械费调整=24601×0.951=23396(元)

3F-244 其他机械费调整=509986×1.018=519166(元)

（三）措施费计算，按综合考虑其费率为 6%，则：

措施费 = 调整后的（人工费+主材费+其他材料费+机械费）× 费率

（其中分摊比例：人工费占 8%，材料费占 87%，机械费占 5%）

3F-204 措施费计算：

调整后的（人工费+主材费+其他材料费+机械费）=28880+269877+13899+12326+23396=348378(元)

措施费=348378×6%=20903(元)

其中：人工费中措施费分摊=20903×8%=1672(元)

材料费中措施费分摊=20903×87%=18186(元)

机械费中措施费分摊=20903×5%=1045(元)

3F-244 措施费计算：

调整后的（人工费+主材费+其他材料费+机械费）=250760+315826+140425+139382+519166=1365559(元)

措施费=1365559×6%=81934(元)

其中：人工费中措施费分摊=81934×8%=6555(元)

材料费中措施费分摊=81934×87%=71283(元)

机械费中措施费分摊=81934×5%=4097(元)

（四）建筑安装工程直接费小计：

建筑安装工程直接费小计=调整后的（人工费+人工费中措施费分摊+主材费+其他材料费+材料费中措施费分摊+机械费+机械费中措施费分摊）

其中：人工费小计=调整后的（人工费+人工费中措施费分摊）

材料费小计=调整后的（主材费+其他材料费+材料费中措施费分摊）

机械费小计=调整后的（机械费+机械费中措施费分摊）

3F-204 建筑安装工程直接费小计：

建筑安装工程直接费小计=30556+302005+36767=369328(元)

其中：人工费小计=28880+1676=30556(元)

材料费小计=269877+13899+18229=302005(元)

机械费小计=12326+23396+1045=36767(元)

3F-244 建筑安装工程直接费小计：

建筑安装工程直接费小计=257478+529317+662645=1449440(元)

其中：人工费小计=250760+6718=257478(元)

材料费小计=315826+140425+73066=529317(元)

机械费小计=139382+519166+4097=662645(元)

（五）综合费用计算，采用综合费用费率为 29%，则：

综合费用 = 建筑安装工程直接费小计 × 综合费用费率

3F-204 综合费用=369328×29%=107105（元）

3F-244 综合费用=1449440 × 29%=420337（元）

（六）调整后的分项指标基价：

建筑安装工程直接费合计 = 建筑安装工程直接费小计+综合费用

3F-204 调整后的分项指标基价=369328+107105=476433（元）

3F-244 调整后的分项指标基价=1449440+420337=1869777（元）

二、建筑安装工程造价：

建筑安装工程造价 = 总长度 × 每 100m 建筑安装工程费

= (1500−50)×476433÷100+50×1869777÷100=7843168（元）

3 给水厂站及构筑物综合指标应用案例

1. 工程内容：地面水取水工程。取水量为 30 万 m^3/d，过滤水净水工程为 30 万 m^3/d。

2. 自然条件及技术标准：取水工程水位变化较大，取水构筑物为岸边半地下式取水。净水工艺标准稍高、无防寒设施、地质条件一般。

3. 工程造价的计算方法：

（1）选择类似综合指标。取水工程选择地面水复杂取水综合指标 3Z-015（见取水工程表），净水工程选择地面水过滤净化综合指标 3Z-033（见净水工程表）。根据当地人工及材料单价调整指标基价，其中：

取水工程：

$$其他材料费=指标其他材料费\times\frac{调整后的主要材料费}{指标（材料费小计-其他材料费-材料费中措施费分摊）}$$

$$=14\times\frac{55.19}{71.19-14-4.92}=14.78（元）$$

$$机械费=指标机械费\times\frac{调整后的(人工费+材料费)}{指标(人工费+材料费)}$$

$$=8.72\times\frac{22.16+69.97}{17.19+66.27}=9.63（元）$$

净水工程：

$$其他材料费=指标其他材料费\times\frac{调整后的主要材料费}{指标（材料费小计-其他材料费-材料费中措施费分摊）}$$

$$=48\times\frac{185.59}{239.04-48-14.40}=50.43（元）$$

$$机械费=指标机械费\times\frac{调整后的(人工费+材料费)}{指标(人工费+材料费)}$$

$$=31.54\times\frac{38.00+236.02}{29.48+224.64}=34.01（元）$$

措施费计算，按综合考虑费率为 6%，则：

措施费=调整后的（人工费+主材费+其他材料费+机械费+其他机械费）×费率

（其中分摊比例：人工费占 8%，材料费占 87%，机械费占 5%）

取水工程措施费=101.76×6%=6.11（元）

其中：人工费中措施费分摊=6.11×8%=0.49（元）

材料费中措施费分摊=6.11×87%=5.32（元）

机械费中措施费分摊=6.11×5%=0.30（元）

净水工程措施费=308.03×6%=18.48（元）

其中：人工费中措施费分摊=18.48×8%=1.48（元）

材料费中措施费分摊=18.48×87%=16.08（元）

机械费中措施费分摊=18.48×5%=0.92（元）

（2）综合费用：采用当时当地的综合费用费率为 21.3%，则：

取水工程：107.87×21.3%=22.98 元/m^3/d

净水工程：326.51×21.3%=69.55 元/m^3/d

（3）设备购置费：据测算，2004 年设备价格较 2006 年约上涨 10%，则：

取水工程： 34.5×1.1=37.95 元/m^3/d

净水工程：187.5×1.1=206.25 元/m^3/d

（4）工程建设其他费用：采用当时当地的工程建设其他费用费率为 12%，则：

取水工程：（130.85+ 37.95）×12%=20.26 元/m^3/d

净水工程：（396.06+206.25）×12%=72.28 元/m^3/d

（6）基本预备费：基本预备费费率为 8%，则：

取水工程：（130.85+ 37.95+20.26）×8%=15.12 元/m^3/d

净水工程：（396.06+206.25+72.28）×8%=53.97 元/m^3/d

（7）指标总造价计算：

取水工程为：30 万 m^3/d×204.18 元/m^3/d= 6125.4 万元

净水工程为：30 万 m^3/d×728.56 元/m^3/d=21856.8 万元

指标总造价为：6125.4+21856.8 =27982.2 万元

由于综合指标中未包括土地征用及赔偿等费用，故必须根据实际情况另行计算。

取水工程表

工程项目					取水工程			
项目			单位	数量	指标基价		某地现行价	
					单价（元）	合计（元）	单价（元）	合计（元）
指标基价			元	—	—	185.27	—	204.18
一、建筑安装工程费			元	—	—	118.67	—	130.85
二、设备工器具购置费			元	—	—	34.50	—	37.95
三、工程建设其他费用			元	—	—	18.38	—	20.26
四、基本预备费			元	—	—	13.72	—	15.12
建筑安装工程费								
直接费	人工费	人工	工日	0.554	31.03	17.19	40.00	22.16
		措施费分摊	元	—	—	0.45	—	0.49
		人工费小计	元	—	—	17.64	—	22.68
	材料费	钢材	kg	3.36	3.74	12.57	3.80	12.77
		商品混凝土	m^3	0.046	400.00	18.40	412.00	18.95
		铸铁管及管件	kg	0.60	8.31	4.98	9.30	5.58
		钢管及管配件	kg	1.45	7.96	11.54	8.20	11.89
		阀门	kg	0.50	9.55	4.78	12.00	6.00
		其他材料费	元	—	—	14.00	—	14.78
		措施费分摊	元	—	—	4.92	—	5.32
		材料费小计	元	—	—	71.19	—	75.29
	机械费	机械费	元	—	—	8.72	—	9.63
		措施费分摊	元	—	—	0.28	—	0.30
		机械费小计	—	—	—	9.00	—	9.93
	直接费小计		—	—	—	97.83	—	107.87
综合费用			—	—	—	20.84	—	22.98
合　计			—	—	—	118.67	—	130.85

净水工程表

工程项目					净水工程			
项目			单位	数量	指标基价		某地现行价	
					单价（元）	合计（元）	单价（元）	合计（元）
指标基价			元	—	—	670.36	—	728.56
一、建筑安装工程费			元	—	—	366.70	—	396.06
二、设备工器具购置费			元	—	—	187.5	—	206.25
三、工程建设其他费用			元	—	—	66.5	—	72.28
四、基本预备费			元	—	—	49.66	—	53.97
建筑安装工程费								
直接费	人工费	人工	工日	0.95	31.03	29.48	40.00	38.00
		措施费分摊	元	—	—	1.39	—	1.48
		人工费小计	元	—	—	30.87	—	39.48
	材料费	钢材	kg	12.60	3.74	47.13	3.80	47.88
		商品混凝土	m^3	0.12	400.00	48.00	412.00	49.44
		铸铁管及管件	kg	2.30	8.31	19.11	9.30	21.39
		钢管及管配件	kg	6.40	7.96	50.94	8.20	52.48
		阀门	kg	1.20	9.55	11.46	12.00	14.40
		其他材料费	元	—	—	48.00	—	50.43
		措施费分摊	元	—	—	14.40	—	16.08
		材料费小计	元	—	—	239.04	—	252.10
	机械费	机械费	元	—	—	31.54	—	34.01
		措施费分摊	元	—	—	0.86	—	0.92
		机械费小计	元	—	—	32.40	—	34.93
	直接费小计		—	—	—	302.31	—	326.51
综合费用			—	—	—	64.39	—	69.55
合　　计			—	—	—	366.70	—	396.06

4 给水厂站及构筑物分项指标应用案例

1. 工程条件：某工程设计水量 15 万 m^3/d，采用气水反冲 V 型滤池 1 座，滤速为 7.2m/h，总过滤面积 $1052m^2$，单层均质滤料。钢筋混凝土结构。

2. 工程直接费计算：

（1）指标选择：根据工程条件，可选择第 4 章中 3F–401 气水反冲 V 型滤池单项指标。设计水量 15 万 m^3/d，滤水面积为 $931m^2$。与本工程基本接近（按过滤面积为 m^2 指标计算单位）。

3F–401 指标内建筑安装工程直接费为 5591777 元，指标单价 6006 元/m^2；设备购置费为 1774132 元。

（2）调价方法：所有人工单价及主要材料价格均按当地现行的人工单价及材料价格，根据该单项指标中的工料计算出当地建筑安装工程费用（见表）；其中：

$$\text{其他材料费}=\text{指标其他材料费}\times\frac{\text{调整后的主要材料费}}{\text{指标（材料费小计-其他材料费-材料费中措施费分摊）}}$$

$$=855848\times\frac{3882410}{4656195-855848-276195}=942852\ \text{（元）}$$

$$\text{其他机械费}=\text{指标其他机械费}\times\frac{\text{调整后的主要机械费}}{\text{指标（机械费小计-其他机械费-机械费中措施费分摊）}}$$

$$=69644\times\frac{162453}{259356-69644-15508}=64946\ \text{（元）}$$

措施费计算：按综合考虑费率为 6%，则：

措施费=调整后的（人工费+主材费+其他材料费+机械费+其他机械费）×费率

（其中分摊比例：人工费占 8%，材料费占 87%，机械费占 5%）

措施费=5787415×6%=347245（元）

其中：分摊人工费=347245×8%=27780（元）

分摊材料费=347245×87%=302103（元）

分摊机械费=347245×5%=17362（元）

（3）指标基价的计算：通过计算得出当地的建筑安装直接费系数为 1.10，则：

建筑安装工程费=6006 元/m^2×$1052m^2$×1.10 =695.01 万元

（4）单项工程费用的计算：综合费用费率为 18%；则：

建筑安装工程费用= 695.01×1.18=820.11 万元

（5）经过调查测算设备费用调价系数为 1.21，则：

设备购置费=177.41×1.21=214.67 万元

气水反冲 V 型滤池建筑安装工程费用合计为：820.11+214.67=1034.78 万元。

工程项目				气水反冲V型滤池（15万m^3/d）			
项目		单位	数量	指标基价		某地现行价	
				单价（元）	合计（元）	单价（元）	合计（元）
人工费	人工	工日	20993.00	31.03	651413.00	35.00	734755.00
	措施费分摊	元	—	—	24813.00	—	27780.00
	人工费小计	元	—	—	676226.00	—	762535.00
材料费	商品混凝土 C10	m^3	668.36	262.24	175271.00	263.00	175779.00
	抗渗商品混凝土 C25	m^3	2245.55	307.24	689923.00	312.00	700612.00
	钢筋 ϕ10以内	t	27.22	3450.00	93909.00	3500.00	95270.00
	钢筋 ϕ10以外	t	230.18	3550.00	817139.00	3550.00	817139.00
	木模板	m^3	71.43	1144.00	81716.00	1140.00	81430.00
	组合钢模板	kg	3192.01	4.30	13726.00	4.20	13406.00
	钢管	t	33.41	4500.00	150345.00	4700.00	157027.00
	钢管件	t	20.00	8200.00	164000.00	8300.00	166000.00
	滤料石英砂	m^3	1117.00	690.00	770730.00	720.00	804240.00
	伸缩器	个	67.00	865.00	57955.00	3200.00	214400.00
	钢管防腐	m^2	685.44	52.00	35643.00	60.00	41126.00
	电磁阀 *DN*10	个	50.00	760.00	38000.00	860.00	43000.00
	手动蝶阀 *DN*200	个	10.00	960.00	9600.00	1500.00	15000.00
	手动蝶阀 *DN*300	个	5.00	2450.00	12250.00	2800.00	14000.00
	手动蝶阀 *DN*400	个	10.00	2750.00	27500.00	3500.00	35000.00
	手动蝶阀 *DN*700	个	10.00	6524.00	65240.00	8900.00	89000.00
	手动蝶阀 *DN*900	个	2.00	9853.00	19706.00	10520.00	21040.00
	气动蝶阀 *DN*100	个	10.00	956.00	9560.00	1500.00	15000.00
	气动蝶阀 *DN*350	个	10.00	2875.00	28750.00	2800.00	28000.00
	气动蝶阀 *DN*400	个	10.00	3215.00	32150.00	3620.00	36200.00
	气动蝶阀 *DN*700	个	20.00	11552.00	231040.00	15987.00	319740.00
	其他材料费	元	—	—	855848.00	—	942852.00
	措施费分摊	元	—	—	276195.00	—	302103.00
	材料费小计	元	—	—	4656195.00	—	5127365.00
机械费	履带式推土机 75kW	台班	30.77	545.44	16783.00	570.00	17539.00
	汽车式起重机 5t	台班	15.71	402.49	6323.00	413.00	6488.00
	自卸汽车 15t	台班	129.46	733.42	94949.00	745.00	96448.00
	直流弧焊机 32kW	台班	112.76	112.86	12726.00	115.00	12967.00
	反铲挖掘机 1m^3	台班	34.13	732.86	25013.00	850.00	29011.00
	其他机械费	元	—	—	69644.00	—	64946.00
	措施费分摊	元	—	—	15508.00	—	17362.00
	机械费小计	—	—	—	259356.00	—	244761.00
合计		—	—	—	5591777.00	—	6134660.00
调差系数		—	—	—	1.00	—	1.10

本册主编单位： 河北省工程建设造价管理总站

本册参编单位： 秦皇岛市工程建设造价管理站

中国市政工程东北设计研究院

中国市政工程华北设计研究院

中国市政工程西南设计研究院

上海市政工程设计研究总院

秦皇岛市市政工程设计院

石家庄东方龙给排水设计研究院有限公司

本册主要编写人员： 吕德浦　朱奕峰　司平地　金春平　渠　涛

王晓利　李茹芹　李　秦　杨海波　窦爱民

张　平　王秋菊　计艳秋　魏思源　燕　鹏

邢广侠　张秀清　杨海涛　赵云霞　辛红军

崔占成　张　红　刘春溥　石文辉　王秋月

解咏梅　高凯华　胡松龄　路志华　李英瑛

李　坤　王　璐　刘　静　曹　伟　侯　峰

哈俊达　张晓红　马静慧　王向阳　沈　靖

王力勇　柴智浩　张　虹　王昭伦

综合组成员： 胡传海　徐金泉　王海宏　胡晓丽　白洁如

李艳海　刘　军　刘　智　李永芳　白树华

张东海　龚伟中　王　梅　刘　运　陆勇雄

陈益梁　刘　洁　温鄂生　金春平　吴宏伟

王慧颖　陈建民